电工速成

掌中宝

基础·识图·操作

陈远吉　谭续　编

化学工业出版社

·北京·

图书在版编目（CIP）数据

电工速成掌中宝：基础·识图·操作/陈远吉，谭
续编. —北京：化学工业出版社，2018.3
ISBN 978-7-122-31509-0

Ⅰ.①电…　Ⅱ.①陈…②谭…　Ⅲ.①电工技术
Ⅳ.①TM

中国版本图书馆 CIP 数据核字（2018）第 025847 号

责任编辑：宋　辉　　　　　　　　装帧设计：王晓宇
责任校对：边　涛

出版发行：化学工业出版社（北京市东城区青年湖南街 13 号　邮政编码 100011）
印　　装：河北鹏润印刷有限公司
880mm×1230mm　1/32　印张 21¼　字数 678 千字
2018 年 6 月北京第 1 版第 1 次印刷

购书咨询：010-64518888（传真：010-64519686）　售后服务：010-64518899
网　　址：http://www.cip.com.cn
凡购买本书，如有缺损质量问题，本社销售中心负责调换。

定　　价：78.00 元　　　　　　　　　　　版权所有　违者必究

前言
FOREWORD

随着现代科学技术的迅猛发展，电工技术正在发生日新月异的变化，电工产品的更新换代正在加速进行，一大批新材料、新结构、新工艺、新性能的产品得到广泛开发和应用，广大从事电气工程技术工作的人员迫切需要知识更新，特别是学习和掌握与新的应用领域有关的新技能。为此，我们编写了本书。

本书精选了电工需要掌握的知识点和技能点，分为电工基础、电工识图和电工操作三篇内容。第一篇电工基础包括直流电路、交流电路的基础及应用，常用元件和工具的应用；第二篇电工识图包括电气识图电气图和连接线的表示法、建筑电气设备控制工程图识读、动力和照明系统电路图的识读、建筑弱电工程施工图的识读、PLC控制电路图的识读；第三篇电工操作包括电工基本操作技能，常用高低压电器，供配电线路安装技能，变压器的安装、运行与维护，照明装置的安装，机床控制PLC设计、楼宇自动化PLC程序设计以及电气安全。

本书的特点如下。

1.内容全面。全书分入门知识、识图和操作三大部分内容，包含了电工上岗所需要的知识和施工技能。

2.实用性强。在介绍每项电工技能时，着重讲深、讲透怎样操作和为什么这样操作，目的是使每一位读者都能成为一名会操作、懂规范的合格电工。

3.通俗易懂。本书完全摒弃繁杂的计算公式和难懂的定义、定理，使读者看得懂、学得会、用得上。

本书由陈远吉、谭续编，尹乔、孙雪英、谢子阳、严芳芳、张野、朱静敏、魏超、杨阳、杨璐、薛晴为本书编写提供了帮助，在此表示感谢。

由于时间有限，书中的不妥之处恳请广大读者批评指正，以便在今后修订再版时进一步完善提高。

编者

目录
CONTENTS

第一篇　电工基础

第一章　直流电路基础及应用　2

第二章　交流电路基础及应用　21

第二篇　电工识图

第五章　电工识图基本知识　148 /

第六章　电气识图　208 /

第七章　电气图和连接线的表示法　245 /

第八章　建筑电气设备控制工程图识读　264 /

第十一章　PLC 控制电路图的识读　355 /

第三篇　电工操作

第十二章　电工基本操作技能　382 /

第十三章　常用高低压电器　411 /

第十四章　供配电线路安装技能　471 /

第十五章　变压器 508 /

第十六章 照明装置的安装 542 /

第十七章 三相异步电动机控制 PLC 程序设计范例 564 /

第一篇
电工基础

第一章
直流电路基础及应用

第一节 电路及电路图

一、电路

(1) 电路的组成和作用

　　电流所流过的路径称为电路。它是由电源、负载、开关和连接导线 4 个基本部分组成的，如图 1-1 所示。常见的电源有干电池、蓄电池和发电机等。负载是电路中用电器的总称，它将电能转换成其他形式的能。如电灯把电能转换成光能；电烙铁把电能转换成热能；电动机把电能转换成机械能。开关属于控制电器，用于控制电路的接通或断开。连接导线将电源和负载连接起来，担负着电能的传输和分配的任务。电路电流方向是由电源正极经负载流到电源负极，在电源内部，电流由负极流向正极，形成一个闭合通路。

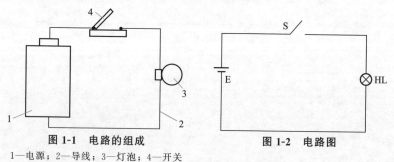

图 1-1　电路的组成　　　　　　图 1-2　电路图

1—电源；2—导线；3—灯泡；4—开关

(2) 电路的三种状态

　　电路有通路、开路、短路三种状态。通路是指电路处处接通。通路也称为闭合电路，简称闭路。只有在通路的情况下，电路才有正常的工作电流。开路是电路中某处断开，没有形成通路的电路。开路也称为断路，此时电路中没有电流；短路是指电源或负载两端被导线连接在一起，分别称为电源短路或负载短路。电源短路时电源提供的电流要比通路时提供的电流大很多倍，通常是有害的，也是非常危险的，所以一般不允许电源短路。

二、电路图

在设计、安装或维修各种实际电路时，经常要画出表示电路连接情况的图。如果是画如图 1-1 所示的实物连接图，虽然直观，但很麻烦。所以很少画实物图，而是画电路图。所谓电路图就是用国家统一规定的符号，来表示电路连接情况的图。表 1-1 是几种常用的电工符号。图 1-2 是图 1-1 的电路图。

表 1-1　几种常用的电工符号

名　称	符　号	名　称	符　号
电池	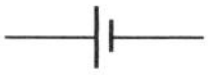	电流表	 Ⓐ
导线		电压表	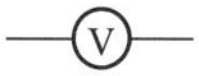 Ⓥ
开关		熔断器	
电阻		电容	
照明灯	 ⊗	接地	

第二节　常用基本物理量及应用

一、电量

自然界中的一切物质都是由分子组成的，分子又是由原子组成的，而原子是由带正电荷的原子核和一定数量带负电荷的电子组成的。在通常情况下，原子核所带的正电荷数等于核外电子所带的负电荷数，原子对外不显电性。但是，用一些办法可使某种物体上的电子转移到另外一种物体上。失去电子的物体带正电荷，得到电子的物体带负电荷。物体失去或得到的电子数量越多，则物体所带的正、负电荷的数量也越多。

物体所带电荷数量的多少用电量来表示。电量是一个物理量，它的单位是库仑，用字母 C 表示简称库。

二、电流

电荷的定向移动形成电流。电流有大小，有方向。

(1) **电流的方向**

人们规定正电荷定向移动的方向为电流的方向。金属导体中，电流是电子在导体内电场的作用下定向移动的结果，电子流的方向是负电荷的移动方向，与正电荷的移动方向相反，所以金属导体中电流的方向与电子流的方向相反，如图 1-3 所示。

图 1-3 金属导体中的电流方向

(2) **电流的大小**

电学中用电流强度来衡量电流的大小。电流强度就是 1 秒钟通过导体截面的电量。电流强度用字母 I 表示，计算公式如下：

$$I = \frac{Q}{t} \tag{1-1}$$

式中 I——电流强度，A；

Q——在 t 秒时间内，通过导体截面的电量数，C；

t——时间，s。

实际使用时，人们把电流强度简称为电流。电流的单位是安培，简称安，用字母 A 表示。实际应用中，除单位安培外，还有千安（kA）、毫安（mA）和微安（A）。它们之间的关系为：

$$1kA = 10^3 A$$

$$1A = 10^3 mA$$

$$1mA = 10^3 \mu A$$

三、电压

为了弄清楚电荷在导体中定向移动而形成电流的原因，我们对照图 1-4(a) 水流的形成来理解这个问题。

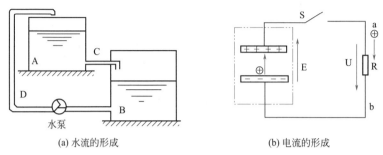

(a) 水流的形成　　　　　　　　(b) 电流的形成

图 1-4　水流和电流形成

从图 1-4(a) 可以看到外水由 A 槽经 C 管向 B 槽流去。水之所以能在 C 管中进行定向移动，是由于 A 槽水位高，B 槽水位低所致；A，B 两槽之间的水位差即水压，是实现水形成水流的原因。与此相似，当图 1-4(b) 中的开关 S 闭合后，电路里就有电流。这是因为电源的正极电位高，负极电位低。两个极间电位差（电压）使正电荷从正极出发，经过负载 R 移向负极形成电流。所以，电压是自由电荷发生定向移动形成电流的原因。在电路中电场力把单位正电荷由高电位 a 点移向低电位 b 点所做的功称为两点间的电压，用 U_{ab} 表示。所以电压是 a 与 b 两点间的电位差，它是衡量电场力做功本领大小的物理量。

电压用字母 U 表示，单位为伏特，简称伏，用字母 V 表示。电场力将 1 库仑电荷从 a 点移到 b 点所做的功为 1 焦耳，则 ab 间的电压值就是 1 伏特。常用的电压单位还有千伏（kV），毫伏（mV）等。它们之间的关系为：

$$1kV = 10^3 V$$

$$1V = 10^3 mV$$

电压与电流相似，不但有大小，而且有方向。对于负载来说，电流流入端为正端，电流流出端为负端。电压的方向是由正端指向负端，也就是说负载中电压实际方向与电流方向一致。在电路图中，用带箭头的细实线表示电压的方向。

四、电动势、电源

在图 1-4（a）中，为使水在 C 管中持续不断地流动，必须用水泵把 B 槽中的水不断地泵入 A 槽，以维持两槽间的固定水位差，也就是要保证 C 管两端有一定的水压。在图 1-4（b）中，电源与水泵的作用相似，它把正电荷由电源的负极移到正极，以维持正、负极间的电位差，即电路中有一定的电压使正电荷在电路中持续不断地流动。

电源是利用非电力把正电荷由负极移到正极的，它在电路中将其他形式能转换成电能。电动势就是衡量电源能量转换本领的物理量，用字母 E 表示，它的单位也是伏特，简称伏，用字母 V 表示。

电源的电动势只存在于电源内部。人们规定电动势的方向在电源内部由负极指向正极。在电路中也用带箭头的细实线表示电动势的方向，如图 1-4（b）所示。当电源两端不接负载时，电源的开路电压等于电源的电动势，但二者方向相反。

生活中用测量电源端电压的办法，来判断电源的状态。比如测得工作电路中两节 5 号电池的端电压为 2.8V，则说明电池电量比较充足。

五、电阻

一般来说，导体对电流的阻碍作用称为电阻，用字母 R 表示。电阻的单位为欧姆，简称欧，用字母 Ω 表示。

如果导体两端的电压为 1 伏，通过的电流为 1 安，则该导体的电阻就是 1 欧。

常用的电阻单位还有千欧（kΩ）、兆欧（MΩ）。它们之间的关系为：

$$1k\Omega = 10^3 \Omega$$
$$1M\Omega = 10^3 k\Omega$$

六、电功、电功率

电流通过用电器时，用电器就将电能转换成其他形式的能，如热能、光能和机械能等。我们把电能转换成其他形式的能叫作电流做功，简称电功，用字母 W 表示。电流通过用电器所做的功与用电器的端电压、流过的电流、所用的时间和电阻有以下的关系：

$$W = UIt \\ W = I^2Rt \\ W = \frac{U^2}{R}t \quad\Bigg\}$$

$$(1\text{-}2)$$

如果式（1-2）中，电压单位为伏，电流单位为安，电阻单位为欧，时间单位为秒，则电功单位就是焦耳，简称焦，用字母 J 表示。

电流在单位时间内通过用电器所做的功称为电功率，用字母 P 表示。其数学表达式为：

$$P = \frac{W}{t} \quad\quad\quad\quad (1\text{-}3)$$

将式（1-2）代入式（1-3）后得到：

$$P = \frac{U^2}{R} \\ P = UI \\ P = I^2R \quad\Bigg\}$$

$$(1\text{-}4)$$

若在式（1-3）中，电功单位为焦耳，时间单位为秒，则电功率的单位就是焦耳/秒。焦耳/秒又叫瓦特，简称瓦，用字母 W 表示。在实际工作中，常用的电功率单位还有千瓦（kW）、毫瓦（mW）等。它们之间的关系为：

$$1kW = 10^3\,W \\ 1W = 10^3\,mW$$

从式（1-4）中可以得出如下结论：

① 当用电器的电阻一定时，电功率与电流平方或电压平方成正比。若通过用电器的电流是原来电流的 2 倍，则电功率就是原功率的 4 倍；若加在用电器两端电压是原电压的 2 倍，则电功率就是原功率的 4 倍。

② 当流过用电器的电流一定时，电功率与电阻值成正比。对于串联电阻电路，流经各个电阻的电流是相同的，则串联电阻的总功率与各个电阻的电阻值的和成正比。

③ 当加在用电器两端的电压一定时，电功率与电阻值成反比。对于并联电阻电路，各个电阻两端电压相等，则各个电阻的电功率与各电阻的阻值成反比。

在实际工作中，电功的单位常用千瓦小时（kW·h），也叫

"度"。1千瓦小时是1度，它表示功率为1千瓦的用电器1小时所消耗的电能，即：

$$1kW \cdot h = 1kW \times 1h = 3.6 \times 10^6 J \qquad (1\text{-}5)$$

例题1 一台42in（1in＝2.54cm）等离子电视机的功率约为300W，平均每天开机3h，若每度电费为人民币0.48元，问一年（以365d计算）要交纳多少电费？

解：

电视机的功率 $P = 300W = 0.3kW$

电视机一年开机的时间 $t = 3 \times 365 = 1095h$

电视机一年消耗的电能 $W = P_t = 0.3 \times 1095 = 328.5 kW \cdot h$

一年的电费为 $328.5 \times 0.48 = 157.68$ 元。

七、电流的热效应

电流通过导体使导体发热的现象叫作电流的热效应。电流的热效应是电流通过导体时电能转换成热能的效应。

电流通过导体产生的热量，用焦耳-楞次定律表示如下：

$$Q = I^2 Rt \qquad (1\text{-}6)$$

式中　Q——热量，J；

　　　I——通过导体的电流，A；

　　　R——导体电阻，Ω；

　　　t——导体通过电流的时间，s。

焦耳-楞次定律的物理意义是：电流通过导体所产生的热量，与电流强度的平方、导体的电阻及通电时间成正比。

在生产和生活中，应用电流热效应制作各种电器。如白炽灯、电烙铁、电烤箱、熔断器等在工厂中最为常见；电吹风、电褥子等常用于家庭中。但是电流的热效应也有其不利的一面，如电流的热效应能使电路中不需要发热的地方（如导线）发热，导致绝缘材料老化，甚至烧毁设备，导致火灾，是一种不容忽视的潜在祸因。

例题2 已知当一台电烤箱的电阻丝流过5A电流时，每分钟可放出 $1.2 \times 10^6 J$ 的热量，求这台电烤箱的电功率及电阻丝工作时的电阻值。

解：

根据式(1-3)，电烤箱的电功率为

$$P = \frac{W}{t} = \frac{Q}{t} = \frac{1.2 \times 10^6}{60} = 20\text{kW}$$

电阻丝工作时电阻值为

$$R = \frac{P}{I^2} = \frac{20000}{25} = 800\Omega$$

第三节　电阻器及其应用

一、电阻器的基本参数

(1) 电阻器的标称值

电阻器的标称值见表1-2。

表1-2　电阻器标称值系列

容许误差	系列代号	等级	标称值
±5%	E₂₄	I	1.0、1.1、1.2、1.3、1.5、1.6、1.8、2.0、2.2、2.4、2.7、3.0、3.3、3.6、3.9、4.3、4.7、5.1、5.6、6.2、6.8、7.5、8.2、9.1
±10%	E₁₂	II	1.0、1.2、1.5、1.8、2.2、2.7、3.3、3.9、4.7、5.6、6.8、8.2
±20%	E₆	III	1.0、1.5、2.2、3.3、4.7、6.8

注：表中数字乘以 10^0，10^1，10^2……得出各种标称阻值。

(2) 电阻器的额定功率

电阻器的额定功率见表1-3。

表1-3　电阻器的额定功率

种类	额定功率系列/W
线绕电阻	0.05、0.125、0.25、0.5、1、2、4、8、10、16、25、40、50、75、100、150、250、500
非线绕电阻	0.05、0.125、0.25、0.5、1、2、5、10、25、50、100

(3) 电阻器的符号表示

电阻器的符号表示方法见图1-5。

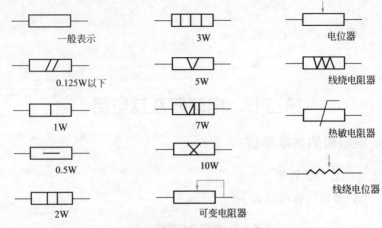

图 1-5　电阻器的图形符号表示

(4) 电阻器的种类、特性和用途

电阻器的种类、特性和用途见表 1-4。

表 1-4　电阻器的种类、特性和用途

种类	特性	用途
线绕电阻器	耐高温,热稳定性好,温度系数小,电流噪声小。但分布电容、电感较大,阻值较低	电源电路中分压电阻器、泄放电阻器、电阻箱、精度测量仪器、电子计算机和无线电定位设备等
碳膜电阻器	电压稳定性好,高频特性好,固有噪声电动势小,具有负的温度系数,有较好的稳定性	可制成高频电阻器、精密电阻器、大功率电阻器,用于交、直流脉冲电路中
金属膜电阻器	体积比同功率碳膜电阻器小,耐热性能好,电压稳定性好,噪声小,温度特性好,具有较好的高频特性	可制成精密、高阻、高频、高压、高温的金属膜电阻器和供微波使用的各种不同形状衰减片
金属氧化膜电阻器	薄膜与基体结合牢固、耐酸耐碱能力强、抗盐雾能力也较强、耐热性能很好,但阻值范围小于几百千欧,长期工作稳定性差	可制成几百千瓦的大功率电阻器
玻璃釉电阻器	温度系数小,噪声小,比功率高,稳定可靠,耐潮性好	用于电子手表中的小型玻璃釉电阻器,可制成高压、高阻、精密玻璃釉电阻器

种类	特 性	用 途
合成碳膜电阻器	价格便宜,制作简单,但抗潮湿性差,电压稳定性差,频率特性差,固有噪声高	用于辐射探测器、微弱电流测试仪器中,可制成高阻、高压电阻器

二、电阻器的选择与使用

操作实例——电阻器的选用

① 应按用途选用合适的型号,并正确选取阻值及精度,对于电阻器额定功率的选择,应选得比实际耗散功率大一倍以上。

② 还应注意电阻器最高工作电压限制,每个电阻器都有一定的耐压值(表1-5),超过这个电压,电阻器就会损坏,在高压场合下使用时,高阻值电阻器的使用电压值更应小于最高工作电压。

表1-5　非线绕电阻器的最高工工作电压　　　　单位:V

额定功率/W	0.125	0.25	0.5	1.0	2.0
RT 型	150	350	500	700	1000
RJ 型	200	250	350	500	750
RY 型	180	250	350	500	750
RS 型	—	—	300	450	600

注:$P<2W$ 时,电阻器能承受的脉冲电压与表中相应电压值的比值为2;

$P=2W$ 时,电阻器能承受的脉冲电压与表中相应电压值的比值为1.6。

操作注意事项

在使用电阻器时,需注意以下事项。

① 电阻器在使用前应先对其进行人工老化,以减少其不稳定性。

② 在焊接电阻器时应避免长时间受热而引起阻值变化,电阻器的引线需要弯曲时,应从根部留一定距离(一般大于5mm)才弯曲,以免折断或损伤引线。

第四节 欧姆定律

一、一段电阻电路的欧姆定律

所谓一段电阻电路是指不包括电源在内的外电路，如图 1-6 所示。实验证明，二段电阻电路欧姆定律的内容是，流过导体的电流强度与这段导体两端的电压成正比；与这段导体的电阻成反比。

其数学表达式为：

$$I = \frac{U}{R} \tag{1-7}$$

式中 I——导体中的电流，A；

U——导体两端的电压，V；

R——导体的电阻，Ω。

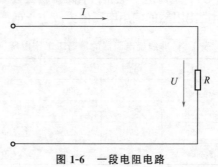

图 1-6 一段电阻电路

式（1-1）中，已知其中两个量，就可以求出第三个未知量；式（1-7）又可写成另外两种形式：

① 已知电流、电阻，求电压：

$$U = IR \tag{1-8}$$

② 已知电压、电流，求电阻：

$$R = \frac{U}{I} \tag{1-9}$$

例题 3 一台直流电动机励磁绕组在 220V 电压作用下，通过绕组的电流为 0.427A，求绕组的电阻。

解： 已知电压 $U = 220V$，电流 $I = 0.427A$，由公式（1-9）得：

$$R = \frac{U}{I} = \frac{220}{0.427} = 515.2\Omega$$

二、全电路欧姆定律

全电路是指含有电源的闭合电路。全电路是由各段电路连接成的闭合电路。如图1-7所示，电路包括电源内部电路和电源外部电路，电源内部电路简称内电路，电源外部电路简称外电路。在全电路中，电源电动势 E、电源内电阻 r、外电路电阻 R 和电路电流 I 之间的关系为：

$$I = \frac{E}{R+r} \tag{1-10}$$

式中　I——电路中的电流，A；

　　　E——电源电动势，V；

　　　R——外电路电阻，Ω；

　　　r——内电路电阻，Ω。

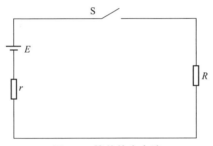

图1-7　简单的全电路

公式(1-10)是全电路欧姆定律。定律说明电路中的电流强度与电源电动势（E）成正比，与整个电路的电阻（$R+r$）成反比。

将公式(1-10)变换后得到：

$$E = IR + Ir = U + Ir \tag{1-11}$$

式中　U——外电路电压；

　　　Ir——内电路电压。

外电路电压是指电路接通时电源两端的电压，又叫作路端电压，简称端电压。这样，公式(1-11)的含义又可叙述为电源电动势在数值上等于闭合回路的各部分电压之和。根据全电路欧姆定律研究全电路处于三种状态时，全电路中电压与电流的关系是：

① 当全电路处于通路状态时，由公式(1-11)可以得出端电压为：

$$U=E-Ir \tag{1-12}$$

由公式可知，随着电流的增大，外电路电压也随之减小。电源内阻越大，外电路电压减小得越多。在直流负载时需要恒定电压供电，所以总是希望电源内阻越小越好。

② 当全电路处于断路状态时，相当于外电路电阻值趋于无穷大，此时电路电流为零，开路内电路电阻电压为零，外电路电压等于电源电动势。

③ 当全电路处于短路状态时，外电路电阻值趋近于零，此时电路电流叫短路电流。由于电源内阻很小，所以短路电流很大。短路时外电路电压为零，内电路电阻电压等于电源电动势。

全电路处于三种状态时，电路中电压与电流的关系见表1-6。

表1-6　电路中电压与电流的关系

电路状态	负载电阻	电路电流	外电路电压
通路	$R=$常数	$I=\dfrac{E}{R+r}$	$U=E-Ir$
开路	$R\to\infty$	$I=0$	$U=E$
短路	$R\to 0$	$I=\dfrac{E}{r}$	$U=0$

通常电源电动势和内阻在短时间内基本不变，且电源内阻又非常小，所以可近似认为电源的端电压等于电源电动势。今后不特别指出电源内阻时，就表示其阻值很小，忽略不计。但对于电池来说，其内阻随电池使用时间延长而增大。如果电池内阻增大到一定值时，电池的电动势就不能使负载正常工作了。如旧电池开路时两端的电压并不低，但装在收音机里，却不能使收音机发声，这是由于电池内阻增大所致。

例题4　如图1-4所示的电路。电源电动势 $E=24\text{V}$，电源内阻 $r=-4\Omega$，负载电阻 $R=20\Omega$。求电路中的电流，电源的端电压，负载电压和电源内阻电压。

解：根据公式(1-10)，电路中的电流：

$$I=\frac{E}{R+r}=1\text{A}$$

由公式(1-11)，电路中电源的端电压：

$$U=E-Ir=24-1\times 4=20\text{V}$$

根据公式(1-8)，电路中的负载电压：
$$U = IR = 1 \times 20 = 20V$$
根据公式(1-8)，电路中电源内阻的电压：
$$U_r = Ir = 1 \times 4 = 4V$$

第五节　电池及其应用

一、电池的种类

(1) 化学电池

化学电池，是指通过电化学反应，把正极、负极活性物质的化学能，转化为电能的一类装置。经过长期的研究、发展，化学电池迎来了品种繁多，应用广泛的局面。大到一座建筑方能容纳得下的巨大装置，小到以毫米计的品种。无时无刻不在为我们的美好生活服务。现代电子技术的发展，对化学电池提出了很高的要求。每一次化学电池技术的突破，都带来了电子设备革命性的发展。现代社会的人们，每天的日常生活中，越来越离不开化学电池了。现在世界上很多电化学科学家，把兴趣集中在作为电动汽车动力的化学电池领域。

(2) 干电池和液体电池

干电池和液体电池的区分仅限于早期电池发展的那段时期。最早的电池由装满电解液的玻璃容器和两个电极组成。后来推出了以糊状电解液为基础的电池，也称作干电池。

现在仍然有"液体"电池。一般是体积非常庞大的品种。如那些作为不间断电源的大型固定型铅酸蓄电池或与太阳能电池配套使用的铅酸蓄电池。对于移动设备，有些使用的是全密封，免维护的铅酸蓄电池，这类电池已经成功使用了许多年，其中的电解液硫酸是由硅凝胶固定或被玻璃纤维隔板吸附的。

(3) 一次性电池和可充电电池

一次性电池俗称"用完即弃"电池，因为它们的电量耗尽后，无法再充电使用，只能丢弃。常见的一次性电池包括碱锰电池、锌锰电池、锂电池、银锌电池、锌空电池、锌汞电池和镁锰电池。

可充电电池按制作材料和工艺上的不同，常见的有铅酸电池、镍镉电池、镍铁电池、镍氢电池、锂离子电池。其优点是循环寿命长，它们可全充放电 200 多次，有些可充电电池的负荷力要比大部分一次性电池高。普通镍镉、镍氢电池使用中，特有的记忆效应，造成使用上的不便，常常引起提前失效。

(4) 燃料电池

燃料电池是一种将燃料的化学能透过电化学反应直接转化成电能的装置。

这里重点介绍锂电池的工作原理及应用。

二、锂电池充电电路原理及应用

锂离子电池以其优良的特性，被广泛应用于手机、摄录像机、便携式电脑、无绳电话、电动工具、遥控或电动玩具、照相机等便携式电子设备中。

(1) 锂电池与镍镉、镍氢可充电池

锂离子电池的负极为石墨晶体，正极通常为二氧化锂。充电时锂离子由正极向负极运动而嵌入石墨层中。放电时，锂离子从石墨晶体内负极表面脱离移向正极。所以，在该电池充放电过程中锂总是以锂离子形态出现，而不是以金属锂的形态出现。因而这种电池叫作锂离子电池，简称锂电池。

锂电池具有体积小、容量大、重量轻、无污染、单节电压高、自放电率低、电池循环次数多等优点，但价格较贵。镍镉电池因容量低，自放电严重，且对环境有污染，正逐步被淘汰。镍氢电池具有较高的性能价格比，且不污染环境，但单体电压只有 1.2V，因而在使用范围上受到限制。

(2) 锂电池的特点

① 具有更高的重量能量比、体积能量比。

② 电压高，单节锂电池电压为 3.6V，等于 3 只镍镉或镍氢充电电池的串联电压。

③ 自放电小，可长时间存放，这是该电池具有的最突出的优越性。

④ 无记忆效应。锂电池不存在镍镉电池的所谓记忆效应，所以锂电池充电前无需放电。

⑤ 寿命长。正常工作条件下，锂电池充/放电循环次数远大于 500 次。

⑥ 可以快速充电。锂电池通常可以采用0.5～1倍容量的电流充电，使充电时间缩短至1～2h。

⑦ 可以随意并联使用。

⑧ 由于电池中不含镉、铅、汞等重金属元素，对环境无污染，是当代最先进的绿色电池。

⑨ 成本高。与其他可充电池相比，锂电池价格较贵。

(3) 锂电池的内部结构

锂电池通常有两种外形：圆柱形和长方形。

电池内部采用螺旋绕制结构，用一种非常精细而渗透性很强的聚乙烯薄膜隔离材料在正、负极间间隔而成。正极包括由锂和二氧化钴组成的锂离子收集极及由铝薄膜组成的电流收集极。负极由片状碳材料组成的锂离子收集极和铜薄膜组成的电流收集极组成。电池内充有有机电解质溶液。另外，还装有安全阀和PTC元件，以便电池在不正常状态及输出短路时保护电池不受损坏。

单节锂电池的电压为3.6V，容量也不可能无限大，因此，常常将单节锂电池进行串、并联处理，以满足不同场合的要求。

(4) 锂电池的充放电要求

① 锂电池的充电：根据锂电池的结构特性，最高充电终止电压应为4.2V，不能过充，否则，会因正极的锂离子拿走太多，而使电池报废。其充放电要求较高，可采用专用的恒流、恒压充电器进行充电。通常恒流充电至每节4.2V后转入恒压充电，当恒压充电电流降至100mA以内时，应停止充电。

充电电流（mA）＝0.1～1.5倍电池容量（如1350mA·h的电池，其充电电流可控制在135～2025mA）。常规充电电流可选择在0.5倍电池容量左右，充电时间为2～3h。

② 锂电池的放电：因锂电池的内部结构所致，放电时锂离子不能全部移向正极，必须保留一部分锂离子在负极，以保证在下次充电时锂离子能够畅通地嵌入通道。否则，电池寿命就相应缩短。为了保证石墨层中放电后留有部分锂离子，就要严格限制放电终止最低电压，也就是说锂电池不能过放电。放电终止电压通常为3.0V/节，最低每节不能低于2.5V。电池放电时间长短与电池容量、放电电流大小有关。电池放电时间（小时）＝电池容量/放电电流。锂电池放电电流（mA）不应超过电池容量的3倍。（如1000mA·h电池，则放

电电流应严格控制在 3A 以内）否则，会使电池损坏。

目前，市场上所售锂电池组内部均封有配套的充放电保护板。只要控制好外部的充放电电流即可。

（5）**锂电池的保护电路**

两节锂电池的充放电保护电路如图 1-8 所示。由两个场效应管和专用保护集成块 S-8232 组成，过充电控制管 FET_2 和过放电控制管 FET_1 串联于电路，由保护 IC 监视电池电压并进行控制，当电池电压上升至 4.2V 时，过充电保护管 FET_1 截止，停止充电。为防止误动作，一般在外电路加有延时电容。当电池处于放电状态下，电池电压降至 2.55V 时，过放电控制管 FET_1 截止，停止向负载供电。过电流保护是在当负载上有较大电流流过时，控制 FET_1 使其截止，停止向负载放电，目的是为了保护电池和场效应管。过电流检测是利用场效应管的导通电阻作为检测电阻，监视它的电压降，当电压降超过设定值时就停止放电。在电路中一般还加有延时电路，以区分浪涌电流和短路电流。该电路功能完善，性能可靠，但专业性强，且专用集成块不易购买，业余爱好者不宜仿制。

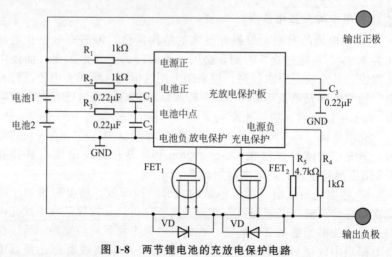

图 1-8　两节锂电池的充放电保护电路

（6）**简易充电电路**

现在有不少商家出售不带充电板的单节锂电池，性能优越，价格低廉，可用于自制产品及锂电池组的维修代换，因而深受广大电子爱好者喜爱。有兴趣的读者可参照图 1-9 制作一块充电板。其原理是采用恒定电压给电池充电，确保不会过充。输入直流电压高于所充电池电压 3V 即可。R_1、Q_1、W_1、TL_{431} 组成精密可调稳压电路，Q_2、W_2、R_2 构成可调恒流电路，Q_3、R_3、R_4、R_5、LED 为充电指示电路。随着被充电池电压的上升，充电电流将逐渐减小，待电池充满后 R_4 上的压降将降低，从而使 Q_3 截止，LED 将熄灭，为保证电池能够充足，请在指示灯熄灭后继续充 1～2h。使用时请给 Q_2、Q_3 装上合适的散热器。本电路的优点是制作简单，元器件易购，充电安全，显示直观，并且不会损坏电池，通过改变 W_1 可以对多节串联锂电池充电，改变 W_2 可以对充电电流进行大范围调节。缺点是无过放电控制电路。

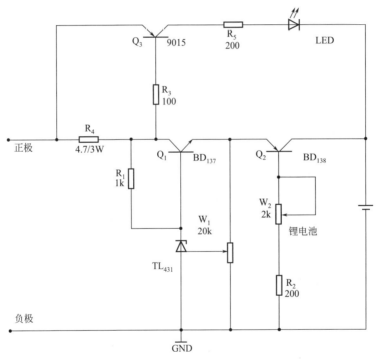

图 1-9　锂电池的保护电路

⑺ 单节锂电池的应用举例

① 作电池组维修代换品。有许多电池组：如便携式电脑上用的

那种，经维修发现，此电池组损坏时仅是个别电池有问题。可以选用合适的单节锂电池进行更换。

② 制作高亮微型电筒。笔者曾用单节 3.6V/1.6AH 锂电池配合一个白色超高亮度发光管做成一只微型电筒，使用方便，小巧美观。而且由于电池容量大，平均每晚使用半小时，至今已用两个多月仍无需充电。电路如图 1-10 所示。

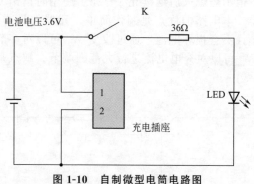

图 1-10   自制微型电筒电路图

③ 代替 3V 电源。由于单节锂电池电压为 3.6V。因此仅需一节锂电池便可代替两节普通电池，给收音机、随身听、照相机等小家电产品供电，不仅重量轻，而且连续使用时间长。

(8) 锂电池的保存

锂电池需充足电后保存。在 20℃ 下可储存半年以上，可见锂电池适宜在低温下保存。曾有人建议将充电电池放入冰箱冷藏室内保存，的确是个好主意。

(9) 使用注意事项

锂电池绝对不可解体、钻孔、穿刺、锯割、加压、加热，否则有可能造成严重后果。没有充电保护板的锂电池不可短路，不可供小孩玩耍。不能靠近易燃物品、化学物品。报废的锂电池要妥善处理。

第二章
交流电路基础及应用

第一节　正弦交流电路基础

一、正弦交流电的产生

(1)　正弦交流电的特点

第一章直流电路中所讨论的直流电，其电流（及电压、电磁势）的大小和方向是不随时间变化的。但是在生产实际中，除了应用直流电外，还广泛地应用交流电。所谓交流电是指电流（及电压、电动势）的大小和方向随时间的变化而变化。交变电流、交变电压和交变电动势统称为交流电。通常将交流电分为正弦交流电和非正弦交流电两大类。正弦交流电是指其交流量随时间按正弦规律变化。

人们经常用图形表示电流（及电压、电动势）随时间变化的规律，这种图形称为波形图，如图 2-1 所示。

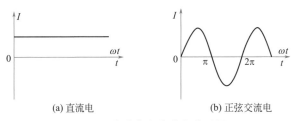

(a) 直流电　　　　　　　(b) 正弦交流电

图 2-1　直流电和交流电波形图

图中横坐标表示时间，纵坐标表示不同时刻的交流量（电流、电压、电动势）值。从如图 2-1(b) 所示的波形图中可以看到，正弦交流电（如无特别说明都简称交流电）的特点如下。

① 变化的瞬时性。正弦交流电的大小和方向时时刻刻都在变化。

② 变化的周期性。正弦交流电每隔一定时间又作重复的变化。

③ 变化的规律性。正弦交流电是随着时间按正弦规律变化的。

正弦交流电在工农业生产以及日常生活中应用广泛，是由于它具有便于远距离传输和分配，交流发电机结构简单、运行可靠、维修方便、节省材料、具有更低的电磁干扰等优点。

（2）正弦交流电的产生

正弦交流电是由交流发电机产生的。如图 2-2(a) 所示是最简单的交流发电机示意图，它由定子和转子组成。定子有 N，S 两个固定磁极。转子是一个可以转动的钢质圆柱体，其上紧绕着一匝导线。导线两端分别接到两个相互绝缘的铜环上，铜环与连接外电路的电刷相接触。

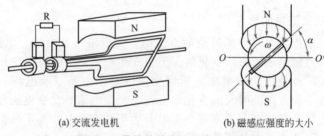

(a) 交流发电机　　　　　　(b) 磁感应强度的大小

图 2-2　最简单的交流发电机示意图

当用原动机（如水轮机或汽轮机）拖动电枢转动时，由于运动导线切割磁感应线而在线圈中产生感应电动势。为了得到正弦波形的感应电动势，应采用特定形式的磁极，使磁极与电枢之间的空隙中的磁感应强度按下列规律分布。

第一，磁感应线垂直于电枢表面。

第二，磁感应强度 B 在电枢表面按正弦规律分布。

如图 2-2(b) 所示。在磁极中心位置处的磁感应强度最大，用 B_m 表示；在磁性分界面处的磁感应强度为零。磁感应强度等于零的平面叫作中性面，如图 2-2(b) 所示的 OO' 水平面。如线圈所在位置的平面与中性面成 α 角，此处电枢表面的磁感应强度为：

$$B = B_m \sin\alpha \tag{2-1}$$

当电枢在磁场中从中性面开始，以匀角速度 ω 逆时针转动时，单匝线圈的 a、b 边在磁场内切割磁感应线产生感应电动势。单匝线圈中产生的磁感应电动势为：

$$e = 2Blv = 2B_{m}lv\sin\alpha \qquad (2\text{-}2)$$

如果线圈有 N 匝，则总的感应电动势为：

$$e = 2NB_{m}lv\sin\alpha \qquad (2\text{-}3)$$

当 $\alpha = 90°$ 及 $\alpha = 270°$ 时，感应电动势具有最大值，即：

$$E_{m} = 2NB_{m}lv \qquad (2\text{-}4)$$

式中　E_{m}——感应电动势最大值，V；

　　　N——线圈的匝数；

　　　B_{m}——最大磁感应强度，Wb/m^{2}；

　　　l——线圈的有效长度，m；

　　　v——导线运动速度，m/s。

将式（2-4）代入式（2-3）后，得：

$$e = E_{m}\sin\alpha \qquad (2\text{-}5)$$

因为电枢在磁场中以角速度 ω 做匀速转动，在任意时刻线圈平面与中性面的夹角 α 等于角速度 ω 与时间 t 的乘积，即：

$$\alpha = \omega t \qquad (2\text{-}6)$$

因此，感应电动势的数学式又可以写成：

$$e = E_{m}\sin\omega t \qquad (2\text{-}7)$$

这样就把感应电动势随角度变化转为随时间变化。为今后研究交流电正弦量提供了方便。同理，交流电压、交流电流可表示为：

$$\left. \begin{array}{l} u = U_{m}\sin\omega t \\ i = I_{m}\sin\omega t \end{array} \right\} \qquad (2\text{-}8)$$

二、正弦交流电的三要素

(1) 周期、频率、角频率

由如图 2-1 所示中的正弦交流电流波形图可以看出，它从零开始随时间延长而增至最大值，然后逐渐减到零；以后由零开始反向增至最大值，然后再回到零。这样，交流电流就变化一次。交流电就按照这样的规律做周而复始的变化，变化一次叫作一周。交流电变化一周所需要的时间叫作周期，用字母 T 表示，单位是秒（s），较小的单位有毫秒（ms）和微秒（μs）。它们之间的关系为：

$$1s = 10^{3}ms = 10^{6}\mu s$$

周期的长短表示交流电变化的快慢一周期越小，说明交流电变化一周所需的时间越短，交流电的变化越快；反之，交流电的变化越慢。

频率是指在一秒钟内交流电变化的次数，用字母 f 表示，单位为赫兹；简称赫，用 Hz 表示。当频率很高时，可以使用千赫（kHz）、一兆赫（MHz）、吉赫（GHz）等。它们之间的关系为：

$$1kHz=10^3 Hz$$
$$1MHz=10^3 kHz$$
$$1GHz=10^3 MHz$$

频率和周期一样，是反映交流电变化快慢的物理量。它们之间的关系为：

$$\left.\begin{array}{l} f=\dfrac{1}{T} \\[2mm] T=\dfrac{1}{f} \end{array}\right\} \tag{2-9}$$

我国农业生产及日常生活中使用的交流电标准频率为 50Hz。通常把 50Hz 的交流电称为工频交流电。

交流电变化的快慢除了用周期和频率表示外，还可以用角频率表示。所谓角频率就是交流电每秒钟变化的角度，用字母 ω 表示，单位是 rad/s（弧度每秒）。

周期、频率和角频率的关系是：

$$\omega=\dfrac{2\pi}{T}2\pi f \tag{2-10}$$

(2) 瞬时值、最大值、有效值

正弦交流电（简称交流电）的电动势、电压、电流，在任意瞬间的数值叫交流电的瞬时值，用字母 E，U，I 表示。

瞬时值中最大的值称为最大值。最大值也称为振幅或峰值。在波形图中，曲线的最高点对应的纵轴值，即表示最大值。用 E_m，U_m，I_m 分别表示电动势、电压、电流的最大值。它们之间的关系为：

$$\left.\begin{array}{l} E=E_m \sin\omega t \\[1mm] U=U_m \sin\omega t \\[1mm] I=I_m \sin\omega t \end{array}\right\} \tag{2-11}$$

由式(2-11) 可知，交流电的大小和方向是随时间变化的，瞬时值在零值与最大值之间变化，没有固定的数值。因此，不能随意用一个瞬时值来反映交流电的做功能力。如果选用最大值，就夸大了交流电的做功能力，因为交流电在绝大部分时间内都比最大值要小。这就需要选用一个数值，能等效地反映交流电做功的能力。为此，引入了交流电的有效值这一概念。

正弦交流电的有效值是这样定义的：如果一个交流电通过一个电阻，在一个周期内所产生的热量，和某一直流电流在相同时间内通过同一电阻产生的热量相等，那么，这个直流电的电流值就称为交流电的有效值。正弦交流电的电动势。电压、电流的有效值分别用字母 E，U，I 表示。通常所说的交流电的电动势、电压、电流的大小都是指它的有效值，交流电气设备铭牌上标注的额定值、交流电仪表所指示的数值也都是有效值。今后在谈到交流电的数值时，如无特殊注明，都是指有效值。

理论计算和实验测试都可以证明，它们之间的关系为：

$$
\left.\begin{array}{l}
E = \dfrac{E_{m}}{\sqrt{2}} = 0.707E_{m} \\[2mm]
U = \dfrac{U_{m}}{\sqrt{2}} = 0.707U_{m} \\[2mm]
I = \dfrac{I_{m}}{\sqrt{2}} = 0.707I_{m}
\end{array}\right\} \qquad (2-12)
$$

(3) 相位、初相和相位差

在如图 2-3 所示中，两个相同的线圈固定在同一个旋转轴上，它们相互垂直，以角速度叫逆时针旋转。在 AX 和 BY 线圈中产生的感

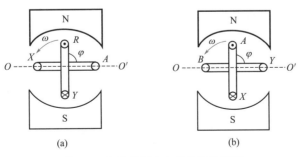

(a)   (b)

图 2-3　两个线圈中电动势变化情况

应电动势分别为 E_1 和 E_2，如图 2-4 所示。

当 $t=0$ 时，AX 线圈平面与中性面之间的夹角 $\varphi_1=0°$，BY 线圈平面与中性面之间的夹角 $\varphi_2=90°$。在任意时刻两个线圈的感应电动势分别为：

$$E_1=E_m\sin(\omega t+\varphi_1)$$
$$E_2=E_m\sin(\omega t+\varphi_2) \tag{2-13}$$

式中，$\omega t+\varphi_1$ 和 $\omega t+\varphi_2$ 是表示交流电变化进程的一个角度，称为交流电的相位或相角，它决定了交流电在某一瞬时所处的状态。$t=0$ 时的相位叫初相位或初相。它是交流电在计时起始时刻的电角度，反映了交流电的初始值。例如，AX，BY 线圈的初相分别是 $\varphi_1=0°$，$\varphi_2=90°$。在 $t=0$ 时，两个线圈的电动势分别为 $E_1=0$，$E_2=E_m$。两个频率相同的交流电的相位之差叫相位差。令上述 E_1 的初相位 $\varphi_1=0°$，E_2 的初相位 $\varphi_2=90°$，则两个电动势的相位差为：

$$\Delta\varphi=(\omega t+\varphi_2)-(\omega t+\varphi_1)=\varphi_2-\varphi_1 \tag{2-14}$$

可见，相位差就是两个电动势的初相差。

从如图 2-5 所示可以看到，初相分别为 φ_1 和 φ_2 的频率相同的两个电动势的同向最大值，不能在同一时刻出现。就是说 E_2 比 E_1 超前 φ 角度达到最大值，或者说 E_1 比 E_2 滞后 φ 角度达到最大值。

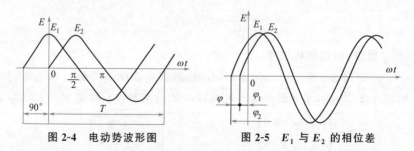

图 2-4　电动势波形图　　　　图 2-5　E_1 与 E_2 的相位差

综上所述，一个交流电变化的快慢用频率表示；其变化的幅度，用最大值表示；其变化的起点用初相表示。如果交流电的频率、最大值、初相确定后，就可以准确确定交流电随时间变化的情况。因此，频率、最大值和初相称为交流电的三要素。

例题 1　已知两正弦电 $E_1=100\sin(100\pi t+60°)$V，$E_2=65\sin(100\pi t+30°)$V，求各电动势的最大值、频率、周期、相位、初相及

相位差。

解：

① 振幅 $\qquad E_{m1}=100\text{V} \qquad E_{m2}=65\text{V}$

② 频率 $\qquad f_1=f_2=\dfrac{\omega}{2\pi}=\dfrac{100\pi}{2\pi}=50\text{Hz}$

③ 周期 $\qquad T_1=T_2=\dfrac{1}{f}=\dfrac{1}{50}=0.02\text{s}$

④ 相位
$$\varphi_1=100\pi t+60°$$
$$\varphi_2=100\pi t+30°$$

⑤ 初相
$$\varphi_1=60°$$
$$\varphi_2=30°$$

⑥ 相位差 $\quad \Delta\varphi=\varphi_1-\varphi_2=60°-30°=30°$

三、正弦交流电的表示法

正弦交流电的表示方法有三角函数式法和正弦曲线法两种。它们能真实地反映正弦交流电的瞬时值随时间的变化规律，同时也能完整地反映出交流电的三要素。

(1) 三角函数式法

正弦交流电的电动势、电压、电流的三角函数式为：
$$E=E_m\sin(\omega t+\varphi E)$$
$$U=U_m\sin(\omega t+\varphi_U)$$
$$I=I_m\sin(\omega t+\varphi I)$$

若知道了交流电的频率、最大值和初相，就能写出三角函数式，用它可以求出任一时刻的瞬时值。

例题 2 已知正弦交流电的频率 $f=50\text{Hz}$，最大值 $U_m=310\text{V}$，初相 $\phi=30°$。求 $t=1/300\text{s}$ 时的电压瞬时值。

解：
电压的三角函数标准式为
$$U=U_m\sin(\omega t+\varphi_U)=U_m\sin(2\pi ft+\varphi_U)$$

则其电压瞬时值表达式为

$$U = 310\sin(100\pi t + 30°)$$

将 $t = 0.01\mathrm{s}$ 代入上式

$$U = 310\sin(100\pi t + 30°)$$
$$= 310\sin(100 \times 180° \times 1 \div 300 + 30°)$$
$$= 310\sin(60° + 30°)$$
$$= 310\mathrm{V}$$

（2）**正弦曲线法-波形法**

正弦曲线法就是利用三角函数式相对应的正弦曲线，来表示正弦交流电的方法。

在如图 2-6 所示中，横坐标表示时间 t 或者角度 ωt，纵坐标表示随时间变化的电动势瞬时值。图中正弦曲线反映出正弦交流电的初相 $\phi = 0$。E 最大值 E_m，周期 T 以及任一时刻的电动势瞬时值。这种图也叫作波形图。

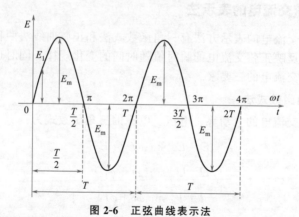

图 2-6　正弦曲线表示法

四、单相交流电路

在直流电路中，电路的参数只有电阻 R。而在交流电路中，电路的参数除了电阻 R 以外，还有电感 L 和电容 C。它们不仅对电流有影响，而且还影响了电压与电流的相位关系。因此，研究交流电路时，在确定电路中数量关系的同时，必须考虑电流与电压的相位关系，这是交流电路与直流电路的主要区别。本节只简单介绍纯电阻、纯电感、纯电容电路。

(1) 纯电阻电路

纯电阻电路是只有电阻而没有电感、电容的交流电路。如白炽灯、电烙铁、电阻炉组成的交流电路都可以近似看成是纯电阻电路，如图 2-7 所示。在这种电路中对电流起阻碍作用的主要是负载电阻。

加在电阻两端的正弦交流电压为 U，在电路中产生了交流电流 I，在纯电阻电路中，电压和电流瞬时值之间的关系，符合欧姆定律，即：

$$I = U/R \tag{2-15}$$

由于电阻值不随时间变化，则电流与电压的变化是一致的。就是说，电压为最大值时，电流也同时达到最大值；电压变化到零时，电流也变化到零。如图 2-8 所示。纯电阻电路中，电流与电压的这种关系称为"同相"。

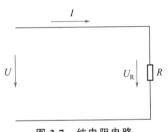

图 2-7　纯电阻电路

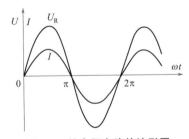

图 2-8　纯电阻电路的波形图

通过电阻的电流有效值为：

$$I = U/R \tag{2-16}$$

公式(2-16) 是纯电阻电路的有效值。在纯电阻电路中，电流通过电阻所做的功与直流电路的计算方法相同，即：

$$P = UI = I^2 R = U^2 R \tag{2-17}$$

(2) 纯电感电路

纯电感电路是只有电感，而没有电阻和电容的电路。如由电阻很小的电感线圈组成的交流电路，都可近似看成是纯电感电路，如图 2-9 所示。

在如图 2-9 所示的纯电感电路中；如果线圈两端加上正弦交流电

压，则通过线圈的电流 I 也要按正弦规律变化。由于线圈中电流发生变化，在线圈中就产生自感电动势，它必然阻碍线圈电流变化。经过理论分析证明，由于线圈中自感电动势的存在，使电流达到最大值的时间，要比电压滞后 90°，即四分之一周期。也就是说，在纯电感电路中，虽然电压和电流都按正弦规律变化，但两者不是同相的，如图 2-10 所示，正弦电流比线圈两端正弦电压滞后 90°，或者说，电压超前电流 90°。

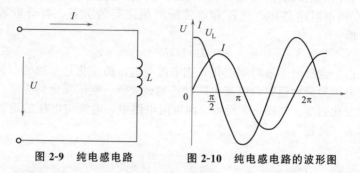

图 2-9　纯电感电路　　　　图 2-10　纯电感电路的波形图

理论证明，纯电感电路中线圈端电压的有效值 U，与线圈通过电流的有效值之间的关系是：

$$I=U/\omega L=U/X_{\mathrm{L}} \tag{2-18}$$

ωL 是电感线圈对角频率为 ω 的交流电所呈现的阻力，称为感抗，用 X_{L} 表示，即：

$$X_{\mathrm{L}}=\omega L=2\pi f L \tag{2-19}$$

式中　X_{L}——感抗，Ω；

　　　f——频率，Hz；

　　　L——电感，H。

感抗是用来表示电感线圈对交流阻碍作用的物理量。感抗的大小，取决于通过线圈电流的频率和线圈的电感量。对于具有某一电感量的线圈而言，频率越高，感抗越大，通过的电流越小；反之，感抗越小，通过的电流越大。收音机中的高频扼流圈不让高频电流通过，只让低频电流通过，就是这个道理。在直流电路中，由于频率为零，故线圈的感抗也为零，线圈的电阻很小，可以把线圈看成是短路的。

例题 3　有一电感为 0.1mH 的线圈，分别接在电压 $U=0.1\mathrm{V}$，频率为 $f_1=1000\mathrm{Hz}$，$f_2=1\mathrm{MHz}$ 的两个交流电源上。求两种情况下

通过线圈的电流。

解：

当 $f_1 = 1000\,\text{Hz}$ 时，感抗为：

$$X_{L1} = 2\pi fL = 2 \times 3.14 \times 1000 \times 0.1 \times 10^{-3} = 0.628\,\Omega$$

$$I = U/X_{L1} = 0.1/0.628 = 0.159\,\text{A} = 159\,\text{mA}$$

当 $f_2 = 1\,\text{MHz}$ 时，感抗为：

$$X_{L2} = 2\pi fL = 2 \times 3.14 \times 10^6 \times 0.1 \times 10^{-3} = 628\,\Omega$$

$$I = U/X_{L2} = 0.1/628 = 0.000159\,\text{A} = 159\,\mu\text{A}$$

结论：同一个电源电压、同一个电感，交流电频率差 1000 倍，X_L 差 1000 倍，电流差 1000 倍。

(3) 纯电容电路

电容器是由两个金属板中间隔着不同的介质（云母、绝缘纸等）组成的。它是存放电荷的容器。电容器中的两个金属板叫电容器内个极板。如果把电容器的两个极板分别与直流电路两端连接，如图 2-11 所示，则两极板间有电压，在极板间建立了电场。

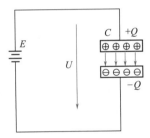

图 2-11 电容器接入电源

在电场力作用下，驱使自由电子运动，使两个极板分别带上数量相等符号相反的电荷。与电源正极相连的极板带正电荷，与电源负极相连的极板带负电荷。实验证明，极板上存有电荷 Q 越多，则极板间的电压 U 越高，二者成正比。因此，将电容器的电量 Q 与极板间电压的比值叫作电容器的电容量，简称电容，用字母 C 表示，即：

$$C = \frac{Q}{U} \tag{2-20}$$

式中　Q——下任意极板上的电量，C；

　　　　U——两极板间的电压，V；

C——电容量，F。

当电容器极板间电压为 1V，极板上电量为 1C，则电容器的电容量为 1F。在实际应用中，由于法拉单位过大，所以经常使用微法（μA）和皮法（pF）为电容的单位，它们之间的关系为：

$$1\mu F = 10^{-6} F$$
$$1pF = 10^{-6} \mu F = 10^{-12} F$$

常用的电容器符号如图 2-12 所示。

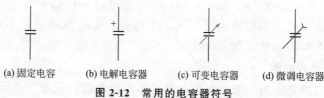

(a) 固定电容　　(b) 电解电容器　　(c) 可变电容器　　(d) 微调电容器

图 2-12　常用的电容器符号

电容器在电工和电子技术中应用广泛。如在电力系统中用它改善系统的功率因数，在电子技术中用它进行滤波、耦合、隔直、旁路、选频等。在这里只简单介绍电容在交流电路的作用。

纯电容电路是只有电容而没有电阻、电感的电路。如电介质损耗很小，绝缘电阻很大的电容器组成的交流电路。可近似看成纯电容电路。

在如图 2-13 所示的纯电容电路中，电容器接上交流电源。在电压升高的过程中，电容器充电，在电压降低的过程中，电容器放电。由于电容器端电压按正弦规律变化，致使电容器不断地进行充电、放电。于是在电路中形成按正弦规律变化的电流。理论分析证明：电路中电流达到同方向最大值的时间，比电容器的端电压超前 90°，即提前四分之一周期。也就是说，在纯电容电路中，虽然电流与电压都按正弦规律变化；但两者的相位不同，如图 2-14 所示，纯电容电路中的电流超前电压 90°。

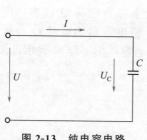

图 2-13　纯电容电路

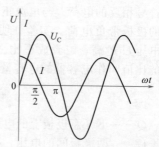

图 2-14　纯电容电路的波形图

理论证明：在纯电容电路中，电容两端电压的有效值 U 与电路电流有效值 I 之间的关系是：

$$I = \frac{U}{\dfrac{1}{\omega C}} = \frac{U}{X_C} \qquad (2\text{-}21)$$

$1/\omega C$ 是电容对角频率为 ω 的交流电所呈现的阻力，称为容抗，用 X_C 表示，即：

$$X_C = 1/\omega C = 1/2\pi f C \qquad (2\text{-}22)$$

容抗是用来表示电容器对电流阻碍作用大小的一个物理量，单位是欧，用 Ω 表示。容抗的大小与频率及电容量成反比。当电容器的容量一定时，频率越高，容抗越小，电流越大；反之，频率越低，容抗越大，电流越小。在直流电路中，由于电流电频率为零，因此，容抗为无限大。这表明，电容器在直流电路中相当于开路。但在交流电路中，随着电流频率的增加，容抗逐渐减小。因此，电容器在交流电路中相当于通路。这就是电容器隔断直流，通过交流的原理。

例题 4　有一个电容器的电容 $C = 0.159\mu\text{F}$，试求它在频率为 50Hz 和 1MHz 时的容抗。如果电源电压为 100V，求在频率为 50Hz 和 1MHz 时的电流。

解：

当 $f_1 = 50\text{Hz}$ 时，

$$X_{C1} = \frac{1}{2\pi f_1 C} = \frac{1}{2 \times 3.14 \times 50 \times 0.159 \times 10^{-6}} = 20\text{k}\Omega$$

$$I_1 = \frac{U}{X_{C1}} = \frac{1000}{20 \times 1000} = 0.005\text{A} = 5\text{mA}$$

当 $f_2 = 1\text{MHz}$ 时，

$$X_{C2} = \frac{1}{2\pi f_2 C} = \frac{1}{2 \times 3.14 \times 10^6 \times 0.159 \times 10^{-6}} = 1\Omega$$

$$I_2 = \frac{U}{X_{C2}} = \frac{100}{1} = 100\text{A}$$

五、三相交流电路

在单相交流电路的电源电路上有两根输出线，而且电源只有一个交变电动势。如果在交流电路中三个电动势同时作用，每个电动势大小相等，频率相同，但初相不同，则称这种电路为三相制交流电路。

其中，每个电路称为三相制电路的一相。

三相制电路应用广泛，其电源是三相发电机。和单相交流电相比，三相交流电具有以下优点。

① 三相发电机比尺寸相同的单相发电机输出的功率大。

② 三相发电机的结构和制造与单相发电机相比，并不复杂，使用方便，维修简单，运转时振动也很小。

③ 在条件相同、输送功率相同的情况下，三相输电线比单相输电线可节约25％左右的线材。

（1）三相电动势的产生

三相交流电是由三相发电机产生的，如图2-15所示是三相发电机的结构示意图。它由定子和转子组成。在定子上嵌入三个绕组，每个绕组叫一相，合称三相绕组。绕组的一端分别用 U_1，V_1，W_1 表示，叫作绕组的始端，另一端分别用 U_2，V_2，W_2 表示，叫绕组的末端。三相绕组始端或末端之间的空间角为120°。转子为电磁铁，磁感应强度沿转子表面按正弦规律分布。

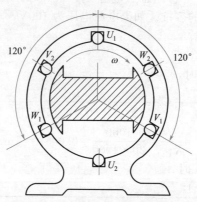

图 2-15　三相交流发电机示意图机构

当转子以匀角速度 ω 逆时针方向旋转时，在三相绕组中分别感应出振幅相等，频率相同，相位互差120°的三个感应电动势，这三相电动势称为对称三相电动势。三个绕组中的电动势分别为：

$$E_U = E_m \sin(\omega t)$$
$$E_V = E_m \sin(\omega t - 120°)$$
$$E_W = E_m \sin(\omega t + 120°)$$

显而易见，V 相绕组的 E_V 比 U 相绕组的 E_U 落后 120°，W 相绕组的 E_W 比 V 相绕组的 E_V 落后 120°。

如图 2-16 所示是三相电动势波形图。由图可见三相电动势的最大值。角频率相等，相位差 120°。电动势的方向是从末端指向始端，即 U_2 到 U_1，V_2 到 V_1，W_2 到 W_1。

在实际工作中经常提到三相交流电的相序问题，所谓相序就是指三相电动势达到同向最大值的先后顺序。在图中，最先达到最大值的是 E_U，其次是 E_V，最后是 E_W；它们的相序是 U—V—W，该相序称为正相序，反之，是负序或逆序，即 W—V—U。通常三相对称电动势的相序都是指正相序，用黄、绿、红三种颜色分别表示 U、V、W 三相。

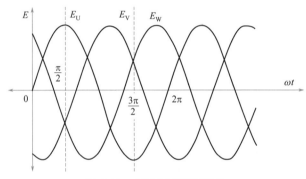

图 2-16　三相电动势波形图

(2) **三相电源绕组的联结**

三相发电机的每相绕组都是独立的电源，均可以采用如图 2-17 所示的方式向负载供电。这是三个独立的单相电路，构成三相六线制，有六根输电线，既不经济，又没有实用价值。在现代供电系统

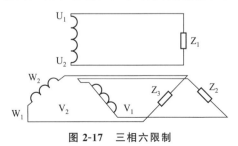

图 2-17　三相六限制

中，发电机三相绕组通常用星形联结或三角形联结两种方式。但是，发电机绕组一般不采用三角形接法，而采用星形接法。因此，这里只介绍星形接法。

将发电机三相绕组的末端 U_2，V_2，W_2 连在一起，成为一个公共点，再将三相绕组的始端 U_1，V_1，W_1 引出，接负载的三根输电线。这种接法称为星形接法或 Y 形接法，如图 2-18 所示。公共点称作电源中点，用字母 N 表示。从始端引出的三根输电线叫作相线或端线，俗称火线。从电源中点 N 引出的线叫作中线。中线通常与大地相连接，因此，把接地的中点叫零点，把接地的中线叫零线。

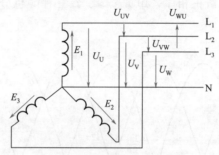

图 2-18　三相电源的星形接法

如果从电源引出四根导线，这种供电方式叫星接三相四线制；如果不从电源中点引出中线，这种供电方式叫星接三相三线制。

电源相线与中线之间的电压叫作相电压，在如图 2-17 所示中用 U_U，U_V，U_W 表示，电压方向是由始端指向中点。

电源相线之间的电压叫作线电压，分别用 U_{UV}，U_{VW}，U_{WU} 表示。电压的正方向分别是从端点 U_1 到 V_1，V_1 到 W_1，W_1 到 U_1。

三相对称电源的相电压相等，线电压也相等，则相电压 U_P 与线电压 U_P 之间的关系为：

$$U_P = \sqrt{3}\,U_P \approx 1.7U_P \tag{2-23}$$

公式(2-23)表明三相对称电源星形联结时，线电压的有效值等于相电压有效值的 1.7 倍。

(3) 三相交流电路负载的联结

在三相交流电路中，负载由三部分组成，其中，每两部分称为一相负载。如果各相负载相同，则叫作对称三相负载；如果各相负载不同，则叫作不对称三相负载。例如，三相电动机是对称三相负载，日常照明电路是不对称三相负载。根据实际需要，三相负载有两种连接方式，星形（Y形）联结和三角形（△形）联结。

① 负载的星形联结。设有三组负载 Z_U，Z_V，Z_W，若将每组负载的一端分别接在电源三根相线上，另一端都接在电源的中线上，如图 2-19 所示，这种连接方式叫作三相负载的星形联结。图中 Z_U，Z_V，Z_W 为各相负载的阻抗，N 为负载的中性点。

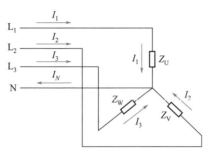

图 2-19   三相负载的星形联结

由图可见，负载两端的电压称为相电压。如果忽略输电线上的压降，则负载的相电压等于电源的相电压；三相负载的线电压就是电源的线电压。负载相电压 $U_{相}$ 与线电压 $U_{线}$ 间的关系为：

$$U_{线} = \sqrt{3} U_{相} \tag{2-24}$$

星接三相负载接上电源后，就有电流流过相线、负载和中线。流过相线的电流 I_U，I_V，I_W 叫作线电流，统一用 $I_{线}$ 表示。流过每相负载的电流 I_U，I_V，I_W 叫作相电流，统一用 $I_{相}$ 表示。流过中线的电流 I_N 叫作中线电流。

如图 2-19 所示中的三相负载各不相同（负载不对称）时，中线电流不为零，应当采取三相四线制。如果三相负载相同（负载对称）时，流过中线的电流等于零，此时可以省略中线。如图 2-20 所示是三相对称负载星形联结的电路图。可见去掉中线后，电源只需三根相线就能完成电能输送，这就是三相三线制。

三相对称负载呈星形联结时，线电流 I_W 等于相电流 I_P，即：

$$I_{WY} = I_{PY} \tag{2-25}$$

在工业上，三相三线制和三相四线制应用广泛。对于三相对称负载（如三相异步电动机）应采用三相三线制，对于三相不对称的负

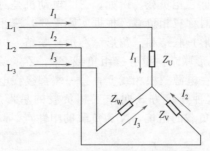

图 2-20   三相对称负载的星形联结

载，如图 2-21 所示的照明线路，应采用三相四线制。

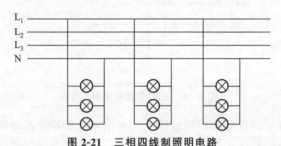

图 2-21   三相四线制照明电路

值得注意的是，采用三相四线制时，中线的作用是使各相的相电压保持对称。因此，在中线上不允许接熔断器，更不能拆除中线。

② 负载的三角形联结。设有三相对称负载，将它们分别接在三相电源两相线之间，如图 2-22 所示，这种连接方式叫作负载的三角形联结。

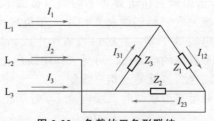

图 2-22   负载的三角形联结

负载呈三角形联结时，负载的相电压 U_P 就是电源的线电压

U_W，即：

$$U_{PA} = U_{WA} \tag{2-26}$$

当对称负载呈三角形联结时，电源线上的线电流 I_W 有效值与负载上相电流 I_P 有效值有如下的关系：

$$I_{WA} = \sqrt{3} I_{PA} \approx 1.732 I_{PA} \tag{2-27}$$

分析了三相负载的两种联结方式后，可以知道，负载呈三角形联结时的相电压是其呈星形联结时的相电压的 1.7 倍。因此，当三相负载接到电源时，究竟是采用星形联结还是三角形联结，应根据三相负载的额定电压而定。

第二节　交流电路的应用

一、常用电气照明

在工农业生产及日常生活中使用广泛的照明灯具，有白炽灯、节能灯、日光灯、卤钨灯、荧光灯、高压汞灯、高压钠灯、管型氙灯、金属卤化物灯、碘钨灯等。

(1) 白炽灯照明电路

白炽灯一般是真空玻璃泡内包含灯丝的结构，因此白炽灯也称为灯泡。白炽灯要通过灯口与电路相接。历史上曾经有螺口式和卡口式两种灯口形式。相对应的灯泡也有螺口式和卡口式两种接口形式。由于卡口式的安全缺陷，国家标准中已经禁止生产和使用卡口式灯具。螺口式灯具如图 2-23 所示。灯丝是由高熔点钨丝绕制的。当灯丝流过电流时，根据电流热效应，使其发热到白炽程度而发光。

图 2-23　螺口式灯具

如图 2-24 所示是白炽灯照明电路。由图可知，只要将白炽灯和开关串接后再并接到电源上，就组成了照明电路。

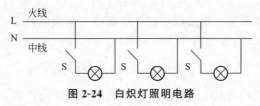

图 2-24　白炽灯照明电路

应当指出，白炽灯安装时要注意下列事项。

① 应检查灯泡额定电压与供电电压是否一致。否则，灯泡不能正常工作。

② 安装螺口灯泡时，必须将火线经开关接到螺口灯头底座的中心接线端上，以防触电。

③ 白炽灯与开关串接后再并接到电源上，火线应当进入开关，既能控制灯，又能保证安全。

④ 白炽灯的安装应远离易燃易爆物质。

◆ 操作实例——白炽灯的使用

① 白炽灯表面温度较高，严禁在易燃场所使用。

② 白炽灯吸收的电能只有 20% 被转换成了光能，其余的均被转换为红外线辐射能和热能，故玻璃壳内的温度很高，在使用中应防止水溅到灯泡上，以免玻璃壳炸裂。

③ 装卸灯泡时，应先断开电源，更不能用潮湿的手去装卸灯泡。

(2) 节能灯照明电路

节能灯作为一种新型灯具，经过近十年的发展，已经形成了相当的产业规模，据有关部门统计，原来白炽灯应用空间的 60% 已经被节能灯具占有。之所以形成这种局面，是由于节能灯使用寿命长、耗电低的特性，一只 5W 的节能灯可以达到 25W 的白炽灯的照度，其平均使用寿命是白炽灯使用寿命的 8 倍。

节能灯的接口部分与白炽灯标准相同，可以互换使用。

节能灯的结构和工作原理与白炽灯有很大的不同。白炽灯是一种简单的电加热高温致光原理，而节能灯是借助电子技术，产生高频高压，进而使特种气体启辉发光。结构、原理的不同，导致性能的差异，也导致价格的不同，所以节能灯要贵一些。

节能灯与白炽灯安装注意事项一样，特殊提示一点，尽管节能灯有快速启辉的特点，但节能灯不适合在频繁开关的场合使用，否则，会影响其使用寿命。在有调光要求的场合使用节能灯，会导致调光的不连续。

(3) 日光灯照明电路

日光灯照明电路由日光灯管、镇流器、启辉器和灯脚架组成。如图 2-25 所示是日光灯电路。

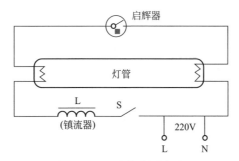

图 2-25　日光灯照明电路

日光灯管是一抽成真空后再充入少量氩气的玻璃管，在管子两端各装有一个通电时发射大量电子的灯丝。管内壁涂有荧光粉，管内还放有微量水银。

镇流器是一个铁芯线圈。它有两个作用，一是产生较高的电压来点燃灯管，二是日光灯管点燃后用它来限制灯管电流。

启辉器的结构如图 2-26 所示，充有氖气的玻璃泡中封装有动触片与静触片，其中动触片是双金属片，受热时伸展与静触片相接触，冷却后恢复原状又与静触片分离。在动、静触片的引出端上并接一个容量较小的纸介质电容器。玻璃泡和电容器被封装在一个圆柱形的铝壳中。

日光灯不工作时，灯管的灯丝、镇流器、启辉器和开关是串联在一起的，如图 2-25 所示。当合上开关 S 后，220V 交流电压全部加在启辉器的动、静触片间而使之产生辉光（红色）放电。放电所产生的热量使双金属片伸展与静触片相接触，则此刻整个电路构成通路：就

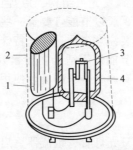

图 2-26　启辉器的结构示意图
1—电容；2—铝壳；3—双金属片；4—玻璃泡

在电路被接通的瞬间，灯丝因流过电流而发射大量电子。同时，动静触片接触时，辉光消失。双金属片因失去热源恢复原状与静触片脱离。此时，镇流器（铁芯线圈）因突然断电而产生自感电动势，其方向与电源电压方向相同，自感电动势与电源电动势一起加在灯管两端。灯丝附近的电子在高压下加速运动，使管内的氩气电离而导电；进而使管内水银变为蒸气，水银蒸气也因被电离而导电，辐射出紫外线激励管内壁荧光粉发光。

（4）卤钨灯照明电路

卤钨灯是卤钨循环白灯泡的简称，是一种较新型的热辐射光源。它是在白炽灯的基础上改进而来，与白炽灯相比，具有体积小、光效好、寿命长等特点。

卤钨灯由装有钨丝的石英灯管内充入微量的卤化物（碘化物或溴化物）和电极组成，如图 2-27 所示。

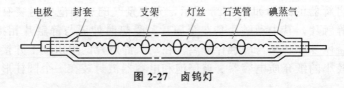

电极　封套　　　　支架　　灯丝　石英管　碘蒸气

图 2-27　卤钨灯

卤钨灯的发光原理与白炽灯相同，钨丝通电后产生热效应至白炽状态而发光，但它利用卤钨循环的作用，相对白炽灯而言，提高了发光效率、延长了使用寿命，且它的光通量比白炽灯更稳定，光色更好。

使用卤钨灯时应注意以下几点。

① 卤钨灯灯管管壁温度高达 600℃左右，故在易燃场所不宜安装。

② 卤钨灯的安装必须保持水平，倾斜角不得超过 ±4°。

③ 卤钨灯的耐震性较差，不宜在有震动的场所使用，也不宜作移动式照明电器使用，卤钨灯需配专用的照明灯具。

(5) 荧光灯

荧光灯又称日光灯，是第二代电光源的代表作。它主要由荧光灯管、灯座、镇流器等组成，如图 2-28 所示。

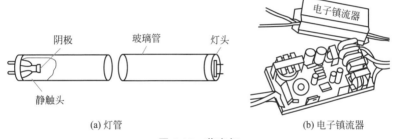

(a) 灯管　　　　　　　　　　(b) 电子镇流器

图 2-28　荧光灯

荧光灯靠汞蒸气放电时发出可见光和紫外线，后者激励灯管内壁的荧光粉而发光，光色接近白色。荧光灯是低气压放电灯，工作在弧光放电区，当外电压变化时工作不稳定，所以必须与镇流器一起使用，将灯管的工作电流限制在额定数值。

荧光灯具有下述优点：光色好，特别是日光灯接近天然光；发光效率高，约比白炽灯高 2～3 倍，在不频繁启燃工作状态下，其寿命较长，可达 3000h 以上。

电子镇流器是镇流器的一种，是采用电子技术驱动电光源，使之产生所需照明的电子设备。现在的荧光灯已普遍使用电子镇流器，因为其优点突出，不仅轻便，而且与灯管等元件集成在一起，从而取代了以前传统的镇流器启辉器的功能。电子镇流器的功能很多，比如通过提高电流频率或者改善电流波形（如变成方波），也可以通过电源逆变过程使得荧光灯可以使用直流电源。

为了便于选用日光灯的配套附件，现将日光灯的技术数据列于表 2-1 中；镇流器的有关数据见表 2-2。

表 2-1　荧光灯的技术数据

灯管型号	技术指数					外形尺寸	
	功率/W	启动电流/mA	工作电流/mA	灯管电压/V	电源电压/V	长度	直径
RR-6	6	180	140	55		226	15
RR-3	8	195	150	65		301	15
RR-15	15	440	320	52		451	
RR-20	20	460	350	60	110/220	604	
RR-30	30	560	360	95		909	38
RR-40	40	650	410	108		1215	
RR-100	100	1800	1500	87		1215	

表 2-2　镇流器的技术数据

镇流器型号	配用灯光功率/W	电源电压/V	工作电压/V	启动电流/A	工作电流/A	线圈数据	
						导线直径/mm	匝数
PYZ-6	6	220	208	0.18	0.14	0.19	1000×2
PYZ-8	8	220	206	0.195~0.2	0.15~0.16	0.19	1000×2
PYZ-10	10	220	204	—	0.25	0.21	1000×2
PYZ-15	15	220	202	0.41~0.44	0.3~0.32	0.21	980×2
PYZ-20	20	220	198	0.46	0.35	0.25	760×2
PYZ-30	30	220	182	0.56	0.36	0.25	760×2
PYZ-40	40	220	165	0.65	0.41	0.31	750×2

➪ 操作实例 ——荧光灯的使用

① 荧光灯带有镇流器，所以是感性负载，功率因数较低，且频闪效应显著，它对环境的适应性较差，如温度过高或过低会造成启辉困难；电压偏低，会造成荧光灯启燃困难甚至不能启燃，同时，普通荧光灯点燃需一定的时间，所以不适用于要求不间断照明的场所，最适宜的温度为 18~25℃。

② 不同规格的镇流器与不同规格的日光灯不能混用。因为不同规格的镇流器的电气参数是根据灯管要求设计的，在额定电压、额定功率的情况下，相同功率的灯管和镇流器配套使用，才能达到最理想的效果，如果不注意配套，就会出现各种问题，甚至造成不必要的损失。表 2-3 是通过实测得到的镇流器与灯管的功率配套的数据。

表 2-3 镇流器与灯管的功率配套情况

电流值/mA　　灯管功率/W　　镇流器功率/W	15	20	30	40
15	320	280	240	200 以下（启动困难）
20	385	350	290	215
30	460	420	350	265
40	590	555	500	410

③ 破碎的灯管要及时妥善处理，防止汞污染。

(6) 高压汞灯

高压汞灯又称高压水银灯，是一种较新型的电光源，分荧光高压汞灯、反射型荧光高压汞灯和自镇流荧光高压汞灯三种，主要由涂有荧光粉的玻璃泡和装有主、辅电极的放电管组成，玻璃泡内装有与放电管内辅助电极串联的附加电阻及电极引线，并将玻璃泡与放电管间抽成真空，充入少量惰性气体，如图 2-29 所示。

荧光高压汞灯的光效比白炽灯高 3 倍左右，寿命也长，启动时不需加热灯丝，故不需要启辉器，但显色性差。电源电压变化对荧光高压汞灯的光电参数有较大影响，故电源电压变化不宜大于±5％。

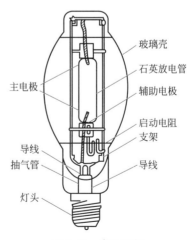

玻璃壳
石英放电管
主电极
辅助电极
启动电阻
支架
导线
抽气管
导线
灯头

图 2-29 高压汞灯

反射型荧光高压汞灯玻壳内壁上部镀有铝反射层，具有定向反射性能，使用时可不用灯具。

自镇流荧光高压汞灯用钨丝作为镇流器，是利用高压汞蒸气放电、白炽体和荧光材料三种发光物质同时发光的复合光源，这类灯的外玻壳内壁都涂有荧光粉，它能将汞蒸气放电时辐射的紫外线转变为可见光，以改善光色，提高光。

高压汞灯主要的优点有发光效率高，寿命长、省电、耐震、且对安装无特殊要求，所以被广泛用于施工现场、广场、车站等大面积场所的照明。

目前，我国生产并常用的高压汞灯和自镇流高压汞灯的技术数据及规格型号见表 2-4 及表 2-5。

表 2-4　常用高压汞灯的技术数据

灯泡型号	光电参数							寿命/h
	电源电压/V	灯泡功率/W	灯泡电压/V	工作电流/A	启动时间/min	再启动时间/min	配用镇流器阻抗/Ω	
GGY125	220	125	115±15	1.25	4~8	5~10	134	2500
GGY250		250	130±15	2.15			70	
GGY400		400	135±15	3.25			45	5000
GGY1000		1000	145±15	7.5			18.5	

表 2-5　自镇流高压汞灯的技术数据

灯泡型号	电源电压/V	灯泡功率/W	工作电流/A	启动电压/V	再启动时间/min	寿命/h
GLY-250	220	250	1.2	180	3~6	2500
GLY-450		450	2.25			3000
GLY-750		750	3.56			

高压汞灯有两种：一种是需要镇流器的；一种是不需要镇流器的。所以安装时一定要看清楚。需配镇流器的高压汞灯一定要使镇流器功率与灯泡的功率相匹配。否则，灯泡会损坏或者启动困难。高压汞灯可在任意位置使用，但水平点燃时，会影响光通量的输出，而且容易自灭。高压汞灯工作时，外玻壳温度很高，必须配备散热好的灯具。外玻壳破碎后的高压汞灯应立即换下，因为大量的紫外线会伤害人的眼睛。高压汞灯的线路电压应尽量保持稳定，当电压降低 5%

时，灯泡可能会自行熄灭。

(7) 高压钠灯

高压钠灯也是一种气体放电的光源，其结构见图 2-30。高压钠灯的放电管细长，管壁温度达 700℃以上，因钠对石英玻璃具有较强的腐蚀作用，所以以放电管管体采用多晶氧化铝陶瓷制成，用化学性能稳定而膨胀系数与陶瓷相接近的铌做成端帽，使电极与管体之间具有良好的密封，电极间连接着双金属片，用来产生启动脉冲。灯泡外壳由硬玻璃制成，灯头与高压汞灯一样，制成螺口型。

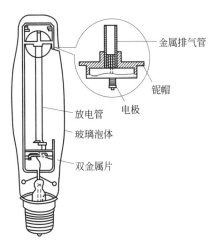

金属排气管

铌帽

电极

放电管
玻璃泡体

双金属片

图 2-30　高压钠灯的外形和结构

高压钠灯是利用高压钠蒸气放电的原理进行工作的。由于它的发光管（放电管）既细又长，不能采用类似高压汞灯通过辅助电极启辉发光的办法，而采用荧光灯的启动原理，但是启辉器被组合在灯泡内部（即双金属片），其启动原理如图 2-31 所示，接通电源后，电流通过双金属片 b 和加热线圈 H，b 受热后发生变形使触头打开，镇流器 L 产生脉冲高压使灯泡点燃。

高压钠灯的光效比高压汞灯高，寿命长达 2500~5000h；紫外线辐射少；光线透过雾和水蒸气的能力强。缺点是显色性差，光源的色表和显色指数都比较低，适用于道路、车站、码头、广场等大面积的照明。

灯泡的工作电压为 100V 左右。因此安装时要配用瓷质螺口灯座

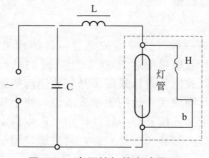

图 2-31 高压钠灯的启动原理

和带有反射罩的灯具。

最低悬挂高度 NG-400 型为 7m, NG-250 型为 6m。

(8) 管型氙灯

管形氙灯又称长弧氙灯,放电时能产生很强的白光,接近连续光谱,和太阳光十分相似,故有"小太阳"之称,特别适合于大面积场所照明。

管形氙灯点燃瞬间即能达到 80％光输出,光电参数一致性好,工作稳定,受环境温度影响小,电源电压波动时容易自熄。

➡ 操作实例——管型氙灯的使用注意事项

使用管形氙灯时应注意下列事项。

① 灯管工作温度很高,灯座及灯头的引入线应采用耐高温材料。灯管需保持清洁,以防止高温下形成污点,降低灯管透明度。

② 应注意触发器的使用,触发器为瞬时工作设备,每次触发时间不宜超过 10s,更不允许用任何开关代替触发按钮,以免造成连续运行而烧坏触发器。当它触发瞬间将产生数万伏脉冲高压,应注意安全。

(9) 金属卤化灯

金属卤化灯是在高压汞灯的基础上为改善光色而发展起来的一种新型电光源。它不仅光色好,而且发光效率高。在高压汞灯内添加某些金属卤化物,靠金属卤化物的不断循环,向电弧提供相应的金属蒸气，于是就发出表征该金属特征的光谱线。常用的金属卤化物灯有钠铊铟灯和管形镝灯。

① 钠铊铟灯的接线和工作原理：图 2-32 为 400W 钠铊铟灯工作原理图。电源接通后，电流流经加热线圈 1 和双金属片 2 受热弯曲而断开，产生高压脉冲，使灯管放电点燃；点燃后，放电的热量使双金属片一直保持断开状态，钠灯进入稳定的工作状态。1000W 钠铊铟灯工作线路比较复杂，必须加专门的触发器。

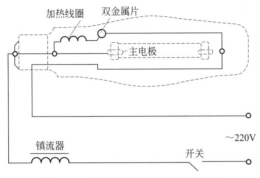

图 2-32　钠铊铟灯的接线和工作原理

② 管形镝灯的接线及原理：因在灯管内加了碘化镝，所以启动电压和工作电压就升高了。这种镝灯必须接在 380V 线路中，而且要增加两个辅助电极（引燃极），见图 2-33，使得接通电源后，首先在主电极与辅助电极之间放电，再过渡到主电极之间的放电。

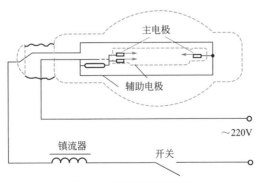

图 2-33　管形镝灯原理图

镝钍灯具有全波长光谱，被称为第三代光源。它在刚点燃时，光色不正常，启动时要用触发器，有直流、交流二种。钪钠灯是国内金属卤化物灯的新产品，属节能光源，具有光效高、光色好的特点，且启动快、启动电流小、控制方便，节电效果好，显色性比高压钠灯有很大提高，适用于道路、车间大面积照明。

⊹操作实例 ——金属卤化物灯的安装注意事项

安装金属卤化灯的注意事项。

① 电源电压要比较稳定，电源电压的变化不宜大于 ± 5%。电压的降低不仅影响发光效率及管压的变化，而且会造成光色的变化，以致熄灭。

② 灯具安装高度宜在 5m 以上。

③ 无外玻璃壳的金属卤化物灯紫外线辐射较强，灯具应加玻璃罩，或悬挂在高度 14m 以上，以保护眼睛和皮肤。

④ 管形镝灯的结构有水平点燃、灯头在上的垂直点燃和灯头在下的垂直点燃三种。 安装时，必须认清方向标记，正确使用。

⑤ 由于温度较高，配用灯具必须考虑散热，而且镇流器必须与灯管匹配使用。

⑥ 电源线应经接线柱连接，并不得使电源线靠近，并不得使电源线靠近灯具表面。

⑦ 灯管必须与触发器和限流器配套使用。

(10) 常用照明器的选用

⊹操作实例 ——常用照明器的选用

现场照明的质量保证和基本条件就是要保证电压的正常和稳定。 电压偏低会造成光线灰暗，影响施工电压过高会发出很强的眩光，使工作人员难以适应，也会造成灯具寿命缩短甚至当即烧毁，因此照明器的选用应根据照明要求和使用场所的特点，一般考虑如下。

① 照明开闭频繁，需要及时点亮，需要调光的场所或因频闪效应影响视觉效果的场所，宜采用白炽灯或卤钨灯。

② 识别颜色要求较高、视线条件要求较高的场所，宜采用日光色荧光灯、白炽灯和卤钨灯。

③ 振动较大的场所，宜采用荧光高压汞灯或高压钠灯，有高挂条件并需要大面积照明的场所，宜采用金属卤化物灯或长弧氙灯。

④ 对于一般性生产用工棚间、仓库、宿舍、办公室和工地道路等，应优先考虑选用价格低廉的白炽灯和日光灯。

二、照明装置的送电及故障处理

(1) 送电及试灯

照明电路虽然较动力电路容量小，但在送电及试灯时也要注意四点：一是送电时先合总开关，再合分开关，最后合支路开关；二是试灯时先试支路负载，再试分路，最后试总回路；三是使用熔丝做保护的开关，其熔丝应按负载额定电流的 1.1 倍选择；四是送电前应将总闸、分闸、支路开关全部拉掉。

① 将总开关合上，用万用表测量总开关下闸口及各分路开关上闸口的电压，相电压为 220V，线电压为 380V，同时观察总电能表是否转动，如转动，则电能表接线有误或分路开关没断开或接线有误使负载直接接入系统。如都正常则说明电能表不合格。总电表不动或只有电表本身耗电的微小潜动才正常。

② 将第一分路开关合上，观察分表是否转动，且下闸口及支路开关上闸口的电压应正常。

将第一分路的第一支路的第一只（组）灯的开关闭合，应点亮且发光正常，这时该支路的电能表应正转且很慢，其他表应停转；然后将开关断开，灯应熄灭，电能表停转。

将第一支路的第二只（组）灯的开关闭合，应正常同上。用同样的方法将第一支路所有的灯都一一试过，应正常。试灯过程中如有短路跳闸或熔丝熔断、不亮、发光不正常等可及时在该灯回路上查找，以将故障范围缩小，便于处理。

将第一支路所有灯的开关闭合，应正常，电能表正转很快，如支路熔丝熔断或断路器跳闸则说明熔丝选择有误或断路器调整有误。如一切都正常后，这时用万用表测试所有插座的电压应与设计相符即 220V 或 380V；用试电笔测试左零右火是否正确；如果有单相电动机设备，应闭合其开关使其运转，用钳形表测试电流应正常（如果电流较小，可将负荷线在钳口上多绕几圈，测得的电流除以圈数即为被测值），调速开关转换时调速正常。当第一支路所有的负载都投入运行时，应测量其回路的总电流。全负载运行一般不超过 2h，然后将所有的开关拉掉。第一分路试灯时，其他分路的电能表应都不转动，或灯不能点燃，否则，有混线现象，应立即查出并纠正。

③ 用上述方法顺次把第二分路、第三分路及其所有分路试完，应正常。

④ 将总开关、各分路开关、支路开关及电具的所有开关都按顺序一一合上，应正常，测试总开关的三相电流应近似平衡，观察电能表运转情况，用蜡片或点温计测试开关的主触头有无发热现象。然后把所有开关按合闸相反的顺序一一断开，把所有的接线端子再紧一次，通过紧固端子，也可发现一些异常，如有打火、焦煳、虚接等现象，应查明原因修复，最后再将所有的开关按顺序合上，试运行 8h，应正常。试运行时应安排人员值班，无人房间应上锁。

（2）照明装置故障处理要点

① 若灯全部不亮，应检查总开关及进线端，当总开关跳闸或总熔丝熔断则为线路或设备短路或负载太大所致。如熔丝盒内黑乎乎一片或锡珠飞溅则为短路造成。如只有熔丝中间段熔断，并有锡液流滴痕迹则为过载造成。当总开关未跳闸或总熔丝未熔断则为进线断路或控制箱内开关或某相接触不良或松动烧坏所致。

② 若只有部分灯不亮，则为支路上或支路开关有上述故障的存在，应从支路进线及支路开关起开始检查。

③ 若某一灯不亮，则为该分路上或开关上有上述故障，或灯具接线错误、接触不良、灯泡损坏、开关损坏，特别是荧光灯必须检查其所有的接点（包括启辉器、镇流器）是否接触良好。

④ 若灯具不能正常发亮，一般为电压太低、接触不良、线路陈旧漏电及绝缘不够；或灯泡灯管损坏等。

⑤ 检查上述故障时，最好先用万用表测量一下进线端有无电压、电压是否正常。没有万用表时最好用一好灯泡（试灯）试亮，如用试电笔最好用数字式试电笔，它能显示电压值，用氖泡试电笔有时很难分辨电压的大小而导致失误。再者要准确区分火线、控制火线和零线，不要随意拆卸或打开接头，以免弄乱而影响下步处理。

⑥ 检查故障时要一个回路一个回路逐步检查，不得急于求成，要耐心细致。夜间处理故障时应使用临时照明，或者先用临时照明替

等白天再做处理。

⑦ 处理故障时常带电操作，必须注意安全，除穿绝缘鞋外最好站在干燥木板或凳子上。当原因确定后，应拉闸再做进一步处理。

⑧ 处理暗装线路时最好有原施工图或竣工图，以便掌握管线的走向和布置。暗装线路在没有确定故障原因时，任何人不得抽取管中的导线。

(3) 照明线路故障的处理

照明线路试灯中，常由于元件材料的质量问题或安装不妥、设计有误、环境条件等因素，发生短路、不亮、发光不正常等事故，这些事故应及时处理，以保证试灯顺利进行。

① 断路或开路的检查。断路或开路包括相线或中性线断开两种。断路或开路的原因可能是线路断线、线路接头虚接或松动、线路与开关的接线为虚接、松动或假接（如绝缘未剥尽）、开关触头接触不良或未接通等。断路的检查通常采用分段检查的方法，先把分路开关拉闸，合上总开关。

a.检查总开关上闸口是否有电，可用试电笔测试上闸口接线端子，如发光很亮，则说明正常，然后用万用表测试与零线的电压应为220V；如发光较暗，则说明进线有虚接、松动现象，可将接线端子拧紧，并检查接点的压接部位的绝缘层是否剥掉，有否锈蚀现象；处理后如仍较暗，则说明进线有误，可到上一级开关的下闸口检查，如正常，则说明故障点在线路上；可检查该段线路的接头是否良好，否则，线路有断线点，可将线路电源开关拉掉，验证无电且放电后，一端与地线封死，另一端用万用表测试，确认是否断线。

如果试电笔氖泡不发光，则说明进线断路，可到上一级开关的下闸口检查，如正常，则说明故障点在线路上。如到上一级开关下闸口检查，和在总闸上闸口检查结果相同，则说明故障在上一级开关或线路上。

b.检查总开关的下闸口，如不正常，则说明总开关有误，如接触不良、假合、熔丝熔断等。如正常，可在配电盘上、箱内检查各分路开关的下闸口是否正常，如不正常，可在盘上、箱内检查线路或开关，因盘上线路较短很容易发现故障点。如正常则说明故障在由盘或开关箱进出的回路上。

c.上述的电压测量是在假定零线不断的情况下进行的，如果氖泡发光很亮，但与零线间进行电压测量则为0，很可能是零线断线，为了进一步证实，可在相线与地线间测量电压，有时从接地极直接引线来测量。

d. 盘上或箱内检查正常后，再在进出的支路上检查，最好是将各个支路上的开关都关掉，特别是拉线开关，必须将盒盖打开才能确认是否已断开。先将距开关箱最近的一个开关闭合，看其控制的灯是否点亮。如亮则说明这只灯到总开关箱这段线正常，再往下测试距这个灯最近的一个开关回路，直至最后一个回路；如不亮则说明开关箱到这只最近的开关回路或上一个正常测试点到这只开关或灯头有断路现象。可将开关的盒盖打开先用测电笔测试一下静触头是否有电，如很亮，则用万用表测试其对地电压，应为220V；如对零线电压为零，则说明这段回路中零线断线；如对零线电压正常，则说明开关虚接、开关接触不良、灯头虚接和灯头的导线断线等，一一检查，直至找出原因。

e. 线路正常后，可测量插座的电压应正常；如电压为零，可先用试电笔测其是否发光正常，如正常，则为零线断线，再用与地线电压来证实；如无光则为火线断线。无论哪种都应将盒盖打开，检查接线是否良好以及插座进线始端的接头是否良好，是很重要的。

f. 在支路上检查时，如不将所有开关都断升，或只将部分断开，而另一部分闭合，这时如用试电笔测试，火线、零线都有电很亮，则说明零线断线；如发光较暗，则说明火线虚接；如不亮则说明火线断线。但究竟哪段导线故障，还得按上述d中的方法一一检查。

② 短路故障的检查。短路故障现象是：合闸后熔丝立即熔断或断路器合闸后立即跳闸。短路故障的原因，可能是线路中相线与零线直接相碰、电具绝缘不好、相线与地相碰、接线错误、电具端子相连等。短路的检查，通常也是采用分段检查的方法，先将系统中所有的开关拉掉。

a. 合上总开关，如熔丝立即熔断或断路器合上后立即跳闸，则说明总开关下闸口到分路开关上闸口这段导线有短路现象或从这段导线接出的回路有短路现象，或者总开关下闸口绝缘不良而直接短路或总开关质量不合格。如正常，可将分路开关一一合上，如合上某一开关，熔丝立即熔断或断路器合不上，则说明该分路开关到各个支路开关前有短路现象；如正常，则说明故障在各个支路的线路里。

b. 把第一分路中第一支路距闸箱最近的一只灯的开关合上，如果分路开关跳闸或熔丝熔断，则说明故障就在这段线路里。可先检查螺口灯口内的中心舌片与螺口是否接触，有无短路电弧的"黑迹"；检查灯泡灯丝是否短路，可更换灯泡或用万用表测量灯丝的电阻；然后将管口处的导线拆开，用绝缘电阻表测量管内导线的绝缘。如无故障点，再检查一零一火接在开关点上以及插座上是否接线有误；检查接线盒内"跪头"绝缘是否包扎良好，是否碰壳或零线火线碰触以及管、盒内潮湿有水等。短路点一般都有短路电弧的"黑迹"；如仍无故障点，则是元件本身的绝缘不良或因为污迹造成短路等。

如分路开关不跳闸或熔丝不熔断，则说明故障不在这段线路里，应往下一只灯的回路检查，直至最后一只。

c.如果第一支路无故障，将第一分路的开关拉闸，再合上第二分路开关，按上述方法检查其他分路，直至所有分路检查完毕，找出故障点。

断路与短路的检查是一项耐心的工作，不得操之过急，严禁乱拆乱卸及不按程序检查。晚上检查故障，必须拉上临时照明，并注意安全。检查故障应按房号分组一一检查，每组一般不超过三人。

(4) 照明灯具故障处理方法

① 白炽灯故障的处理。白炽灯常见故障及处理方法见表2-6。

表2-6　白炽灯常见故障及处理方法

故障现象	产生原因	处理方法
灯泡不亮	①灯丝烧断 ②灯泡引线焊点开焊 ③灯座开关接触不良 ④线路中有断路 ⑤电源熔丝烧断	①换用新灯泡 ②重新焊牢焊点或换用新灯泡 ③调整灯座、开关的接触点 ④用电笔、万能表判断断路位置后修复 ⑤更换新熔丝
灯泡不亮熔丝接上后马上烧断	电路或其他电器短路	检查电线是否绝缘老化或损坏，检查同一电路中其他电器是否短路
灯光忽明忽暗或熄	①灯座、开关接线松动 ②熔丝接触不良 ③电源电压不稳(配电不符合规定或有大负荷设备超负荷运行) ④灯泡灯丝已断，断口处相距很近，灯丝晃动后忽接忽离	①紧固 ②检查紧固 ③无需修理 ④更换新灯泡

故障现象	产生原因	处理方法
灯泡发强烈白光,瞬时烧坏	①灯泡灯丝有搭丝造成电流过大 ②灯泡额定电压低于电源电压 ③灯泡漏气	①更换新灯泡 ②注意灯泡使用电压 ③更换新灯泡
灯光暗淡	①灯泡内钨丝蒸发后积聚在玻壳内表面使玻壳发乌,透光度减低;另一方面灯丝蒸发后电阻增大,电流减小,光通量减小 ②电源电压过低或离电源点太远 ③线路绝缘不良有漏电现象,致使电压过低 ④灯泡外部积垢或积灰	①正常现象,不必修理 ②可不必修理或改近离电源点的距离 ③检修线路,恢复绝缘 ④擦去灰垢

② 荧光灯故障的处理。荧光灯、卤灯、带有镇流器的钠灯和汞灯,故障较复杂,有的可参照前面的方法处理。但其受到温度、环境的影响,也会导致故障,其中任何一连接点的松动或接触不良(包括成套灯具的内部连接点),如灯脚、启辉器等都会导致不正常发光,这一点是很重要的。

荧光灯故障的处理见表 2-7 和表 2-8。

表 2-7 荧光灯常见故障及处理

故障现象	产生原因	处理方法
不能发光或发光困难	①电源电压太低或电路压降大 ②启辉器陈旧或损坏,内部电容击穿断开 ③接线错误或灯脚接触不良或其他部位接触不良 ④灯丝已断或灯管漏气 ⑤镇流器配用规格不合格或镇流器内部电路断开 ⑥气温较低	①如有条件改用粗导线或升高电压 ②检查后调换新的启辉器或调换内部电容器 ③改正电路或使灯脚及接触点加固 ④用万用表检查,如灯丝已断并看到荧光粉变色,表明漏气 ⑤调换适当镇流器 ⑥加热、加罩

故障现象	产生原因	处理方法
灯光抖动及灯管两头发光	①接线错误或灯脚等松动 ②启辉器接触点合并或内部电容器击穿 ③镇流器配用不合格或接线松动 ④电源电压太低或线路压降较大 ⑤灯丝陈旧发射电子终了,放电作用降低 ⑥气温低	①改正电路或加固 ②调换启辉器 ③调换适当镇流器或使接线加固 ④如有条件改用粗导线或升高电压 ⑤调换灯管 ⑥加热、加罩
灯光闪烁或有光滚动	①新灯管的暂时现象 ②单根管常有现象 ③启辉器接触不良或损坏 ④镇流器配用规格不合格或接线不牢	①使用几次或灯管两端对调 ②有条件或需要时,改装双灯管 ③使启辉器接触点加固或调换启辉器 ④调换适当的镇流器或将接线加固
灯管两头发黑或生黑斑	①灯管陈旧 ②若系新灯管可能因启辉器损坏使两端发射物加速蒸发 ③灯管内水银凝结后细灯管常有现象 ④电源电压太高 ⑤启辉器不好或接线不牢引起长时间闪烁 ⑥镇流器配用规格不合格	①调换灯管 ②调换启辉器 ③启动后即能蒸发 ④如有条件调低电压 ⑤调换启辉器或将接线加固 ⑥调换合适的镇流器
灯光减低或色彩较差	①灯管陈旧 ②气温低或冷风直吹灯管 ③电路电压太低或电路压降较大 ④灯管上积垢太多	①调换新灯管 ②加罩或避冷风 ③如有条件调整电压或改用粗导线 ④清除灯管积垢

故障现象	产生原因	处理方法
杂声与电磁声	①镇流器质量较差或其铁芯钢片未夹紧 ②电路电压过高引起镇流器发出声音 ③镇流器过载或其内部短路 ④启辉器不好引起开启时辉光杂声	①调换镇流器 ②如有条件设法降压 ③调换镇流器 ④调换启辉器
镇流器发热	①灯架内温度过高 ②电路电压过高或过载 ③灯管闪烁时间长或使用时间长 ④镇流器不合格	①改善装置方法,保持通风 ②如有条件调低电压或调换镇流器 ③消除闪烁原因或减少连续使用时间 ④调换
灯管使用时间短	①镇流器配用规格不合格或质量差或镇流器内部短路致使灯管电压过高 ②开关次数太多,或启辉器不好引起长时间闪烁 ③振动引起灯丝断掉 ④新灯管因接线错误而烧坏	①调换镇流器 ②减少开关次数或调换启辉器 ③改善装置位置减少振动 ④改正接线

表 2-8　高压汞灯常见故障及处理

故障现象	产生原因	处理方法
接通电源,灯不启辉(不发光)	①灯泡寿终或灯泡损坏 ②停电 ③电源电压过低或线路压降太大 ④镇流器不匹配 ⑤开关接线柱上的线头松动 ⑥灯安装不正确 ⑦供电线路严重漏电 ⑧灯泡与灯座或线路中接触不良	①更换灯泡 ②等待来电 ③调高电源电压,或采用升压变压器或加粗导线 ④调换规格合适的镇流器 ⑤重新接线 ⑥重新正确安装 ⑦检查线路,加强绝缘 ⑧旋紧灯泡或加强接触

故障现象	产生原因	处理方法
灯泡不亮	①汞蒸气未达到足够的压力 ②电源电压过低 ③镇流器选用不当或接线错误 ④灯泡使用日久,已老化	①若电源、灯泡都无故障,一般通电约5min,灯泡就会发出亮光 ②调高电源电压或采用升压变压器 ③调换规格合适的镇流器或纠正接线 ④更换灯泡
接通电源,灯一亮即突然熄灭	①电源电压过低 ②线路继线 ③灯座、镇流器和开关的接线松动 ④灯泡陈旧,使用寿命即将结束	①调高电源电压或采用升压变压器 ②检查线路,查明并消除断路点 ③重新接线 ④更换灯泡
灯忽亮忽灭	①电源电压波动于启辉电压的临界值 ②灯座接触不良 ③灯泡螺口松动或镇流器有故障 ④连接线头不紧密 ⑤灯泡质量差	①检查电源故障,必要时采用稳压型镇流器 ②修复或更换灯座 ③更换灯泡或更换镇流器 ④重新接线 ⑤调换质量合格的灯泡
接通电源,灯泡不发光,但不久灯光即昏暗	①电源负荷太大 ②镇流器的沥青流出,绝缘强度降低 ③由于振动,灯泡损伤或接触松弛 ④通过灯泡的电流太大灯泡使用寿命即将结束 ⑤灯泡连接头松动	①检查电源负荷,降低电源负载 ②更换镇流器 ③消除振动现象或采用耐振型灯具 ④调整电源电压,使其正常,或采用较高电压的镇流器,然后更换灯泡 ⑤重新接线

故障现象	产生原因	处理方法
灯熄灭后,立即接通开关,灯长时间不亮	①汞灯一般特性 ②灯罩过小或通风不良 ③灯泡损坏 ④电源电压下降,再启动时间延长	①有碍工作时,可与白炽灯或荧光灯混用 ②换上六尺寸灯具或者改用小功率镇流器和小功率灯泡 ③更换灯泡 ④调高电源电压或采用适合电源电压的镇流器灯泡有闪烁现象
灯泡有闪烁现象	①镇流器规格不合适或接线错误 ②电源电压下降 ③灯泡损坏	①调换规格合适的镇流器或纠正线 ②调整电源电压或采用升压变压器 ③更换灯泡

第三章
常用元件及应用

第一节　电容器及应用

一、常用电容器的种类和特性

常用电容器的种类和特性见表 3-1。

表 3-1　常用电容器的种类和特性

种类		特　　性
纸介 电容器	纸介电容器	能制成容量大、体积小的电容器,容量为 $1\sim20\mu F$,但化学稳定性差,易老化,温度系数大,热稳定性差,吸湿性大
	金属化纸介电容器	体积比纸介电容小,具有自愈作用,但化学稳定性差,不适于高频电路,且介质均匀性差
有机薄膜 电容器	聚苯乙烯 电容器	绝缘电阻大,损耗小、温度系数小、耐压强度高、比率体积小、化学稳定性高,制造工艺简单,但耐热、耐潮性较差
	聚四氟乙烯电容器	在高温下连续工作(环境温度可从 $-55\sim+200℃$),能承受各种强酸、强碱及王水而不腐蚀,不溶于各种有机、无机溶剂,绝缘电阻高,吸湿性小,力学性能好,但价格昂贵,不易制造
瓷介电容器		体积小,电容量大,稳定性甚佳,既能耐酸、碱、盐类,又能防水的侵蚀,耐热性能达到 $500\sim600℃$,有好的高压性能、绝缘性能,温度系数范围宽,可用作温度补偿,结构简单,原料来源充足,但机械强度低,宜用于高频电路
		介质介电系数大,体积较小,适于较高温度下工作,抗湿性能很好
玻璃釉电容器		绝缘性能很高,耐高温,介质损耗小,频率稳定性好,分布电感小
云母电容器		

种类		特　性
电解 电容器	铝电解 电容器	电容量大,受温度影响显著,容易产生漏电,但价格便宜
	钽电解 电容器	体积小,漏电流小,工作温度可高达 200℃,但价格昂贵

二、电容器的主要特性指标

常见电容器的主要技术参数有标称容量、允许误差和工作电压等,其参数见表 3-2 和表 3-3。

表 3-2　常用固定电容的标称容量系列

电容类型	允许误差	容量范围	标称容量系列
纸介电容,金属化纸介电容,纸膜复合介质电容,低频(有极性)有机薄膜介质电容	±50% ±10% ±20%	$1\times10^{-4}\sim1\mu F$	1.0、1.5、2.2、3.3、4.7、6.8
		$1\sim100\mu F$	1、2、4、6、8、10、15、20、30、50、60、80、100
高频(无极性)有机薄膜电容、瓷介电容、玻璃釉电容、云母电容	±5%	—	1.0、1.1、1.2、1.3、1.5、1.6、1.8、2.0、2.2、2.4、2.7、3.0、3.3、3.6、3.9、4.3、4.7、5.1、5.6、6.2、6.8、7.5、8.2、9.1
	±10%	—	1.0、1.2、1.5、1.8、2.2、2.7、3.3、3.9、4.7、5.6、6.8、8.2
	±20%	—	1.0、1.5、2.2、3.3、4.7、6.8
铝、钽、铌、钛电解电容	±10% ±20% +50% −20% +100% −20%	$\geqslant1\mu F$	1.0、1.5、2.2、3.3、4.7、6.8

表 3-3　常用固定电容的直流电压系列　　　　单位：V

1.6、4、6.3、10、16、25、32*、40、50、63、100、125*、160、250、300*、400、450*、500、630、1000

注：* 只限电解电容用。

三、电容器的选择要点

① 根据用途选择电容器（表 3-4）。

② 使用中应注意的问题：电容器在交流电路中，要注意所加的交流电压峰值一般不应超过直流工作电压值的 60%，而且频率越高，它所能承受的电压越低。

对于电解电容器要注意正负极性。纸介或瓷介电容器常有内、外电极之分，表面有标志的表示外层，接线时应把此端接向低阻端，以达到屏蔽作用。

表 3-4　根据用途选择固定电容器参考表

用途	电容器种类	电容器形式	电容量	工作电压/V
高频旁路	陶瓷（Ⅰ型）	圆片、穿心	$0.82 \times 10^{-5} \sim 0.22 \mu F$	500
	云母	钮式、热压	$51 \sim 4700 pF$	500
	玻璃膜	独石	$100 \sim 3300 pF$	500
	涤纶	叠片	$100 \sim 3300 pF$	400
	玻璃釉	独石	$10 \sim 3300 pF$	100
低频旁路与耦合	纸介	卷绕	$0.001 \sim 0.5 \mu F$	500
	陶瓷（Ⅱ型）	片型、穿心式	$0.001 \sim 0.047 \mu F$	<50
	铝电解	密封	$10 \sim 1000 \mu F$	$25 \sim 450$
	涤纶	卷绕	$0.001 \sim 0.047 \mu F$	400
滤波	铝电解	密封	$10 \sim 3300 \mu F$	$25 \sim 450$
	纸介	密封	$0.01 \sim 10 \mu F$	1000
	复合纸介	密封	$0.01 \sim 10 \mu F$	2000
	液体钽	密封	$220 \sim 3300 \mu F$	$16 \sim 125$
滤波器	陶瓷	片型、管型	$100 \sim 4700 pF$	500
	聚苯乙烯	热塑无感	$100 \sim 4700 pF$	500
	云母	钮式热塑压	$51 \sim 4700 pF$	

用途	电容器种类	电容器形式	电容量	工作电压/V
调谐	陶瓷（Ⅰ型） 云母玻璃膜 聚苯乙烯	片型、管型 钮式、热塑、独石、 叠片热塑	$1\sim1000pF$ $51\sim1000pF$ $51\sim1000pF$ $51\sim1000pF$	500 500 500 <1600
高频耦合	云母	钮式、塑压	$470\sim6800pF$	500
	聚苯乙烯	无感热塑	$470\sim6800pF$	400
	陶瓷（Ⅰ型）	片型、管型	$10\sim6800pF$	500
电源输入 抗高频干扰	纸介	密封、穿心式	$0.001\sim0.22\mu F$	<1000
	陶瓷（Ⅱ型）	圆片、穿心式	$0.001\sim0.047\mu F$	<500
	云母	压塑	$0.001\sim0.047\mu F$	500
	涤纶	密封或穿心式	$0.001\sim0.1\mu F$	<1000
高频高压	陶瓷（Ⅰ型）	瓶、筒、鼓、片	$470\sim6800\mu F$	<12000
	聚苯	热塑	$180\sim4000\mu F$	<30000
	乙烯云母	叠片、压塑	$330\sim20000\mu F$	<10000

第二节　电感器及应用

一、电感器的种类

(1) 高频电感线圈

高频电感线圈是一种电感量较小的电感器，用于高频电路中，分为空心线圈、磁芯线圈等。带磁芯的线圈其电感量可以通过改变磁芯在线圈中的位置来进行调节，而空心线圈则必须通过增减匝数或匝距来进行调节。

还有一种小型固定高频线圈，也叫色码电感，外壳上标以色环或直接用数字标明电感量数值，电感量一般为 $0.01\sim33000\mu H$。电感量误差等级分Ⅰ（5％）、Ⅱ（10％）和Ⅲ（20％）级。用色码标示时，数字和颜色的对应关系和色环电阻标称法相同。在塑料或瓷骨架上绕成蜂房式结构的固定电感器，一般电感量在 $2.5\sim10mH$，称为高频扼流圈。

（2）**空心式及磁棒式天线线圈**

把绝缘或镀银导线绕在塑料胶木管上或磁棒上，其电感量和可调电容配合谐振于收音机欲接收的频率上。中波段天线线圈的电感量较大，$200\sim300\mu H$，线圈圈数较多；短波段电感量小得多，只有几个微亨至十几个微亨，通常只有几圈。

（3）**低频阻（扼）流圈**

低频阻（扼）流圈是利用漆包线在铁芯（硅钢片）外多层绕制而成的大电感量的电感器。一般电感量为数亨，常用于音频或电源滤波电路中。其工作电流在 $60\sim300mA$。

二、电感器的主要技术参数

（1）**电感量**

电感量大小与线圈圈数、绕制方式及磁芯的材料等因素有关。圈数越多，绕制线圈越集中，则电感量越大；线圈内有磁芯的比无磁芯的电感量大，磁导率大的电感量也大。

（2）**品质因数 Q**

Q 值越高则表明电感线圈的功耗越小，效率越高，即"品质"越好。线圈的标称电流常用字母 A、B、C、D、E 分别代表标称电流值为 50mA、150mA、300mA、700mA、1600mA。

（3）**分布电容**

电感线圈的匝与匝之间和层与层之间都有绝缘介质，因而具有电容效应，即为电感的分布电容。为了减小分布电容，提高固有频率，应当选用介电常数小的绝缘介质和适当的绕制方法，如单层间绕、多层叠绕等。

（4）**稳定性**

电感线圈在使用过程中，如果工作条件发生变化，就可能影响线圈的参数。一般情况下，受温度变化的影响，线圈的电感量和其他参数可能改变。

（5）**电感线圈的屏蔽**

屏蔽有两种情况：一种是低频电感线圈的屏蔽，属磁屏蔽，用磁性材料作屏蔽盒，阻止外界磁通进入线圈，避免相互干扰；另一种是高频电感线圈屏蔽，采用导电良好的铜、铝等金属材料，起到屏蔽的作用。

第三节　晶体二极管及应用

一、晶体管的型号和种类

(1) 型号构成

材料和类型代号见表 3-5。

表 3-5　晶体器件型号中材料和类型代号

材料和极性代号	功能类型代号
A——N 型（或 PNP 型），锗材料 B——P 型（或 NPN 型），锗材料 C——N 型（或 PNP 型），硅材料 D——P 型（或 NPN 型），硅材料 E——化合物材料	P——普通管　X——低频小功率管 W——稳压管　G——高频小功率管 Z——整流管　D——低频大功率管 U——光电管　A——高频大功率管 K——开关管　K、T——可控整流管（晶闸管）

注：截止频率大于 3MHz 为高频管；小于 3MHz 为低频管；耗散功率大于 1W 为大功率管；小于 1W 为小功率管。

型号举例：

2AP1：N 型锗材料普通二极管。

2DW7A：P 型硅材料稳压二极管。

3AD30A：PNP 型锗材料低频大功率三极管。

3DG8C：NPN 型硅材料高频小功率三极管。

BT33C：半导体特殊器件（单结晶体管）。

(2) 常用晶体器件的种类、表示方法、基本用途和特性

常用晶体器件的种类、表示方法、基本用途和特性见表 3-6。

表 3-6　常用晶体器件的种类、特性、用途和表示方法

类别	名称	图形符号	文字符号	型号举例	基本特性	主要用途
二极管	普通二极管	▷|—	V	2AP 2CP	单向导电性	检流、整流、开关

类别	名称	图形符号	文字符号	型号举例	基本特性	主要用途
二极管	开关二极管		V，VS	2AK 2CK	反向恢复时间长	开关
	稳压二极管		V	2CW 2AW	在工作区内，反向电压稳定不变	稳压
	变容二极管		V，VC	2CC	相当于二极管和电容串联组合	微波电路
	发光二极管		V，VP	2CU，2DU	光控导通	信号
晶体管	三极管		V	3AX 3AG	电流控制	放大，开关
	场效应管		V	3DJ	电压控制	放大、开关
	单结晶体管		V	BT	达到一定电压后导通	控制
电力半导体管	整流管		VC	2AZ，ZL	单相导电，大电流	整流
	晶闸管		V	KP，KS	受控单向导电	整流，调压，调速

二、晶体二极管的特性

（1）二极管的基本特性和参数

二极管的基本特性和参数见表 3-7 和表 3-8。

数字万用表测试
二极管的极性

表 3-7　二极管的基本特性和参数

名称	含义	备注
最大整流电流	在规定散热条件下，二极管长期运行允许通过的最大正向平均电流	超过此值会烧毁二极管。选用时的重要参数

名称	含义	备注
最高反向工作电压	二极管所能承受的反向电压峰值	超过此值二极管可能击穿。反向工作电压约为击穿电压的50%～70%
正向压降	最大整流电流时,二极管两端的电压降	锗管约为0.2V 硅管约为0.6V
正向电阻	导通时呈现的电阻	见表3-8
反向电流	在给定的反向电压下,通过二极管的反向电流值	此值越小,单向导电性越好
反向电阻	反向阻断电阻	见表3-8

表3-8 二极管正反向电阻参考值

类别	正向电阻/Ω	反向电阻/MΩ	类别	正向电阻/Ω	反向电阻/MΩ
锗二极管	25～200	>0.5	开关二极管	约0.2	>10
硅二极管	10～100	>10	硅整流二极管	0.8～2	>10

(2) 常用二极管参数

常用二极管参数见表3-9～表3-11。

表3-9 常用晶体二极管

名称	型号	最大整定电流/mA	最高反向工作电压/V	备注
普通锗二极管	2AP1～2AP10	5～25	15～100	用于检波电路
	2AP11～2AP28	10～50	10～150	用于检波和小电流整流电路
	2AP71～2AP77	300	50～400	用于整流电路
普通硅二极管	2CP1～2CP5	500	50～800	整流用
	2CP6～2CP20	100	50～800	整流用
硅整流二极管	2CZ11～2CZ12	1A	100～800	整流用
	2CZ12	3A	50～600	
	2CZ13	5A	50～600	
	2CZ14	10A	50～600	
	2CZ59	20A	25～1400	
	2CZ60	50A	25～1400	

名称	型号	最大整定电流/mA	最高反向工作电压/V	备注
	2CK1～2CK6	100	30～180	用于脉冲电路
开关二极管	2CK9～2CK19	30	10～50	用于开关
	2CK25～2CK30	150～250	10～50	用于开关

表 3-10　常用稳压管

型号	稳定电压/V	稳定电流/mA	最大稳定电流/mA
2CW1	7～8.5	5	29
2CW2	8～9.5	5	26
2CW3	9～10.5	5	23
2CW4	10··12	5	20
2CW5	11.5～14	5	17
2CW6E	11.5～14	5	18
2CW7	2.5～3.5	10	71
2CW21	3～4.5	30	220
2CW22	3～4.5	100	660

注：1.稳定电压——在稳定范围内稳压管两端电压；

2.稳定电流——稳定特性最好时的电流；

3.最大稳定电流——允许通过的最大电流。

表 3-11　发光二极管

型号	最高工作电压/V	暗电流/μA	光电流/μA
2CU1	10～50	＜0.2	＞80
2CU2	10～50	＜0.1	＞30
2DUA11	10	＜0.2	＞80
2DUA31	30	＜0.2	＞80
2DUA52	50	＜0.2	＞80
2DUB11	10	＜0.15	＞30
2DUB31	30	＜0.15	＞30
2DUB52	50	＜0.3	＞30

注：暗电流——无光照时，通过二极管的电流；

光电流——有光照时，通过二极管的电流。

（3）使用注意事项

① 使用二极管时应考虑二极管不同的制造材料及结构、性能特点，进行合理的选择。锗管的伏安特性比较平展，门槛电压较低，故锗管仅适用于小信号的检波和限幅，或低电压的整流；硅管的热稳定性比锗管的要好，因而硅管适用于环境温度较高且温度变化较大的场合；在高频工作时则需选用点接触型二极管，因其极间电容量较小，正因为如此，在快速的逻辑电路中也采用点接触型二极管；而在电流较大的电路中，大多采用面结型二极管。

② 半导体二极管在电路中所承受的反向峰值电压和正向电流不能超过其额定值。如电感电路中，反向额定峰值电压要选择得比线路工作电压大 2 倍以上。

③ 半导体二极管的正、反向电流受温度的影响很大，特别是大功率整流二极管，要注意其散热问题。

④ 锗二极管的工作温度不大于 100℃，硅二极管的最高工作温度可达 200℃。

⑤ 焊接温度：如果引脚引线焊端距离管壳大于或等于 5mm，当焊接温度＜245℃时，最长焊接时间为 10s；如果焊端距离管壳为 2～5mm，焊接时间减至 3s。焊接时建议用镊子钳住引脚引线靠管壳的一边，以便把热量导引出去，在施焊前要将引脚引线刮净，最好先浸一层锡，焊接要迅速，电烙铁的功率一般以 25W 为宜。

⑥ 二极管的串联使用：如果二极管的反向电压不够高，在高压电路中又需要使用二极管，这时就必须把二极管串联使用，在这种情况下需在串联的每一个二极管上各并联一个数值相等的电阻，以强迫均分反向电压。此外，还需附带并联一个电容器，以减小可能产生过压而损坏二极管。

第四节　晶体三极管及应用

一、晶体三极管的结构原理和符号

三极管的结构原理和符号见图 3-1。

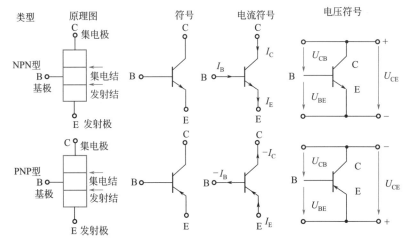

图 3-1　三极管的结构原理和符号

I_E—发射极电流；I_C—集电极电流；I_B—基极电流；U_{CE}—集电极-发射极之间电压；
U_{BE}—基极-发射极之间电压；U_{CB}—集电极-基极之间的电压

二、晶体三极管的主要特性

(1) 三极管的三种基本电路

　　半导体三极管均可工作于图 3-2 的三种基本电路，即共发射极、共基极和共集电极电路。为便于了解采用元件的基本数值和工作情况，图 3-2（b）中附注了电压值和元件参数。

三极管的测试

　　表 3-12 是三种基本电路的比较。

表 3-12　三种基本电路的比较

项目	共发射极电路	共基极电路	共集电极电路
输入阻抗 Z_1	中等 $Z_{1e}=1\sim50\text{k}\Omega$	小，$<1\text{k}\Omega$ $Z_{1b}\approx\dfrac{Z_{1e}}{\beta}$	大（分压器偏置） $Z_{1C}\approx\beta R_L$
输出阻抗 Z_0	大 $Z_{0e}=1\sim100\text{k}\Omega$	很大 $Z_{ab}\approx Z_{oe}\beta$	小 $Z_e\approx\dfrac{Z_e+R_G}{\beta}$

项目	共发射极电路	共基极电路	共集电极电路
电流放大系数	大 β	<1 $\beta_b=\dfrac{\beta}{\beta+1}$	大 $\beta_c\approx\beta+1$
电压放大系数	大	大	$<(1\sim0.97)$
功率放大系数	很大	大	$<(1\sim0.97)$
限极频率	低 f_T	高 $f_b\approx f_T\beta$	低 $\approx f_T$
相位移	$180°$	$0°$	$0°$

注：1. β——小信号电流放大系数；

2. R_L——（外部）负载电阻；

3. R_C——信号内阻；

4. e、b、c——分别表示共射极电路、共基极电路及共集电极电路。

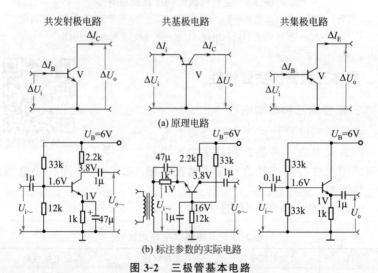

(a) 原理电路

(b) 标注参数的实际电路

图 3-2　三极管基本电路

(2) 三极管的偏置电路

为了使三极管在传输信号过程中减少失真，必须给由三极管组成的放大器设置适当的静态工作点。当放大器的电源电压 U_B 和集电极负载 R_C 一定时，工作点就取决于基极电流 I_B，这个电流就是所谓偏流。提供偏流的电路称偏置电路，改变偏置电路中的电阻就可以调节偏流，改变静态工作点。

图 3-3 列出了常用的四种偏置电路，表 3-13 是这四种偏置电路的比较。

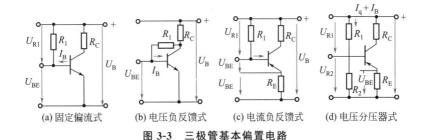

(a) 固定偏流式　　(b) 电压负反馈式　　(c) 电流负反馈式　　(d) 电压分压器式

图 3-3　三极管基本偏置电路

表 3-13　三极管偏置电路比较

类别	固定偏流式	电压负反馈式	电流负反馈式	电压分压器式
参数计算	$R_1 = \dfrac{U_{R1}}{I_B}$ $U_{R1} = U_B - U_{BE}$	$R_1 = \dfrac{U_{CE} - U_{BE}}{I_B}$ $U_{CE} = U_B - I_C R_C$	$R_1 = \dfrac{U_{R1}}{I_B}$ $U_{R1} = U_B - U_{BE} - U_{RE}$	$I_q = (2 \sim 10) I_B$ $R_1 = \dfrac{U_{R1}}{I_q + I_B}$ $U_{R1} = U_B - U_{RE} - U_{BE}$ $R_2 = \dfrac{U_{R2}}{I_q}$ $U_{R2} = U_{RE} + U_{BE}$
电路特点及应用	①电路简单 ②偏置电路损耗小 ③稳定性差	①电路简单 ②比较稳定 ③可减小失真，但放大倍数下降 ④稳定性在 R_C 很小时较差	①电路简单 ②工作点较稳定，R_E 越大稳定性越好 ③R_E 越大信号不失真的输出幅度越小	①具有电压负反馈式及电流负反馈式偏置电路的特点 ②使用较普遍

(3) 三极管的主要特性参数

三极管的主要特性参数见表 3-14。

表 3-14　三极管的主要特性参数

名称	符号	含义	备注
电流放大系数	α	共基极接线时，I_C/I_E 的值	接近 1
	$\beta(h_{FE})$	共发射极接线时，I_C/I_B 的值	一般为 20～150

名称	符号	含义	备注
反向电流	I_{CBO}	发射极开路时,集电极的反向电流	数值越大,性能越不稳定
	I_{CBE}	基极开路,集电极与发射极之间的反向电流	数值越大,性能越不稳定
击穿电压	U_{CBO}	发射极开路时,BC结反向击穿电压	一般大于20V
	U_{CEO}	基极开路时,CE结反向击穿电压	一般大于10V
集电极最大允许电流	I_{CM}	β 值随 I_C 的增加而降到最大值一半时的 I_C 值	数十至数百毫安
特征频率	f_T	β 值下降到1时的频率	数百兆赫

(4) 常用小功率三极管

常用小功率三极管见表3-15。

表3-15 常用小功率三极管

名称	型号	$I_{CBO}/\mu A$	$I_{CBO}/\mu A$	β	U_{CEO}/V	I_{CM}/mA	主要用途
低频小功率锗管	3AX21	<20	<300	40~200	>20	150	低放
	3AX25	<150			>40	400	低放
	3AX45	<30	<1000	20~250	>10	200	低放,振荡
低频小功率硅管	3CX200	<1	<2	55~400	>15	300	功放
	3AG29	<10		20~30		50	中放
	3AG53	<5	<200	30~200	>15	10	高放、振荡
	3AG71	<10	<600	>30	>15	10	开关
	3AG87	<10		>10		50	超高频放大
高频小功率硅管	3CG9	<0.1	<0.1	<0.1	80~150	30	放大

第五节　直流稳压电路及应用

常用的直流稳压电源有稳压管并联式稳压电源、串联式晶体管稳压电源和集成稳压电源。

一、稳压二极管及其稳压电路

(1) 稳压二极管及其特性曲线

稳压二极管是一种特殊的晶体二极管，其表示符号与伏安特性曲线，如图 3-4 所示。

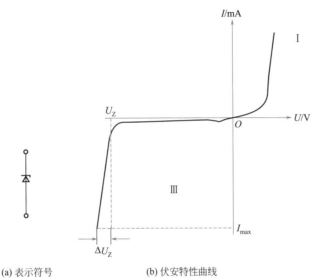

(a) 表示符号　　　　　　(b) 伏安特性曲线

图 3-4　稳压二极管表示符号及其伏安特性曲线

由图 3-4(b) 可知，稳压二极管的伏安特性曲线分成两部分：位于第 I 象限的正向特性与二极管相同。位于第 III 象限的反向特性与二极管有所不同：反向电压小于反向击穿电压 U_Z 时，反向电流很小；当反向电压达到反向击穿电压 U_Z 时，反向电流剧增，稳压二极管反向击穿，反向电流 I_R 变化时，稳压二极管两端电压基本不变起到稳压的作用。稳压二极管工作在反向击穿区，而二极管不能工作在反向击穿区。

(2) 常用稳压二极管及其主要参数

常用的稳压二极管有 2CW、2DW 系列，其型号及主要参数如表 3-16 所示。

稳压管的主要参数有下面几个。

① 稳定电压 U_Z：指稳压管在正常工作状态下稳压二极管两端的电压。

② 最大工作电流：指稳压管在稳定电压时通过的最大电流。

③ 动态电阻：指稳压管在稳定工作状态下稳压管两端电压的变化量与稳压管中电流变化量的比值。

④ 电压温度系数：指稳压管在稳定工作状态下环境温度变化1℃所引起两端电压的相对变化量。

(3) 稳压管选用与使用注意事项

① 稳压管的稳定电压有一个范围，即使同一型号的稳压管，由于工艺的分散性，其稳定电压可能是不相同的，如2CW54稳压管的稳定电压为 5.5～6.5V，在某具体线路使用时稳压在 5.8V，当调换同一型号稳压管时，有可能变成 6.2V，使用中必须注意到这点并作相应调整。稳压管的动态电阻越小，其稳压性能越好。

表 3-16　常用稳压二极管型号及其主要参数

型号	稳定电压 /V	稳定电流 /mA	最大稳定电流/mA	动态电阻 /Ω	电压温度系数 /(10⁻⁴/℃)	最大耗散功率 /W
2CW53	4.0～5.8	10	41	≤50	−6～4	
2CW54	5.5～6.5	10	38	≤30	−3～5	
2CW55	6.2～7.5	10	33	≤15	≤6	
2CW56	7.0～8.8	5	27	≤15	≤7	
2CW57	8.5～9.5	5	26	≤20	≤8	0.25
2CW58	9.2～10.5	5	23	≤25	≤8	
2CW59	10～11.8	5	20	≤30	≤9	
2CW60	11.5～12.5	5	19	≤40	≤9	
2CW103	4.0～5.8	50	165	≤20	−6～4	
2CW104	5.5～6.5	30	150	≤15	−3～5	
2CW105	6.2～7.5	30	130	≤7	≤6	
2CW106	7.0～8.8	30	110	≤5	≤7	
2CW107	8.5～9.5	20	100	≤10	≤8	1
2CW108	9.2～10.5	20	95	≤12	≤8	
2CW109	10～11.8	20	83	≤15	≤9	
2CW110	11.5～12.5	20	76	≤20	≤9	
2CW111	12.4～14	20	66	≤20	≤10	

型号	稳定电压 /V	稳定电流 /mA	最大稳定 电流/mA	动态电阻 /Ω	电压温度系数 /(10⁻⁴/℃)	最大耗散功率 /W
2DW7A	5.8～6.6	10	30	≤25	50×10^{-6}	
2DW7B	5.8～6.6	10	30	≤15		0.2
2DW7C	6～6.5	10	30	≤10	50×10^{-6}	
2DWΦ6	5.5～6.5	10	31	≤30		
2DWΦ7	6.4～7.6	10	27	≤25		
2DWΦ8	7.4～8.6	10	24	≤15	—	0.2
2DWΦ9	8.4～9.6	10	21	≤20		
2DWΦ10	9.4～11.1	10	18	≤20		

② 稳压管电压温度系数表示稳压管稳定电压受环境温度影响程度的大小。一般来说，稳定电压低于 6V 的稳压管的电压温度系数为负的，稳定电压高于 6V 的稳压管的电压温度系数为正的，6V 左右的稳压管受环境温度影响最小，因而在可能的条件下应尽量选用稳定电压为 6V 左右的稳压管。

③ 稳压管在日常使用中应注意稳压管引脚极性接法，稳压管是工作在反向击穿区的，与二极管引脚极性相反。在具体电路应用中，应注意选取合适的限流电阻以免稳压管损坏。

④ 稳压管可以串联使用，串联后的稳定电压为各串联稳压管值之和，但不能并联使用。

(4) 稳压管并联稳压电路及其元件参数选择

① 稳压管并联稳压电路。稳压管并联稳压电路如图 3-5 所示。

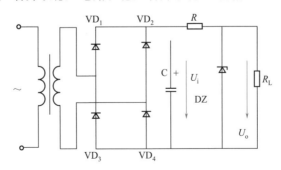

图 3-5　稳压管并联稳压电路

图中 R_L 为负载电阻，DZ 为稳压管，DZ 与 R_L 并联，R 为限流电阻，U_i 为稳压管电路输入电压，当负载电阻 R_L 不变，U_i 因交流电源电压升高而升高时，会使输出电压 U_o 升高，增加稳压管 DZ 的反向电流，导致限流电阻 R 上的电压降增加，从而使输出电压 U_o 下降，保证输出电压基本稳定。反之，U_i 降低时，限流电阻 R 上的电压降减小，保证输出电压基本稳定，因而限流电阻 R 可起到限流和调整电压的作用。

　　② 稳压管 DZ 的选择。按负载电阻 R_L 要求的直流电压值来选择稳压管 DZ 的稳定电压值。稳压管 DZ 的最大工作电流一般按负载电流的 2～3 倍选取。

　　③ 限流电阻 R 的选择。限流电阻 R 的选择应从两方面考虑。当输入电压 U_i 为最小值 U_{imin}，而负载电流 I_i 为最大值 I_{imax} 时，仍要保证流过稳压管的电流不小于稳定电流 I_Z，即

$$(U_{imin}-U_o)/R \geqslant (I_{Lmax}+I_z) \tag{3-1}$$

当输入电压 U_i 为最大值 U_{imax}，而负载开路时，流过稳压管的工作电流不能超过稳压管的最大工作电流，即

$$(U_{imax}-U_o)/R \leqslant I_{1max} \tag{3-2}$$

由上分析可知，限流电阻可按下式计算选择

$$(U_{imax}-U_o)/I_{zmax} \leqslant R \leqslant (U_{imin}-U_o)/(I_{1max}+I_z) \tag{3-3}$$

　　④ 输入电压的选择。通常输入电压可按所要求直流电压的 2 倍来选择。

二、串联式晶体管稳压电路

　　典型的串联式晶体管稳压电路如图 3-6 所示。

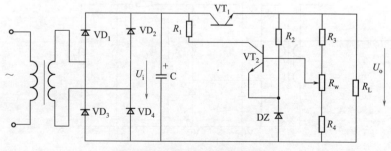

图 3-6　串联式晶体管稳压电路

图 3-6 中，三极管 VT_1 为调整管，VT_2 为放大管，R_3、R_w、R_4 组成取样分压电路，稳压管 DZ 的稳定电压 U_z 作为稳压电源的基准电压，R_2 是稳压管 DZ 的限流电阻。三极管 VT_2 作为放大管，它的基极-发射极电压 U_{be} 是取样电压 U_f 与基准电压 U_z 之差。R_1 是 VT_2 的负载电阻，同时亦是调整管 VT_1 的偏流电阻，通过调节放大管 VT_2 的集电极电位 U_{C2} 来改变调整管 VT_1 的基极电流 I_{b1}，换而言之，通过改变 VT_1 集电极电流 I_{c1} 和集电极-发射极电压 U_{ce1} 来实现调整输出电压。当交流电源电压降低时会引起电压 U_i 降低，从而引起输出电压 U_o 降低，放大管 VT_2 的基极-射击电压 U_{be2} 减小，VT_2 的基极电流 I_{b2} 减小，集电极电流 I_{c2} 减小，集电极-发射极电压 U_{ce2} 增加，也就是集电极电位 U_{c2} 上升，调整管 VT_1 的基极电流 I_{b1} 增加，集电极电流 I_{c1} 增加，集电极-发射极电压 U_{ce1} 减小，输出电压 U_o 增加使输出电压 U_o 保持稳定。反之，当交流电源电压升高引起输出电压 U_o 升高时，取样电压 U_f 增加，放大管 VT_2 的 U_{be2} 增加，集电极电流 I_{ce2} 增加，集电极电压 U_{c2} 降低，调整管 VT_1 的基极电流减小，集电极电流 I_{c1} 减小，集电极-发射极电压 U_{ce1} 增加，输出电压下降使输出电压 U_o 保持稳定。

三、集成稳压电路

(1) 常用集成稳压器型号及其主要参数

W7800、W7900 系列三端固定集成稳压器常被广泛应用，其型号及主要参数如表 3-17 所示。

表 3-17 常用集成稳压器型号及其主要参数

型号	输出电压 /V	最大输出电流/A	输入电压 /V	最大输入电压/V	最小输入电压/V	电压调整率/mV	电流调整率/mV
W7805	5		10	35	7	50~200	100~400
W7806	6		11	35	8	60~240	100~400
W7809	9	1.5	14	35	11	80~320	100~400
W7812	12		19	35	14.5	120~480	120~480
W7815	15		23	35	17.5	150~600	150~600

型号	输出电压/V	最大输出电流/A	输入电压/V	最大输入电压/V	最小输入电压/V	电压调整率/mV	电流调整率/mV
W7905	−5		−10	−35	−7	50～200	100～400
W7906	−6		−11	−35	−8	60～240	100～400
W7909	−9	1.5	−14	−35	−11	80～320	100～400
W7912	−12		−19	−35	−14.5	120～480	120～480
W7915	−15		−23	−35	−17.5	150～600	150～600

（2）**W7800、W7900 系列三端固定集成稳压器及其接法**

W7800 系列是三端固定正压稳压器，W7900 系列是三端固定负压稳压器；W7800、W7900 系列集成稳压器其内部电路也是串联稳压电路，该集成稳压器只有输入端、输出端和公共端三个引脚；W7800 系列和 W7900 系列引脚功能接法有所不同，具体使用时应注意。

W7800 系列三端固定正压稳压器的引脚功能：

1——输入端；2——输出端；3——公共端。

W7900 系列三端固定负压稳压器的引脚功能：

1——公共端；2——输出端；3——输入端。

W7800 系列、W7900 系列三端固定稳压器常用接线方式如图 3-7 所示。

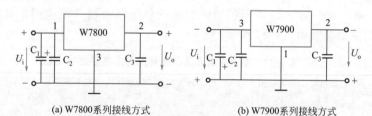

(a) W7800系列接线方式　　　　　(b) W7900系列接线方式

图 3-7　W7800、W7900 系列三端固定稳压器接线方式

图 3-7 中，C_2、C_3 的值一般可用 $0.1～1\mu F$。C_1 的值一般可用 $1000～2000\mu F$。

若需要正负输出稳压电源，W7800 系列、W7900 系列三端固定稳压器典型线路接法如图 3-8 所示。

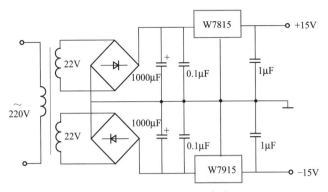

图 3-8　正负输出稳压电路

第四章

常用电工工具和材料

第一节　基本工具

一、常用安装工具

常用安装工具主要有钢丝钳、尖嘴钳、斜口钳、剥线钳、电工刀、螺钉旋具、活扳手、锤子等。

(1) 钢丝钳

① 钢丝钳的类型及特点　钢丝钳有铁柄和绝缘柄两种，带绝缘柄的为电工用钢丝钳，可在有电的场合使用，不带绝缘柄的，则不具有此功能。常用的规格有 150mm、175mm 和 200mm三种。

② 钢丝钳的用途　钢丝钳主要用于剪断导线或剖削导线绝缘层，侧口用来切削电线线芯、钢丝或铅丝等较硬的金属。

③ 钢丝钳的外形、结构及握法　如图 4-1 所示。

④ 钢丝钳的使用方法

⑤ 使用时的注意事项

a. 使用前，应检查绝缘柄的绝缘是否完好，如果绝缘损坏，不

(a) 钢丝钳的外形

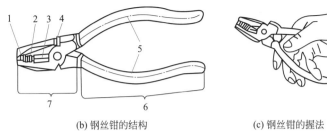

(b) 钢丝钳的结构   (c) 钢丝钳的握法

图 4-1 外形、结构及握法

1—钳口；2—齿口；3—刀口；4—铡口；5—绝缘管；6—钳柄；7—钳头

能进行带电作业。

使　用　方　法	图　　例
a.钢丝钳的钳口可以用来弯绞或钳夹导线的线头。如图 4-2 所示。	**图 4-2 弯绞或钳夹导线的线头**
b.钢丝钳的齿口可以用来紧固或旋松、拆卸螺母。如图 4-3 所示。	**图 4-3 紧固或旋松、拆卸螺母**

使 用 方 法	图 例
c.钢丝钳的刀口可以用来剪切导线。如图 4-4 所示。	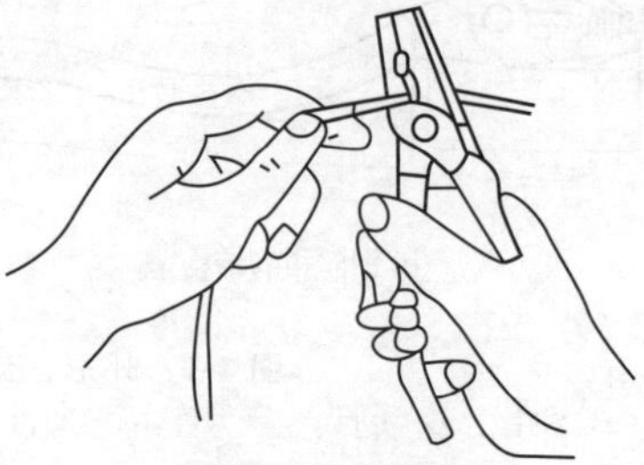 图 4-4　剪切导线
d.钢丝钳的铡口可以用来铡切电线线芯和钢丝、铅丝等较硬金属。如图 4-5 所示。	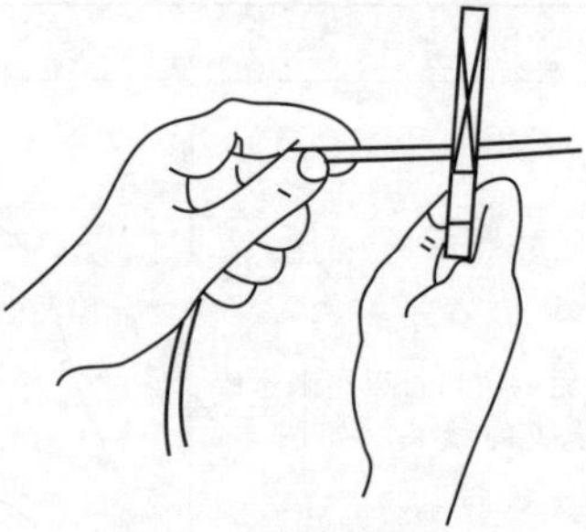 图 4-5　铡切较硬金属
e.钢丝钳的钳口可以用来剥绝缘层。如图 4-6 所示。	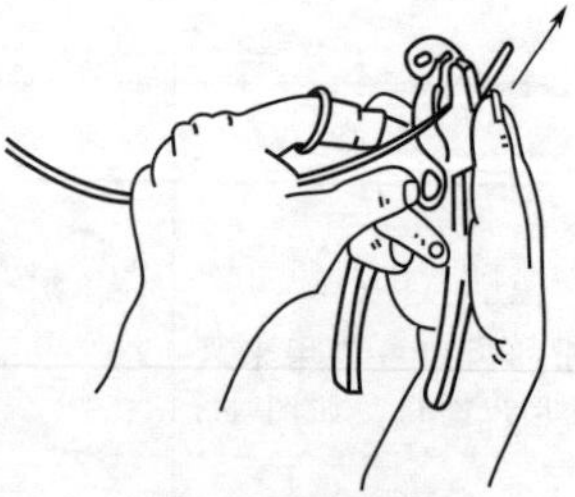 图 4-6　剥绝缘层

b.不可把钢丝钳当锤子使用。

c.用钢丝钳剪带电导线时，不得同时剪切相线和零线，或同时剪切两根相线，否则会发生触电事故。

尖嘴钳的使用

(2) 尖嘴钳

尖嘴钳又叫修口钳、尖头钳、尖咀钳。它是由尖头、刀口和钳柄组成，电工用尖嘴钳的材质一般由 45# 钢制作，类别为中碳钢。含碳量 0.45%，韧性硬度都合适。常用规格有 130mm、160mm、180mm、200mm四种。

① 尖嘴钳特点　尖嘴钳的头部细长，适合在较狭小的工作空间操作，不带刃口者只能夹捏工件，带刃口者能剪切细小零件，又可夹捏工件。它是电工（尤其是内线电工）、仪表及电信器材等装配及修理工作常用工具之一。

② 尖嘴钳作用　钳柄上套有额定电压 500V 的绝缘套管。是一种常用的钳形工具。主要用来剪切线径较细的单股与多股线，以及给单股导线接头弯圈、剥塑料绝缘层等。

③ 尖嘴钳的外形、结构如图 4-7 所示。尖嘴钳的握法如图 4-8所示。

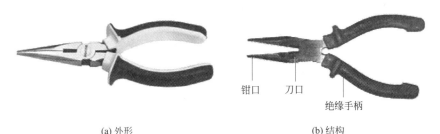

(a) 外形　　　　　　　　　　　　　　(b) 结构

钳口　刀口

绝缘手柄

图 4-7　尖嘴钳的外形、结构

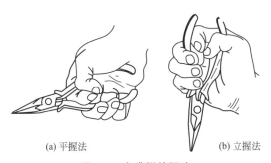

(a) 平握法　　　　　　　　　　　　　(b) 立握法

图 4-8　尖嘴钳的握法

④ 尖嘴钳的使用方法

a.能夹持较小螺钉、垫圈、导线等元件，如图 4-9 所示。

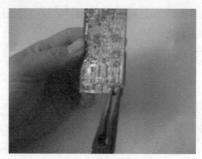

图 4-9　夹持较小螺钉

b.带刃口的尖嘴钳能剪断细小金属丝，如图 4-10 所示。

图 4-10　剪断细小金属丝

c.在装接电气控制线路板时，尖嘴钳能将单股导线弯成一定圆弧的接线鼻，如图 4-11 所示。

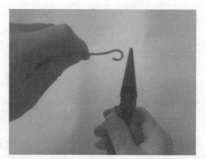

图 4-11　将单股导线弯成一定圆弧的接线鼻

d.用尖嘴钳除去软导线绝缘层，并完成剥线，如图 4-12 所示。

图 4-12　除去软导线绝缘层

e.用尖嘴钳进行导线连接，如图 4-13 所示。

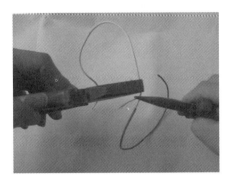

图 4-13　进行导线连接

⑤ 安全注意事项

a.尖嘴钳钳口尖细，且经过热处理，钳夹物体不可过大，用力时切勿太猛，以防损伤钳口。

b.带电操作时，手与尖嘴钳的金属部分应保持 2cm 以上。

(3) 斜口钳

斜口钳也称断线钳，主要用来剪断导线和剪掉印制电路板上元器件的引脚。剪线时，将导线放于钳口，稍微用力即可。常有 4in、5in、6in、7in、8in 规格。大于 8in 的比较少见，比 4in 更小的，称为迷你斜口钳，约为 125mm。

① 斜口钳的用途　斜口钳主要用于剪切导线，元器件多余的引线，还常用来代替一般剪刀剪切绝缘套管、尼龙扎线卡等。

② 尺寸选择建议　斜口钳功能以切断导线为主，2.5mm 的单股铜线，剪切起来已经很费力，而且容易导致钳子损坏，所以建议斜口钳不宜剪切 2.5mm 以上的单股铜线和铁丝。在尺寸选择上以 5in、6in、7in 为主，普通电工布线时选择 6in、7in 切断能力比较强，剪切不费力。线路板安装维修以 5in、6in 为主，使用起来方便灵活，长时间使用不易疲劳。4in 的属于迷你的钳子，只适合做一些小的工作。

③ 斜口钳的外形如图 4-14 所示。

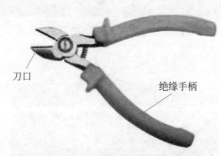

刀口

绝缘手柄

图 4-14　斜口钳的外形

④ 斜口钳的使用方法

a. 用斜口钳切断导线，如图 4-15 所示。

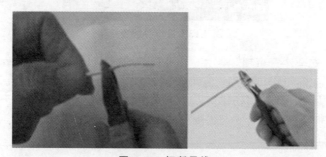

图 4-15　切断导线

b. 用斜口钳切断电子元件的引脚，如图 4-16 所示。

⑤ 安全注意事项

a. 电工在使用斜口钳之前，必须保证绝缘手柄的绝缘性能良好，以保证带电作业时的人身安全。

图 4-16   切断电子元件的引脚

b.用斜口钳剪切单相带电导线时，严禁用刀口同时剪切相线和零线。

c.不可以用来剪切钢丝、钢丝绳和过粗的铜导线和铁丝。否则容易导致钳子崩牙和损坏。

(4) 剥线钳

剥线钳是用于剥削小直径导线绝缘层的专用工具。剥线钳的钳口有 $0.5 \sim 3\mathrm{mm}$ 的多个不同孔径刃口，其结构如图 4-17 所示，使用时，利用杠杆原理，当剥线时，将要剥削的绝缘层长度导线放入相应的刀口中，用手将钳柄一握，导线的绝缘层即被割破自动弹出。

剥线钳使用

剥线刀口

压线口

绝缘手柄

图 4-17   剥线钳的结构

① 剥线钳的组成　剥线钳是由刀口、压线口和钳柄组成。剥线钳的钳柄上套有额定工作电压 500V 的绝缘套管。

② 剥线钳剥导线过程

a. 准备好被剥导线，如图 4-18 所示。

b. 根据导线的粗细型号，选择相应的剥线刃口，如图 4-19 所示。

图 4-18　准备好被剥导线

图 4-19　选择合适的剥线刃口

c. 左手拿住电线，右手捏下剥线钳手柄，将电缆夹住，缓缓用力使电缆外表皮慢慢剥落，松开工具手柄，取出电缆线，这时电缆金属整齐露出外面，其余绝缘塑料完好无损，完成剥线。如图 4-20 所示。

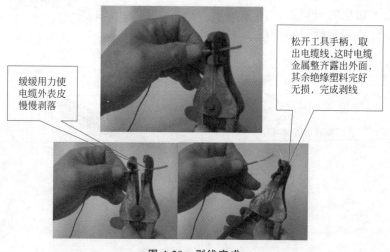

缓缓用力使电缆外表皮慢慢剥落

松开工具手柄，取出电缆线，这时电缆金属整齐露出外面，其余绝缘塑料完好无损，完成剥线

图 4-20　剥线完成

③ 安全注意事项

a. 电工在使用剥线钳之前，必须保证绝缘手柄的绝缘性能良好，以保证带电作业时的人身安全。

b. 剥线时，选择合适的剥线刀口进行剥线，以免伤及线芯。

(5) 电工刀

电工刀是电工常用的一种切削工具。普通的电工刀由刀片、刀刃、刀把、刀挂等构成。不用时，把刀片收缩到刀把内。刀片根部与刀柄相铰接，其上带有刻度线及刻度标识，前端形成有螺丝刀刀头，两面加工有锉刀面区域，刀刃上具有一段内凹形弯刀口，弯刀口末端形成刀口尖，刀柄上设有防止刀片退弹的保护钮。电工刀的刀片汇集有多项功能，使用时只需一把电工刀便可完成连接导线的各项操作，无需携带其他工具，具有结构简单、使用方便、功能多样等优点。

① 电工刀的作用　电工刀是用来剖削电线、电缆绝缘层，削制木桩等的专用工具。电工刀的外形如图 4-21 所示。

图 4-21　电工刀的外形

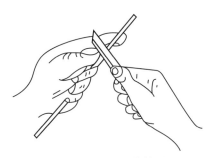

图 4-22　电工刀的使用

② 使用方法　使用电工刀时，应将刀口朝外剖削，注意避免伤手。剖削电线的绝缘层时，可把刀略微翘起一点。左手应戴手套垫在线下缓慢剖削，将绝缘层剖削成斜坡式，整体为锥形，切忌把刀刃垂直对着导线切割绝缘层，以免损坏线芯。电工刀的使用如图 4-22 所示。

电工刀用毕，应及时将刀身折进刀柄内。电工刀的刀柄无绝缘保护，不能用于带电作业，以免触电。

（6）螺丝刀

螺丝刀（也叫螺钉旋具）是一种用来拧转螺丝钉以迫使其就位的工具，通常有一个薄楔形头，可插入螺丝钉头的槽缝或凹口内，亦称"改锥"或"起子"。常用的有一字、十字和六角螺丝刀（包括内六角和外六角两种）。

螺丝刀的使用

① 螺丝刀种类

a.普通螺丝刀。头柄造在一起的螺丝刀，容易准备，只要拿出来就可以使用，但由于螺丝有很多种不同长度和粗度，有时需要准备很多支不同的螺丝刀。外形如图 4-23 所示。

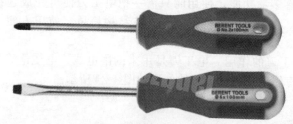

图 4-23　普通螺丝刀的外形

b.组合型螺丝刀。把螺丝刀头和柄分开的螺丝刀，要安装不同类型的螺丝时，只需把螺丝刀头换掉就可以，不需要带备大量螺丝刀。好处是可以节省空间，却容易遗失螺丝刀头。外形如图 4-24 所示。

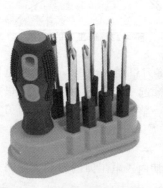

图 4-24　组合型螺丝刀的外形

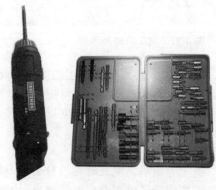

图 4-25　充电电动螺丝刀

c. 电动螺丝刀。以电动马达代替人手安装和移除螺丝，通常是组合螺丝刀。图 4-25 为充电电动螺丝刀。

d. 钟表螺丝刀。属于精密螺丝刀，常用在修理手带型钟表。其外形如图 4-26 所示。

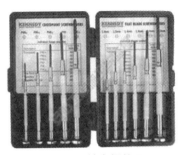

图 4-26　钟表螺丝刀

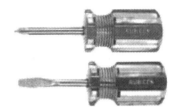

图 4-27　小金刚螺丝刀

e. 小金刚螺丝刀。头柄及身长尺寸比一般常用之螺丝刀小，非钟表螺丝刀。如图 4-27 所示。

f. 直形。这是最常见的一种。头部型号有一字、十字、米字、T型（梅花形）、H 型（六角）等。

g. L 形。多见于六角螺丝刀，利用其较长的杆来增大力矩，从而更省力。

② 螺丝刀的使用方法

a. 短螺丝刀的使用。短螺丝刀多用于松紧电气装置接线桩上的小螺钉，使用时可用大拇指和中指夹住握柄，用食指顶住柄的末端捻旋。如图 4-28 所示。

图 4-28　短螺丝刀的使用

b. 长螺丝刀的使用。长螺丝刀多用来松紧较大的螺钉。使用时，除大拇指、食指和中指夹住握柄外，手掌还要顶住柄的末端，这样就可以防止旋转时滑脱。如图 4-29 所示。

图 4-29　长螺丝刀的使用

c. 较长螺丝刀的使用。可用右手压紧并转动手柄，左手握住螺丝刀的中间，不得放在螺丝刀的周围，以防刀头滑脱将手划伤。如图 4-30 所示。

图 4-30　较长螺丝刀的使用

③ 安全注意事项

a. 在使用前应先擦净螺丝刀柄和口端的油污，以免工作时滑脱而发生意外，使用后也要擦拭干净。

b. 选用的螺丝刀口端应与螺栓或螺钉上的槽口相吻合。如口端太薄易折断，太厚则不能完全嵌入槽内，易使刀口或螺栓槽口损坏。

c. 不可把螺丝刀当作撬棒或凿子使用。

(7) **扳手**

① 活扳手　活扳手又叫络扳手，一般由手柄、活动扳唇、蜗轮、轴销等构成，是供装、拆、维修时旋转六角头或方头螺栓、螺钉、螺母用的一种常用工具。它的特点是开口尺寸可以在规定范围内任意调节，所以特剐适用于螺栓规格多的场合使用。

活扳手的使用

电工常用的有 200mm、250mm、300mm 三种。活扳手的结构如图 4-31 所示。

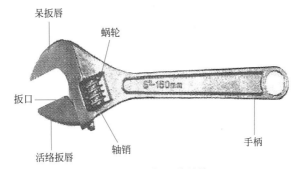

图 4-31　活扳手的结构

a.活扳手的握法。

扳动较大螺母时，需用较大力矩，手应握在接近柄尾处，如图 4-32 所示。

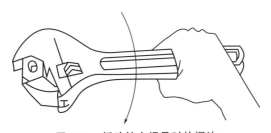

图 4-32　扳动较大螺母时的握法

扳动较小螺母时，需用力矩不大，但螺母过小易打滑，故手应握在接近头部的地方，这样便于随时调节蜗轮，收紧活扳唇，防止打滑，如图 4-33 所示。

图 4-33　扳动较小螺母时的握法

b.活扳手的错误使用。活扳手不可反用，以免损坏活扳唇，也不可用钢管接长手柄来旋加较大的扳拧力矩，更不得当作撬棒和锤子使用。如图 4-34 所示。

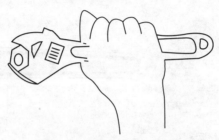

图 4-34　活扳手的错误使用

② 呆扳手　呆扳手又称开口扳手（或称死扳手），有单头和双头两种，双头呆扳手因为使用更灵活，应用也更广泛。双头呆扳手的两端带有固定尺寸的开口，其开口尺寸与螺钉头、螺母的尺寸相适应，并根据标准尺寸做成一套。一把呆扳手最多只能拧动两种相邻规格的六角头或方头螺栓、螺母，故使用范围较活动扳手较小。外形如图 4-35 所示。

图 4-35　呆扳手

③ 管子扳手　管子扳手又称为管钳，是供安装和修理时夹持和旋动各种管子和管路附近用的一种手用工具。使用方法类同于活扳手，其外形如图 4-36 所示。

④ 套筒扳手　套筒扳手是用来拧紧或旋松有沉孔的螺母或在无

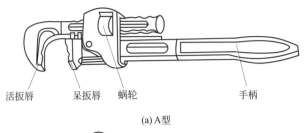

活扳唇　呆扳唇　蜗轮　　　　手柄

(a) A型

(b) B型

图 4-36　管子扳手

法使用活扳手的地方使用的工具。它是由套筒和手柄两部分组成的，套筒应配合螺母的规格来进行选用，如图 4-37 所示。

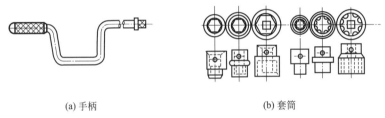

(a) 手柄　　　　　　　　　　　(b) 套筒

图 4-37　套筒扳手

(8) 锉刀的使用

锉刀的结构如图 4-38 所示，是由以下部分组成。

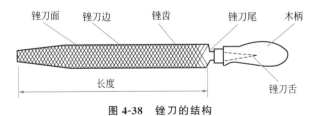

锉刀面　锉刀边　　锉齿　　　锉刀尾　木柄

长度

锉刀舌

图 4-38　锉刀的结构

① 锉刀面。指主要切削工作面，它的长度即锉刀规格。锉刀面端部呈弧形，上下两面均有锉齿。

② 锉刀边。指锉刀两个侧面,其中一边有齿,另一边没有齿,这样锉削时避免碰坏另一个锉削面。

③ 锉刀舌。指锉刀尾部像锥子一样的部分,用于与木柄镶入。

④ 木柄。与锉刀连接,在连接处有一个铁箍以防镶配时裂开。

粗齿锉刀锉削时由于齿距间隔大,切削深度深,产生的阻力大,适用于粗加工;细齿锉刀锉削时由于齿距间隔小,切削深度浅,产生的阻力小,适用于精加工。

锉刀正确使用的握法有很多种,其中手掌压锉法如图 4-39 所示。右手握锉柄,柄端顶住掌心,大拇指放在柄的上部,其余手指满握锉柄,左手掌压在距锉刀头 30mm 左右的位置,手指自然下垂,回锉时略微伸直,以免与工件相碰。在锉削时,左手起扶稳锉刀辅助锉削的作用。

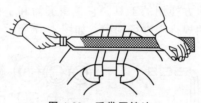

图 4-39　手掌压锉法

使用锉刀的注意事项如下。

① 新锉刀要先使用一面,用钝后再使用另一面。

② 在粗加工锉削时,应充分使用锉刀的有效全长,这样既可提高锉削效率,又可避免锉齿局部磨损。

③ 锉刀上不可沾油或沾水。锉屑嵌入齿缝时,必须用钢丝刷沿着锉齿的纹路清除,不能用嘴去吹锉屑或用手摸锉刀及锉削表面。

④ 无柄、破损的锉刀不能使用,更不能将锉刀当锤子或撬杠使用。

⑤ 不能用新锉刀锉削硬金属和工件的氧化层。铸件表面如有硬皮,应该先用砂轮磨去或用旧锉刀有齿的侧边锉去硬皮,然后再进行正常的锉削加工。

⑥ 锉刀每次使用完毕后都必须清刷干净,以免生锈。锉刀无论在使用过程中或放入工具箱时,都应放在干燥通风的位置,不能叠放或与其他工具、工件堆放在一起,以免损坏锉齿。

⑦ 锉削前工件要夹持牢靠,但不能使工件变形或夹伤。夹持表

面形状不规则的工件时，应加衬垫；夹持工件的已加工表面和精密零件时应衬铜皮等材料。

(9) 钢锯的安装和使用

钢锯又称锯弓，是用来锯割各种金属管壁（如铁管）和非金属管壁（如绝缘管子）的工具。

① 锯条的正确安装

锯条的正确安装如图 4-40 所示，安装要领如下。

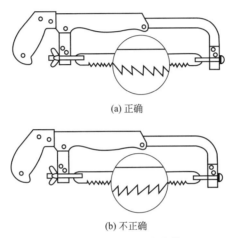

(a) 正确

(b) 不正确

图 4-40 锯条的正确安装

a. 锯齿必须向前。b. 松紧应适当，一般用手扳动锯条，感觉硬实不会发生弯曲即可。c. 装好的锯条应尽量与锯弓保持在同一中心面内。

② 钢锯的正确使用方法

使用时注意左手自然地轻扶在弓架前端，右手握稳锯弓的锯柄；锯割时左手压力不宜过大，右手向前推进施力，进行锯割；左手协助右手扶正弓架，锯割在一个平面内，保持锯缝平直，如图 4-41 所示。

钢锯主要由锯柄、元宝螺母、锯弓架、锯条等组成，如图 4-41 所示。

③ 锯缝歪斜的原因

a. 安装工件时，锯缝线未能与铅垂线方向保持一致。b. 锯条安装太松或相对锯弓平面扭曲。c. 锯削的压力太大而使锯条左右偏摆。

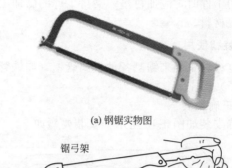

(a) 钢锯实物图

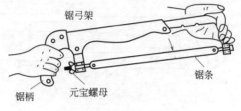

(b) 钢锯结构及其使用方法

图4-41　钢锯及其使用方法

d. 锯弓未扶正或用力方向歪斜。

④ 锯条折断的原因

a. 工件未夹紧，锯削时工件松动。b. 锯条装得过松或过紧。c. 锯削用力太大或锯削方向突然偏离锯缝方向。d. 强行纠正歪斜的锯缝或调换新锯条后仍在原锯缝中过猛地锯削。e. 锯削时，锯条中段局部磨损，当拉长锯削时锯条被卡住引起折断。f. 中途停止使用时，锯条未从工件中取出而碰断。

(10) **钻削刃具的使用**

钻削刃具主要是钻头，钻头分为标准麻花钻和非标准麻花钻。标准麻花钻由柄部、颈部和工作部分组成，其中工作部分承担切削工作，由切削刃、容屑槽和刃带组成，如图4-42所示，柄部是钻头的夹持部分，有直柄和锥柄两种。直柄一般用于直径小于 $\phi 13mm$ 的钻头，锥柄用于直径大于 $\phi 13mm$ 的钻头。非标准麻花钻在标准麻花钻的基础上改制或刃磨而成，用来解决被加工零件的特殊加工问题。

① 钻孔的方法

a. 工件固定方法。在工件上钻 $\phi 8mm$ 以下孔时，可直接用手握持工件（工件应是锐角无锋边）。如果工件较小或钻孔大于 $\phi 8mm$ 时，必须用手虎钳、机用平口钳和压板紧固后进行钻孔，如果工件长

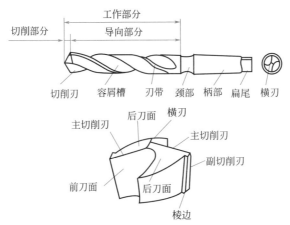

图 4-42　标准麻花钻组

度较长，钻孔时必须在工作台面上用略高于工件的压板紧固后进行钻孔。如果是圆形工件，钻孔时必须用 V 形块对准钻床主轴中心，将工件放在 V 形槽内进行钻孔。总之，在钻孔切削过程中，工件必须固定，接触面尽量要大，使工件与钻床工作台面的摩擦力大于钻孔时产生的钻削力。

b. 画线后直接进行钻孔。在钻孔时必须将钻头中心对准冲眼，先试钻一个浅孔检查两个中心是否重叠，如果完全一致就可继续钻孔，如果发现有误差就必须及时纠正，使两个中心重叠后才能钻孔。钻孔的切削进刀量是根据工件材料性质、切削厚度、孔径大小而定的。如果选用不当将给操作者带来危害及设备事故，特别要注意孔即将穿通时的进刀量。钻深孔时要经常把钻头提拉出工件表面，以便及时清除槽内的钻屑。

② 钻孔应注意的问题

a. 钻孔时不准戴手套，袖口必须扎紧，女工必须戴上工作帽。

b. 钻孔前，工件一定要夹紧（除钻削小孔时可用手握紧工件和在较大工件上钻小孔外）。孔即将钻通时，必须减小进给量，以防轴向力突然减小使进给量增大，发生工件甩出等事故。

c. 钻孔前，工作台面上不准放置与钻孔无关的物品。钻通孔时要在工件下面垫上垫块或使钻头对准工作台的 T 形槽，以免损坏工作台。

d. 开动钻床前，应检查钻夹头的钥匙或斜铁是否插在钻床主轴上。停车后松紧钻夹头时必须使用钥匙，不能用敲打的方法松紧。钻头从套筒中或主轴中退出时，要用楔铁敲出。

e. 钻孔时不能用棉纱清除切屑或用嘴吹切屑，必须用钢丝刷或毛刷清除。钻出长条切屑时，要用铁钩钩出。

f. 钻削过程中，操作者的身体不准与旋转的主轴靠得太近。

g. 停车时，应让主轴自然停止，不能用手去制动，也不能开倒车反转制动，以免发生机损人伤的事故。

h. 变速前必须先停车。清扫钻床或加注润滑油时，也必须停车。

i. 钻不通孔（盲孔）时，可根据所钻孔的深度用调整钻床上的挡块来限位；当所钻孔的深度要求不高时，也可用标尺来限位。

j. 当钻削直径大于 $\phi 30mm$ 的孔时，一般要分两次钻削：第一次使用 0.5～0.7 倍孔径的钻头钻孔；第二次用所需孔径的钻头扩孔，这样可减小切削力，提高钻孔质量。

k. 钻深孔时，当钻削的深度达到直径的 3 倍时，要退出钻头排屑，以后每钻进一定深度，钻头就要退出排屑一次，以防止连续钻孔造成切屑堵塞而使钻头折断。

(11) 射钉枪的使用

射钉枪又称射钉工具枪或射钉器，是一种比较先进的安装工具。它利用火药爆炸产生的高压推力，将尾部带有螺纹或其他形状的射钉射入钢板、混凝土和砖墙内，起固定和悬挂作用。射钉枪的结构示意如图 4-43 所示。

① 射钉枪的结构

射钉枪主要由器体和器弹两部分组成。

a. 器体部分的构造。射钉枪的器体部分主要由垫圈夹、坐标护罩、枪管、撞针体、扳机等组成，如图 4-43 所示，其前部可绕轴闩扳折转动 45°。

b. 器弹部分的构造。器弹部分主要由钉体、弹药、定心圈、钉套、弹套等组成，如图 4-44 所示。射钉直径为 3.9mm，尾部螺纹有 M8、M6、M4 等几种，弹药分为强、中、弱三种。

② 射钉枪的操作

射钉枪的操作分为装弹、击发和退弹壳三个步骤。

a. 装弹。将枪身扳折 45°，检查无脏物后，将适用的射钉装入枪膛，并将定心圈套在射钉的顶端，以固定中心（M8 的规格可不用定

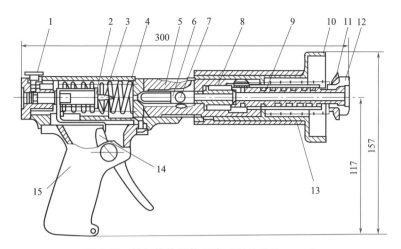

图 4-43　射钉枪的结构示意（尺寸单位：mm）

1—按钮；2—撞针体；3—撞针；4—枪体；5—枪镜；6—轴闩；7—轴闩螺钉；
8—后枪管；9—前枪管；10—坐标护罩；11—卡圈；12—垫圈夹；
13—护套；14—扳机；15—枪柄

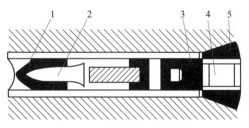

图 4-44　射钉枪构造示意图

1—定心圈；2—钉体；3—钉套；4—弹药；5—弹套

心圈）；将钉套装在螺纹尾部，以传递推进力。装入适用的弹药及弹套，一手握坐标护罩，一手握枪柄，上器体，使前后枪管成一条直线。

b.击发。为确保施工安全，射钉枪设有双重保险机构。一是保险按钮，击发前必须打开；二是击发前必须使枪口抵紧施工面，否则，射钉枪不会击发。

c.退弹壳。射钉射出后，将射钉枪垂直退出工作面，扳开机身，弹壳即退出。

③ 使用射钉枪的注意事项

使用射钉枪时严禁枪口对人，作业面的后面不准有人，不准在大理石、铸铁等易碎物体上作业。如在弯曲状表面上（如导管、电线管、角钢等）作业时，应另换特别护罩，以确保施工安全。

(12) 电动机维修专用工具

① 榔头

榔头又分为木榔头、橡胶榔头、铁榔头、如图 4-45 所示。一般在绕组整形、成型绕组嵌线时用木榔头或橡胶榔头，在封槽楔、装配电动机时使用铁榔头。

(a) 木榔头   (b) 橡胶榔头   (c) 铁榔头

图 4-45 榔头

② 划线板

划线板也称滑线板（理线板），用以嵌线圈时把导线划入线槽，不致交叉。划线板还可以迫使堆积在槽口的导线移至槽内两侧，以及理顺嵌入槽内的导线。划线板一般用不锈钢制作，也可用竹片或层压塑料板削磨制作，其形状为适合不同槽口需要而制成多个规格。如图 4-46 所示。划线板长度一般为 15～20cm，宽度为 10～15mm，厚度为 2～3mm。头部略呈尖形，一边稍薄，如刺刀形，表面应光滑。

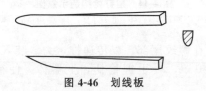

图 4-46 划线板

③ 压线板

压线板又称压线脚，它是用来压紧槽内导线的工具，其外形如图 4-47 所示。

压线板通常与划线板配合作为折槽口绝缘的工具，使用时应根据槽口尺寸选择其大小。其压线部分的宽度 b 按槽形顶部尺寸缩小 0.6～0.7mm，长度 L 以 30～60mm 为宜。压线板一般用黄铜及低碳钢制成，表面要光滑，以免划伤导线绝缘。

④ 刮线刀

刮线刀是用来刮去导线焊接头上的绝缘层的专用工具。在有弹性的对折的钢片两端各装一片铅笔刀片，每片用两只螺钉拧紧固定，其形状如图 4-48 所示。

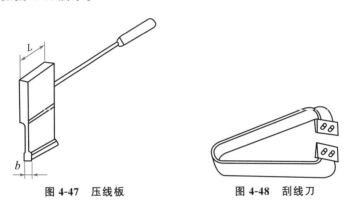

图 4-47　压线板　　　　　图 4-48　刮线刀

⑤ 清槽片

清槽片通常用断锯条制成。在一截断锯条一端缠上布条或用木板等夹紧固定即可，如图 4-49 所示。这样通过锯条就可清理铁芯槽。

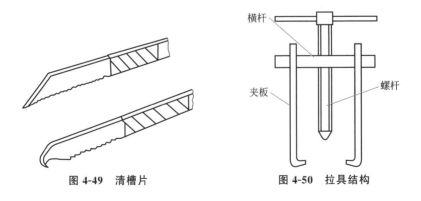

图 4-49　清槽片　　　　　图 4-50　拉具结构

电动机修理拆除槽内的线圈后，需要用清槽片来清除铁芯槽内残留的绝缘物、锈斑等杂物，以保证不会损伤新的槽绝缘，以及用足够的空间容纳所有的导线。

⑥ 拉具

拉具又称拉模、拉力器、皮带扒子等。它由碳钢锻打或球墨铁浇铸而成，是拆卸皮带轮、联轴器及滚动轴承的专有工具，其结构如图 4-50 所示。

使用时摆正拉具，将螺杆对准电动机轴的中心，用力均匀地慢慢转动螺杆即可将皮带轮等卸下，如图 4-51 所示。如果带轮一时拉不出来，切勿硬拉，或在带轮与轴的接缝中加些煤油。必要时也可用喷灯或气焊枪在带轮的外表面加热，趁带轮受热膨胀而轴还尚未热透的情况下，迅速将带轮拉下。对工件的外部加热时，注意温度不能太高，以防轴变形或烧坏电动机内的绝缘层。

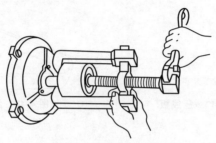

图 4-51　拉具及使用方法

⑦ 手摇绕线机

小型电动机和变压器的线圈一般都采用圆铜导线（漆包线）制成。由于线圈的尺寸一般不大，导线较细，因此可以直接在手摇绕线机上进行绕制。绕线机是绕制线圈的专用工具，常见的绕线机如图 4-52 所示。

绕线机的手柄安装在一个大齿轮上，大齿轮带动两个小齿轮，大小齿轮的转速比一般为 1：4 或 1：8，有时也为 1：12。机轴连接着一个小齿轮，机轴直径为 9.5mm，长度为 160mm。手摇绕线机的高速挡在绕制小型变压器的线圈时较为方便。绕线机机轴上有两个锥形螺母，其中一个无螺纹，应放在里面，另一个有螺纹的锥形螺母放在外面，用来夹紧绕线模。在机轴靠近齿轮的一侧有一段螺纹，啮合了一只圈数盘（又称计数盘），用来记录线圈的匝数。

使用绕线机时应注意以下几方面。

a.绕线机底座应固定在工作台上，机座的外侧边缘与工作台或桌

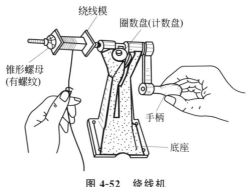

图 4-52 绕线机

边的距离以 10～12mm 为宜。

b.若转动绕线机时齿轮摩擦声较大，可以注入少许润滑油。同时，要注意保持清洁，及时清除灰尘。

c.手摇绕线机绕制线圈时，一般不用紧线夹，而由操作者用手将导线拉紧、拉直及平整。

(13) 电动机维修专用测试仪器

① 4 号黏度计

4 号黏度计又称 4 号福特杯，是测量绝缘漆黏度的计量用具。其形状和尺寸如图 4-53 所示。它的有效容积为 100cm³，一般用黄铜或紫铜制成。

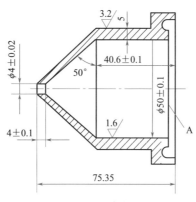

图 4-53 黏度计

(尺寸单位：cm)

绝缘漆的黏度是指一定体积的漆，在一定温度下，从规定直径的孔中流出时所需的时间，单位为秒。时间越长，表示黏度越大；反之相反。黏度与温度有较大的关系，相同的绝缘漆，在高温时黏度小，在低温时黏度大。因此，对于绝缘漆的黏度，必须说明使用 4 号黏度计和测量时绝缘漆的温度。通常，测量时保持室温和绝缘漆的温度为 20℃，摆正黏度计，先用手指堵住漏嘴，黏度计中倒满 20℃的绝缘漆试样，然后松开手指，让漆从底部的孔中流出，当漆面下降到图中 A 面一样平时，按下秒表开始计时，直到杯内所有的漆流完，此时读得的秒表数即为绝缘漆在 20℃时的黏度。一般需要测量三次，取其平均值。

② 短路侦察器

短路侦察器又称短路检查器，它是检查电动机绕组匝间短路最有效的仪器。短路侦察器的结构相当于一个开口变压器。铁芯通常用 0.35mm 或 0.5mm 厚的硅钢片冲成 H 形或 U 形叠成，也可用小型变压器或废旧日光灯镇流器的铁芯改制而成，两边用 1.5～2mm 厚的钢板压紧固定。铁芯上绕有线圈，如图 4-54 所示。

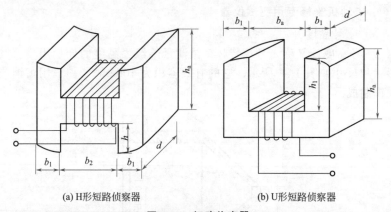

(a) H形短路侦察器   (b) U形短路侦察器

图 4-54 短路侦察器

b_1—铁芯宽度；d—铁芯厚度；b_2—窗口宽度；h_1—窗口高度；h_a—铁芯高度

短路侦察器的上部和下部都做成圆弧形，目的是与被测电动机定子、转子外圆基本吻合。H 形短路侦察器既可用于定子绕组，也可用于转子绕组；U 形短路侦察器只能用于一种绕组。

用短路侦察器检查定子绕组匝间短路的方法如下：检查时定子绕

组不接电源，把侦察器的开口部分放在被检查的定子铁芯槽口上，如图 4-55 所示。

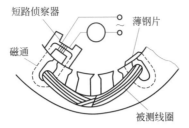

图 4-55　用短路侦察器检查短路线圈

　　短路侦察器线圈的两端接到单向电源上（一般用低压电源）。此时短路侦察器的线圈与图 4-55 上槽中的线圈组成变压器的一次、二次侧绕组，图中的虚线就是此变压器中的磁通。当线圈中不存在匝间短路时，相当于一个空载变压器，电流表的读数较小，如图 4-56(a) 所示。若线圈中有匝间短路，则相当于一个短路变压器，电流表读数增大，如图 4-56(b) 所示。

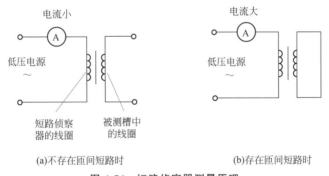

图 4-56　短路侦察器测量原理

　　在被测线圈的另一条有效边所处的槽上，由短路线圈产生了磁通，就会经过硅钢片形成回路，把硅钢片吸附在定子铁芯上，并发出吱吱的响声。将短路侦察器沿定子铁芯逐槽移动检查，可检查出短路线圈。

　　使用短路侦察器时应注意以下几点。

　　a.若电动机绕组接成三角形，则要将三角形拆开，不能闭合。

　　b.绕组是多路并联时，要拆开并联支路。

　　c.若是双层绕组，被测槽中有两个线圈，它们分别隔一个线圈节距跨于左右两边，若电流表上读数增大，存在匝间短路时，要把薄钢片在左右两边对应的槽上都试一下，以确定槽中两个线圈中哪一个线圈存在匝间短路。

③ 断条侦察器

断条侦察器又称断条测试器，是利用变压器原理来侦察笼式异步电动机转子断条的工具。如图 4-57 所示是小型电动机常用的一种断条侦察器铁芯的形状和尺寸。

断条侦察器由一大一小两只开口变压器组成。断条侦察器的铁芯是用 0.35mm 或 0.5mm 厚的硅钢片叠成。铁芯 1 上线圈 1 的导线用漆包圆铜线。裸铜线的直径为 1.0mm，共 1200 匝，电源为 220V 交流电。铁芯 2 上的线圈 2 的导线也用漆包圆铜线，裸铜线的直径为 0.19mm，共 2500 匝。

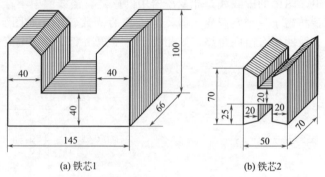

(a) 铁芯1   (b) 铁芯2

图 4-57   断条侦察器铁芯的形状和尺寸（尺寸单位：mm）

④ 轴承故障测试仪

COL-2251 型多功能轴承故障测试仪，能测量轴承温度、噪声、磨损程度、轴电压四种物理量，适用于轴承运行中不解体故障的检测、诊断，如图 4-58 所示。

a.温度检测。测量范围为 0～100℃，测量时功能选择开关置 C，温度传感器置温度耳机插孔，将传感器的圆平面接触或插入测点约 3min，获得稳定读数。

b.噪声检测听诊。功能开关置任何位置，振动传感器插入"振动"插座；耳机插入耳机插孔，将传感器紧靠被测点，即可从耳机听到各种噪声。

c.轴承磨损状态检测。轴承磨损状态检测分油膜电阻"x"、油

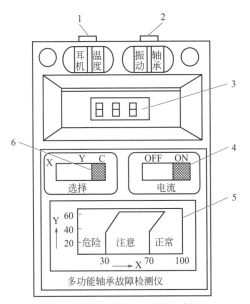

图 4-58　轴承故障测试仪面板图

1—温度、耳机插孔；2—轴承、振动测量插孔；3—显示屏；4—电源开关；

5—磨损程度对照表；6—功能选择开关

膜电压 "y" 两个科目，得出 "x"、"y" 数据后，在仪器面板上的坐标中找出 "x"、"y" 对应点，即可判断出轴承磨损状况。当 "y" 值小于 20 时，轴承状态完全取决于 "x" 数值；当 y 值大于 25 时，那么就要根据 "x"、"y" 的坐标值确定是 "危险"、"注意"、"正常"，以判明劣化趋势。

二、常用焊接工具

(1) 电烙铁

　　手工焊接的基本工具是电烙铁，其作用是加热焊接部位，熔化焊料，使焊料和被焊金属连接起来。焊接工具的选用其实就是电烙铁的选用。电烙铁的种类很多，结构各有不同，但其内部结构都由发热部分、储热部分和手柄部分组成。电烙铁使用的焊料通常为 60% 的锡和 40% 的铅合成的 "焊锡丝"。其熔点较低，且一般含有助焊的松香。

电烙铁的使用

（2）电烙铁的分类

通用的电烙铁按加热方式可分为外热式和内热式两大类。具体分类及型号见表 4-1。

表 4-1　电烙铁分类及型号

序号	种类	规格型号	说　　明
1	外（旁）热式电烙铁	20W、25W、30W、50W、75W、100W、150W	其加热器由电阻丝缠绕在云母材料上制成，而烙铁头插入加热器里面，因此称为外（旁）热式电烙铁
2	内热式电烙铁	20W、30W、50W、75W、100W、150W、200W、300W	其加热器由电阻丝缠绕在密闭的陶瓷管上制成，插在烙铁头里面，直接对烙铁头加热，因此称为内热式电烙铁。20W 的内热式电烙铁，相当于 25～45W 外热式电烙铁所产生的温度
3	恒温电烙铁	PX 系列、SJ95-115 905C 型	它借助于电烙铁内部的磁控开关自动控制通电时间而达到恒温的目的
4	吸锡电烙铁	842 型、TPL-50 型	操作时先用吸锡电烙铁头部加热焊点，待焊锡熔化后，按动吸锡装置，即可把锡液从焊点上吸走，因此便于拆焊

① 外（旁）热式电烙铁　外（旁）热式电烙铁外形见图 4-59，电烙铁是烙铁钎焊的热源。其有外热式和内热式两类。外热式电烙铁，无论是焊接大型元器件，还是小型元器件，都比较适用。这种电烙铁的烙铁头细而长，可方便地调整长度，易于控制温度，但它效率较低，规格有 25～300W 等多种。

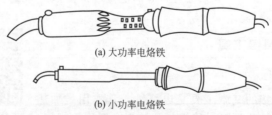

(a) 大功率电烙铁

(b) 小功率电烙铁

图 4-59　外（旁）热式电烙铁

② 内热式电烙铁　内热式电烙铁的作用与外热式电烙铁基本相同。由于加热器件在烙铁头内部，热量能完全传到烙铁头上，所以它具有发热快、热量利用率高、体积小、重量轻等优点，最适用于晶体管等小型电子元器件和印制电路板的焊接。其规格有 25W、35W 和

50W 等。其外形如图 4-60 所示。

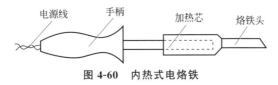

图 4-60　内热式电烙铁

③ 恒温电烙铁　恒温电烙铁是借助于电烙铁内部的磁性开关，自动控制通电时间而达到恒温的目的。在焊接集成电路时常用到恒温电烙铁。其结构如图 4-61 所示。

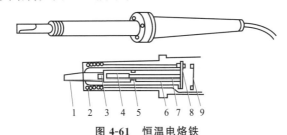

图 4-61　恒温电烙铁

1—烙铁头；2—软磁金属块；3—加热器；4—永久磁铁；5—磁性
开关；6—支架；7—小轴；8—接点；9—接触弹簧

④ 吸锡电烙铁　吸锡电烙铁常用于拆换元器件。操作时，先用吸锡电烙铁头加热焊点，待焊锡熔化后按动吸锡装置，即可将熔锡吸走，不易损伤元器件，特别是拆除焊点多的元器件更为方便。其结构如图 4-62 所示。

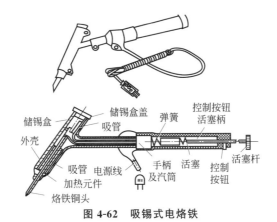

图 4-62　吸锡式电烙铁

(3) 电烙铁的握法

① 反握法　反握法动作稳定，长时间操作不易疲劳，适于大功率烙铁的操作。如图 4-63 所示。

图 4-63　电烙铁的握法（反握法）

② 正握法　正握法又叫拳握法，适于大、中等功率烙铁或带弯头电烙铁的操作。它适合于大型电子设备的焊接，如图 4-64 所示。

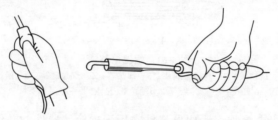

图 4-64　电烙铁的握法（正握法）

③ 握笔法　常见的握法是握笔式，这种握法使用的电烙铁一般是直型的，适合于小型电子设备和印制电路板的焊接，如图 4-65 所示。

图 4-65　握笔法

(4) 烙铁架

电烙铁架是用来支放电烙铁的一种辅助工具，一般放置在工作台右前方，使用电烙铁时，一定要养成好习惯。在通电之前，就应当把电烙铁放在支架上。电烙铁用后一定要稳妥放置在烙铁架上，并注意导线等物不要碰烙铁头，以免被烙铁烫坏绝缘后发生短路，如图 4-66 所示。

图 4-66　烙铁架

(5) 焊锡和助焊剂

焊接时，还需要焊锡和助焊剂。

① 焊锡　焊接电子元件，一般采用有松香芯的焊锡丝。这种焊锡丝，熔点较低，而且内含松香助焊剂，使用极为方便。

② 助焊剂　常用的助焊剂是松香或松香水（将松香溶于酒精中）。使用助焊剂，可以帮助清除金属表面的氧化物，利于焊接，又可保护烙铁头。焊接较大元件或导线时，也可采用焊锡膏。但它有一定腐蚀性，焊接后应及时清除残留物。

(6) 辅助工具

为了方便焊接操作常采用尖嘴钳、偏口钳、镊子和小刀等作为辅助工具。应学会正确使用这些工具。如图 4-67 所示。

(7) 电烙铁的焊前处理

① 清除元器件引脚上的氧化层　用带齿的镊子捏紧元器件引脚上下拉动去除氧化层，可用断锯条制成小刀。刮去金属引线表面的氧化层，使引脚露出金属光泽。如图 4-68 所示。

② 元件镀锡　在刮净的引线上镀锡。可将引线蘸一下松香酒精溶液后，将带锡的热烙铁头压在引线上，并转动引线。即可使引线均匀地镀上一层很薄的锡层。导线焊接前，应将绝缘外皮剥去，再经过

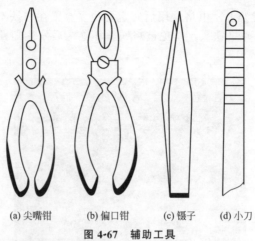

(a) 尖嘴钳　　　　(b) 偏口钳　　　(c) 镊子　　(d) 小刀

图 4-67　辅助工具

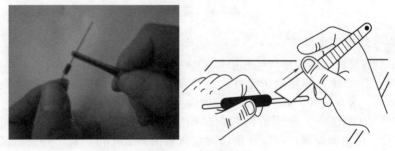

图 4-68　清除氧化层

上面两项处理，才能正式焊接。若是多股金属丝的导线，打光后应先拧在一起，然后再镀锡，如图 4-69 所示。

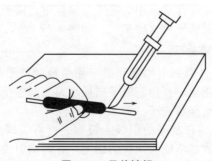

图 4-69　元件镀锡

[8] **焊接方法**（见图 4-70）

① 右手持电烙铁。左手用尖嘴钳或镊子夹持元件或导线。焊接前，电烙铁要充分预热。烙铁头刃面上要吃锡，即带上一定量焊锡。

② 将烙铁头刃面紧贴在焊点处。电烙铁与水平面大约成 60°角。以便于熔化的锡从烙铁头上流到焊点上。烙铁头在焊点处停留的时间控制在 2～3s。

③ 抬开烙铁头。左手仍持元件不动。待焊点处的锡冷却凝固后，才可松开左手。

④ 用镊子转动引线，确认不松动，然后可用偏口钳剪去多余的引线。

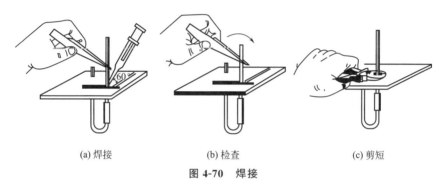

(a) 焊接   (b) 检查   (c) 剪短

图 4-70 焊接

[9] **焊接质量**

焊接时，要保证每个焊点焊接牢固、接触良好。要保证焊接质量。好的焊点如图 4-71 所示。

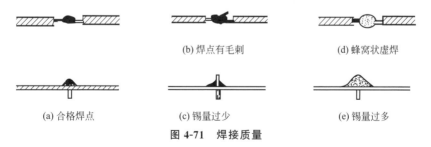

(a) 合格焊点   (b) 焊点有毛刺   (d) 蜂窝状虚焊

           (c) 锡量过少   (e) 锡量过多

图 4-71 焊接质量

图 4-71(a) 所示应是锡点光亮，圆滑而无毛刺，锡量适中。锡和

被焊物融合牢固。不应有虚焊和假焊。

虚焊是焊点处只有少量锡焊住，造成接触不良，时通时断。假焊是指表面上好像焊住了，但实际上并没有焊上，有时用手一拔，引线就可以从焊点中拔出。这两种情况将给电子制作的调试和检修带来极大的困难。只有经过大量、认真的焊接实践，才能避免这两种情况。

焊接电路板时，一定要控制好时间。太长，电路板将被烧焦，或造成铜箔脱落。从电路板上拆卸元件时，可将电烙铁头贴在焊点上，待焊点上的锡熔化后，将元件拔出。

(10) 电烙铁的使用要求

① 新烙铁在使用前的处理，一把新烙铁不能拿来就用，必须先对烙铁头进行处理后才能正常使用，就是说在使用前先给烙铁头镀上一层焊锡。

具体的方法是：首先用锉把烙铁头按需要锉成一定的形状，然后接上电源，当烙铁头温度升至能熔锡时，将松香涂在烙铁头上，等松香冒烟后再涂上一层焊锡，如此进行 2～3 次，使烙铁头的刃面及其周围产生一层氧化层，这样便产生"吃锡"困难的现象，此时可锉去氧化层，重新镀上焊锡。

② 烙铁头长度的调整。焊接集成电路与晶体管时，烙铁头的温度就不能太高，且时间不能过长，此时便可将烙铁头插在烙铁芯上的长度进行适当调整，进而控制烙铁头的温度。

③ 烙铁头有直头和弯头两种，当采用握笔法时，直烙铁头的电烙铁使用起来比较灵活。适合在元器件较多的电路中进行焊接。弯烙铁头的电烙铁用在正握法比较合适，多用于线路板垂直桌面情况下的焊接。

④ 电烙铁不易长时间通电而不使用，因为这样容易使电烙铁芯加速氧化而烧断，同时将使烙铁头因长时间加热而氧化，甚至被烧"死"不再"吃锡"。

⑤ 更换烙铁芯时要注意引线不要接错，因为电烙铁有三个接线柱，而其中一个是接地的，另外两个是接烙铁芯两根引线的（这两个接线柱通过电源线，直接与 220V 交流电源相接）。如果将 220V 交流电源线错接到接地线的接线柱上，则电烙铁外壳就要带电，被焊件也要带电，这样就会发生触电事故。

三、常用电工安全工具

（1）绝缘棒（绝缘拉杆、绝缘操作杆）

① 绝缘棒俗称令克棒，用以操作高压跌落式熔断器、单极隔离开关、柱上油断路器及装卸临时接地线等，型号说明及外形结构分别见图 4-72 和图 4-73。在不同工作电压的线路上所使用的绝缘棒可按表 4-2 选用。

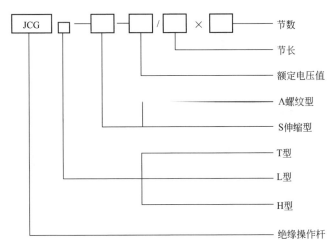

图 4-72　绝缘棒型号说明

表 4-2　绝缘杆型号

序　　号	1	2	3	4
绝缘杆型号 JYGF、HTG、CZB 系列	额定电压 /kV	令克棒 操作头	绝缘杆 级数	绝缘杆连接方式 （A、S）
高压拉闸杆	10kV	T、L、H 型	3、4、5、	螺纹式、伸缩式
伸缩式玻璃钢拉闸杆	35kV	T、L、H 型	3、4、5、	螺纹式、伸缩式
接口式玻璃钢拉闸杆	110kV	T、L、H 型	3、4、5、	螺纹式、伸缩式
防雨式玻璃钢拉闸杆	220kV	T、L、H 型	3、4、5、	螺纹式、伸缩式

序 号	1	2	3	4
环氧树脂可调 式伸缩拉闸杆	330kV	T、L、H 型	3、4、5、	螺纹式、伸缩式
	500kV	T、L、H 型	3、4、5、	螺纹式、伸缩式

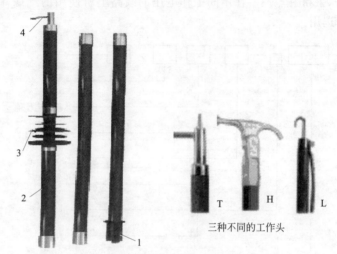

三种不同的工作头

图 4-73　绝缘棒外形结构
1—手持部分；2—绝缘部分；3—伸缩部分；4—工作部分

② 绝缘棒（绝缘拉杆、绝缘操作杆）的使用

a.在使用之前，应检查放电棒的外表、接地线、接地夹头和放电电阻。

b.放电前，应先用接地夹头接在接地极上。

c.放电时，手握握柄，慢慢将接触金具靠近被放电设备，直至完全接触，经过反复几次放电直至无火花后，才允许直接接地。

③ 注意事项

a.对大电容量的设备（如长距离电力电缆）在进行直流耐压试验后的放电时，为防止放电电阻损坏，不要马上进行放电，待 2min 后进行放电。

b.放电时，操作人员必须穿戴绝缘靴、绝缘手套并站在绝缘垫上，以确保人身安全。

电工绝缘手套

图 4-74 为电工绝缘手套外形，电工绝缘手套规格见表 4-3。

(a) 聚氯乙烯树脂　　　　(b) 天然乳胶

图 4-74　电工绝缘手套

表 4-3　电工绝缘手套规格

序　号	1	2	3	4
颜色	长度	绝缘等级检测电压/kV	最大使用电压/V	材质
黑色	18in(457mm)	2/20	17000	头层防水牛皮、天然乳胶、聚氯乙烯树脂等
红色	18in(457mm)	3/30	26500	
双色(内黄/外黑)	18in(457mm)	4/40	36000	
双色（内衬尼龙、棉/外聚氯乙烯树脂）	14in(356mm)	2/20	17000	
绿色	14in(356mm)	0/5	1000	
粉红色	11in(279mm)	0/5	1000	

(3) 绝缘鞋（靴）

绝缘鞋必须要绝缘、耐油、防水、耐高温，绝缘鞋男女均可用。性能必须满足以下条件，外形见图 4-75。

(4) 绝缘垫

作为辅助安全用具。绝缘垫用厚度为 5mm 以上、表面有防滑条纹的橡胶、绝缘树脂制成。其最小尺寸不宜小于 0.8m×0.8m。绝缘

图 4-75　绝缘鞋（靴）

橡胶毯的具体要求见表 4-4，多用途树脂毯的具体要求见表 4-5。

表 4-4　绝缘橡胶毯

绝缘等级	材质类别	尺寸	检测电压	颜色	质量
40kV	天然橡胶	914mm×914mm、6 个扣眼	40kV	橘色	3.6kg
20kV	SALCOR 合成橡胶	914mm×914mm、6 个扣眼	20kV	黑色	3.2kg

表 4-5　多用途树脂毯

型　　号	尺寸/mm	AC 测试电压	AC 最大使用电压
YS241-01-01	600×1000		
YS241-01-03	680×1200	20kV/3min	17000V
YS241-01-04	800×1000		
YS241-01-05	900×1000		

(5) 绝缘站台

　　绝缘站台用木板或木条制成。相邻板条之间的距离不得大于 2.5cm，以免鞋跟陷入；站台上不得有金属零件；台面板用支持绝缘子与地面绝缘，支持绝缘子高度不得小于 10cm；台面板边缘不得伸出绝缘子以外，以免站台翻倾，人员摔倒。绝缘站台最小尺寸不宜小于 0.8m×0.8m，但为了便于移动和检查，最大尺寸也不宜大于 1.5m×1.5m。

(6) 绝缘夹钳

绝缘夹钳的作用是在带电的情况下，装拆高压熔断器及线路。操作时必须擦拭干净，戴上绝缘手套，穿上绝缘靴及戴上防护眼镜，并须在切断负载的情况下进行操作，见图4-76，绝缘夹钳的最小长度见表4-6。

图 4-76　绝缘夹钳

表 4-6　绝缘夹钳的最小长度

电　压	设备用		户外设备和架空线路用	
	绝缘部分	握手部分	绝缘部分	握手部分
10kV 及以下	0.45	0.3	0.75	0.2
35kV 及以下	0.75	0.2	1.2	0.2

(7) 电工工具夹

电工工具夹是户内外登高操作时必备的用品，用来插装活扳手、钢丝钳、螺钉旋具和电工刀等工具。有插装一件、三件和五件工具的各种规格，用皮带系结在腰间。

第二节　常用绝缘材料及其选用

一、绝缘漆

(1) 有溶剂浸渍漆

有溶剂浸渍绝缘漆具有渗透性好、储存期长、使用方便、价格较便宜的优点，但它应与溶剂稀释、混合。常用有溶剂漆见表4-7，其中的溶剂性能与用途见表4-8。

表 4-7　常用有溶剂漆的品种、组成、特性和用途

序号	名称	型号	主要组成	耐热等级	特性和用途
1	沥青漆	1010	石油沥青、干性植物油、松脂酸盐,溶剂为二甲苯和 200 号溶剂汽油	A	耐潮性好。供浸渍不要求耐油的电动机线圈
2	油改性醇酸漆	1030	亚麻油、桐油、松香改性醇酸树脂,溶剂为 200 号溶剂汽油	B	耐油性和弹性好。供浸渍在油中工作的线圈和绝缘零部件
3	丁基酚醛醇酸漆	1031	蓖麻油改性醇酸树脂、丁醇改性酚醛树脂,溶剂为二甲苯和 200 号溶剂汽油	B	耐潮性、内干性较好,机械强度较高。供浸渍线圈,可用于湿热地区
4	三聚氰胺醇酸漆	1032	油改性醇酸树脂、丁醇改性三聚氰胺树脂,溶剂为二甲苯和 200 号溶剂汽油	B	耐潮性、耐油性、内干性较好,机械强度较高,且耐电弧。供浸渍在湿热地区使用的线圈
5	醇酸玻璃丝包线漆	1230	干性植物油改性醇酸树脂	B	耐油性和弹性好,黏结力较强。供浸涂玻璃丝包线
6	环氧酯漆	1033	干性植物油酸、环氧树脂、丁醇改性三聚氰胺树脂,溶剂为二甲苯和丁醇	B	耐潮性、内干性好,机械强度高,黏结力强。可供浸渍用于湿热地区的线圈
7	环氧醇酸漆	H30-6	酸性醇酸树脂与环氧树脂共聚物、三聚氰胺树脂	B	耐热性、耐潮性较好,机械强度高,黏结力强。可供浸渍用于湿热地区的线圈
8	有机硅浸渍漆	1053	有机硅树脂,溶剂为二甲苯	H	耐热性和电气性能好,但烘干温度较高。供浸渍 H 级电动机电器绕组和绝缘零部件

序号	名称	型号	主要组成	耐热等级	特性和用途
9	低温干燥有机硅漆	9111	有机硅树脂,固化剂,溶剂为甲苯	H	耐热性较 1053 稍差,但烘干温度低,干燥快,用途同 1053
10	聚酯改性有机硅漆	931	聚酯改性有机硅树脂,溶剂为二甲苯	H	黏结力较强,耐潮性和电气性能好,烘干温度较 1053 低,若加入固化剂可在 105℃ 固化,用途同 1053
11	有机硅玻璃丝包线漆	1152	有机硅树脂,溶剂为甲苯或二甲苯	H	漆膜柔软,机械强度高。供浸涂 H 级玻璃丝包线
12	聚酰胺酰亚胺浸渍漆	PAI-Q	聚酰胺酰亚胺树脂,溶剂为二甲基乙酰胺,稀释剂为二甲苯	H	耐热性优于有机硅漆,电气性能优良,黏结力强,耐辐照性好。供浸渍耐高温或在特殊条件下工作的电动机、电器线圈

表 4-8 常用溶剂的性能及用途

序号	名称	沸点/℃	闪点(闭口法)/℃	适用范围
1	溶剂汽油	120～200	33	油性漆、沥青漆、醇酸漆等
2	煤油	165～285	71～73	
3	松节油	150～170	30	
4	苯	80.1	−11	沥青漆、聚酯漆、聚氨酯漆、醇酸漆、环氧树脂漆和有机硅漆等
5	甲苯	110.6	4	
6	二甲苯	135～145	29.5	
7	丙酮	56.2	9	环氧树脂漆、醇酸漆等
8	环己酮	156.7	47	
9	乙醇	78.3	14	酚醛漆、环氧树脂漆等

序号	名称	沸点/℃	闪点(闭口法)/℃	适用范围
10	丁醇	117.8	35	聚酯漆、聚氨酯漆、环氧树脂漆、有机硅漆等
11	甲酚	190~200	—	聚酯漆、聚氨酯漆等
12	糠醛	161.8	60(开口法)	聚乙烯醇缩醛漆
13	乙二醇乙醚	135.1	40	
14	二甲基甲酰胺	154~156	—	聚酰亚胺漆
15	二甲基乙酰胺	164~167	—	

(2) 无溶剂浸渍漆

无溶剂浸渍漆由合成树脂、固化剂和活性稀释剂组成。其特点是固化快、流动性和浸透性好，绝缘整体性好。常用无溶剂浸渍漆见表4-9。

表4-9 常用无溶剂漆的品种、组成、特性和用途

序号	名称	主要组成	耐热等级	特性和用途
1	110环氧无溶剂漆	6101环氧树脂、桐油酸酐、松节油酸酐、苯乙烯、二甲基咪唑乙酸盐	B	黏度低,击穿强度高,储存稳定性好。可用于沉浸小型低压电动机、电器线圈
2	672-1环氧无溶剂漆	672环氧树脂、桐油酸酐、苄基二甲胺	B	挥发物少,固化快,体积电阻高。适于滴浸小型电动机、电器线圈
3	9102环氧无溶剂漆	618或6101环氧树脂、桐油酸酐、70酸酐、903或901固化剂、环氧丙烷丁基醚	B	挥发物少,固化较快。可用于滴浸小型低压电动机、电器线圈

序号	名称	主要组成	耐热等级	特性和用途
4	111 环氧无溶剂漆	6101 环氧树脂、桐油酸酐、松节油酸酐、苯乙烯、二甲基咪唑乙酸盐	B	黏度低,固化快,击穿强度高。可用于滴浸小型低压电动机、电器线圈
5	H30-5 环氧无溶剂漆	苯基苯酚环氧树脂、桐油酸酐、二甲基咪唑	B	
6	594 型环氧无溶剂漆	618 环氧树脂、594 固化剂、环氧丙烷丁基醚	B	黏度低,体积电阻率高,储存稳定性好。可用于整浸中型高压电动机、电器线圈
7	9101 环氧无溶剂漆	618 环氧树脂、901 固化剂、环氧丙烷丁基醚	B	黏度低,固化较快,体积电阻率高,储存稳定性好。可用于整浸中型高压电动机、电器线圈
8	1034 环氧聚酯无溶剂漆	618 环氧树脂、甲基丙烯酸甲酯、不饱和聚酯、正钛酸丁酯、过氧化二苯甲酰、萘酸钴、苯乙烯	B	挥发物较少,固化快,耐霉性较差。用于滴浸小型低压电动机、电器线圈
9	5152-2 环氧聚酯酚醛无溶剂漆	6101 环氧树脂、丁醇改性甲酚甲醛树脂、不饱和聚酯、桐油酸酐、过氧化二苯甲酰、苯乙烯、对苯二酚	B	黏度低,击穿强度高,储存稳定性好。用于沉浸小型低压电动机、电器线圈
10	319-2 不饱和聚酯无溶剂漆	二甲苯树脂、改性间苯二甲酸不饱和聚酯、苯乙烯、过氧化二异丙苯	F	黏度较低,电气性能较好,储存稳定性好。可用于沉浸小型 F 级电动机、电器线圈

有溶剂浸渍漆与无溶剂浸渍漆的区别主要表现在以下两个方面。

① 浸渍漆主要含浸渍漆和固化剂。为了浸渍漆的浸透性，各浸渍漆都是需要有稀释剂的，以达到我们在一定温度下的黏度要求。在浸漆后的固化时，其溶剂就会挥发出来。这种浸渍漆就是"有溶剂浸渍漆"。

若其溶剂同时也是漆的固化剂，那么，在浸渍漆固化时，溶剂就参与漆的化学反应而不用挥发了，就同于无溶剂一样了，因此这种浸渍漆就称为"无溶剂浸渍漆"。

② 有溶剂的浸渍漆，在固化过程中，在漆膜上就会留下因溶剂挥发时留下的"针孔"，因此其防潮性会受到影响。而无溶剂漆在固化时就不会有因溶剂的挥发而产生的"针孔"了。因此其漆膜的防潮性比有溶剂漆好得多。

二、绝缘胶

(1) 电缆浇注胶

电缆浇注胶的组成、性能和用途见表4-10。

表 4-10　电缆浇注胶的组成、性能和用途

序号	名称	型号	主要成分	软化点/℃ （环球法）	收缩率 150→20℃	击穿电压 /(kV /2.5mm)	特性和用途
1	黄电缆胶	1810	松香或甘油酯、机油	40～50	≤8	＞45	电气性能较好，抗冻裂性好。适于浇注10kV以上电缆接线盒和终端盒
2	沥青电缆胶	1811 1812	石油沥青或机油	65～75 或 85～95	≤9	＞35	耐潮性较好。适于浇注10kV以下电缆接线盒和终端盒

序号	名称	型号	主要成分	软化点/℃ (环球法)	收缩率 150→20℃	击穿电压 /(kV /2.5mm)	特性和用途
3	环氧 电缆胶		环氧 树脂、石 英粉、聚 酰胺 树脂	—	—	＞82	密封性好,电气、力 学性能高。适于浇注 户内 10kV 以上电缆 终端盒。用它浇注的 终端盒结构简单,体 积较小

电缆浇注胶是用来浇注电缆接线盒和终端盒的。常用的有 1811（或 1812）沥青电缆胶和环氧电缆胶,适用于 10kV 以下的电缆。前者耐潮性较好;后者密封性好,电气和机械性能高,用它浇注的终端盒结构简单、体积小。

(2) 沥青电缆胶

沥青电缆胶主要技术数据见表 4-11。

表 4-11 常用沥青电缆胶主要技术数据

序号	型号	软化点/℃	冻裂点/℃	电流击穿强度/kV	主要用途
1	1811-1 1812-2	≥45～55	≤−45	≥40	用作浇灌室外高低压电缆的终端连接线总匣门及铁路通信器材等
2	1811-2 1812-2	≥55～65	≤−35	≥40	用作浇灌室外高低压电缆的终端匣、接线匣总门等,又为冷库的优良绝缘材料
3	1811-3 1812-3	≥65～75	≤−30	≥45	用作浇灌室外高低压电缆的终端匣、接线匣、棉纱带铝筒、铁路信号电缆等
4	1811-4 1812-4	≥75～85	≤−25	≥50	用在温度较高的室内,作浇灌高低压电缆的终端匣、接线匣等
5	1811-5 1812-5	≥85～95	≤−25	≥60	用于浇灌变压器内、外绝缘体

(3) 环氧树脂胶

环氧树脂胶主要由环氧树脂（主体）、固化剂、增塑剂、填料等组成。

① 环氧树脂：凡分子结构中含有环氧基团的高分子化合物统称为环氧树脂。常用环氧树脂的种类及特性见表 4-12。

表 4-12　常用环氧树脂的种类及特性

序号	环氧树脂型号	环氧值/(mol/100g)(盐酸吡啶法)	挥发物(110℃ 3h)	熔点/℃	软化点/℃(水银法)	有机氯值/(mol/100g)	无机氯值/(mol/100g)	特　性
1	E-51 (618)	0.48～0.54	≤2%	—	—	0.02	0.005	为双酚 A 型环氧树脂，黏度低，黏合力强，使用方便
2	E-44 (6101)	0.41～0.47	≤1%	12～20		0.02	0.005	为双酚 A 型环氧树脂，黏度比 618 稍高，其他性能相仿
3	E-42 (634)	0.38～0.45	≤1%	21～27		0.02	0.005	为双酚 A 型环氧树脂，黏度比 6101 稍高，收缩率较小，为常用浇注树脂
4	E-35 (637)	0.3～0.4	≤1%	20～35		0.02	0.005	为双酚 A 型环氧树脂，黏度比 634 稍高
5	E-37 (638)	0.23～0.38	≤1%	40～55		0.02	0.005	为双酚 A 型环氧树脂，黏度比 637 稍高，但收缩率小
6	R-122 (6207)	—	—	185	—	—	—	为脂环族环氧树脂，耐热性高，固化物热变形温度 300℃。用适当固化剂配合时黏度低

序号	环氧树脂型号	环氧值/(mol/100g)(盐酸吡啶法)	挥发物(110℃3h)	熔点/℃	软化点/℃(水银法)	有机氯值/(mol/100g)	无机氯值/(mol/100g)	特性
7	H-75(6201)	0.61～0.64	—	—	—	—	—	为脂环族环氧树脂,黏度低,工艺性好,可室温固化,线膨胀系数小,耐沸水
8	W-95(300,400)	1～1.03	—	55	—	—	—	为脂环族环氧树脂,固化物机械强度比双酚A型环氧树脂高50%,延伸性好,耐热性高
9	V-17(2000)	0.16～0.19	—	—	—	—	—	为环氧化聚丁二烯树脂,耐热性好
10	V-17(2000)	0.9～0.95	—	95～115	—	—	—	为脂环族环氧树脂,固化物交联密度高,马丁耐热达200℃,耐电弧性优异

环氧树脂的用途:固化后的环氧树脂具有良好的物理、化学性能;它对金属和非金属材料的表面具有优异的粘接强度,介电性能良好,变形收缩率小,制品尺寸稳定性好,硬度高,柔韧性较好,对碱及大部分溶剂稳定,因而广泛应用于国防、国民经济各部门,作浇注、浸渍、层压料、黏接剂、涂料等用途。

② 固化剂:环氧树脂必须加入固化剂后才能固化。常用固化剂有酸酐类固化剂和胺类固化剂。胺类固化剂由于毒性大,已不常用了。常用酸酐类固化剂的种类及特性见表4-13。

③ 增塑剂:在环氧树脂中加入适量增塑剂,可提高固化物的抗冲击性。常用的增塑剂是聚酯树脂,一般用量为15%～20%。

④ 填充剂:为了减少固化物的收缩率,提高导热性、形状稳定性、耐腐蚀性和机械强度,以及降低成本,通常应加入适量的填充

剂。常用填充剂有石英粉、石棉粉等。

表 4-13 常用酸酐类固化剂的种类及特性

序号	名称	型号或代号	外观	相对分子质量	熔点/℃	用量	固化时间 温度/℃	固化时间 时间/h	特性
1	邻苯二甲酸酐	PA	白色或红色粉末	148	128～131	30%～45%	120	20～30	固化物电气性能好,固化时放出热量小,但易升华,固化时间长。可用于大型浇注
							130 150	2 10	
2	顺丁烯二酸酐	MA	白色结晶	98.06	52.8	30%～40%	100 150	2 24	易升华,刺激性大,固化物电气性能好,但机械性能差
3	均苯四甲酸二酐	PMDA	白色粉末	218	286	13%～21%	120 220	3 2	固化物热变形温度高,但固化工艺较复杂,成本高
4	内次甲基四氢邻苯二甲酸酐	NA	白色结晶	164.6	164～167	60%～80%	100 260	1 20	固化物耐热性好,但需高温固化,使用困难
5	四氢化苯二甲酸酐异构体混合物	70	低黏度液体	152	−3～−5	150%～180%	180	2	使用方便,固化物耐热性好
6	桐油酸酐	TOA	低黏度液体	—	—	100%～200%	100	5	使用方便,成本低,固化物弹性好,但不耐冷冻
							80	20	
7	环戊二烯顺酐加成物	647	白色或浅黄色固体	137～147	34	60%～80%	100	8	使用时需进行预聚合,否则气味大,固化物弹性好
							150	3	

（4）**电工用橡胶**

电工用橡胶分天然橡胶和合成橡胶两类。天然橡胶易燃、不耐油、容易老化,不能用于户外,但它柔软,富有弹性,主要用作电线、电缆的绝缘层和护套。电动机、电器中用的大部分是合成橡胶,最常用的是氯丁橡胶和丁腈橡胶。它们都具有良好的耐油及耐溶剂性能,但电气性能不高,只能用作绝缘结构材料和保护材料,如引出线套管、绝缘衬垫等。

三、电工用塑料

电工用塑料一般是由合成树脂、填料和各种少量的添加剂等配制而成的粉状，粒状或纤维状高分子材料，在一定的温度和压力下加工成各种规格、形状的电工设备绝缘零部件以及作为电线电缆绝缘和护层材料。电工塑料质轻，电气性能优良，有足够的硬度和机械强度，易于用模具加工成型，因此在电气设备中得到广泛的应用。常用电绝缘高分子聚合物材料的主要性能见表4-14。

表 4-14 常用电绝缘高分子聚合物材料的主要性能

性 能	软聚氯乙烯	硬聚氯乙烯	聚四氟乙烯	聚酰亚胺
密度/($\times 10^3 kg \cdot m^{-3}$)	1.16~1.35	1.30~1.58	2.1~2.2	1.4~1.6
连续工作最高温度/℃	65	55	260	260
低温脆化温度/℃	−30		−180	−196
线膨胀系数/($\times 10^{-6} K^{-1}$)	7~25	5~10	9~10	1~6
电阻率/($\Omega \cdot m$)	$10^9 \sim 10^{13}$	10^{14}	$10^{13} \sim 10^{16}$	$10^{14} \sim 10^{15}$
击穿强度/(mV/m)	0.3~0.4	0.4~0.5	20~60	40
相对介电常数/1MHz	3.3~4.5	2.8~3.1	1.8~2.2	2~3
$\tan\delta(\times 10^{-4})$/1MHz	400~1400	60~190	2.5	20~50

电线电缆用热塑性塑料，多由聚乙烯和聚氯乙烯制成。

聚乙烯（PE）：具有优异的电气性能，其相对介电系数和介质损耗几乎与频率无关，且结构稳定，耐潮耐寒，但长期工作温度应低于70℃。

聚氯乙烯（PVC）：分绝缘级与护层级两种，其中绝缘级按耐温条件分别为65℃、80℃、90℃和105℃四种，护层级耐温65℃。聚氯乙烯机械性能优异，电气性能良好，结构稳定，有耐潮、耐电晕、不延燃、成本低、加工方便等优点，其绝缘耐压等级为10kV/mm。

四、绝缘管

绝缘管分橡胶管和塑料管，主要用于电器引线、电气安装导线穿管，起绝缘和保护作用。常用绝缘管的种类及规格系列见表4-15。

表 4-15　常用绝缘管的种类及规格系数

序号	名称	规格系数/mm	备注
1	硬聚氯乙烯管	外径:10,12,16,20,25,32,40,50,63,75,90,110,125,140,160,180,200,225,250,280 壁厚:1.5,2.0,2.5,3.0,4.0,4.5,5.0,5.5,6.0,7.0,7.5,8.0,8.5,9.0,10.0 长度:4000	分轻型、重型两类
2	软聚氯乙烯管	内径:1,2,3,4,5,6,7,10,12,14,16,18,20,22,25,30,32,36,40,50 壁厚:0.4,0.6,0.7,0.9,1.0,1.2,1.4,1.8	
3	有机玻璃管	外径:20,25,30,35,40,45,50,55,60,70,75,80,85,90,95,100,110 壁厚:2～10 长度:300～1300	
4	酚醛层压纸管、布管、玻璃布管	内径:6,8,10,12,14,16,18,20,22,25,28,30,35,38,40,45,50,55,60,65,70,75,80,85,90,95,100,105,110,120,130,140,150,160,180,200,220,250 壁厚:1.5,2,2.5,3,4,5,6,8,9,10,12,14,16,18,20 长度:450,600,950,1200,1450,1950,2450	
5	聚四氟乙烯管	内径:2.0,2.5,3.0,4.0,5,6,8,10,12,14,16,18,20,25 壁厚:0.2,0.3,0.4,0.5,1.0,1.5,2.0	

　　橡胶管和塑料管主要用于套装到电缆封端的分相绝缘包层的外部,起到加强绝缘的作用。通常,橡胶管长度为线芯长度加 80～100mm。如果没有橡胶管,也可采用塑料管,塑料管长度同样为线芯长度加 80～100mm。

　　橡胶管的内径选择见表 4-16。塑料管的内径选择见表 4-17。

表 4-16　耐油橡胶管内径选择表

额定电压/kV	电缆芯线截面/mm²									
	16	25	35	50	70	95	120	150	185	240
1	—	9	9	11	13	15	17	19	21	23
3	—	9	11	13	15	15	17	19	21	23

表 4-17　塑料管内径选择表

额定电压 /kV	电缆芯线截面/mm²													
	2.5	4	6	10	16	25	35	50	70	95	120	150	185	240
1	—	4	5	5	6	9	10	11	13	15	17	18	20	23
3	—	4	5	7	8	10	11	13	14	16	18	19	21	24

五、绝缘包扎带

(1) 黑胶布带

黑胶布带又称黑包布，是在棉布上挂胶、卷切而成的。常用胶浆由天然橡胶、炭黑、松香、松焦油、碳酸钙、沥青及工业汽油等搅拌而得。胶布带耐电性能，在交流 1000V 电压下保持 1min 不击穿，适用于交流电压 380V 及以下电线、电缆包扎绝缘用。在 −10～40℃ 范围内使用，有一定的黏着性。黑胶布带的规格尺寸如下。

① 宽度：10mm、15mm、20mm、25mm、50mm。

② 长度：5m、10m、20m。

③ 厚度：0.23～0.35mm。

黑胶布应放在仓库内的料架上保管，每摞以 10 个为限，成行排列整齐，每行间有 10mm 左右间隙，以流通空气。存放黑胶布的仓库，夏季温度不得超过 30℃，冬季温度不得低于 −10℃，以免过分受冷冻而失去作用。黑胶布应按先进先出的原则发料，存放期不宜过长，一般超过一年就会硬化变质。

(2) 聚氯乙烯带

聚氯乙烯带是在聚乙烯或聚氯乙烯薄膜上涂敷胶黏剂，卷切而成，可代替布绝缘胶带，还能作绝缘防腐密封保护层。单层胶带绝缘耐压强度在交流 2000V 电压下持续 1min 不击穿。可适用于交流电压 500～600V（多层绕包）电线电缆接头等处作包扎绝缘用。一般在 −15～60℃ 范围内使用。

聚氯乙烯带的绝缘性能较好，耐潮性及耐蚀性好。其中电缆用特种软聚氯乙烯带是专门用来包扎电缆接头的，由于它制成红、绿、黄、黑四种颜色，所以通常称它为相色带。

其规格尺寸如下。

① 宽度：15mm、20mm、25mm。

② 长度：5m、10m。

③ 厚度：薄膜——0.1mm、0.15mm。

胶浆——0.04mm。

(3) 涤纶绝缘胶带

涤纶绝缘胶带又称聚酯胶黏带，是在聚酯薄膜上涂敷胶黏剂卷切而成，可代替布绝缘胶带。其用途与塑料绝缘胶带相同，但耐压强度高，防水性更好，耐化学稳定性好，还能用于半导体元件的密封。其规格尺寸如下。

① 宽度：15mm、20mm、25mm。

② 长度：10m。

③ 厚度：薄膜——0.025mm，0.03mm。

胶浆——0.025mm。

第三节 常用导电材料及其选用

一、电线与电缆

电线与电缆一般是由导体、绝缘层和保护层三部分组成。其中导体是用于传导电流，而用于电线电缆导体的材料，应具有良好的导电性能，其电阻率要小，以便减少电流在电线电缆上的传导损耗。

➡️操作实例——电线与电缆的选用

① 由于铝的密度小、重量轻、价格便宜，所以在架空、照明线等领域，铝都代替铜成为最先选择。

② 因铝焊接困难，质硬塑性差，所以在维修电工中广泛应用的仍是铜导线。

电线与电缆品种很多，按照性能、结构、制造工艺及使用特点，可分为裸导线和裸导体制品、电磁线、电线电缆及通信电线电缆。

(1) 电线

① 裸导线。裸导线是指仅有导电材料，而没有绝缘层和保护层结构的电工产品。裸导线分为裸单线（单股导线）和裸绞线（多股绞合线）；裸单线按其截面形状分为圆形截面的圆形裸单线或称为圆单

线和非圆形截面的裸单线。常用的圆形裸单线有铜质和铝质两种，一般用作电线电缆的线芯，将多根圆单线绞合在一起的绞合线称为裸绞线。

裸导线的分类、型号、特性和用途，如表 4-18 所示。

② 电磁线。电磁线是指以绕组形式在磁场中切割磁力线而产生感应电动势或者通以电流产生磁场，是专门用于实现电能和磁能相互转换场合并有绝缘层的导线。电磁线主要用于制造电动机、变压器、各种电器的线圈。按照绝缘层的特点和用途可分为漆包线、绕包线、无机绝缘线和特种电磁线。

按照绝缘层的特点和用途，主要分如下 4 种。

a.漆包线。漆包线由导电线芯和绝缘组成。漆包线的绝缘层是将绝缘漆均匀涂覆在导电线芯上，经过烘干而形成的漆膜，广泛用在中小型或微型电工产品中。

b.绕包线。绕包线是指电线芯或漆包线上利用天然丝、玻璃丝、绝缘纸或合成树脂等进行紧密绕包，形成绝缘层，部分绕包线在绕包好后再经过浸渍（或胶）的处理，构成组合绝缘的电磁线，一般用在大中型电工产品中。

表 4-18　裸电线的分类、型号、特性和用途

分类	名称	型号	截面范围 /mm²	主要用途	备注
裸单线	硬圆铝单线	LY	0.06～ 6.00	硬线主要作架空线用。半硬线和软线作电线、电缆及电磁线的线芯用；可作电动机、电器及变压器绕组用	可用作 LY、 LR 代替
	半硬圆铝单线	LYB			
	软圆铝单线	LR	0.02～ 6.00		
	硬圆铜单线	TY			
	软圆铜单线	TR			
裸绞线	铝绞线	LJ	10～600	用作高、低架空输电线	
	铝合金绞线	HLJ			
	钢芯铝绞线	LGJ	10～400	用于拉力强度较高的架空输电线	
	防腐钢芯铝绞线	LGJF	25～400		
	硬铜绞线	TJ		用作高、低架空输电线	可用铝制品代替

分类	名称	型号	截面范围/mm²	主要用途	备注
裸型线	硬铝扁线	LBY	a:0.80～7.10 b:2.00～35.5	用于电动机、电器设备绕组	
	半硬铝扁线	LBBY			
	软铝扁线	LBR			
	硬铝母线	LMY	a:4.00～31.50 b:16.00～125.00	用于配电设备及其他电路装置中	
	软铝母线	LMR			

c.无机绝缘电磁线。无机绝缘电磁线的绝缘层采用无机材料陶瓷、氧化铝膜等组成，并经有机绝缘漆浸渍后烘干填孔。其特点是耐高温、耐辐射，主要应用在高温、辐射等环境中。

d.特种电磁线。特种电磁线具有特殊的绝缘结构和性能，如耐水的多层绝缘结构，适用于潜水电动机绕组线等。

③ 绝缘电线。在工厂中一般使用较多的是绝缘硬电线及绝缘软电线。固定敷设用的电线为线芯根数比较少的绝缘硬线；作为移动使用的电线要求比较柔软，所以采用线芯根数比较多的绝缘软线。

绝缘电线的线芯有铜芯和铝芯。

a.橡胶、塑料绝缘电线。橡胶、塑料绝缘电线的型号、特性及主要用途见表 4-19。

表 4-19　橡胶、塑料绝缘电线型号、特性及主要用途

产品名称	型号	计算截面积/mm²	工作电压/V	长期工作温度/℃	用途
铝芯氯丁橡胶线	BLXF	2.5～95	交流：500 直流：1000	≤+65	适用于电气设备与照明装置固定敷设
铜芯氯丁橡胶线	BXF	1.5～95			
铝芯橡胶线	BLX	0.75～35			
铜芯橡胶线	BX	0.75～35			
铜芯橡胶软线	BXR	0.75～16			

产品名称	型号	计算截面积 /mm²	工作电压 /V	长期工作温度 /℃	用途
铜芯聚氯乙烯绝缘电线	BV	0.5～1.0 1.5～400	交流： 300～450 直流： 450～750	≤+70	适用于各种交流、直流电器装置,电工仪器、仪表、电信设备,动力机照明线路固定敷设
铝芯聚氯乙烯绝缘电线	BLV	2.5～400			
铜芯聚氯乙烯绝缘电线	BVR	2.5～70			
铜芯聚氯乙烯护套圆形电线	BVV	0.75～10 1.5～3.5			
铝芯聚氯乙烯护套圆形电线	BLVV	2.5～10			
铜芯聚氯乙烯绝缘护套平型电线	BVVB	0.75～10			
铝芯聚氯乙烯绝缘护套平型电线	BLVVB	2.5～10			
铜芯耐热 105℃ 聚氯乙烯绝缘电线	BV-105	0.5～6		≤+105	
农用地下直埋铝芯聚氯乙烯绝缘电线	NLYV NLYV-H NLYV-Y NLYY	4.0～95	交流： 450 直流： 750	≤+65	一般地区 一般及寒冷地区 白蚁活动地区 一般及寒冷地区
农用地下直埋铝芯聚氯乙烯护套电线	NLVV NLVV-Y	4.0～95			一般地区 白蚁活动地区
丁腈-聚氯乙烯复合物绝缘电线	BVF	0.75～6	交流:500 直流:1000		适用于电器、仪表等装置作连续接线
丁腈-聚氯乙烯复合物绝缘软线	BVFR	0.75～70			
纤维和聚氯乙烯绝缘电线	BSV		交流:250 直流:500		适用于电器、仪表等固定敷设的线路接线
纤维和聚氯乙烯绝缘软线	BSVR				

① 在工厂中一般使用较多的是绝缘硬电线及绝缘软电线。

② 固定敷设用的电线为线芯根数比较少的绝缘硬线。

③ 作为移动使用的电线要求比较柔软，所以采用线芯根数比较多的绝缘软线。

b.橡皮、塑料绝缘软线。橡皮、塑料绝缘软线型号、特性及主要用途见表4-20。

表 4-20　橡皮、塑料绝缘软线型号、特性及主要用途

产品名称	型号	计算截面积/mm²	工作电压/V	长期工作温度/℃	用途
铜芯聚氯乙烯绝缘连接软电线	RV	0.3~1 1.5~7.0	交流:250 直流:500	≤+70	适用于各种交流、直流移动电器、电工仪器、家用电器、电信设备、小型电动工具、动力机照明装置的连接
铜芯聚氯乙烯绝缘平型连接软电线	RVB	0.3~1.0			
铜芯聚氯乙烯绝缘型连接软电线	RVS	0.3~0.75			
铜芯聚氯乙烯绝缘聚氯乙烯护套圆形连接软电线	RVV	0.5~0.75 0.75~2.5	交流:250 直流:500		
铜芯聚氯乙烯绝缘聚氯乙烯护套平型连接软电线	RVVB	0.5~0.75 0.75			
铜芯耐热105℃聚氯乙烯绝缘连接软电线	RV-105	0.5~6		≤+105	
丁腈-聚氯乙烯复合物平型软线 丁腈-聚氯乙烯复合物绝缘绞型软线	RFB RFS	0.12~2.5	交流:250 直流:500	≤+70	适用于各种移动电器、无线电设备和照明灯座等接线
编织橡胶绝缘平型软线 编织橡胶绝缘绞型软线	RXB RXS			≤+65	适用于日用电器、照明电源线等

c.常用聚氯乙烯绝缘屏蔽电线。常用聚氯乙烯绝缘屏蔽电线的型号、规格及主要用途见表4-21。

表4-21　常用聚氯乙烯绝缘屏蔽电线型号、规格及主要用途

产品名称	型号	长期工作温度/℃	计算截面积/mm²	用途
聚氯乙烯绝缘屏蔽电线（金属线）	BVP	≤+65		
耐热105℃聚氯乙烯绝缘屏蔽电线（金属线）	BVP-105	≤+105	0.03～0.75	适用于交流额定电压250V及以下的电器、仪表、电信电子设备及自动化的屏蔽线路
聚氯乙烯绝缘聚氯乙烯护套屏蔽电线（话筒线）	BVVP	≤+65		
聚氯乙烯绝缘屏蔽软线（金属线）	RVP	≤+65	0.03～1.5	
耐热105℃聚氯乙烯绝缘屏蔽软线（金属线）	RVP-105	≤+105	0.03～0.75	
聚氯乙烯绝缘聚氯乙烯护套屏蔽软线（话筒线）	RVVP	≤+65	0.03～1.5 0.03～1.0	

(2) 电缆

电缆品种很多，按其用途可分为电气装备电缆、电力电缆和通信电缆等。结构简单的电缆由导电电芯和绝缘层构成，一般的电缆由导电线芯、绝缘层和护层构成，特殊的电缆还设有屏蔽层、加强层、外护层等。

① 通用橡套电缆。通用橡套电缆的型号、特性及主要用途见表4-22。

表4-22　通用橡套电缆的型号、特性及主要用途

名称	型号	工作电压（交流）/V	长期最高工作温度/℃	主要用途及特性
轻型橡套电缆	YQ	250	65	轻型移动电器设备和日用电器电源线
	YQW			轻型移动电器设备和日用电器电源线,具有耐气候和一定的耐油性能
中型橡套电缆	YZ	500		各种移动电气设备
	YZW			各种移动电气设备,具有耐气候和一定的耐油性能
重型橡套电缆	YC			各种移动电气设备,能承受较大的机械外力作用
	YCW			各种移动电气设备,具有耐气候和一定的耐油性能

141

② 电力电缆。电力电缆是指输配电用的电缆。

电力电缆是指输配电用的电缆。输配电电力电缆通常埋设于地下的电缆沟道中，不需要大线路走廊，占地少，不受气候和环境影响，送电性能稳定，维护工作量小，安全性好。与架空输电线相比，造价高，输送容量受到限制。

电力电缆一般由导电线芯、绝缘层和保护层三个主要部分构成。

常见电力电缆的品种及代表型号见表 4-23。

表 4-23 常用电力电缆的品种及代表型号

绝缘类别	电缆名称	电压等级/kV	允许最高工作温度/℃	代表产品型号
油浸纸绝缘电缆	①普通黏性浸渍电缆统包型 分相铅（铅）包型	1～35	1～3kV：80 6kV：65 10kV：60 20～35kV：50	ZLL、ZL ZLQ、ZQ、 ZLLF、 ZLQF、
	②不滴流电缆统包型 分相铅（铝）包型	1～35	1～3kV：80 6kV：80 10kV：60 20～35kV：65	ZQF ZLQD、ZQD ZLLDF、 ZQDF
	③自容式充油电缆	110～750	75～80	
	④钢管充油电缆	110～750	80	
	⑤钢管压气电缆	110～220	80	ZQCY
	⑥充气电缆	35～220	75	
塑料绝缘电缆	⑦聚氯乙烯电缆	1～10	65	VLV、VV
	⑧聚乙烯电缆	6～220	70	YLV、YV
	⑨交联聚乙烯电缆	6～220	10kV 以下 90 20kV 以下 80	YJLV、YJV
橡胶绝缘电缆	⑩天然-丁苯橡胶电缆	0.5～6	65	XLQ、XQ、
	⑪乙丙橡胶电缆	1～35	80	XLV、XV、
	⑫丁基橡胶电缆	1～35	80	XLHF、XLF、
气体绝缘电缆	⑬压缩气体绝缘电缆	220～500	90	
新型电缆	⑭低温电缆 ⑮超导电缆			

二、熔体材料

(1) 纯金属熔体材料

最常用的纯金属熔体材料为银、铜、铝、锡、铅和锌等。在特殊场合也可采用其他金属作熔体。

最常用的纯金属熔体材料为银、铜、铝、锡、铅和锌等。在特殊场合也可采用其他金属作熔体。

银具有优良的导热、导电性能，其导电性能在接近氧化的高温下亦不显著降低；耐腐蚀性好，与填料的相容性好；富于延性，能制成各种精确尺寸和复杂外形的熔体；焊接性好；在受热过程中，能与其他金属形成共晶而不致损害其稳定性等。

铜有良好的导电、导热性能，机械强度高；但在温度较高时易氧化，故其熔断特性不够稳定；铜质熔体熔化时间短，金属蒸气少，有利于灭弧。铜宜作精度要求较低的熔体。

(2) 低熔体合金熔体材料

低熔点合金熔体材料通常由不同成分的铋、镉、锡、铅、锑、铟等组成，熔点一般为 60～200℃。它们具有对温度反应敏感的特性，故可用来制成温度熔断器的熔体，广泛用于保护电炉、电热器等电热设备的过热。

(3) 熔体的熔断特性

熔体的熔断特性除与选用材料直接有关外，还与熔体的外形、尺寸、安装方式及其他影响其散热的因素有密切关系。表 4-24 为熔体元件的各种外形、结构和使用寿命的关系。

表 4-24　熔体元件的各种外形、结构和使用寿命的关系

熔体元件的形状		熔体元件结构	寿命	说明
线带	梯形线	卷线形	长	元件无缺口,无应力集中,是最理想的形状。卷线结构,只需细小的变形,就可吸收很大的伸长直线形结构,需要很大的变形,才能吸收伸长
		管内螺旋形	中	
	均匀直线	直线形	短	

熔体元件的形状		熔体元件结构	寿命	说明
缺口线		波浪形	短	元件带缺口,产生应力集中
线带	带缺口和开孔的带	管内螺旋形	中	元件带缺口,有应力集中,但元件自身产生的变形,即可少量吸收伸长
		直线形	短	
	开孔带	波浪形	中	元件带缺口,有应力集中。伸长的吸收集中于缺口部分。根据元件的结构,缺口部的变形有大有小。元件形状以直线形寿命最差
		锯齿形	中	
		管内螺旋形	短	
		直线形	极短	

三、热双金属元件

热双金属元件是由两种线膨胀系数相差悬殊的金属复合而成的。这两种金属分别称之为主动层和被动层。主动层的线膨胀系数为$(17\sim27)\times10^{-6}/℃$,被动层金属的线膨胀系数为$(2.6\sim9.7)\times10^{-6}/℃$。当电流流过热双金属元件或将热双金属元件放置在电器的某一部位,温度升高后,双金属元件因膨胀系数不同而弯曲变形,从而产生一个推力,使与之相连的触头改变通断状态。

热双金属元件结构简单,动作可靠,广泛应用于电气控制和电动机的过载保护。

热双金属元件的分类及用途见表4-25。

表 4-25　常见热双金属元件的种类及用途

类型	特点及用途
通用型	适用于多种用途和中等使用温度范围的品种,有较高的灵敏度和强度
高温型	适用于300℃以上的温度下工作。有较高的强度和良好的抗氧化性能,其灵敏度较低
低温型	适用于0℃以下温度工作。性能要求与通用型相近
高灵敏型	具有高灵敏度、高电阻等特性,但其耐腐蚀性较差
电阻型	在其他性能基本不变的情况下,有高低不同的电阻率可供选用。适用于各种小型化、标准化的电器保护装置
耐腐蚀型	有良好的耐腐蚀性。适合于腐蚀性介质中使用。性能要求与通用型相近
特殊型	具有各种特殊性能

第二篇
电工识图

第五章
电工识图基本知识

电气图的制图者必须遵守制图的规则和表示方法，读图者掌握了这些规则和表示方法，就能读懂制图者所表达的意思，所以不管是制图者还是读图者都应当掌握电气线路图的制图规则和表示方法。

第一节　电气图的分类

电气图是电气工程中各部门进行沟通、交流信息的载体，由于电气图所表达的对象不同，提供信息的类型及表达方式也不同，这样就使电气图具有多样性。同一套电气设备，可以有不同类型的电气图，以适应不同使用对象的要求。对于供配电设备来说，主要电气图是指一次回路和二次回路的电路图。但要表示清楚一项电气工程或一种电气设备的功能、用途、工作原理、安装和使用方法等，只有这两种图是不够的。例如，表示系统的规模、整体方案、组成情况、主要特性，用概略图；表示系统的工作原理、工作流程和分析电路特性，需用电路图；表示元件之间的关系、连接方式和特点，需用接线图。在数字电路中，由于各种数字集成电路的应用，使电路能实现逻辑功能，因此就有反映集成电路逻辑功能的逻辑图。

根据各电气图所表示的电气设备、工程内容及表达形式的不同，电气图通常可分为以下几类。

一、系统图或框图

系统图或框图（也称概略图）就是用符号或带注释的框概略表示系统或分系统的基本组成、相互关系及其主要特征的一种简图。它通常是某一系统、某一装置或某一成套设计图中的第一张图样。系统图或框图可分不同层次绘制，可参照绘图对象的逐级分解来划分层次。

它还可作为教学、训练、操作和维修的基础文件，使人们对系统、装置、设备等有一个大概的了解，为进一步编制详细的技术文件以及绘制电路图、接线图和逻辑图等提供依据，也为进行有关计算、选择导线和电气设备等提供了重要依据。

电气系统图和框图原则上没有区别。在实际使用时，电气系统图通常用于系统或成套装置，框图则用于分系统或设备。

系统图或框图布局采用功能布局法，能清楚地表达过程和信息的流向，为便于识图，控制信号流向与过程流向应互相垂直。系统图或框图的基本形式如下所述。

(1) 用一般符号表示的系统图

这种系统图通常采用单线表示法绘制。例如，电动机的主电路如图 5-1 所示，它表示了主电路的供电关系，它的供电过程是由电源三相交流电→开关 QS→熔断器 FU→接触器 KM→热继电器热元件 FR→电动机 M。又如，某供电系统如图 5-2 所示，表示这个变电所把 10kV 电压通过变压器变换为 380V 电压，经断路器 QF 和母线后通过 FU_1、FU_2、FU_3 分别供给三条支路。系统图或框图常用来表示整个工程或其中某一项目的供电方式和电能输送关系，也可表示某一装置或设备各主要组成部分的关系。

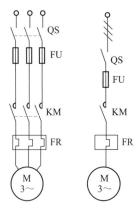

图 5-1　电动机供电系统图

(2) 框图

对于较为复杂的电子设备，除了电路原理图之外，往往还会用到电路方框图。例如，示波器是由一只示波管和为示波管提供各种信号的电路组成的。在示波器的控制面板上设有一些输入插座和控制键钮。测量用的探头通过电缆和插头与示波器输入端子相连。

示波器的种类较多，但基本原理与结构基本相似，一般由垂直偏转系统、水平偏转系统、辅助电路、电源及示波管电路组成。通用示波器的基本结构框图，如图 5-3 所示。

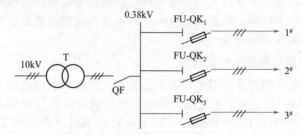

图 5-2　某变电所供电系统图

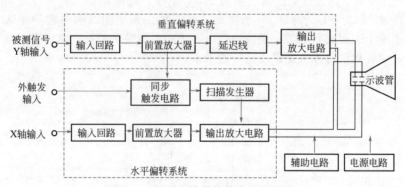

图 5-3　通用示波器的基本结构框图

电路方框图和电路原理图相比，包含的电路信息比较少。实际应用中，根据电路方框图是无法弄清楚电子设备的具体电路的，它只能作为分析复杂电子设备电路的辅助手段。

二、电路图

电路图是以电路的工作原理及阅读和分析电路方便为原则，用国家统一规定的电气图形符号和文字符号，按工作顺序用图形符号从上而下、从左到右排列，详细表示电路、设备或成套装置的工作原理、基本组成和连接关系。电路图是表示电流从电源到负载的传送情况和电气元件的工作原理，而不考虑其实际位置的一种简图。其目的是便于详细理解设备工作原理、分析和计算电路特性及参数，为测试和寻找故障提供信息，为编制接线图提供依据，为安装和维修提供依据，所以这种图又称为电气原理或原理接线图。

电路图在绘制时应注意设备和元件的表示方法。在电路图中，设备和元件采用符号表示，并应以适当形式标注其代号、名称、型号、规格、数量等。并应注意设备和元件的工作状态，设备和元件的可动部分通常应表示在非激励或不工作的状态或位置。符号的布置，对于驱动部分和被驱动部分之间采用机械联结的设备和元件（如接触器的线圈、主触头、辅助触头），以及同一个设备的多个元件（如转换开关的各对触头），可在图上采用集中、半集中或分开布置。

例如，电动机的控制线路原理如图5-4所示。就表示了系统的供电和控制关系。

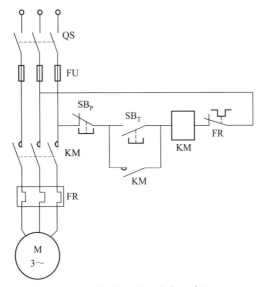

图 5-4　电动机控制线路系统图

三、位置图

位置图（布置图）是指用正投法绘制的图。位置图是表示成套装置和设备中各个项目的布局、安装位置的图。位置简图一般用图形符号绘制。

四、接线图

接线图（或接线表）表示成套装置、设备、电气元件的连接关系，用以进行安装接线、检查、试验与维修的一种简图或表格，称为接线图或接线表。

接线图主要用于表示电气装置内部元件之间及其外部其他装置之间的连接关系，它是便于制作、安装及维修人员接线和检查的一种简图或表格。

图 5-5 就是电动机控制线路的主电路接线图，它清楚地表示了各元件之间的实际位置和连接关系：电源（L_1、L_2、L_3）由 BX-3×6 的导线接至端子排 X 的 1、2、3 号，然后通过熔断器 $FU_1 \sim FU_3$ 接至交流接触器 KM 的主触点，再经过继电器的发热元件接到端子排的 4、5、6 号，最后用导线接入电动机的 U、V、W 端子。

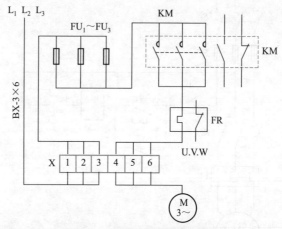

图 5-5　电动机控制线路接线图

(1) 画电气接线图时应遵循的原则

① 电气接线图必须保证电气原理图中各电气设备和控制元件动作原理的实现。

② 电气接线图只标明电气设备和控制元件之间的相互连接线路，

而不标明电气设备和控制元件的动作原理。

③ 电气接线图中的控制元件位置要依据它所在的实际位置绘制。

④ 电气接线图中各电气设备和控制元件要按照国家标准规定的电气图形符号绘制。

⑤ 电气接线图中的各电气设备和控制元件，其具体型号可标在每个控制元件图形旁边，或者画表格说明。

⑥ 实际电气设备和控制元件结构都很复杂，画接线图时，只画出接线部件的电气图形符号。

(2) 其他接线图

当一个装置比较复杂时，接线图又可分解为以下几种。

① 单元接线图。它是表示成套装置或设备中一个结构单元内的各元件之间的连接关系的一种接线图。这里所指的"结构单元"是指在各种情况下可独立运行的组件或某种组合体，如电动机、开关柜等。

② 互连接线图。它是表示成套装置或设备的不同单元之间连接关系的一种接线图。

③ 端子接线图。它是表示成套装置或设备的端子以及接在端子上外部接线（必要时包括内部接线）的一种接线图。

④ 电线电缆配置图。它是表示电线电缆两端位置，必要时还包括电线电缆功能、特性和路径等信息的一种接线图。

五、电气平面图

电气平面图是表示电气工程项目的电气设备、装置和线路的平面布置图。例如，为了表示电动机及其控制设备的具体平面布置，则可采用如图 5-6 所示的平面布置图。图中示出了电源经控制箱或配电箱，再分别经导线 BX-3×6mm^2、BX-3×4mm^2、BX-3×2mm^2 接至电动机 1、2、3 的具体平面布置。

除此之外，为了表示电源、控制设备的安装尺寸、安装方法、控制设备箱的加工尺寸等，还必须有其他一些图。不过，这些图与一般按正投影法绘制的机械图没有多大区别，通常可不列入电气图。

六、逻辑图

逻辑图是用二进制逻辑单元图形符号绘制的，以实现一定逻辑功能的一种简图，可分为理论逻辑图（纯逻辑图）和工程逻辑图（详细

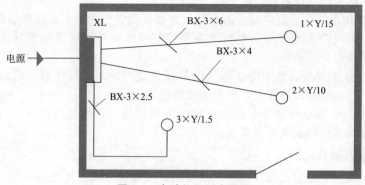

图 5-6　电动机平面布置图

逻辑图）两类。理论逻辑图只表示功能而不涉及实现方法，因此是一种功能图；工程逻辑图不仅表示功能，而且有具体的实现方法，因此是一种电路图。

七、设备元件和材料表

设备元件和材料表就是把成套装置、设备、装置中各组成部分和相应数据列成表格，来表示各组成部分的名称、型号、规格和数量等，便于读图者阅读，了解各元器件在装置中的作用和功能，从而读懂装置的工作原理。设备元件和材料表是电气图中的重要组成部分，它可置于图中的某一位置，也可单列一页。表 5-1 是电动机控制线路元器件明细表。

表 5-1　电动机控制线路元器件明细表

代号	元器件名称	型号	规格	件数	用途
M	三相异步电动机	$J_{52\text{-}4}$	7kW，1440r/min	1	驱动生产机械
KM	交流接触器	CJO-20	380V，20A	1	控制电动机
FR	热继电器	JR_{16}-20/3	热元件电流：14.5A	1	电动机过载保护
SB_T	按钮开关	LA_4-22K	5A	1	电动机启动按钮
SB_P	按钮开关	LA_4-22K	5A	1	电动机停止按钮
QS	刀开关	HZ_{10}-25/3	500V，25A	1	电源总开关
FU	熔断器	RL_1-15	500V 配 4A 熔芯	3	主电路保险

第二节　电气图形符号、文字符号及标注方法

一、电气图形符号

图形符号是构成电气图的基本单元。电气工程图形符号的种类很多，一般都画在电气系统图、平面图、原理图和接线图上，用于标明电气设备、装置、元器件及电气线路在电气系统中的位置、功能和作用。

建筑电气工程图中通用的图形符号，如表 5-2 所示。

表 5-2　建筑电气工程图形符号

名称	图形符号
①导线	
导线、导线组、电线、电缆、电路、传输通路、线路、母线一般符号	
示例:1 根导线	
示例:3 根导线	
示例:直流电路 110V,2 根铅导线,导线截面均为 120mm²	$**$ 110V $2\times120mm^2Al$
示例:3 根交线电路 50Hz,380V,3 根导线的截面面积均为 120mm²,中性线截面面积为 50mm²	$3N\sim50Hz380V$ $3\times120mm^2+1\times50mm^2$
软导线	
屏蔽导线	
电缆中的导线(示出 2 股)	形式1 形式2　3

名称	图形符号
绞合导线	
5 根导线中箭头所指的 2 根导线在 1 根电缆中	
同轴对、同轴电缆	
连到端子点的同轴对	
屏蔽同轴对	
导线或电缆终端,未连接	
导线或电缆的终端,未连接并有专门的绝缘	
多极槽头插座(示出 6 个极)多线表现形式	
插头和插座	
连接器的固定部分	
连接器的可动部分	

名称	图形符号
配套连接器	
接通的连接片	形式1 形式2
断开的连接片	
插头和插座式连接器,阳-阳	
插头和插座式连接器,阳-阴	
插头和插座式连接器,有插座的阳-阳	
②端子和导线的连接	
连接点	
端子	
T形连接	形式1 形式2
端子板(示出带线端标记的端子板)	11 12 13 14 15 16

名称	图形符号
导线双 T 连接	形式1 形式2
支路	n
导线的换位,相序的变更或极性的转换	n
相序变更	L_1 L_3
多相系统的中性点(示出用单线表示) 示例:每相两端引出,示出外部中性点的三相同步发电机	$3\sim$ n　GS
③连接器件	
插座,阴接触件	
插头,阳接触件	
插头和插座	

名称	图形符号
电缆气闭套管（梯形长边为高压边）	
④电缆配件	
电缆密封终端头（多芯电缆）	
电缆密封终端头（根单芯电缆）	
电缆直通接线盒多线表示单线表示	3　　　　3
接线盒多线表示单线表示	3　　　　3 3
⑤变压器一般符号	
双绕组变压器	
双绕组变压器	

名称	图形符号
双绕组变压器,带瞬时电压极性指示	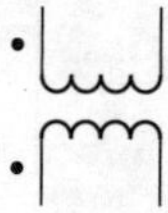
三绕组变压器	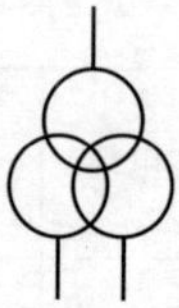
自耦变压器  	
电抗器  	
电流互感器  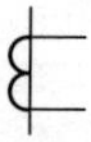	

⑥电动机的类型

| 电动机的一般符号
符号内的星号必须用下述字母代替:
C 同步变流机
G 发电机
GS 同步发电机
M 电动机
MG 能作为发电机或电动机使用的电动机
MS 同步电动机
注:可以加上符号一或~SM伺服电动机 TG 测速发电机 TM 力矩电动机 IS 感应同步器 | 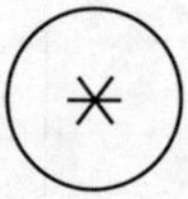 |

160

名称	图形符号
⑦变流器	
直流变流器方框符号	
整流器方框符号	
桥式全波整流器方框符号	
逆变器方框符号	
整流器、逆变器方框符号	
原电池或蓄电池 注：长线代表正极，短线代表负极	
蓄电池组或原电池组 注：如不会引起混乱，原电池或蓄电池符号也可以表示电池组。但其电压或电池的类型和数量应标明	形式1 形式2
带抽头的原电池组或蓄电池组	
⑧开关、控制和保护装置	
多极开关一般符号单线表示 多线表示	

名称	图形符号
接触器（在非动作位置触点断开）	
接触器（在非动作位置触点闭合）	
具有自动释放的接触器	
熔断器式负荷开关组合	
火花间隙	
双火花间隙	
避雷针	
保护用对称充气放电管	

名称	图形符号
⑨测量仪表、灯和信号器件	
电压表	V
无功电流表	A $I\sin\varphi$
最大需量指示器	W P_{max}
无功功率表	var
功率因数表	$\cos\varphi$
电喇叭	
铃	
报警器	
蜂鸣器	
电动汽笛	

名称	图形符号	
⑩电力和照明布置		
	规划的	运行的或未规定
发电站(厂)		
热电站		
水力发电站		
核能发电站		
变电所、配电所		
地下线路		
水下线路		
架空线路		
盒,一般符号		
用户端,供电引入设备		
配电中心		

名称	图形符号
连接盒(或接线盒)	⊙
电杆的中间符号(单杆、中间杆) 注:可加注文字符号表示 A—杆材或所属部门; B—杆长; C—杆号	○ A—B 　　C
单接腿杆	○∘
双接腿杆	∘○∘
H形杆	○ H
L形杆	○ L
A形杆	○ A
三角杆	○ △
四角杆(井形杆)	○ ♯
试线杆	

名称	图形符号
分区杆（S杆）	
带撑杆的电杆	
带撑拉杆的电杆	
引上杆 注：黑点表示电缆	
活动电杆	
电缆中间接线盒	
电缆分支接线盒	
接地装置 a. 有接地线 b. 无接地线	a. b.
电缆绝缘套管	
电缆平衡套管	
电缆直通套管	

名称	图形符号
电缆交叉套管	
电缆分支套管	
电缆结合型接头套管	
人孔一般符号 注:需要时可按实际性状绘制	
手孔一般符号	
屏、台、箱、框一般符号	
电力电缆与其他设施交叉, *a* 为交叉点编号 ⓐ电缆无保护管 ⓑ电缆有保护	ⓐ ⓑ
动力或动力照明配电箱 注:需要时符号内可标示电流种类符号	
信号板、信号箱(屏)	
照明配电箱(屏) 注:需要时允许涂红	
事故照明配电箱(屏)	

名称	图形符号
多种电源配电箱(屏)	
带滑动防护板的(电源)插座	
带单极开关的(电源)插座	
多个(电源)插座	3
带连锁开关的(电源)插座	
带隔离变压器的(电源)插座	
开关一般符号	
带指示灯的开关	
单级限时开关	

名称	图形符号
双极开关	
双控单极开关	
多拉单极开关	
专用电路上的应急照明灯	
自带电源的应急照明灯	
⑪电力和照明布置参考符号	
电缆交接间	
架空交接箱	
落地交接箱	
壁龛交接箱	
分线盒的一般符号 注:可加注 $\dfrac{A-B}{C}D$ A—编号 B—容量 C—线序 D—用户线	

名称	图形符号
室内分线盒 注:同分线盒一般符号注	
室外分线盒 注:同分线盒一般符号注	
分线箱 注:同分线盒一般符号注	
壁龛分线盒 注:同分线盒一般符号注	
避雷针	
电源自动切换箱(屏)	
带熔断器的刀开关箱	
熔断器箱	
断路器	

名称	图形符号
隔离开关	
具有中间断开位置的双向隔离开关	
负荷开关	
具有自动释放的负荷开关	
隔离开关,隔离器	
熔断器一般符号	
熔断器	
撞击器式熔断器	
带报警触点熔断器	

名称	图形符号
独立报警熔断器	
带撞击式熔断器的立极开关	
熔断器式开关	
熔断器式隔离开关,熔断器式隔离器	
相位表	
频率计	Hz
示波器	
记录式功率表	W
组合式记录功率表和无功功率表	W var

172

名称	图形符号
录波器	
小时计	h
安培小时计	A·h
电度表(瓦时表)	W·h
电度表(仅测量单向传输能量)	W·h
闪光型信号灯	
机电型指示器,信号元件	
带有一个去激(励)位置和两个工作位置的机电型位置指示器	
管道线路	

名称	图形符号
带旁路的充气或注油堵头的线路	
杆上线路集线路	
系统出线端	
环路系统出线端,串联出线端	
线路电源接入点	
中性线	
保护线	
带中性线和保护线的三相线路	
带中性线和保护线的三相线路	
向上配线,向上布线	

名称	图形符号
向下配线,向下布线	
垂直通过配线,垂直通过布线	
带照明灯的电杆 ⓐ一般画法 a—编号 b—杆型 c—杆高 d—容量 A—连接相序 ⓑ需要示出灯具的投照方向时 ⓒ需要时允许加画灯具本身图形	ⓐ $a\dfrac{b}{c}Ad$ ⓑ ⓒ $a\dfrac{b}{c}Ad$
拉线一般符号	形式1 形式2
有 V 形拉线的电杆	形式1 形式2
有高桩拉线的电杆	形式1 形式2

名称	图形符号
装设单担的电杆	
装设双担的电杆	
装设十字担的电杆 ①装设双十字的电杆 ②装设单十字的电杆	① ②
保护阳极 示例:镁保花阳极	Mg
电缆铺砖保护	
电缆穿管保护 注:可加注文字符号表示其规格数量	
电缆上方敷设防雷排流线	
母线伸缩接头	
直流配电盘(屏) 注:若不混淆,直流符号可用符号—	
交流配电盘(屏)	

名称	图形符号
启动器的一般符号	
阀的一般符号	
电磁阀	
电动阀	
电磁分离器	
电磁制动器	
按钮一般符号 注:若不混淆,小圆允许涂黑	
按钮盒 ①一般或保护型按钮盒示出一个按钮示出两个按钮 ②密闭型按钮盒 ③防爆型按钮盒	① ② ③
带指示灯的按钮	

名称	图形符号
限制接近的按钮（玻璃罩等）	
电源插座，一般符号	
中间开关	
调光器	
定时器	t
定时开关	
钥匙开关	
灯，一般符号	
投光灯，一般符号	
聚光灯	

名称	图形符号
泛光灯	
照明引出线位置	
墙上的照明引出线	
荧光灯—般符号	
多管荧光灯	
防爆荧光灯	
组合开关箱	
深照型灯	
光照型灯(配照型灯)	
防水防尘灯	
球型灯	

名称	图形符号
局部照明灯	
电阻箱	
鼓型控制器	
自动开关箱	
刀开关箱	
矿山灯	
安全灯	
花灯	
防爆灯	
顶棚灯	
弯灯	
壁灯	

二、电气文字符号

电气文字符号是用于标明电气设备、元件和装置、功能、状态或特征，为电气技术中项目代号提供种类字母代码和功能字母代码。电气设备常用文字符号见表 5-3。

表 5-3　电气设备常用文字符号

种类	名称	单字母符号	双字母符号
一、基本文字符号			
组建部件	分离元件放大器 激光器 调节器 电桥 晶体管放大器 集成电路放大器 磁放大器 电子管放大器 印制电路板 抽屉柜 支架盘	A A A A A A A A A A A	 AB AD AJ AM AV AP AT AR
非电量到电量变换器或电量到非电量变换器	热电传感器 热电池 光电池 测功计 晶体换能器 送话器 拾音器 扬声器 耳机 自整角机 旋转变压器	B B B B B B B B B B B	
非电量到电量变换器或电量到非电量变换器	压力变换器 位置变换器 旋转变换器 温度变换器 速度变换器	B B B B B	BP BQ BR BT BV
电容器	电容器	C	

种类	名称	单字母符号	双字母符号
二进制元件延迟器件存储器件	数字集成电路和器件： 延迟线 双稳态元件 单稳态元件 磁芯存储器 寄存器 磁带记录机 盘式记录机	 D D D D D D D	
电感应电抗器	感应线圈 线路陷波器 电抗器	L L L	
电动机	电动机 同步电动机 可做发电机或电动机 用的电动机 力矩电动机	M M M M	MS MS MG MT
模拟元件	运算放大器 混合模拟/数字器件	N N	
测量设备试验设备	指示器件 记录器件 积算测量器件 信号发生器	P P P P	
测量设备试验设备	电流表 （脉冲）计数器 电度表 记录仪器 时钟操作时间表 电压表	P P P P P P	PA PC PJ PS PT PV
电力电路的开关器件	断路器 电动机保护开关 隔离开关	Q Q Q	QF QM QS

种类	名称	单字母符号	双字母符号
电阻器	电阻器	R	
	变阻器	R	
	电位器	R	RP
	测量分路器	R	RS
	热敏电阻器	R	RT
	压敏电阻器	R	RV
控制、记忆、信号电路的开关器件选择器	拨电接触器	S	
	连接器	S	
	控制开关	S	
	选择开关	S	SA
	按钮开关	S	SA
	机电式有或无传感器	S	SB
	液体标高传感器	S	
	压力传感器	S	SL
	位置传感器	S	SP
	转数传感器	S	SQ
	温度传感器	S	SR
		S	ST
电气操作的机械器件	气阀	Y	YA
	电磁铁	Y	YB
	电磁制动器	Y	
	电磁离合器	Y	YC
	电磁吸盘	Y	YH
	电动阀	Y	YM
	电磁阀	Y	YV
其他元器件	本表其他地方未规定的器件发热器件 照明灯空气调节器	E	
		E	EH
		E	EL
		E	EV
保护器件	过电压放电器件避雷器具有瞬时动作的限流保护器件	F	
		F	FA
		F	

种类	名称	单字母符号	双字母符号
保护器件	具有延时动作的限流保护器件	F	FR
	具有延时和瞬时动作的限流保护器件	F	FS
	熔断器	F	FU
	限压保护器件	F	FV
发生器发电机电源	旋转发电机	G	
	振荡器	G	
	发生器	G	GS
	同步发电机	G	GS
	异步发电机	G	GA
	蓄电池	G	GB
	变频机	G	GF
信号器件	声响指示器	H	HA
	光指示器	H	HL
	指示灯	H	HL
继电器接触器	瞬时接触继电器	K	KA
	瞬时有或无继电器	K	KA
	交流继电器	K	KA
	闭锁接触继电器	K	KL
	双稳态继电器	K	KL
	接触器	K	KM
	极化继电器	K	KP
	簧片继电器	K	KR
	延时有或无继电器	K	KT
	逆流继电器	K	KR
变压器	电流互感器	T	TA
	控制电路电源用变压器	T	TC
	电力变压器	T	TM
	磁稳压器	T	TS
	压互感器	T	TV

种类	名称	单字母符号	双字母符号
调制器变换器	鉴频率	U	
	解调器	U	
	变频器	U	
	编码器	U	
	变流器	U	
	逆变器	U	
	整流器	U	
	电报译码器	U	
电子管晶体管	气体放电管	V	
	二极管	V	
	晶体管	V	
	晶闸管	V	
	电子管	V	VE
	控制电路用电源的整流器	V	VC
		V	
传输通道波导天线	导线	W	
	电缆	W	
	母线	W	
	波导	W	
	波导定向耦合器	W	
	偶极天线	W	
	抛物天线	W	
端子插头插座	连接插头和插座	X	
	接线柱	X	
	电缆封端和接头	X	
	焊接端子板	X	
端子插头插座	连接片	X	XB
	测试插孔	X	XJ
	插头	X	XP
	插座	X	XS
	端子板	X	XT

种类	名称	单字母符号	双字母符号
终端设备混合变压器	电缆平衡网络	Z	
滤波器	压缩扩展器	Z	
均衡器	晶体滤波器	Z	
限幅器	网络	Z	

名称	文字符号	名称	文字符号
二、常用辅助文字符号		闭锁	LA
电流	A	主	M
模拟	A	中	M
交流	AC	中间线	M
自动	A,AUT	手动	M ,MAN
加速	ACC	中性线	N
附加	ADD	断开	OFF
可调	ADJ	闭合	ON
辅助	AUX	输出	OUT
异步	ASY	压力	P
黑	BK	保护	P
蓝	BL	保护接地	PE
向后	BW	保护接地与中性线共用	PEN
制动	B, BRK	不接地保护	PU
控制	C	记录	R
顺时针	CW	右	R
逆时针	CCW	反	R
延时(延迟)	D	红	RD
差动	D	复位	R,RST
数字	D	备用	RES
降	D	运转	RUN
直流	DC	信号	S
减	DEC	启动	ST
接地	E	置位、定位	S,SET
紧急	EM	饱和	SAT
快速	F	步进	STE
反馈	FB	停步	STP
正,向前	FW	同步	SYN
绿	GN	温度	T
高	H	时间	T
输入	IN	无噪声(防干扰)接地	TE
增	INC	真空	V
感应	IND	速度	V
左	L	电压	V
限制	L	白	WH
低	L	黄	YE

三、电气图常用项目代号

(1) 项目代号的含义

项目代号是指电气图及工程文件中的图形符号，这里的图形符号表示实际电气系统的基本件、部件、组件、功能单元、设备、系统等。

(2) 项目代号的构成

一个完整的项目代号由 4 个代号段组成，分别是：

高层代号段，其前缀符号为"＝"；

种类代号段，其前缀符号为"－"；

位置代号段，其前缀符号为"＋"；

端子代号段，其前缀符号为"："。

① 高层代号。系统或设备中任何较高层次项目的代号，称为高层代号。例如，某电力系统 S 中的一个变电所，则电力系统 S 的代号可称为高层代号，记作"＝S"；若 1 号变电所的一个电气装置，则 1 号变电所的代号可称为高层代号，记作"＝1"。所以，高层代号具有"总代号"的含义。

高层代号可用任意选定的字符、数字表示，如＝S、＝1 等。

② 种类代号。用以识别项目种类的代号，称为种类代号。种类代号段是项目代号的核心部分。

种类代号一般由字母代码和数字组成。其中的字母代码必须是规定的文字符号。

四、电气设备及线路的标注

电气工程图中常用一些文字（包括英文、汉语拼音字母）和数字按照一定的格式书写，表示电气设备及线路的型号规格、编号、容量、安装方式、标高及位置等。读图者必须熟练掌握这些标注的含义。

有关电气设备及线路的标注方法详见表 5-4。常用标注安装方式的文字符号如表 5-5 所示。

表 5-4　电气设备及线路的标注方法

标注方式	说　明
$\dfrac{a}{b}$ 或 $\dfrac{a}{b}+\dfrac{c}{d}$	用电设备 a—设备编号； b—额定功率，kW； c—线路两端熔断片或自动开关释放器的电流，A； d—标高，m
① $a\,\dfrac{b}{c}$ 或 $a\text{-}b\text{-}c$ ② $a\,\dfrac{b-c}{d(ef)-g}$	电力和照明设备 ①一般标注方法 ②当需要标注引入线的规格时 a—设备编号； b—设备型号； c—设备功率，kW； d—导线型号； e—导线根数； f—导线截面积，mm²； g—导线敷设方式及部位
① $a\,\dfrac{b}{c/i}$ 或 $a\text{-}b\text{-}c/i$ ② $a\,\dfrac{b-c/i}{d(ef)-g}$	开关及熔断器 ①一般标注方法 ②当需要标注引入线的规格时 a—设备编号； b—设备型号； c—额定电流，A； i—整定电流，A； d—导线型号； e—导线根数； f—导线截面积，mm²； g—导线敷设方式
$a/b-c$	照明变压器 a——次电压，V； b—二次电压，V； c—额定容量，A

标注方式	说　　明
$①a-b\dfrac{cdl}{h}f$ $②a-b\dfrac{cdl}{}$	照明灯具 ①一般标注方法 ②灯具吸顶安装 a—灯数； b—型号或编号； c—每盏照明灯具的灯泡数； d—灯泡容量，W； h—灯泡安装高度，m； f—安装方式； l—光源种类

表 5-5　常用标注安装方式的文字符号

标注名称	序号	名称	旧代号	新代号
导线敷设方式的标注	1	用绝缘子敷设	CP	K
	2	用塑料线槽敷设	XC	PR
	3	用钢线槽敷设		SR
	4	穿水煤气管敷设		RC
	5	穿焊接钢管敷设	G	SC
	6	穿电线管敷设	DG	TC
	7	穿聚氯乙烯硬质管敷设	VG	PC
	8	穿聚氯乙烯半硬质管敷设	RVG	FPC
	9	穿聚氯乙烯塑料波纹电线管敷设		KPC
	10	用电缆桥架敷设		CT
	11	用瓷夹敷设	CJ	PL
	12	用塑料夹敷设	VJ	PCL
	13	穿金属软管敷设	SPG	CP

标注名称	序号	名称	旧代号	新代号
导线敷设部位的标注	14	沿钢索敷设	S	SR
	15	沿屋架或跨屋架敷设	LM	BE
	16	沿柱或跨柱敷设	ZM	CLE
	17	沿墙面敷设	QM	CE
	18	沿顶棚面或顶板面敷设	PM	CE
	19	在能进入的吊顶内敷设	PNM	ACE
	20	暗敷设在梁内	LA	BC
	21	暗敷设在柱内	ZA	CLC
	22	暗敷设在墙内	QA	WC
	23	暗敷设在地面内	DA	FC
	24	暗敷设在屋顶内	PA	CC
	25	暗敷设在不能进入的吊顶内	PNA	ACC
灯具安装方式的标准	26	线吊式		CP
	27	自在器线吊式	X	CP
	28	固定线吊式	X_1	CP_1
	29	防水线吊式	X_2	CP_2
	30	吊线器式	X_3	CP_3
	31	链吊式	L	Ch
	32	管吊式	G	P
	33	壁装式	B	W
	34	吸顶或直附式	D	S
	35	嵌入式	R	R
	36	顶棚内安装	DR	CR
	37	墙壁内安装	BR	WR
	38	台上安装	T	T
	39	支架上安装	J	SP
	40	柱上安装	Z	CL
	41	座装	ZH	HM

用电设备的标注，一般为 $\dfrac{a}{b}$ 或 $\dfrac{a}{b}+\dfrac{c}{d}$。

> **➡实例操作**
>
> 若图中标注 $\dfrac{15}{75}$，表示为图中的第 15 台设备，其额定功率为 75kW；又如图中标注 $\dfrac{15}{75}+\dfrac{200}{0.8}$，表示这台设备的编号为 15，额定功率为 75kW，自动开关脱扣器电流为 200A，安装标高为 0.8m。

（2） 电力和照明设备的标注

① 一般情况，标注为 $a\,\dfrac{b}{c}$ 或 $a-b-c$。

> **➡实例操作**
>
> 若图中标注 $5\,\dfrac{Y200L-4}{30}$ 或 $-（Y200L-4）-30$，表示这台电动机在该系统的编号为第 5，型号是 Y 系列笼型异步电动机，机座中心高 200mm，长机座，4 极，额定功率为 30kW。

② 需要标注引入线，标注为 $a\,\dfrac{b-c}{d（ef）-g}$。

> **➡实例操作**
>
> 若图中标注 $5\,\dfrac{（Y200L-4）-30}{BLX（3\times35）SC40-FC}$，表示这台电动机在图中的编号为第 5，型号是 Y 系列笼型异步电动机，机座中心高 200mm，长机座，4 极，额定功率为 30kW，采用三根 35mm² 的橡胶绝缘铝芯导线穿直径为 40mm 的焊接钢管，沿地板埋地敷设引入电源线。

(3) 配电线路的标注

① 一般配电线路，通常标注为 $a-b(c \times d+n \times h)e-f$。

实例操作

如 24－BV（3×70＋1×50）SC70－FC，表示这条线路在系统的编号为第 24，三根 70mm² 和一根 50mm² 的聚氯乙烯绝缘铜芯导线，穿直径为 70mm 的焊接钢管沿地板埋地敷设。

工程中的三相四线制供电一般均采用上述的标注方式；如为三相三线制供电，则没有上式中的 $n \times h$ 项；如采用 TN-S 系统供电，若采用专用保护零线，则 n 为 2；若用钢管作为接零保护的公用线，则 n 为 1。

② 电缆线路，电缆的标注方式与一般配电线路基本相同，只有当电缆与其他设施交叉时，才采用 $\dfrac{a-b-c-d}{e-f}$ 的标注方式。

实例操作

如 $\dfrac{4-100-8-1.0}{0.8-f}$，表示 4 根保护管，直径 100mm，管长 8m 于标高 1.0m 处且埋深 0.8m，交叉点坐标为 f。交叉点坐标一般用文字标注，如与××管道交叉，××管详见××管道平面布置图。

(4) 照明灯具的标注

电气照明平面图中灯具的文字标注格式为 $a-b\,\dfrac{cdl}{e}f$。实践中因光源种类 L 取决于灯具型号，一般不再标出。

实例操作

电气照明平面图中灯具近旁标有 9－YZ40RR $\dfrac{2 \times 40}{2.5}$ Ch，表示图中共有 9 盏型号为 YZ40RR 的荧光灯（直管形、日光色），每盏灯具中有 2 根 40W 灯管,用链吊安装,安装高度 2.5m(指灯具出光口至地面距离)。 若采用吸顶安装,安装高度就不再标注,如某房间灯具的标注为 $2-JXD6\dfrac{2\times60}{\_}$,表示这个房间安装两盏型号为 JXD6 灯具,每盏灯具有两个 60W 的白炽灯泡,吸顶安装。

(5) 开关及熔断器的标注

① 一般情况,标注为 $a\dfrac{b}{c/i}$ 或 $a-b-c/i$。

> **➡️实例操作**
>
> 如 $QF5\dfrac{DZ20Y-200}{200/200}$,或 $QF5-(DZ20Y-200)-200/200$,表示设备编号为 QF5,开关的型号为 DZ20Y-200,即额定电流为 200A 的低压空气断路器,断路器的整定值为 200A。

② 需要标注引入线时,标注为 $a\dfrac{b-c/i}{d(e\times f)-g}$。

> **➡️实例操作**
>
> 如 $QF5\dfrac{DZ20Y-200-200/200}{BV(3\times50)K-BE}$,表示设备编号为 QF5,开关型号 DZ20Y-200 低于空气断路器,整定电流为 200A,引入导线为塑料绝缘铜线,三根 50mm²,用瓷瓶式绝缘子沿屋架敷设。

第三节　识读电气制图的一般规则

一、一般规定

(1) 图纸

① 幅面。图纸幅面尺寸及其代号如表 5-6 所示,表中加长图纸

适用于基本图纸幅面不满足要求时而需要加长的图纸。

表 5-6　图纸幅面尺寸及其代码

类别	代码	尺寸/mm
基本幅面	A0	841×1189
	A1	594×841
	A2	420×594
	A3	297×420
	A4	210×297
加长幅面	A3×3	420×891
	A3×4	420×1189
	A4×3	297×630
	A4×4	297×841
	A4×5	297×1051

② 格式。图纸格式包括标题栏、图框等。标题栏方位及图框，均按"机械制图"的有关规定。

③ 选择。

 操作注意事项

　　在保证幅面布局紧凑、清晰和使用方便的前提下，图纸幅面的选择，应遵循"1.幅面"的规定，并应考虑以下几方面。
　　① 所设计对象的规模和复杂程度。
　　② 由简图种类所确定的资料的详细程度。
　　③ 尽量选用较小幅面。
　　④ 便于图纸的装订和管理。
　　⑤ 复印和缩微的要求。
　　⑥ 计算机辅助设计的要求。

　　当图绘制在几张图纸上时，所用图纸的幅面一般应相同。
　　④ 编号。所有的图都应在标题栏内编注图号，一份多张图的每张图纸都应顺序编注张次号。
　　⑤ 图幅分区。为了便于确定图上的内容、补充、更改和组成

部分等的位置，可以在各种幅面的图纸上分区，如图 5-7 所示。

每一分区的长度一般不小于 25mm，不大于 75mm。

每个分区内竖边方向用大写拉丁字母，横边方向用阿拉伯数字分别编号。编号的顺序应从标题栏相对的左上角开始。

分区代号用该区域的字母和数字表示，如 B3、C5。

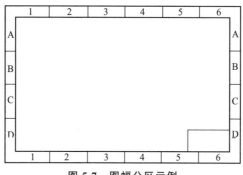

图 5-7　图幅分区示例

(2) 图线

① 形式。电气图所采用图线形式及应用如表 5-7 所示。

表 5-7　电气图所采用图线形式及应用

序号	图线名称	图线形式	一般应用
1	实线	——————————	基本线,简图主要内容用线,可见轮廓线,可见导线
2	虚线	- - - - - - - - - - -	辅助线、屏蔽线、机械连接线,不可见轮廓线、不可见导线、计划扩展内容用线
3	点画线	— — · — — · — —	分界线、结构围框线、功能围框线、分组围框线
4	双点画线	— — · · — — · · —	辅助围框线

② 宽度。图线宽度一般从以下系列中选取：0.25mm，0.35mm，0.5mm，0.7mm，1.0mm，1.4mm。

通常只选用两种宽度的图线。粗线的宽度为细线的两倍。但在某些图中，可能需要两种以上宽度的图线，在这种情况下，线的宽度应以 2 的倍数依次递增。

③ 间距。建议平行线之间的最小间距应不小于粗线宽度的两倍，同时不小于 0.7mm。

(3) 字体

字体应按"机械制图"的有关规定。

为了适应缩微的要求，推荐的电气图字体最小高度如表 5-8 所示。

表 5-8　电气图字体最小高度

基本图纸幅面	A0	A1	A2	A3	A4
字体最小高度/mm	5	3.5	2.5	2.5	2.5

(4) 箭头和指引线

① 箭头。信号线和连接线上的箭头应是开口的，如图 5-8(a) 所示。

指引线上的箭头应是实心的，如图 5-8(c) 所示。

② 指引线。指引线应是细的实线，指向被注释处，并在其末端加注如下的标记：

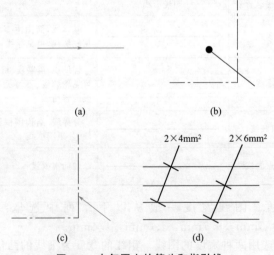

图 5-8　电气图上的箭头和指引线

如末端在轮廓线内，用一墨点，如图 5-8(b) 所示；

如末端在轮廓线上，用一箭头，如图 5-8(c) 所示；

如末端在电路线上，用一短斜线，如图 5-8(d) 所示。

(5) 比例

如果需要按比例制图，如位置图，可以从下列比例系列中选取：
1：10，1：20，1：50，1：100，1：200，1：500。

当需要选用其他比例时，应按国家规定的有关标准。

二、简图的布局

简图的绘制，应做到布局合理、排列均匀、图面清晰、便于看图。

表示导线、信号通路、连接线的图线应是交叉和弯折最少的直线。可以水平地布置，如图 5-9(a) 所示，或者垂直地布置，如图 5-9(b) 所示。为了把相应的元件连接成对称的布局，也可以采用斜的交叉线，如图 5-9(c) 所示。

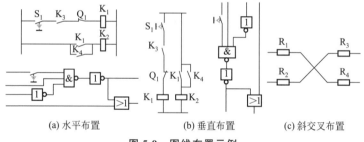

(a) 水平布置　　　　(b) 垂直布置　　　　(c) 斜交叉布置

图 5-9　图线布置示例

电路或元件应按功能布置，并尽可能按其工作顺序排列。

对因果次序清楚的简图，尤其是电路图和逻辑图，其布局顺序应该是从左到右和从上到下。例如，接收机的输入应在左边，输出应在右边。如不符合上述规定且流向不明显，应在信息线上画开口箭头。开口箭头不应与其他任何符号（如限定符号）相邻近。

在闭合电路中，前向通路上信号流方向应该从左到右或从上到下。反馈通路的方向则与此相反。如图 5-10 所示。

图的引入线或引出线，最好画在图纸边框附近。

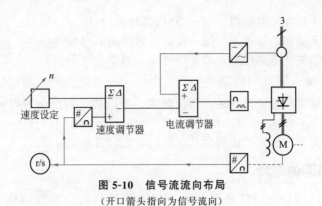

图 5-10　信号流流向布局

（开口箭头指向为信号流向）

三、项目代号和端子代号

(1) **项目代号**

当符号用集中表示法和半集中表示法表示时，项目代号只在符号旁标注一次，并与机械连接线（如果有）对齐，如图 5-11(a) 所示。

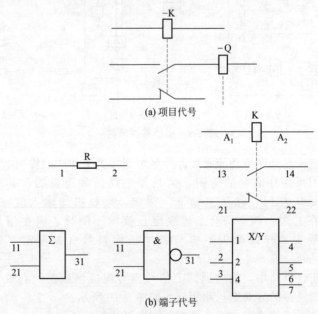

图 5-11　项目代号和端子代号的标注方法

当符号用分开表示法表示时，项目代号应在项目每一部分的符号旁标出。

(2) 端子代号

电阻器、继电器、模拟和数字硬件的端子代号应标在其图形符号的轮廓线外面。符号轮廓线内的空隙留作标注有关元件的功能和注解，如关联符、加权系数，如图 5-11(b) 所示。

对用于现场连接、试验或故障查找的连接器件（如端子、插头座等）的每一连接点都应给一个代号。

在画有围框的功能单元或结构单元中，端子代号必须标在围框内，以免被误解。如图 5-12 所示，在该图中，端子代号为：

-A5-X1：1、；2、；3、；4 和：5

-A5-X2：1 和：2

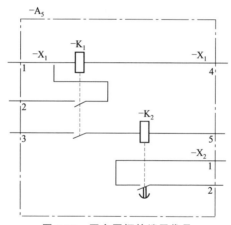

图 5-12　画有围框的端子代号

四、图形符号

(1) 符号的选择

选择符号应遵循以下原则。

① 尽可能采用优选形式。

② 在满足需要的前提下，尽量采用最简单的形式。

③ 在同一图号的图中使用同一种形式。

应当指出，本标准给出的全部图例中，未用小圆点表示连接点。按照规定，也允许用小圆点表示连接点。但在同一图号的图上，只能采用其中一种方法。

✦ 实例操作

对于比较简单的简图（如系统图），尤其是对于用单线表示法绘制的简图在大多数情况下，使用一般符号或简化形式的符号即可，例如，变压器符号，如图 5-13（a）所示。

对于内容比较详细的简图，如一般符号不能满足时，应按有关标准加以充实。例如，需要按照有关的规定充实一般符号，即在符号内加入表示绕组连接方法的限定符号和矢量符号组，如图 5-13（b）所示。

对于电路图，必须使用完整形式的图形符号，例如，在图 5-13（c）中，变压器的所有部分，如绕组、端子及其代号必须详细表示。

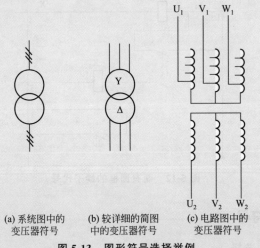

(a) 系统图中的　　　(b) 较详细的简图　　(c) 电路图中的
变压器符号　　　　中的变压器符号　　　变压器符号

图 5-13　图形符号选择举例

（2）符号的大小

在绝大多数情况下，符号的含义由其形式决定，而符号大小和图线的宽度一般不影响符号的含义。

有些情况，为了强调某些方面，或者为了便于补充信息，允许采用不同大小的符号。图 5-14（a）中的三相发电机组用了两种不同的方法表示。图中一图形把三相发电机的符号画得比励磁机的符号大。

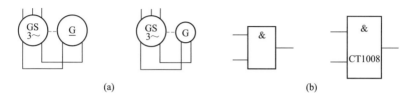

图 5-14　符号大小举例

根据需要可以把符号尺寸加大绘制，以便于填入补充的代号和其他信息，如图 5-14（b）所示。

为了突出和区分某些电路、连接线等，可采用不同粗细的图线绘制。

(3) 符号的取向

大多数符号的取向是任意的。为了避免导线折弯或交叉，在不会引起错误理解的情况下，可以把符号旋转或取其镜像形态。

(4) 端子表示法

标准中的图形符号，一般没有端子符号。在某些情况下，如果端子符号是符号的一部分，则端子符号必须画出。

(5) 引线表示法

标准中的图形符号，一般都画有引线，这些引线符号多数情况下仅用作示例。在不改变其符号含义的原则下，引线可取不同方向。

例如，图 5-15（a）中的变压器符号的引线方式都是允许的。

在某些情况下，引线符号的位置不加限制，例如，图 5-15（b）中倍频器的不同引线方向也是允许的。

但是，在某些情况下，引线符号的位置影响符号的含义，则必须按规定绘制，例如，图 5-15（c）中的电阻器（R）和继电器线圈（K）的图形符号，其引线则不能改变。

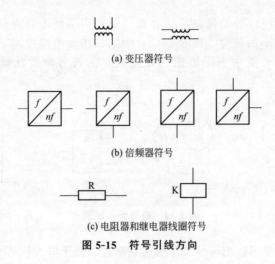

(a) 变压器符号

(b) 倍频器符号

(c) 电阻器和继电器线圈符号

图 5-15　符号引线方向

五、连接线

（1）一般规定

连接线应该用实线，计划扩展的内容应该用虚线。

一条连接线不应在与另一条线交叉处改变方向，也不应穿过其他连接线的连接点。

为了突出或区分某些电路、功能等，导线符号、信号通路、连接线等可采用不同粗细的图线来表示。例如，图 5-16(a) 所表示的是一

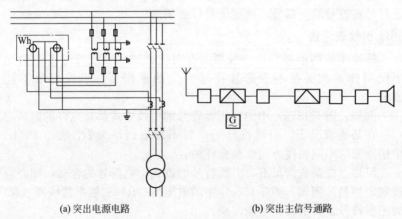

(a) 突出电源电路　　　　　　　　　　　(b) 突出主信号通路

图 5-16　连接线采用不同粗细的图线

个三相电力变压器以及与之有关的开关装置和控制装置的一部分, 其中电源电路用加粗实线表示。又如在图 5-16(b) 的框图中, 特别强调了主信号通路的连接线。

(2) 连接线分组和标记

如果有多条平行连接线, 为便于看图, 应按功能进行分组。不能按功能分组时, 可以任意分组, 每组不多于三条。组间距离应大于线间距离, 见图 5-17(a)。

无论是单根的或成组的连接线, 其识别标记一般注在靠近连接线的上方, 也可断开连接线标注, 标记也可以用来表示其去向, 如图 5-17(b) 所示。

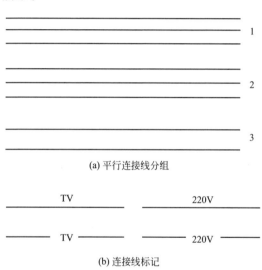

(a) 平行连接线分组

(b) 连接线标记

图 5-17   连接线分组和标记举例

(3) 中断线

当穿越图面的连接线较长或穿越稠密区域时, 允许将连接线中断, 在中断处加相应的标记, 如图 5-18(a) 所示。

去向相同的线组, 也可以中断, 并在图上线组的末端加注适当的标记, 如图 5-18(b) 所示。

连到另一张图上的连接线, 应该中断, 并在中断处注明图号、张次、图幅分区代号等标记, 如图 5-19(a) 所示。若在同一张图纸上有

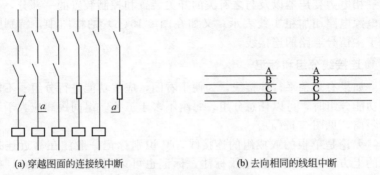

(a) 穿越图面的连接线中断　　　　　(b) 去向相同的线组中断

图 5-18　连接线中断举例

若干中断线，必须用不同的标记将它们区分开，例如，用不同的字母来表示，如图 5-19（b）所示。也可以用连接线功能的标记来加以区分。

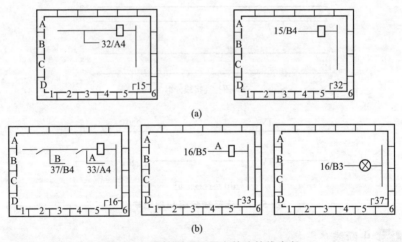

(a)

(b)

图 5-19　连接到另一图上的连接线中断

（4）**可供选择的连接表示法**

可供选择的几种连接法应分别用序号（1、2…或 a、b…）表示，并将序号标注在连接线的中断处。

（5）**单线表示法**

① 平行线的单线表示法。单线表示法的主要目的是避免平行线

太多。平行线的几种单线表示法的形式如图 5-20 所示。

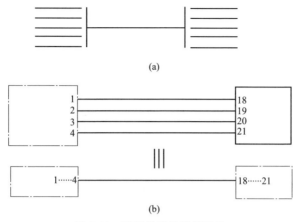

图 5-20　平行线的单线表示法

② 汇入线的单线表示法。当单根导线汇入用单线表示的一组连接线时，应采用如图 5-21 所示的方法表示。这种方法通常需要在每根连接线的末端注上标记符号，明显的除外。汇接处要用斜线表示，其方向应使看图者易于识别连接线进入或离开汇总线的方向。

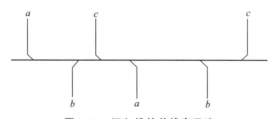

图 5-21　汇入线的单线表示法

③ 导线根数的表示法。用单线表示多根导线或连接线，必要时要表示出根数，根数可用画在单线上的斜短画线数或数字表示。

④ 多个相同符号引线的单线表示法。用单个符号表示多个元件，必要时应表示出元件数。"电气图用图形符号"中给出了应该如何表示的例子。在图 5-22 再补充一些示例。

(6) 围框

当需要在图上显示出图的一部分所表示的是功能单元、结构单元

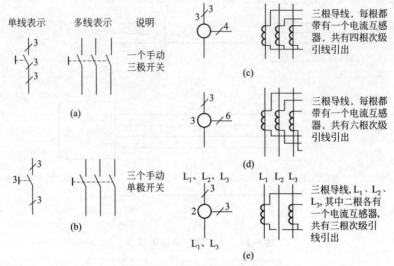

图 5-22 用单个符号表示多个元件

或项目组（如电器组、继电器装置）时，可以用点画线围框表示。为了图面清晰，围框的形状可以是不规则的，如图 5-23(a) 所示。

当用围框表示一个单元时，若在围框内给出了可查阅更详细资料的标记，则其内的电路可用简化形式表示。

如果在表示一个单元的围框内的图上含有不属于该单元的元件符

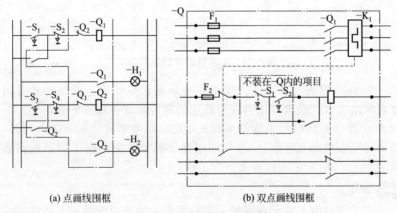

(a) 点画线围框   (b) 双点画线围框

图 5-23 电气图上的围框

号，则必须对这些符号加双点画线的围框，并加注代号或注解。

例如，在图 5-23(b) 中，单元-Q 的周围画了围框线，该单元由一个接触器、一个热继电器和一些熔丝组成。开关 S_1 和 S_2 是功能上与之有关的项目，但不装在单元-Q 内。

围框线不应与元件符号相交，但插头插座和端子符号除外。它们可以在围框线上，或恰好在单元围框线内，或者可以被省略，如图 5-24 所示。

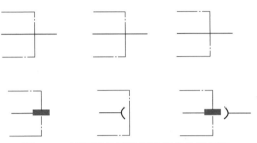

图 5-24　围框线与元件符号相交的表示法

第六章
电气识图

第一节　电力系统概述

一、供电系统的组成

电能不是由发电厂直接提供给用户使用的，必须通过输电线路和变电站这一中间环节来实现，这种由发电厂的发电机、升压及降压变电设备、电力网及电力用户（用电设备）组成的系统统称为电力系统。电力系统的组成示意图如图 6-1 所示。

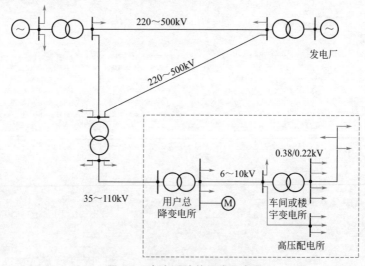

图 6-1　电力系统的组成示意图

(1) 发电厂

发电厂是生产电能的场所。在发电厂可以把自然界中的一次能源转换为用户可以直接使用的二次能源——电能。根据发电厂所取用的一次能源的不同，主要有火力发电、水力发电、核能发电、太阳能发电、风力发电、潮汐发电、地热发电等形式。无论发电厂采用哪种发电形式，最终将其他能源转换为电能的设备是发电机。

(2) 变电所

变电所是变换电压、交换电能和分配电能的场所，由变压器和配电装置组成。按变压的性质和作用又可分为升压变电所和降压变电所，按变电所的地位和作用不同，又分为枢纽变电所、地区变电所和用户变电所。

(3) 电力网

电力网的主要作用是变换电压、传送电能，由升压和降压变电所和与之对应的电力线路组成，负责将发电厂产生的电能经过输电线路，送到用户（用电设备）。

(4) 电力用户

电力用户主要是消耗电能的场所，将电能通过用电设备转换为满足用户需求的其他形式的能量，如电动机将电能转换为机械能；电热设备将电能转换为热能；照明设备将电能转换为光能等。根据消耗电能的性质与特点，电力用户可分为工业电力用户和民用电力用户。

电力用户根据供电电压分为高压用户和低压用户，高压用户额定电压1kV以上，低压用户的额定电压一般是220V/380V。

二、电力系统的电压

（1）电压是衡量电力系统电能质量的基本参数之一，电力系统的电压是有等级的，电力系统的额定电压包括电力系统中各种发电、供电、用电设备的额定电压。按照现行国家标准《标准电压》（T 156—2007）规定，我国部分系统和设备的标准电压值如表 6-1～表 6-4 所示。

① 标称电压 220～1000V 的交流系统及相关设备的标准电压见表 6-1。

表 6-1　标称电压 220～1000V 的交流系统及相关设备的标准电压

单位：V

三相四线或三相三线系统的标称电压
220/380
380/660
1000(1140)

注：1140V 仅限于某些行业内部系统使用。

② 标称电压 1～35kV 的交流三相系统及相关设备的标准电压见表 6-2。

表 6-2　标称电压 1～35kV 的交流三相系统及相关设备的标准电压

单位：kV

设备最高电压	系统标称电压
3.6	3(3.3)
7.2	6
12	10
24	20
40.5	35

注：1. 表中数值为线电压；
2. 圆括号中的数值为用户有要求的使用；
3. 表中前两组数值不得用于公共配电系统。

③ 标称电压 35～220kV 的交流三相系统及相关设备的标准电压，如表 6-3 所示。

表 6-3　标称电压 35～220kV 的交流三相系统及相关设备的标准电压

单位：kV

设备最高电压	系统标称电压
72.5	66
126(123)	110
252(245)	220

注：1. 表中竖直为线电压；
2. 圆括号中的数值为用户要求时使用。

④ 标称电压 220kV 以上的交流三相系统及相关设备的标准电压，如表 6-4 所示。

表 6-4　标称电压 220kV 以上的交流三相系统及相关设备的标准电压

单位：kV

设备最高电压	系统标称电压
363	330
550	500
800	750
1100	1000

注：表中数值为线电压。

(2) 电网（电力线路）的额定电压

电网的额定电压等级是根据国民经济发展的需要及电力工业的水平，经全面技术经济分析后确定的，也是确定各类电力设备额定电压的基本依据。

(3) 用电设备的额定电压

由于用电设备运行时线路上要产生压降，沿线路的电压分布通常是首端高于末端，如图 6-2 所示。因此，沿线各用电设备的端电压将不同，线路的额定电压实际就是线路首端和末端电压的平均值。为使各用电设备的电压偏移差异不大，令用电设备的额定电压与其接入电网的额定电压相同。

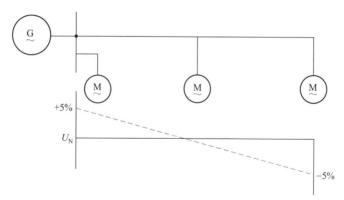

图 6-2　用电设备和发电机的额定电压

(4) 发电机的额定电压

由于用电设备的电压偏移为 $\pm 5\%$，而线路的允许电压降为

10%，这就要求线路首端电压应较电网额定电压高5%，末端电压则可较电网额定电压低5%，如图 6-2 所示。因此，发电机的额定电压应高于线路额定电压5%。

(5) 变压器的额定电压

① 变压器一次侧绕组的额定电压。变压器一次侧绕组的额定电压可分为两种情况：一是当电力变压器直接与发电机相连时，其一次侧绕组额定电压应与发电机额定电压相同，即高于同级电网额定电压的5%；二是当变压器不与发电机相连，而是连接在线路上时，则可把它看作用电设备，其一次侧绕组额定电压应与电网额定电压相同。

② 变压器二次侧绕组的额定电压。变压器二次侧绕组的额定电压也可分为两种情况：一是当变压器二次侧供电线路较长时，其二次侧绕组额定电压应比相联电网额定电压高 10%，其中有 5%用于补偿变压器满负荷运行时内部绕组约 5%的电压降；另外，变压器满负荷输出的二次电压还要高于所连电网额定电压的5%，以补偿线路上的电压降。二是当变压器二次侧供电线路不太长时，则计算变压器二次侧绕组的额定电压值时，只需高于电网额定电压5%，仅考虑补偿变压器内部5%的电压降。

三、负荷的分级与供电要求

(1) 负荷的分级

在电力系统中，负荷是指发电机或变电所供给用户的电力。根据负荷的重要程度，我国将电力负荷划分为三个等级，如表 6-5 所示。

(2) 供电要求

电力负荷的供电要求应符合表 6-6 的规定。

表 6-5 电力负荷的分级

序号	等级	说　　明
1	一级负荷	一级负荷为供电中断将造成人身伤亡者；供电中断将在政治、经济上造成重大损失者，如发生重大设备损坏、重大产品报废事故，采用重要原材料生产的产品大量报废，国民经济中重点企业的连续生产过程被打乱并需要长时间才能恢复等；供电中断将影响有重大政治、经济意义的用电单位者，如重要铁路枢纽、重要通信枢纽、重要宾馆、经常用于国际活动的有大量人员集中的公共场所等

序号	等级	说　明
2	二级负荷	二级负荷为中断供电将在政治、经济上造成较大损失者,如主要设备损坏、大量产品报废、连续生产过程被打乱而需较长时间才能恢复、重点企业大量减产等;中断供电系统将影响重要用电单位的正常工作负荷者;中断供电将造成大型影剧院、大型商场等较多人员集中的重要公共场所的秩序混乱的
3	三级负荷	不属于一级和二级的电力负荷

表 6-6　电力负荷的供电要求

序号	项目	内　容
1	一级负荷供电要求	一级负荷中应由两个独立电源供电,当一个电源发生故障时,另一个电源应不致同时受损坏。在一级负荷中的特别重要负荷,除上述两个独立电源外,还必须增设应急电源。为保证特别重要负荷的供电,严禁将其他负荷接入应急供电系统。应急电源一般有独立于正常电源的发电机组、干电池、蓄电池、供电网络中有效的独立于正常电源的专门馈电线路
2	二级负荷供电要求	二次负荷应由两回路供电,当发生电力变压器故障或线路常见故障时,不中断供电或中断后能迅速恢复。在负荷较小或地区供电条件困难时,二级负荷可由一回路10kV(或6kV)及以上专用架空线供电
3	三级负荷供电要求	无特殊要求

第二节　电力输配电系统

按照能源种类发电可分为水力、火力、风力、原子能、太阳能、沼气发电等几种。

各发电厂中的发电机基本都是三相交流发电机。目前,我国生产的三相交流发电机的电压等级有 400V/230V、3.15kV、6.3kV、10.5kV、13.8kV、15.75kV、18kV 等多种。

发电厂与用电地区和用户之间有较远的距离,而且用电设备电压等级与发电厂的电压等级之间有很大差别。例如,家用电器设备、照明设备的额定电压为 220V 单相电压;而一般低压三相电动机的线电压为 380V。这样就有一个远距离高压输电,以及一次和二次变电问题。这个发电、输配电过程用可用图 6-3 来表示。

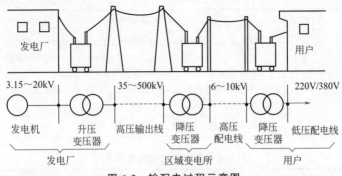

图 6-3　输配电过程示意图

一、变电与配电

变电与配电是电力系统中的核心环节，看懂变配电的电气线路图，就能看懂整个电力系统的线路图。变电所的任务是接受电能、变换电压和分配电能，是联系发电厂和用户的中间环节；而配电所只担负接受电能和分配电能的任务，所以两者是有区别的：变电比配电多变换电压的任务，因此变电所有电力变压器，而配电所除了可能有自用电变压器外，是没有其他电力变压器的。

变电所和配电所的相同之处在于：一是都担负接受电能和分配电能的任务；二是电气线路中都有引入线（架空线或电缆线）、各种开关电器（如隔离开关、刀开关、高低压断路器）、母线、互感器、避雷器和引出线等。

各用电单位一般都设有中央变电所和车间变电所（小规模的企业往往只有一个变电所）。中央变电所接收送来的电能，然后再分配到各车间以及用电场所的变电所或配电箱（配电板），再从配电箱或配电板将电能分配给用电设备。

变电所有升压和降压之分。升压变电所多建在发电厂内，把电能电压升高后，再进行长距离输送，降压变电所多设在用电区域，将高压电能适当降低电压后，向某地区或用户供电，降压变电所又可分为以下三类。

(1) 地区降压变电所

地区降压变电所又称为一次变电站，位于一个大用电区域或一个大城市附近，从 $220 \sim 500 \mathrm{kV}$ 的超高压输电网或发电厂直接受电，通过变压器把电压降为 35~110kV，供给该地区或大型工厂用电。其供电范围较大，若全地区降压变电所停电，将使该地区中断供电。

(2) 终端变电所

终端变电所又称为二次变电站，多位于用电的负荷中心，高压侧从地区降压变电所受电，通过变压器把电压降为 6~10kV，向某个市区或农村城镇供电。其供电范围较小，若全终端降压变电所停电，只使该部分用户中断供电。

(3) 工厂降压变电所及车间变电所

工厂降压变电所又称工厂总降压变电所，与终端变电所类似，是对企业内部输送电能的中心枢纽。车间变电所接收工厂降压变电所提供的电能，将电压降为 220V/380V，给车间设备直接供电。

低压配电线路的额定电压为 380V/220V。用电设备的额定电压多数是 220V 和 380V；大功率电动机的电压为 3kV 和 6kV；机床照明和矿井安全电压规定为 36V。

二、电力系统

通常电能由发电机产生，发电机把轴上的机械能转换为电能，而轴上的机械能都是由一次能源转换而来的。一般的输电是通过两级升高电压，而远距离输电时，中间还有升高电压的变电所。输送电能距离越远，为了减小线路损耗，则要求输电电压越高。高压输电线路把电能输送到用电中心进入市区时，要经过第一次降压；市区输送电压国标规定为 10kV。市区输电到各单位变电所，则要进行再一次降压，将 10kV 变为 380V/220V。

由各种电压的电力线路将一些发电厂、变电所和电力用户联系起来的发电、输电、变电、配电和用电的整体称为电力系统。如图 6-4 所示是一个大型电力系统的系统图，它可以是由几个水力发电厂、火力发电厂、核能发电厂等联合供电的大型电力系统。

通常将电力系统中各级电压的电力线路及其联系的变电所称为电力网或电网。电网按电压等级来划分，有 10kV 电网、110kV 电网等；也可按地域来划分，如华东电网、东北电网等。

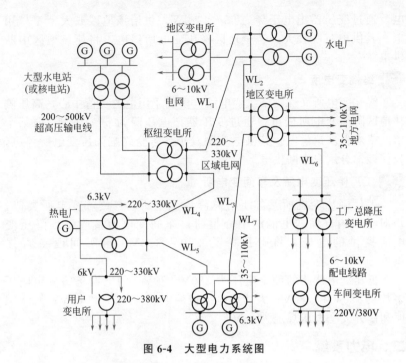

图 6-4　大型电力系统图

三、电力系统主要电气设备

⑴ 电力变压器

电力变压器是发电厂和变电所的主要设备之一。变压器是一种静止的电气设备,用来将某一等级的交流电压转换为频率相同的另一种或几种等级的交流电压,但不改变传输容量。变压器的用途是多方面的,不但需要升高电压把电能送到用电地区,还要把电压降低为各级使用电压,以满足用电的需要。总之,升压与降压都必须由变压器来完成。在电力系统中,凡把以高电压输送的电能降为给用户供电电压的变压器,称为配电变压器。通常使用的低压供电电压为 380V 和 220V,大型高压电动机使用的电压为 3kV 或 6kV。配电变压器高压侧电压一般为 6kV、10kV、35kV,在大电网中也有 110kV。图 6-5 是小型三相变压器。它除了绕组和铁芯外,还有油箱、油枕、分接开关、安全气道、瓦斯继电器和绝缘套管等附件。这些附件对变压器的安全运行起了必不可少的作用。

图 6-5   小型三相变压器结构图

三相电力变压器的图形符号根据不同组别和绕组等有所不同。如图 6-6 所示为 Y/Y（即 Yyn0）和△/Y（即 Dyn11）组别的图形符号。

(a) Yyn0   (b) Dyn11

图 6-6   Y/Y（即 Yyn0）和△/Y（即 Dyn11）组别的图形符号

(2) 高压断路器

高压断路器在电路正常时，用来接通或切断负荷电流；在电路发生故障时，用来切断巨大的短路电流。它是高压开关中最重要、最复杂的一种，既能切换正常负载，又可排除短路故障，同时承担着控制和保护双重任务。

断路器具有可靠的灭弧装置，其灭弧能力很强。常用的油断路器，是利用触头间产生的电弧使油分解，产生的高压气体对电弧进行吹弧和冷却，将电弧熄灭。它有多油断路器和少油断路器两种。如图 6-7 所示是 SN10-10 型少油断路器的外形图，它由框架、传动机构和油箱等三个主要部分组成，油箱是它的核心部分，油箱中部是灭弧室。

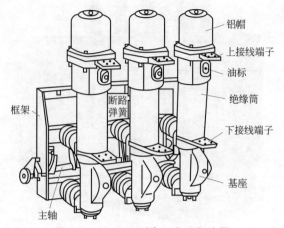

图 6-7　SN10-10 型高压少油断路器

常见的还有：

① 真空断路器——利用真空的高介质强度来熄灭电弧。

② 六氟化硫断路器——六氟化硫具有比空气强约 100 倍的灭弧能力，利用六氟化硫作介质，能大量吸收电弧能量，使电弧收缩并迅速冷却，最终熄灭。高压六氟化硫（SF_6）断路器是利用六氟化硫气体作为灭弧和绝缘介质的一种断路器。按灭弧方式的不同可分为气吹式、旋弧式和自行灭弧式，而气吹式又有单压式和双压式两种类型。单压式只有一个气压系统，灭弧时，六氟化硫（SF_6）的气体靠压气活塞产生压力。单压式结构简单，我国生产的 LN_1、LN_2 型 SF_6 断路器均为单压式。如图 6-8 所示是一种单压式灭弧室钢罐落地形式的 SF_6 断路器，其灭弧元件置于充有 SF_6 气体的金属箱筒内，断路器采用气动操作机构。

③ 压缩空气断路器——利用压缩空气强烈地吹弧，使电弧冷却，并清除弧道内的残余游离气体，当电流过零时，使电弧熄灭。压缩空气还可用来维持分、合闸状态下的绝缘。

(3) 负荷开关

高压负荷开关是用来在额定电压和额定电流下接通和切断高压电路的专用开关。它只允许接通和开断负荷电流，但不允许开断短路电流，即它仅能作为控制和过载保护元件，不能用作故障保护元件。它

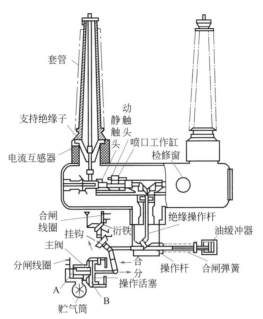

图 6-8　单压式灭弧室钢罐落地形式的 SF_6 断路器

与高压熔断器配合使用时，可代替断路器。负荷开关按灭弧介质的不同，分为固体产气式、压气式和油浸式三种。前两种有明显的外露可见断口，因此还能起到隔离开关的作用。如图 6-9 所示是 FN3-10 型户内压气式负荷开关的外形结构；上半部为负荷开关，下半部为熔断器。负荷开关的灭弧断流能力有限，只能断开一定的负荷电流和过负荷电流。

(4) 隔离开关

隔离开关是以空气为绝缘介质，在无负荷的情况下接通或断开电路的电器。它在断开位置时形成明显可见的、足够的断开距离，把需要检修的电器与电源可靠地隔离，以保证检修工作的安全；在合闸状态时，能可靠地通过正常工作电流和短路故障电流。它在配电装置中的用量最多，通常是断路器的 3～4 倍。其主要用途如下。

① 检修与分段隔离。利用隔离开关断口的可靠绝缘能力，使需要检修或分段的线路与带电的线路相互隔离。为确保检修工作的安全，隔离开关还附有接地装置，供检修时接地。

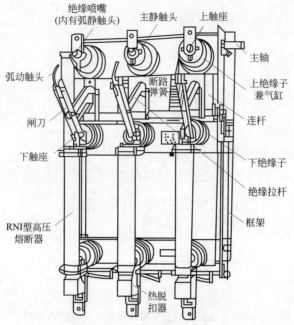

绝缘喷嘴
(内有弧静触头) 主静触头 上触座

主轴

弧动触头

断路弹簧

上绝缘子
兼气缸

闸刀

连杆

下触座

下绝缘子

绝缘拉杆

框架

RNI型高压
熔断器

热脱
扣器

图 6-9　FN3-10 型高压负荷开关

② 倒换母线。在断口两端接近等电位的条件下，带负荷进行分、合闸，变换双母线或其他不长的并联线路的接线方式。

③ 分、合空载电路。利用隔离开关断口在分开时将电弧拉长和空气的自然熄弧能力，分合一定长度的母线、电缆或架空线路的电容电流，以及分、合一定容量的变压器的空载励磁电流。

如图 6-10 所示是 GN8-10/600 型户内高压隔离开关的外形，操作机构通过连杆机构接在转轴上，由转轴带动闸刀分闸或合闸。操作机构可以用电动、气动、液压传动等，也可用手动操作，但不论用什么方式驱动，都要求能够准确地分闸或合闸、动作平稳、冲击力小。

（5）**高压熔断器**

高压熔断器是在电网中人为设置的一个最薄弱的元件，用以保护电器装置免遭过电流或短路电流作用而引起损坏。当过电流流过时，元件本身发热熔断，借灭弧介质的作用使电路开断，达到保护电力线路和电气设备的目的。熔断器在电压低于 35kV 的小容量电网中被广

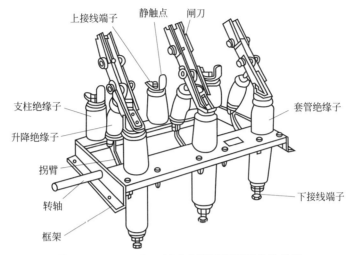

图 6-10　GN8-10/600 型户内高压隔离开关的外形

泛采用（熔断器的价格最便宜）。熔断器按使用场所分为户内式及户外式两种；按动作性能可分为固定式和自动跌落式熔断器；按工作特性又可分为有限流作用和无限流作用熔断器。如图 6-11(a) 所示是 RN_1、RN_2 型高压熔断器的外形结构，图 6-11(b) 所示是其熔管的剖面示意图。

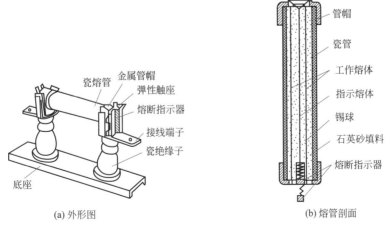

(a) 外形图

(b) 熔管剖面

图 6-11　RN_1、RN_2 型高压熔断器

不论何种高压熔断器，其管内的熔体（熔丝）的熔化时间必须符合下列规定：a.当通过熔体的电流为额定电流的130%时，熔化时间应大于1h；b.当通过熔体的电流为额定电流的200%时，必须在1min以内熔断；c.保护电压互感器的熔断器，当通过熔体的电流在0.6～1.8A范围内时，其熔断时间不超过1min。

（6）成套配电装置

成套配电装置是以断路器为主的成套电器。它主要用于配电系统，作接受与分配电能之用。这类装置的各组成元件，按主接线的要求，以一定顺序布置在一个或几个金属柜内（根据需要，在柜内还可装设控制、测量、保护及调整等设备）。它可满足各种主接线要求，并具有占地少、安装及运行维护方便、适用于大量生产等特点。选择成套配电装置要根据主接线确定其数量，并根据负荷大小和用途来选择成套配电装置型号、容量和保护方式。

（7）电流互感器

将电路中流过的大电流变换成小电流，额定值为5A，供给测量仪表（如电流表、电能表、功率表）和继电器的电流线圈，这样就可以用小电流的仪表间接测量大电流。电流互感器通常有一个一次侧绕组（匝数少）和一个或两个二次侧绕组（匝数多）。一次侧绕组是串联在电路中的。一、二次侧绕组互相绝缘并且绕在同一个铁芯之上，通过电磁感应，把一次侧绕组的大电流按一定比例变换成二次侧绕组的小电流。特别要注意：在使用中电流互感器的二次侧不允许开路。

电流互感器的结构原理图如图6-12所示。

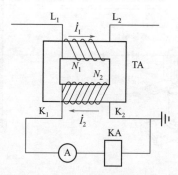

图6-12　电流互感器的结构原理图

222

(8) **电压互感器**

将高电压（6kV、10kV、35kV 等）降为低电压（一般额定值为
100V），供给测量仪表（电压表、电能表、功率表）和继电器的电压
线圈，这样就可以用低压仪表间接测量高压。电压互感器的基本结构
是两个或三个互相绝缘的线圈绕在同一铁芯上所组成，一次侧绕组匝
数多，二次侧绕组匝数少，通过电磁感应，把高电压按一定比例变换
成低电压。电压互感器的一次侧绕组是与高压电路并联的。特别要注
意在使用中电压互感器的二次侧不允许短路。

电压互感器实质上就是一个降压变压器，一次侧绕组的匝数多，
二次侧绕组的匝数少，其基本结构原理图如图 6-13 所示。

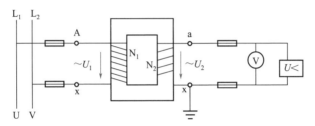

图 6-13　电压互感器基本结构原理图

此外尚有避雷器、电抗器、移相电容器等电气设备，不再赘述。

第三节　电气主接线

变电所的电气主接线是变电所接受电能、变换电压和分配电能的
电路。它表示由地区变电所电源引入→变压→各负载（车间等）的变
配电过程。而配电所只担负接受电能和分配电能的任务，因此，它只
有电源引入→各负载两个环节，相应的主接线中无变压器，其他则与
变电所相同。

用国家统一规定的电气图形符号、文字符号表示主接线中各电气
设备相互连接顺序的图形，就是电气主接线图。电气主接线图一般都
用单线图表示，即一根线就代表三相。但在三相接线不同的局部位置
要用三线图表示，例如，最为常见的接有电流互感器的部位。

一、变电所电气主接线的基本要求

电气主接线是变配电所电气部分的主体，其接线合理与否，将直

接影响供电是否安全可靠，操作是否方便灵活，投资是否经济，运行费用是否节省，它对电气设备的选择、配电装置的布置、继电保护和自动装置的配置，以及土建工程的投资及施工等都有着非常密切的关系。因此，确定电气主接线是变配电所电气设计极为重要的环节和任务。对电气主接线的基本要求如下。

① 安全性符合国家标准有关技术规范的要求，能充分保证人身和设备的安全，能避免运行人员的误操作以及能在安全条件下进行维护检修工作。

② 可靠性根据用电负荷的等级，保证在各种运行方式下提高供电的连续性，力求满足电力负荷对供电可靠性的要求。

③ 灵活性主接线应力求简单、明显、没有多余的电气设备；投入或切除某些设备或线路的操作方便。这样就可以避免误操作，又能提高运行的可靠性，处理事故也能简单迅速。灵活性还表现在能适应系统所要求的各种运行方式，操作灵活方便。

④ 经济性在满足以上要求的前提下，尽量使主接线简单、投资最省、运行费用最低、并节约电能和有色金属消耗量。并使主接线的初投资与运行费用达到经济合理。

⑤ 发展性要考虑近期（5～10 年内）负荷发展的可能性。

另外，电气主接线的确定与电力负荷的等级、供配电电压、工程项目的规模、要求及投资条件等因素有相当密切的关联。而且以上基本要求也并非能一一满足，如满足了安全性、可靠性要求，则难以满足经济性要求，要考虑经济则可能难以考虑发展的要求。安全可靠的要求是首要的，运行检修时绝不允许发生人身事故和重大设备事故。停电必然造成停产损失，尤其是对国民经济有影响的工矿企业停电损失更大。

可靠性与经济性二者之间，既有矛盾的一面，也有统一的一面。如果过分强调可靠性，势必造成设备增多，投资增大，接线系统复杂，其结果可能造成操作复杂，易产生误操作，增大故障率，反而降低了主接线的可靠性；如果过分强调经济性，减少设备，简化接线，必然会影响可靠性，造成事故和停电停产，反而不经济。所以在处理这些矛盾时，应当首先满足可靠性，而后再求经济性。因此，确定主接线时应深入调查分析用电负荷的性质和大小、对供电电源的要求、自动化装置的采用、发展的远景等，找出主要矛盾，才能设计出高质量的主接线。

二、电气主接线的形式

变配电所有几路、十几路甚至更多的引出线，它们都是从主变压器获得电能。为使众多的接线不致紊乱，必须采用母线，母线在图中用黑粗线表示。

母线是汇集和分配电能的导线，又称汇流排，按材料不同，还有称为"铜排"、"铝排"。连接各进出线的母线称为主母线，其余的为分支母线。

有无母线及母线的结构，是电气主接线形式的核心问题。变配电所电气主接线的形式较多，主接线基本形式如表 6-7 所示。

表 6-7　电气主接线的形式

电气主接线	有母线接线	单母线接线	单母线不分段
			单母线分段
			隔离开关(刀开关)分段
			断路器分段
			分段带旁路母线
		双母线接线	具有专用旁路断路器
			以母线联络断路器兼作旁路断路器
			分段或不分段
	无母线接线	桥形接线	内桥形
			外桥形
		角形接线	一般为四角至六角
		单元接线	发电机-变压器单元
			变压器-线路单元

变电所的变压器与馈电线之间采用什么方式连接来保证工作可靠、灵活是十分重要的问题。解决的措施是采用母线制。应用不同的母线接线方式，可使在变压器数量少的情况下也能向多个用户的馈电线供电，或者保证用户的馈电线能从不同的变压器获得供电。母线又称汇流排，在原理上它是电路中的一个电气节点，它起着集中变压器的电能和给各用户的馈电线分配电能的作用。所以，如果母线发生故

障，将使配电装置工作全部遭到破坏，用户供电全部中断，故在设计、安装、运行中，对母线工作的可靠性应给予足够的重视。对于中小型工厂的变配电所来说，其主接线大多是采用单母线接线，也可能是其中两种基本形式的组合。

(1) 单母线不分段接线

在主接线中，单母线不分段电路是比较简单的主接线方式，如图 6-14、图 6-15 所示，母线 WB 是不分段的。单母线不分段的每条引入、引出线中都安装有隔离开关及断路器，在低压线路中安装有刀开关。

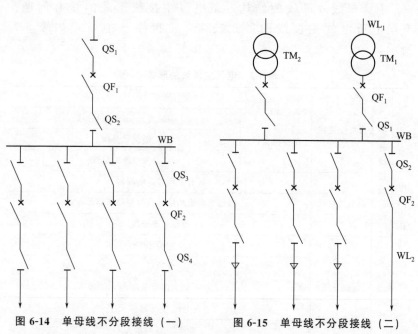

图 6-14　单母线不分段接线（一）　　　图 6-15　单母线不分段接线（二）

图中断路器 QF 的作用是正常情况下通断负荷电流，事故情况下切断短路电流及超过规定动作值的过负荷电流。

图中隔离开关 QS（或低压刀开关 QK）靠近母线侧的称为母线隔离开关，如图 6-14 中的 QS_2、QS_3，图 6-15 中的 QS_1、QS_2，其作用是隔离母线电源以检修断路器和母线。靠近线路侧的隔离开关称为线路隔离开关，如图 6-14 中的 QS_1、QS_4，其作用是防止在检修线路断路器时从用户（负荷）侧反向供电，或防止雷电过电压沿线路侵入，以便保证维修人员安全。因此有关设计规范规定，对 6～10kV 的引出线，在下列情况时应装设线路隔离开关：a. 有电压反馈可能的出线回路；b. 架空出线回路。

单母线不分段接线的优点是电路简单，投资经济，操作方便，引起误操作的机会少，安全性较好，而且使用设备少，便于扩建和使用成套装置。其缺点为可靠性和灵活性差。当母线或母线隔离开关故障或检修时，必须断开所有回路的电源，从而造成全部用户停电。所以单母线不分段接线，适用于用户对供电连续性要求不高的情况。

只装有一台主变压器的总降压变电所主接线图，如图 6-16 所示。通常采用一次侧无母线、二次侧为单母线不分段接线，总降压变电所一次侧采用断路器作为主开关。其特点是简单经济，但供电可靠性不高，只适合于三级负荷的工矿企业，即出线回路数不多及用电量不大的场合。

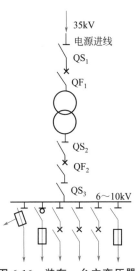

图 6-16 装有一台主变压器的总降压变电所主接线图

只装有一台主变压器的车间变电所主接线图，如图 6-17 所示。其高压侧一般采用无母线的接线，根据高压侧采用的开关电器有所不同，有三种比较典型的主接线电路。

① 高压侧采用隔离开关和熔断器的变电所主接线。一般只适用于 315kV·A 及以下容量的变电所中。这种主接线简单经济，对于三级负荷的小容量变电所是相当适宜的。

② 高压侧采用负荷开关和熔断器的变电所主接线。这种主接线也比较简单经济，虽然能带负荷操作，但供电可靠性仍然不高，一般也只适用于三级负荷的变电所。

③ 高压侧采用隔离开关和断路器的变电所主接线。这种主接线由于采用了高压断路器，因此变电所的停、送电操作十分灵活方便，同时高压断路器都配有继电保护装置，在变电所发生短路和过负荷时，均能自动跳闸，而且在短路故障和过载情况消除后，又可直接迅速合闸，从而使恢复供电的时间大大缩短。若配备自动重合闸装置，

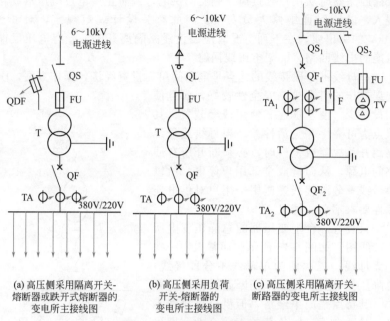

(a) 高压侧采用隔离开关-熔断器或跌开式熔断器的变电所主接线图

(b) 高压侧采用负荷开关-熔断器的变电所主接线图

(c) 高压侧采用隔离开关-断路器的变电所主接线图

图 6-17　车间变电所主接线图

则供电可靠性可进一步提高。但是如果变电所只此一路电源进线时一般只适用于三级负荷。若变电所低压侧有联络线与其他变电所相连时，则可用于二级负荷。若变电所有两路电源进线，则供电可靠性相应提高，可供二级负荷或少量的一级负荷。

(2) 单母线分段接线

　　单母线分段接线如图 6-18 所示，是用断路器（或隔离开关）分段的单母线接线图。它是克服不分段母线存在的工作不够可靠、灵活性差的有效方法。单母线分段是根据电源的数目和功率，电网的接线情况来决定。通常每段接一个或两个电源，引出线分别接到各段上，并使各段引出线电能分配应尽量与电源功率相平衡，尽量减少各段之间的功率交换。单母线可以用隔离开关分段，也可以用断路器分段。由于分段的开关设备不同，其作用也有不同。

　　这种接线的母线中部用隔离开关或断路器分段，每一段接一个或两个电源，每段母线有若干引出线接至各车间。

　　① 采用隔离开关分段的单母线分段母线检修可分段进行，可靠

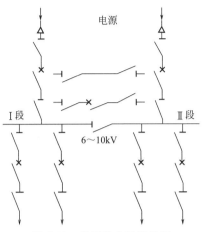

图 6-18　单母线分段接线图

性较高。因为当某一段母线或隔离开关发生故障时，可以分段检修，所以只影响故障段母线的供电，且经过倒闸操作切除故障段，则无故障段可以继续运行；另外，对重要负荷可由两段母线即两个电源同时供电。这样可以始终保证 50％ 左右容量不停电，因而比单母线不分段接线的可靠性有所提高。该接线方式适用于由双回路供电的、允许短时停电的具有二级负荷的用户。

　　② 采用断路器分段的单母线分段断路器除具有分段隔离开关的作用外，该断路器还装有继电保护，除能切断负荷电流或故障电流外，还可自动分、合闸。母线检修时不会引起正常母线段的停电，可直接操作分段断路器，断开隔离开关进行检修，其余各段母线继续运行，保证正常段母线的不间断供电。在母线故障时，分段断路器的继电保护动作，自动切除故障段母线，所以该接线方式可靠性有所提高，但其接线比较复杂，投资较高。

　　无论是采用隔离开关分段还是断路器分段，在母线发生故障或检修时，都不可避免地使该段母线的用户断电。检修单母线接线引出线的断路器时，该路负载也必须停电。由此可见，单母线分段比单母线不分段提高了供电可靠性和灵活性，但它的接线方式比不分段复杂，投资较多，供电可靠性还不够高。

　　这种接线一般适用于三级负荷及二级负荷，但如果采用互不影响的双电源供电，用断路器分段则适用于对一、二级负荷供电。

③ 带旁路母线的单母线接线。为了克服以上两种单母线分段接线的缺点，可采用如图 6-19 所示单母线加旁路母线的接线方式。当引出线断路器检修时，用旁路母线断路器代替引出线断路器，给用户继续供电。例如，当需检修图中引出线 W_4 的断路器 QF_4 时，先将 QF_4 断开，再断开隔离开关 QS_4、QS_7，合上隔离开关 QS_6、QS_5、QS_8，再合上旁路母线断路器 QF_5，就可以给线路 W_4 继续供电。对其他各引出线，在断路器检修时，都可采用同样方法，保证用户不停电。但带旁路母线的单母线接线，因造价较高，仅在引出线数目很多的变电所中采用。

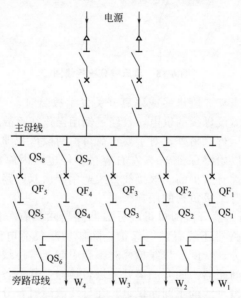

图 6-19 带旁路母线的单母线接线

如图 6-20 所示为高低压侧均为单母线分段的变电所主接线图。这种变电所的两段高压母线，在正常时可以接通运行，也可以分段运行。一台主变压器或一路电源进线停电检修或发生故障时，通过切换操作，可迅速恢复整个变电所的供电，因此该接线方式供电可靠性相当高，可供一、二级负荷。

综上所述，对单母线分段的接线，由于电力系统的发展与技术的改进、备用容量的增加、带电快速检修输电线路的经验，以及自动重合闸的采用，可以满足对各种类型负荷的供电要求。因此单母线分段

230

主接线，已被广泛用在变电所的供电系统中。

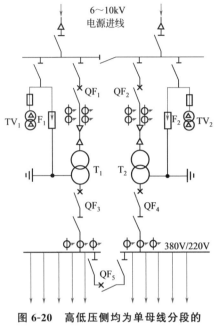

图 6-20　高低压侧均为单母线分段的
变电所主接线图

(3) 桥形接线

　　高压用户如果采用双回路高压电源进线，有两台电力变压器终端
或总降压变电所母线的连接，则可采用桥形接线。因为它是连接两个
35～110kV "线路-变压器组" 的高压侧，其特点是有一条横连跨接的
"桥"，所以称之为桥形（或桥式）接线。根据连接 "桥" 的位置不
同，分为内桥形和外桥形两种。

　　桥式接线要比分段单母线接线简化，它减少了断路器的数量，四
回电路只采用三台断路器。

　　① 内桥形接线。一次侧采用内桥接线、二次侧采用单母线分段
的总降压变电所主接线图，如图 6-21 所示。跨接桥靠近变压器侧，
桥开关 QF_{10} 装在线路断路器 QF_{11} 和 QF_{12} 的内侧，靠近变压器，变
压器回路仅装隔离开关，不装断路器。内桥形接线可提高改变输电线
路（WL_1 与 WL_2）运行方式的灵活性。当线路 WL_1 需要检修时，

断路器 QF_{11} 断开，此时变压器 T_1 可由线路 WL_2 经过横连桥继续受电，而不致停电。同理，当断路器 QF_{11} 或 QF_{12} 需要检修时，借助于横连桥的作用，使两台电力变压器仍能始终维持正常运行。而当变压器回路（如 T_1）发生故障或检修时，需断开 QF_{11}、QF_{10}，经过"倒闸操作"，拉开 QF_{21}、QS_{113}，再闭合 QF_{11} 和 QF_{10}，方能恢复正常供电。

综上所述，内桥接线可适用于：a. 一、二级负荷供电；b. 电源线路较长（故障和停电检修机会较多）；c. 变电所没有穿越功率；d. 负荷曲线较平稳，主变压器不需经常切换；e. 供电可靠性和灵活性较好；f. 终端型的工矿企业总降压变电所。

② 外桥形接线。一次侧采用外桥接线、二次侧采用单母线分段的总降压变电所主接线图。如图 6-22 所示。跨接桥靠近线路侧，桥断路器 QF_{10} 安装在变压器断路器 QF_{11} 和 QF_{12} 之外，故称为外桥形。在进线回路仅装隔离开关，不装断路器。

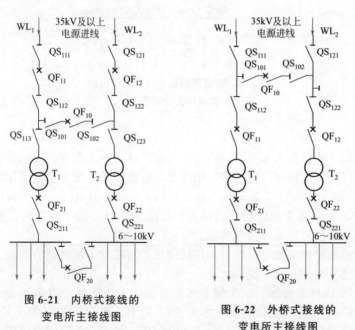

图 6-21　内桥式接线的
变电所主接线图

图 6-22　外桥式接线的
变电所主接线图

对变压器回路外桥形接线操作比较方便，但对电源进线回路不太方便。当电源线路 W_{12} 发生故障或检修时，需断开 QF_{12} 及 QF_{10}，经过"倒闸操作",拉开 QS_{121},再闭合 QF_{12} 和 QF_{10},方能恢复正常供电。当变压器 T_1 发生故障或检修时,需断开 QF_{11},投入 QF_{10}(其两侧的 QS 先闭合),使两路电源进线又恢复并列运行。

综上所述,可知外桥接线适用于:a. 向一、二级负荷供电;b. 供电线路较短;c. 允许变电所有较稳定的穿越功率;d. 负荷曲线变化大,线路故障率较低而主变压器需要经常操作;e. 中型的工矿企业总降压变电所。

当一次电源电网采用环形连接时,也可以采用这种接线,使环形电网穿越功率不通过进线断路器 QF_{11}、QF_{12},这对改善线路断路器的工作及其继电保护的整定都极为有利。这种外桥式主接线的方式运行灵活,供电可靠性较高,适用于一、二级负荷的工厂。

三、配电线路的连接方式

电力线路是电力系统的重要组成部分,担负着输送和分配电能的重要任务。电力线路按电压高低分为高压线路(1kV 以上线路)和低压线路(1kV 及以下线路),其接线方式原则上有放射式、树干式和环形式三种。

(1) 放射式

该方式是由电源母线直接向各用电点供电的配电方式,如图 6-23 所示。

如图 6-23 所示是工厂的高压配电所的母线直接引出四条高压输电线给车间变电所的四台变压器。这种接线方式的特点是各供电线路互不影响,一条支路出现故障时,只能影响本支路的供电,因此供电可靠性比较高。线路敷设简单,操作维护方便,保护简单,而且便于装设自动装置,便于集中管理和控制。

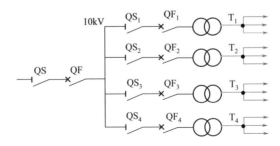

图 6-23　高压放射式接线方式

高压放射式接线方式的缺点是总降压变电所的出线较多，需用高压开关柜数量多，投资较大；当任一线路或断路器发生故障时，由该线路供电的负荷就要停电。为提高供电可靠性可采用双回路放射式接线系统或采用公共备用线路供电，采用公共备用线路供电的方式如图 6-24 所示。

放射式低压配电线路主要用于负载点比较分散，而各负载点的用电设备又相对集中的场所。如图 6-25 所示为低压放射式接线，其特点是各引出线发生故障时互不影响，供电可靠性较高，但是一般情况下，其有色金属消耗量较多，采用的开关设备也较多，所以一次性投资大。放射式接线多用于设备容量大或对供电可靠性要求高的设备供电。

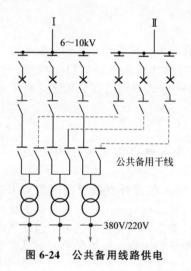

图 6-24　公共备用线路供电

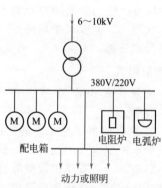

图 6-25　低压放射式接线方式

（2）**树干式**

树干式接线方式是由一条干线上分支出若干条支线的配电方式，就是由总降压变电所（或总配电所）引出的每路高压配电干线沿厂区道路架空敷设，每个车间变电所或负荷点都从该干线上直接接出分支线供电。如图 6-26 所示。这种接线方式的特点是总降压变电所 6～10kV 的高压配电装置数量减少，出线减少，所以在多数情况下能减少线路的有色金属消耗量，降低线路损耗。采用的高压开关设备少，投资较省，主要用于负载点相对集中的居民用电系统，而各负载又距配电箱（配电板）较近，负载位置又相对比较均匀地分布在一条线（如车间的照明线路）上的场所。

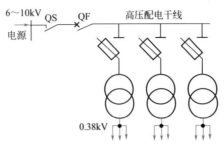

图 6-26　树干式接线方式

　　这种接线的缺点是供电可靠性差，只要干线出现故障或检修时，接于该干线上的所有用户都得停电，影响的生产面较大。因此，一般要求每回高压线路直接引接的分支线限制在 6 个回路以内，配电变压器总容量不宜超过 3000kV·A。这种树干式系统只适用于三级负荷。为了充分发挥树干式线路的优点，尽可能地减轻其缺点所造成的影响，可采用如图 6-27 所示的双树干线供电或两端供电的接线方式，以提高这种接线方式的供电可靠性。

　　放射式和树干式这两种配电线路现在都被采用。放射式供电可靠，但敷设投资较高。树干式供电可靠性较低，因为一旦干线损坏或需要修理时，就会影响连在同一干线上的负载；但是树干式配线灵活

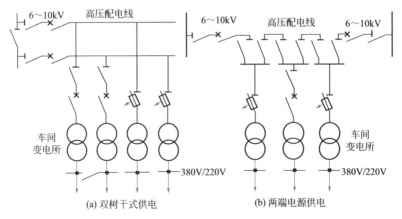

图 6-27　双树干线供电和两端电源供电的接线图

性较大。另外，放射式和树干式比较，前者导线细，但总线路长，而后者则相反。

(3) 环形式

环形式接线由两条线路（或两电源）同时向同一负荷点供电的方式，如图 6-28 所示。这种接线在现代化城市电网中应用很广。其特点是供电可靠性高，任何一条线路出现故障或检修时均不影响供电中断，但供电线路造价高，而对继电保护装置及其整定比较麻烦，如配合不当容易发生误动作，反而扩大故障时的停电范围。因此，为了避免环形线路上发生故障时影响整个电网，便于实现线路保护的选择性，因此大多数环形线路常常采用开环运行，一旦发生故障，可把故障线路切开，投入闭环。对于重要的用电设备，可设一路进线为正常电源，另一路进线为备用电源，并装设备用电源自动投入装置。

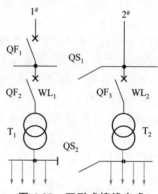

图 6-28　环形式接线方式

例如，在图 6-28 中，当双进线（二回路）电源正常，WL_1、WL_2、T_1、T_2 都正常时，可把 QS_1、QS_2 断开，各自以放射式向相应的负荷点供电。当 $1^\#$ 进线出现故障时，由 QS_1 "闭环"就可提供 T_1 的电源；当 WL_1 或 T_1 出现故障时，QS_2 合上，T_1 的负荷就可由 T_2 来提供电源。

环形式接线的供电通常宜使两路干线所担负的容量尽可能地接近，所用的导线截面相同。

实际上，工厂的高压配电系统往往是几种接线方式的组合，依具体情况而定。不过一般高压配电系统宜优先考虑采用放射式，因为放射式的供电可靠性较高，且便于运行管理。但放射式采用的高压断路器较多，投资较大，因此对于供电可靠性要求不高的辅助生产区和生活住宅区，可考虑采用树干式或环形配电，比较经济。

四、识读电气主接线图

电气接线是指电气设备在电路中相互连接的先后顺序。按照电气设备的功能及电压不同，电气接线可分为电气主接线（一次接线）和二次接线。

① 电气主接线（一次接线）。电气一次接线泛指发、输、变、配、用电能电路的接线。

供电系统的变配电所中承担受电、变压、输送和分配电能任务的电路，称为一次电路（一次接线）或主接线。一次电路中的所有电气设备，如变压器，各种高、低压开关设备，母线、导线和电缆，及作为负载的照明灯和电动机等，称为电气一次设备或一次元器件。

② 电气二次接线。为保证一次电路正常、安全、经济运行而装设的控制、保护、测量、监察、指示及自动装置电路，称为副电路，也称为二次电路（二次接线）。二次电路中的设备，如控制开关、按钮、脱扣器、继电器、各种电测量仪表、信号灯及警告音响设备、自动装置等，称为二次设备或二次元器件。

电流互感器 TA 及电压互感器 TV 的一次侧装接在一次电路，二次侧接继电器和电气测量仪表，因此，它仍属于一次设备，但在电路图中应分别画出一、二次侧接线；熔断器 FU 在一、二次电路中都有应用，按其装设分别归属于一、二次设备。

表达一次电路接线的电气图通常有供配电系统图，电气主接线图，自备电源电气接线图，电力线路工程图，动力与照明工程图，电气设备或成套配电装置安装图，防雷与接地工程图等。

(1) 发电厂的电气主接线图

发电厂的电气主电路担负发电、变电（升压）、输电的任务。发电厂附近有电力用户时，它还有直配供电的任务。

工矿企业和相当多的电力用户有自发电设备，则自备发电站的主电路担负有发电、变电、输配电的任务。在用低压发电机时，低压负荷可直配；采用高压发电机发电的，要经过变压器降压后供电给低压负荷。

发电厂的装机容量差别很大，因而电气主接线的形式有很多。

图 6-29 是某一小型发电厂的电气主接线图。

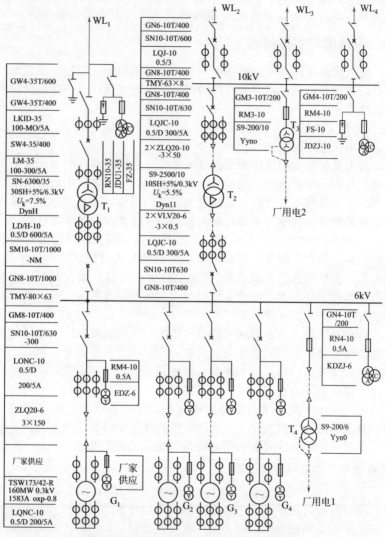

图 6-29 某一小型发电厂的电气主接线图

下面对该图进行分析。

① 发电厂的概况及负荷。该电厂为小型水力发电厂，装机容量

238

为 $4 \times 1600 \text{kW}$。它离城镇较近，因此，除了向电网输送 35kV 电能外，还要向附近地区负荷输送 10kV 电能。

考虑到电厂的总装机容量及有较大的近区负荷，以及最大可能输电给 35kV 系统电能数等因素，35kV 主变压器容量选为 6300 $\text{kV} \cdot \text{A}$。

近区负荷与发电厂距离不远，且与 10kV 系统连接，加之与所采用的发电机电压（6.3kV）直配线相比，除提高电能质量、减少输电损耗之外，10kV 变压器对发电机的过电压保护极为有利，因此，将电厂发电机电压 6.3kV 经升压变压器 T_2（容量为 $2500 \text{kV} \cdot \text{A}$）升为 10.5kV 后向近区供电。

② 电气主接线的形式。该发电厂的电气主接线有下列两种形式。

a. 单母线不分段接线 4 台发电机的 6kV 汇流母线及 2 号变压器高压侧 10kV 母线，均采用了单母线不分段接线的形式。

b. 变压器-线路单元接线 该电厂 35kV 高压侧只有一回出线，采用变压器-线路单元接线，不仅可以简化接线，而且使 35kV 户外配电装置的布置简单紧凑，从而减少了占地面积和费用。

另外，该电厂采用两台容量各为 $200 \text{kV} \cdot \text{A}$ 的厂用变压器，分别从 6kV 和 10kV 母线取得电源，双电源提高了厂用电供电的可靠性。但是，由于这两台变压器低压侧的相位不一定相同，因此，厂用电低压 220V/380V 母线应分段运行，即厂用电低压母线的主接线形式应为单母线分段，而且一般常用单母线断路器分段的形式。

(2) 工厂变配电所电气主接线图

某工厂变电所是将 6~10kV 高压降为 220V/380V 的终端变电所，其主接线也比较简单。一般用 1~2 台主变压器。它与车间变电所的主要不同之处在于：a. 变压器高压侧有计量、进线、操作用的高压开关柜。因此需配有高压控制室。一般高压控制室与低压配电室是分设的。但只有一台变压器且容量较小的工厂变电所，其高压开关柜只有 2~3 台，故允许两者合在一室，但要符合操作及安全规定。b. 小型工厂变电所的电气主接线要比车间变电所复杂。

现以图 6-30、图 6-31 所示某工厂 10/0.4kV 变电所高、低压侧电气主接线图为例分析如下。

① 电源。本厂电源由地区变电所经一回 4km 长架空线路获取，进入厂区后用 10kV 电缆引入 10/0.4kV 变电所。

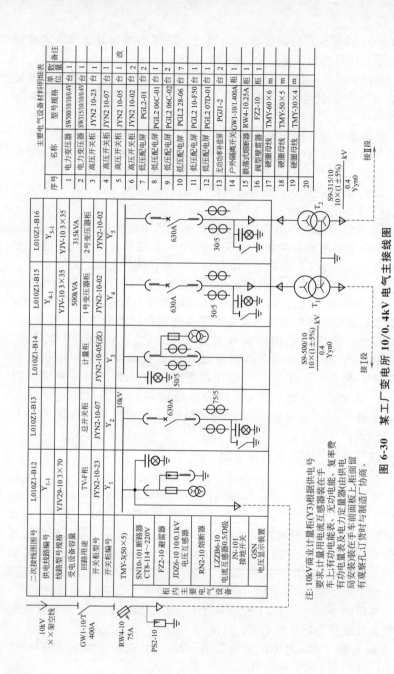

图 6-30 某工厂变电所 10/0.4kV 电气主接线图

主要电气设备材料明细表

序号	名称	型号规格	单位	数量	备注
1	电力变压器	SW500/10/100,4V	台	1	
2	电力变压器	SW315/10/100,4V	台	1	
3	高压开关柜	JYN2 10-23	台	1	
4	高压开关柜	JYN2 10-07	台	1	
5	高压开关柜	JYN2 10-05	台	1	改
6	高压开关柜	JYN2 10-02	台	2	
7	低压配电屏	PGL2-01	台	2	
8	低压配电屏	PGL2 06C-01	台	2	
9	低压配电屏	PGL2 06C-02	台	2	
10	低压配电屏	PGL2 28-06	台	7	
11	低压配电屏	PGL2 10-F50	台	1	
12	低压配电屏	PGL2 07D-01	台	1	
13	无功补偿器	PGJ1-2	台	2	
14	户外隔离开关	GW1-10/1,400A	组	1	
15	跌落式熔断器	RW4-10.25A	组	1	
16	高型避雷器	FZ2-10	柜	1	
17	硬圆母线	TMY-60×6	m	1	
18	硬圆母线	TMY-50×5	m	1	
19	硬圆母线	TMY-30×4	m	1	
20					

注：10kV商业计量柜(Y3)根据供电号
要求,计量用电能表及电力定量表在有
车上;有功电能、无功电能、复率费
有功电量表及电力定量器(由供电
局安装表在手前面面板上柜面留
有观察孔,订货时与制造厂协商。

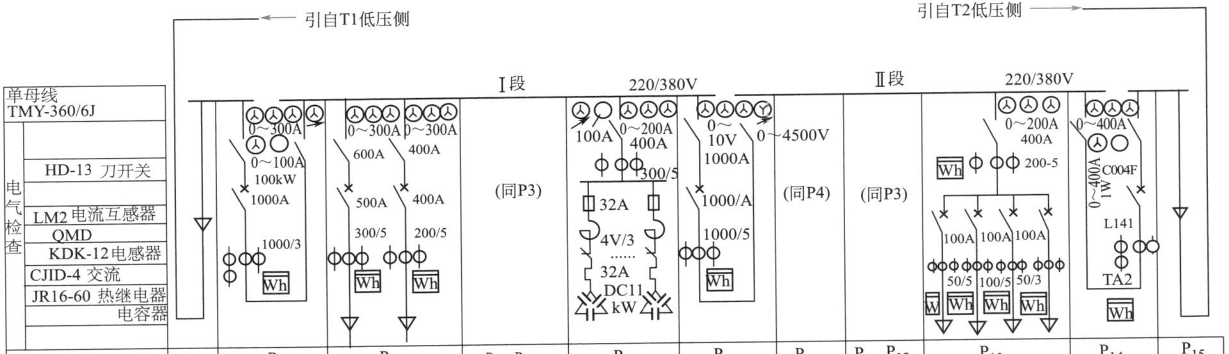

图 6-31 是一幅电气主接线图，图中包含文字标注与下方的设备明细表。

母线等标注：
- 单母线 TMY-360/6J
- 电气检查
- HD-13 刀开关
- LM2 电流互感器 QMD
- KDK-12 电感器
- CJID-4 交流
- JR16-60 热继电器
- 电容器

图中标注电压：220/380V，0~4500V，0~400A，0~300A，0~200A，0~100A，1000/5，500/5，300/5，200/5，100/5，50/5 等。

引自 T1 低压侧、引自 T2 低压侧。Ⅰ段、Ⅱ段。

配电器编号	P₁	P₂	P₃	P₄～P₇	P₈	P₉	P₁₀	P₁₁、P₁₂	P₁₃	P₁₄	P₁₅
配电器型号	PGL2-01	PGL2 06C-01	PGL2 28-06	PGL2 28-06	PGL1-2	PGL2 06C-02	PGL1-2	PGL2-20-06	PGL2-40-01改	PGL2 07D-01	PGL2-01
配电线型号编号	PX1	PX3-1 PX3-2	(同P3)	PX4～PX7			(同P4)	PX11 PX12	PX13-1 13-2 PX13-3 13-4		PX15
用途		1号									电感电气
计算电流		350	300 200	200～300		750	(同P4)	60～400	50 50 80 80	600	
		1000	400 300	300～400		1000		100～600	100 100 100 100	800	
电流/A		3400	1200 900	900～1200		3000		500～1000	800 1000 1000 2000 2400	2400	
配电线路型号规格				同P3	同P3				同左 同左		
二次接线图图号				同P3							
备注					112kW						

图 6-31 某工厂变电所 380V 电气主接线图

② 主接线形式。10kV 高压侧为单母线隔离插头（相当于隔离开关功能，但结构不同）分段，220V/380V。

③ 主变压器。采用低损耗的 S9-500/10、S9-315/10 电力变压器各一台，降压后经电缆分别将电能输往低压母线 I、II 段。

④ 高压侧。采用 JYN2-10 型交流金属封闭型移开式高压开关柜 5 台，编号分别为 $Y_1 \sim Y_5$。Y_1 为电压互感器-避雷器柜，供测量仪表电压线圈、作交流操作电源及防雷保护用；Y_2 为通断高压侧电源的总开关柜；Y_3 是供计量电能及限电用（有电力定量器）；Y_4、Y_5 分别为两台主变压器的操作柜。高压开关柜还装有控制、保护、测量、指示等二次回路设备。

⑤ 低压部分。220V/380V 低压母线为单母线经断路器分段。单母线断路器分段的两段母线 I、II 分别经编号为 $P_3 \sim P_7$、$P_{11} \sim P_{13}$ 的 PGL2 型低压配电屏配电给全厂生产、办公、生活的动力和照明负荷。

P_1、P_2、P_9、P_{14}、P_{15} 各低压配电屏用于引入电能或分段联络；P_8、P_{10} 是为了提高电路的功率因数而装设的 PGJ1-2 型无功功率自动补偿静电电容器屏。

在图 6-31 中，因图幅限制，$P_4 \sim P_7$、$P_{10} \sim P_{12}$ 没有分别画出接线图，在工程设计图中因为要分别标注出各屏引出线电路的用途等是应详细画出的。

本厂为小型电器类工厂，属三级负荷。运行实践表明，其供电可靠性、安全性都比较好。

⑥ 识读工厂变配电所电气主接线图的大致步骤。读标题栏→看技术说明→读接线图（可由电源到负载，从高压到低压，从左到右，从上到下依次读图）→了解主要电气设备材料明细表。

电气主接线图在负荷计算、功率因数补偿计算、短路电流计算、电气设备选择和校验后才能绘制，它是电气设计计算、订货、安装、制作模拟操作图及变电所运行维护的重要依据。

既表示主电路中各元件及装置的相互连接关系，又表示出其排列、安装位置的主电路图，也称为装置式主电路图，或装置式电气主接线图，如图 6-30 及图 6-31 所示。

在电气设计中，这两种图都有使用的。不过，如只画系统式电气主接线图，为订货及安装起见，还要另外绘制高低压配电装置（柜、屏）的订货图。图中要具体表达出柜、屏相互位置，详细画出和列出柜、屏内所有一、二次电气设备。很明显，完整的装置式电气主接线图则兼有系统式电气主接线图和柜、屏订货图两者的作用。

(3) 照明配电系统主接线

① 照明配电系统的分类

a.按接线方式分类。按接线方式可分为单相制（220V）与三相四线制（220V/380V）电路两种。少数也有因接地线与接零线分开而成单相三线和三相五线的。

b.按工作方式分类。按工作方式可分为一般照明和局部照明两大类。一般照明是指工作场所的普遍性照明；局部照明是在需要加强照度的个别工作地点安装的照明。大多数工厂车间采用混合照明，即既有一般照明，又有局部照明。

c.按工作性质分类。按工作性质分类有工作照明、事故照明和生活照明三类。工作照明就是正常工作时使用的照明；事故照明是在工作照明发生故障停电时，在重要的变配电所及其他重要工作场所，应设事故照明。

d.按安装地点分类。按安装地点分类有室内照明和室外照明。其中室外照明有道路交通路灯、安全保卫、仓库料场、厂区、港口以及室外运动场地等的照明。

② 照明配电系统的常用主接线示例

a.单相制照明配电主接线如图 6-32 所示。这种接线十分简单，当照明容量较小、不影响整个工厂供电系统的三相负荷平衡时，可采用此接线方式。

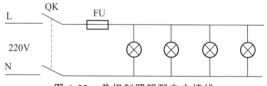

图 6-32　单相制照明配电主接线

b.三相四线制照明配电主接线如图 6-33 所示。当照明容量较大时，为了使供电系统三相负荷尽可能满足平衡的要求，应把照明负荷均衡地分配到三相线路上，以减小线路损失。一般厂房、大型车间、住宅楼、院校等都采用 380V/220V 三相四线制供电这种配电方式。

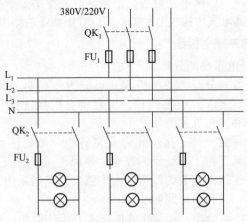

图 6-33　三相四线制照明配电主接线

照明控制一般都采用标准的照明配电箱，常用的标准照明配电箱有 $X\left(\dfrac{R}{X}\right)M1$（2、3、4、…、11）及 XM(R)-21 等。

第七章
电气图和连接线的表示法

第一节　电路的多线表示法和单线表示法

电气图上各种图形符号之间的相互连线，可能是传输能量流、信息流的导线，也可能是表示逻辑流、功能流的某种图线。

按照电路图中图线的表达相数不同，连接线可分为多线表示法、单线表示法和混合表示法三种。

一、多线表示法

在图中，电气设备的每根连接线各用一条图线表示的方法，称为多线表示法。其中大多是三线，图7-1就是一个具有正、反转的电动机主电路，多线表示法能比较清楚地看出电路工作原理，尤其是在各相或各线不对称的场合下宜采用这种表示法。但它图线太多，作图麻烦，特别是对于比较复杂的设备，交叉就多，反而使图形显得繁杂难看懂图。因此，多线表示法一般用于表示各相或各线内容的不对称和要详细表示各相或各线的具体连接方法的场合。

二、单线表示法

在图中，电气设备的两根或两根以上（大多是表示三相系统的三根）连接线或导线，只用一根图线表示的方法，称为单线表示法。图7-2是用单线表示的具有正、反转的电动机主电路图。这种表示法主要适用于三相电路或各线基本对称的电路图中。对于不对称的部分应在图中注释，例如，图7-2中热继电器是两相的，图中标注了"2"。

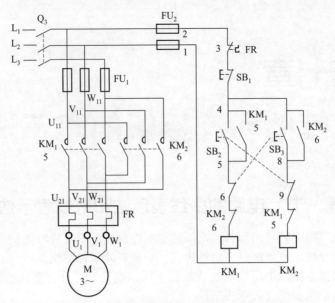

图 7-1　多线表示法例图

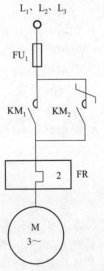

图 7-2　单线表示法例图

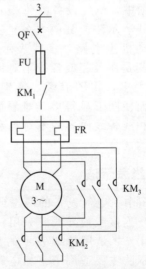

图 7-3　Y-△切换主电路的
混合表示

单线表示法易于绘制，清晰易读。它应用于三相或多线对称或基本对称的场合。凡是不对称的部分，例如，三相三线、三相四线制供配电系统电路中的互感器、继电器接线部分，则应在图的局部画成多线的图形符号来标明，或另外用文字符号说明。

三、混合表示法

在一个图中，一部分采用单线表示法，一部分采用多线表示法，称为混合表示法，如图 7-3 所示。为了表示三相绕组的连接情况，该图用了多线表示法；为了说明两相热继电器，也用了多线表示法；其余的断路器 QF、熔断器 FU、接触器 KM_1 都是三相对称，采用单线表示。这种表示法不但具有单线表示法简洁精练的优点，而且又有多线表示法描述精确充分的优点。

第二节　电气元件的集中表示法和分开表示法

电气元件、器件和设备的功能、特性、外形、结构、安装位置及其在电路中的连接，在不同电气图中有不同的表示方法。同一个电气元器件往往有多种图形符号，如方框符号、简化外形符号、一般符号等；在一般符号中，有简单符号，有包括各种符号要素和限定符号的完整符号。

电气元件在电气图中通常采用图形符号来表示，绘出其电气连接，在符号旁标注项目代号（文字符号），必要时还标注有关的技术数据。电气元件在电气图中完整图形符号的表示方法有集中表示法、分开表示法和半集中表示法。

一、集中表示法

把设备或成套装置中的一个项目各组成部分的复合图形符号，在简图上绘制在一起的方法，称为集中表示法。在集中表示法中，各组成部分用机械连接线（虚线）互相连接起来，连接线必须是一条直线，可见这种表示法只适用于简单的电路图。

图 7-4 是两个项目，DL-10 系列电磁式电流继电器 KA 有一个线圈和两对触点，交流接触器 KM 有一个线圈和三对触头，它们分别用机械连接线联系起来，各自构成一体。

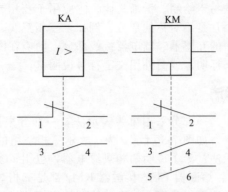

图 7-4　完整图形符号的集中表示法

二、分开表示法

又称展开表示法，它是把同一项目中的不同部分（用于有功能联系的元器件）的图形符号，在简图上按不同功能和不同回路分散在图上，并使用项目代号（文字符号）表示它们之间关系的表示方法。不同部分的图形符号用同一项目代号表示，如图 7-5 所示。

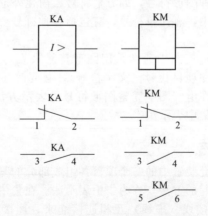

图 7-5　完整图形符号的分开表示法

分开表示法可使图中的点画线少，避免图线交叉，因而使图面更简洁清晰，而且给分析回路功能及标注回路标号也带来了方便。但是在看图中，要寻找各组成部分比较困难，必须综观全局图，把同一项目的图形符号在图中全部找出，否则，在看图时就可能会遗漏。为了看清元件、器件和设备各组成部分，便于寻找其在图中的位置，分开表示法可与半集中表示法结合起来，或者采用插图、表格表示各部分的位置。

三、半集中表示法

为了使设备和装置的电路布局清晰，易于识别，把同一个项目（通常用于具有机械功能联系的元器件）中某些部分的图形符号在简图上集中表示，把某些部分的图形符号在简图中分开布置，并用机械连接符号（虚线）把它们连接起来，称为半集中表示法。例如，图 7-6 中，交流接触器 KM 具有一个线圈、三对主触头和一对辅助触头，表达清楚。在半集中表示法中，机械连接线可以弯折、分支和交叉。

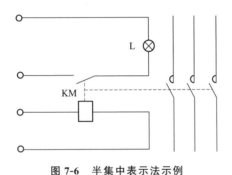

图 7-6　半集中表示法示例

必须注意，在电气图中，电气元器件的可动部分均按"正常状态"表示。

四、项目代号的标注方法

采用集中表示法和半集中表示法绘制的元件，其项目代号只在图形符号旁标出并与机械连接线对齐，见图 7-6 中的 KM。

采用分开表示法绘制的元件，其项目代号应在项目的每一部分自身符号旁标注。必要时，对同一项目的同类部件（如各辅助开关，各触点）可加注序号。

操作注意事项

标注项目代号时应注意以下几点。

① 项目代号的标注位置尽量靠近图形符号。

② 图线水平布局的图、项目代号应标注在符号上方。 图线垂直布局的图、项目代号标注在符号的左方。

③ 项目代号中的端子代号应标注在端子或端子位置的旁边。

④ 对围框的项目代号应标注在其上方或右方。

第三节　元件接线端子的表示方法

一、端子及其图形符号

在电气元器件中，用以连接外部导线的导电元器件，称为端子。端子分为固定端子和可拆卸端子两种，固定端子用图形符号"○"或"·"表示，可拆卸端子则用"∮"表示。装有多个互相绝缘并通常对地绝缘的端子的板、块或条，称为端子板或端子排。端子板常用加数字编号的方框表示，如图 7-7 所示。

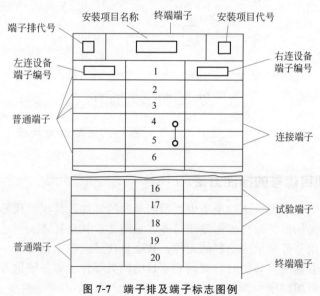

图 7-7　端子排及端子标志图例

二、以字母、数字符号标志接线端子的原则和方法

电气元器件接线端子标记由拉丁字母和阿拉伯数字组成，如 U_1、$1U1$，也可不用字母而简化成 1、1.1 或 11 的形式。

接线端子的符号标志方法，通常应遵守以下原则。

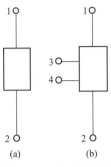

图 7-8　单个元器件接线端子标志示例

(1) 单个元器件

单个元器件的两个端点用连续的两个数字表示，如图 7-8（a）所示绕组的两个接线端子分别用 1 和 2 表示；单个元器件的中间各端子一般用自然递增数字表示，如图 7-8（b）所示的绕组中间抽头端子用 3 和 4 表示。

(2) 相同元器件组

如果几个相同的元器件组合成一个组，则各个元器件的接线端子可按下述方式标志。

① 在数字前冠以字母，例如，标志三相交流系统电器端子的字母 U_1、V_1、W_1 等，如图 7-9（a）所示。

② 若不需要区别不同相序时，可用数字标志，如图 7-9（b）所示。

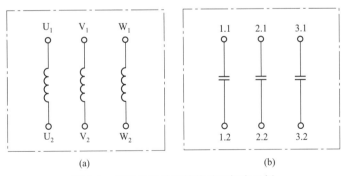

图 7-9　相同元器件组接线端子标志示例

(3) 同类元器件组

同类元器件组用相同字母标志时，可在字母前（后）冠以数字来

区别。如图 7-10 中的两组三相异步电动机绕组的接线端子分别用 1U1、2U1……来标志。

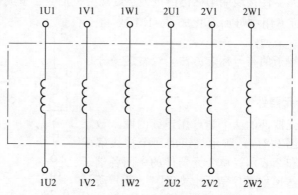

图 7-10　同类元器件组接线端子标志示例

例如，图 7-11 过电流保护电路中表示了继电器 KA_1、KA_2 和跳闸线圈 YR_1、YR_2 及其线圈、各触点的接线端子表示法。

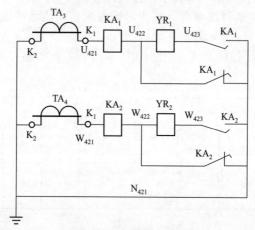

图 7-11　过电流保护电路

（4）电器接线端子的标志

与特定导线相连的电器接线端子标志用的字母符号见表 7-1，标志示例见图 7-12。

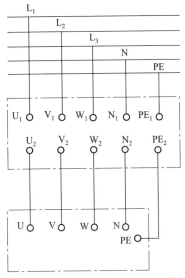

图 7-12　电器和特定导线相连接线端子的标志示例

表 7-1　特定电器接线端子的标记符号

序号	电器接线端子的名称		标记符号	序号	电器接线端子的名称	标记符号
1	交流系统	1 相	U	2	保护接地	PE
		2 相	V	3	接地	E
		3 相	W	4	无噪声接地	TE
				5	机壳或机架	MM
		中性线	N	6	等电位	CC

三、端子代号的标注方法

在许多图上，电气元件、器件和设备不但标注项目代号，还应标注端子代号。端子代号可按以下三种情况进行标注。

① 电阻器、继电器、模拟和数字硬件的端子代号应标在其图形符号的轮廓线外面。符号轮廓线内的空隙留作标注有关元件的功能和注解，如关联符、加权系数等。作为示例，如图 7-13 所示列举了电阻器、求和模拟单元、与非功能模拟单元、编码器的端子代号的标注方法。

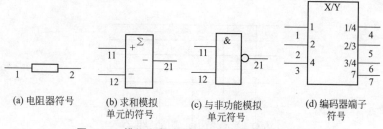

(a) 电阻器符号　　(b) 求和模拟　　(c) 与非功能模拟　　(d) 编码器端子
　　　　　　　　　单元的符号　　　　单元符号　　　　　符号

图 7-13　模拟和数字硬件的端子代号标注示例

② 对用于现场连接、试验和故障查找的连接器件（如端子、插头和插座等）的每一连接点都应标注端子代号。图 7-14 示出了接线端子板和多极插头插座的端子代号的标注方法。

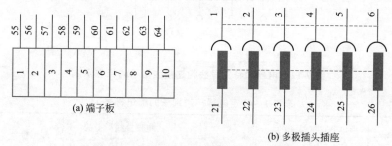

(a) 端子板

(b) 多极插头插座

图 7-14　连接器件端子代号标注方法示例

③ 在画有围框的功能单元或结构单元中，端子代号必须标注在围框内，以免被误解，如图 7-15 所示。

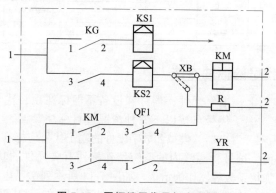

图 7-15　围框端子代号标志示例

254

第四节　连接线的一般表示方法

在电气线路图中，各元件之间都采用导线连接，起到传输电能、传递信息的作用。

一、导线的一般表示方法

(1) **导线的一般符号**

一般的图线就可表示单根导线，见图 7-16(a)，它也可用于表示导线组、电线、母线、绞线、电缆、线路及各种电路（能量、信号的传输等），并可根据情况通过图线粗细、加图形符号及文字、数字来区分各种不同的导线，如图 7-16(b) 的母线，图 7-16(c) 所示为电缆，导线根数的表示方法，如图 7-16(d) 所示。

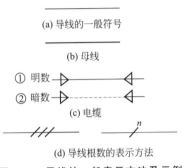

(a) 导线的一般符号

(b) 母线

① 明数

② 暗数

(c) 电缆

n

(d) 导线根数的表示方法

图 7-16　导线的一般表示方法及示例

(2) **导线根数的表示方法**

对于多根导线，可以分别画出，也可以只画一根图线，但需加标志。当用单线表示几根导线或导线组时，为表示导线实际根数，可在单线上加小短斜线（45°）表示；根数较少时（2～3 根），用短斜线数量代表导线根数；若多于四根，可在小短斜线旁加注数字表示，如图 7-16(d) 所示。

(3) **导线特征的标注方法**

表示导线特征的方法是在横线上面标出电流种类、配电系统、频率和电压等；在横线下面标出电路的导线数乘以每根导线截面积 $(mm)^2$，当导线的截面不同时，可用"＋"将其分开，如图 7-17(a)

所示。

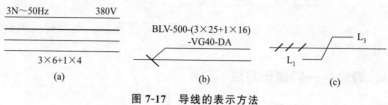

图 7-17　导线的表示方法

导线特征通常采用字母、数字符号标注，如图 7-17(a) 中，在横线上标注出三相四线制交流，频率为 50Hz，线电压为 380V；在横线下方注出导线相线截面为 $6mm^2$，中性线截面为 $4mm^2$。

要表示导线的型号、截面、安装方法等，可采用短画指引线，加标导线属性和敷设方法，如图 7-17(b) 所示。该图表示导线的型号为 BLV（铝芯塑料绝缘线）；其中 3 根截面积为 $25mm^2$，1 根截面积为 $16mm^2$；敷设方法为穿入塑料管（VG），塑料管管径为 40mm，沿地板暗敷。

要表示电路相序的变换、极性的反向、导线的交换等，可采用交换号表示，如图 7-17(c) 所示。

二、图线的粗细

为了突出或区分电路、设备、元器件及电路功能，图形符号及连接线可用图线的粗细不同来表示。常见的有发电机、变压器、电动机的圆圈符号不仅在大小，而且在图线宽度上与电压互感器和电流互感器的符号应有明显区别。一般而言，电源主电路、一次电路、电流回路、主信号通路等采用粗实线；控制回路、二次回路、电压回路等则采用细实线，而母线通常比粗实线还宽一些。电路图、接线图中用于标明设备元器件型号规格的标注框线，及设备元器件明细表的分行、分列线，均用细实线。

三、连接线分组和标记

为了方便看图，对多根平行连接线，应按功能分组。若不能按功能分组，可任意分组，但每组不多于三条，组间距应大于线间距。

为了便于看出连接线的功能或去向，可在连接线上方或连接线中断处作信号名标记或其他标记，如图 7-18 所示。

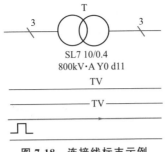

图 7-18 连接线标志示例

四、导线连接点的表示

导线连接一般有"T"形连接点、多线的"十"字形两种，其标注方法如图 7-19 所示。对于"T"形连接点可加实心圆点"·"，也可不加实心圆点，如图 7-19（a）所示。对于"十"字形连接点，必须加实心圆点，如图 7-19（b）所示。

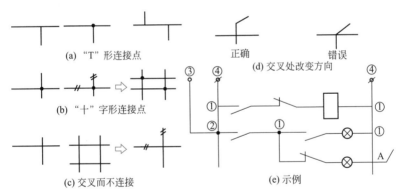

图 7-19 导线连接点的表示方法

凡交叉而不连接的两条或两条以上连接线，在交叉处不得加实心圆点，如图 7-19（c）所示；并应避免在交叉处改变方向，也不得穿过其他连接线的连接点，如图 7-19（d）所示。

图 7-19（e）为表示导线连接点的示例。图中连接点①是"T"形连接点，可标也可不标实心圆点；连接点②是属于"十"字形交叉连接点，必须加注实心圆点；连接点③的"o"表示导线与设备端子的固定连接点；而连接点④的符号""表示可拆卸（活动）连接点；右

下角"A"处表示两导线交叉而不连接。

五、连接线的连续表示法和中断表示法

为了表示连接线的接线关系和去向,可采用连续表示法和中断表示法。连续表示法是将表示导线的连接线用同一根图线首尾连通的方法;中断表示法则是将连接线中间断开,用符号(通常是文字符号及数字编号)标注其去向的方法。

(1) 连接线的连续表示法

连续线既可用多线表示,也可用单线表示。当图线太多(如4条以上)时,为了避免线条太多,使图面清晰,易画易读,对于多条去向相同的连接线常用单线表示法,但单线的两端仍用多线表示,导线组的两端位置不同时,应标注相对应的文字符号,如图 7-20(a) 所示。当多线导线组相互顺序连接时,可采用图 7-20(b) 的表示方式。

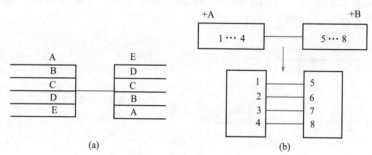

图 7-20　连接线表示法

当导线汇入用单线表示的一组平行连接线时,在汇入处应折向导线走向,其方向应能易于识别连接线进入或离开汇总线的方向,而且每根导线两端应采用相同的标记号,如图 7-21(a) 所示,即在每根连

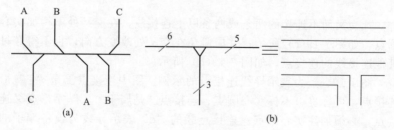

图 7-21　汇入导线表示法

接线的末端注上相同的标记符号。

当需要表示导线的根数时，可按图 7-21（b）表示。这种形式在动力、照明平面布置（布线）图中较为常见。

（2）连接线的中断表示法

为了简化线路图或使多张图采用相同的连接表示，连接线一般采用中断表示法。中断线的使用场合及表示方法常有以下四种。

① 去向相同的导线组，在中断处的两端标以相应的文字符号或数字编号，如图 7-22 所示。

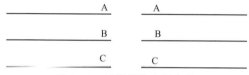

图 7-22　导线组的中断表示

② 两功能单元或设备、元器件之间的连接线，用文字符号及数字编号表示中断，中断表示法的标注采用相对标注法，即在本元件的出线端标注去连接的对方元件的端子号。如图 7-23 所示，PJ 元件的 1 号端子与 CT 元件的 2 号端子相连接，而 PJ 元件的 2 号端子与 CT 元件的 1 号端子相连接。

③ 连接线穿越图线较多的区域时，将连接线中断，在中断处加相应的标记，如图 7-24 所示。

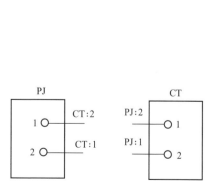

图 7-23　中断表示法的相对标注

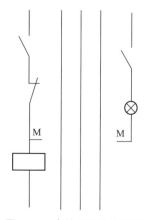

图 7-24　穿越图面的中断线

④ 在同一张图中断处的两端给出相同的标记号，并给出导线连接线去向的箭号，如图 7-25 中的 G 标记号。对于不同张的图，应在中断处采用相对标记法，即中断处标记名相同，并标注"图序号/图区位置"，如图 7-25 所示。图中断点 L 标记名，在第 20 号图纸上标有"L3/C4"，它表示 L 中断处与第 3 号图纸的 C 行 4 列处的 L 断点连接；而在第 3 号图纸上标有"L20/A4"，它表示 L 中断处与第 20 号图纸的 A 行 4 列处的 L 断点相连。

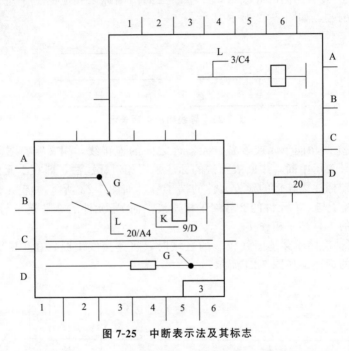

图 7-25　中断表示法及其标志

第五节　导线的识别标记及其标注

一、电器接线端子和导线线端的识别

与特定导线直接或通过中间电器相连的电器接线端子，应按表 7-2 所示中的字母进行标记。

图 7-26 为按照字母数字符号标记的电器设备端子和特定导线线端的相互连接示例。

表 7-2　设备端子和导体终端的标识 （GB/T 4026—2010）

导体名称		标记符号			
		导线线端	旧符号	电器端子	旧符号
交流系统电源	导体 1 相	L_1	A	U	D_1
	2 相	L_2	B	V	D_2
	3 相	L_3	C	W	D_3
	中性线	N	N	N	O
直流系统电源	导体正极	L+		C	
	导体负极	L—	+	D	
	中间线	M	—	M	
保护接地(保护导体)		PE		PE	
不接地保护导体		PU		PU	
保护中性导体(保护接地线和中性线共用)		PRN		—	
接地导体(接地线)		E		E	
低噪声(防干扰)接地导体		TE		TE	
接机壳或接机架		MM[①]		MM[①]	
等电位联结		CC[①]		CC[①]	

①只有当这些接线端子或导体与保护导体或接地导体的电位不等时，才采用这些识别标记。

二、绝缘导线的标记

对绝缘导线作标记的目的，是为了用以识别电路中的导线和已经从其连接的端子上拆下来的导线。我国国家标准对绝缘导线的标记作了规定，但电器（如旋转电动机和变压器）端子的绝缘导线除外，其他设备（如电信电路或包括电信设备的电路）仅作参考。限于篇幅及一般不常使用，此部分内容详略，这里仅将常用的"补充标记"作一叙述。

补充标记用于对主标记作补充，它是以每一导线或线束的电气功能为依据进行标记的系统。

补充标记可以用字母或数字表示，也可采用颜色标记或有关符号表示。

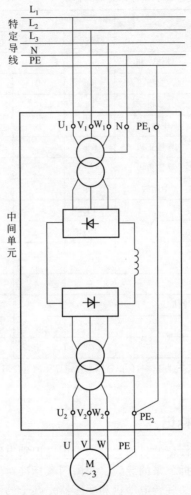

图 7-26 电器设备端子和特定导线线端的相互连接图

补充标记分为功能标记、相位标记、极性标记等。

(1) 功能标记

是分别考虑每一个导线的功能（如开关的闭合或断开，位置的表示，电流或电压的测量等）的补充标记，或者一起考虑几种导线的功能（如电热、照明、信号、测量电路）的补充标记。

(2) 相位标记

相位标记是表明导线连接到交流系统中某一相的补充标记。

相位标记采用大写字母或数字或两者兼用表示相序，如表 7-2 所示。交流系统中的中性线必须用字母 N 标明。同时，为了识别相序，以保证正常运行和有利于维护检修，国家标准对交流三相系统及直流系统中的裸导线涂色规定如表 7-3 所示。

表 7-3 交流三相系统及直流系统中裸导线涂色

系统	交流三相系统					直流系统	
母线	第 1 相 L_1(A)	第 2 相 L_2(B)	第 3 相 L_3(C)	N 线及 PEN 线	PE 线	正极 L+	负极 L—
涂色	黄	绿	红	淡蓝	黄绿双	褐	蓝

(3) 极性标记

是表明导线连接到直流电路中某一极性的补充标记。

用符号标明直流电路导线的极性时，正极用"＋"标记，负极用"－"标记，直流系统的中间线用字母 M 标明。如可能发生混淆，则负极标记可用"（－）"表示。

(4) 保护导线和接地线的标记

在任何情况下，字母符号或数字编号的排列应便于阅读。它们可以排成列，也可以排成行，并应从上到下、从左到右、靠近连接线或元器件图形符号排列。

第八章
建筑电气设备控制工程图识读

第一节　电气控制图基本元件

电气控制电路是用导线将电动机、电器、仪表等电器元件连接起来，并实现某种要求的电气线路。电气控制电路应根据简明、易懂的原则，用规定的方法和符号来绘制。

电气控制电路根据通过电流的大小可分为主电路和控制电路。主电路：如电动机等，流过大电流的电路。控制电路：如接触器、继电器的吸引线圈以及消耗能量较少的信号电路、保护电路、连锁电路等。因此，了解这些控制元件及其表示方法是分析电气控制图的基础。

控制用电气元件一般采用低压电器，主要是通过分断或接通电路来达到控制、保护、调节电动机启动、停止、正反转和调速等目的。

常用的电气控制元件有接触器、热继电器、电量和非电量继电器、各种开关等。

一、接触器

接触器是用作频繁的接通或分断交、直流主电路，具有失压保护功能，且远距离控制的电器元件。其主要控制对象是电动机，也可以用于控制其他电力负荷，如电热器、电焊机、电容器和照明等。

接触器主要由主触头、辅助触头、电磁机构（电磁铁和线圈）、灭弧室及外壳组成。主触头用在主电路中，通过较大工作电流。线圈和辅助触头连接在二次控制回路中，起控制和保护作用。当电磁机构通电吸合时，常开主触头和常开辅助触头接通，常闭主触头和常闭辅助触头分断；当电磁机构断电释放时，则相反。

接触器的基本型号是：CJ—交流接触器，CZ—直流接触器。

接触器在接线圈中标注的基本文字符号为"KM"。线圈、主触点、辅助触点都是采用同一文字符号，其图形符号如图8-1所示。

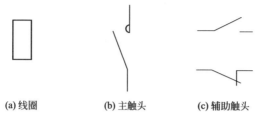

(a)线圈   (b)主触头   (c)辅助触头

图8-1　线圈、主触头、辅助触头的图形符号

如图8-2所示是表示交流接触器主触头、线圈、辅助触头在控制电路中基本作用的示意图。在该图中，主触头串接在380V主电路中，用来接通或分断用电设备，线圈接在220V控制电路中，辅助触点可接在6.3V信号灯电路中。由图可以看出主触头、线圈、辅助触头可以分接在不同电压等级的不同控制回路中。

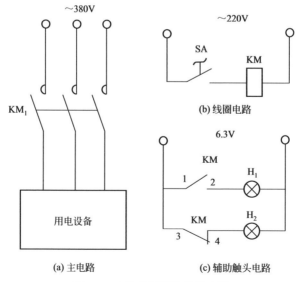

图8-2　交流接触器接线示意图

它们之间的动作关系是这样的，当合上开关 SA 时，交流接触器线圈 KM 与 220V 电源接通，其电磁铁动作，带动主触头 KM 闭合，使用电设备与 380V 电源接通与工作。与此同时，辅助常开触点 KM1-2 闭合，H_1 信号灯得到 6.3V 电源，灯亮，表示用电设备正在工作。当打开开关 SA 时，接触器线圈断电释放，电磁铁复位，主触头 KM 断开，表示用电设备停止工作。这时，辅助动合（常开触头）打开，动断（常闭触头）闭合，H_1 信号灯灭，H_2 信号灯亮，表示用电设备停止工作。

以上是接触器的基本工作原理，许多复杂的接触器控制回路都是由简单的基本电路构成的，所以必须熟练掌握。

二、热继电器

热继电器是一种过电流继电器，具有反时限保护特性，广泛用于电动机的过载和断相保护。

热继电器由膨胀系数不同的双金属片、热元件、动触头三个主要部分组成。热元件串接在用电设备的主回路中，当电路电流过大时，双金属片被热元件加热而弯曲移位，迫使热继电器触头动作，断开电路，达到保护用电设备的目的。

热继电器的热元件有两相式和三相式，但触头一般只有一对或两对。它的基本型号为 JR，通常标注的符号为"FR"。热继电器图形符号如图 8-3 所示。

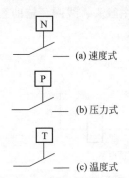

(a) 速度式

(b) 压力式

(c) 温度式

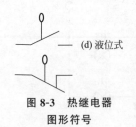

(d) 液位式

图 8-3 热继电器
图形符号

三、电量控制继电器

关于继电器，在二次接线图中已粗略作了介绍。电量控制继电器常用的有电流继电器、电压继电器、时间继电器、中间继电器等。在电气控制系统中，它们用来控制和保护电路，或用作信号转换继电器。电量控制继电器通常由电磁机构（铁芯、衔铁、线圈）、触点和释放弹簧所组成，其工作原理与接触器类似，都是一个电流或电压值通过线圈，线圈内产生一个磁场，吸合衔铁，带动触头动作。

电流继电器和电压继电器通常用在直流和交流回路中。它的作用是作为过流（或过压）、欠流（或欠压）保护继电器。前者超过规定值时铁芯吸合，后者是低于规定值时铁芯释放。

时间继电器是指当线圈获得信号后，触点要延迟一段时间才动作的电器，常用的有电磁式、空气阻尼式、电动机式和半导体式时间继电器。它的触头有瞬动触头、通电延时触头和断电延时触头。

中间继电器实际上是一个电压继电器，它的作用是中间放大触点的数量和触点的容量。

常用继电器的基本型号和文字标注如表 8-1 所示。

表 8-1   常用继电器的基本型号和文字标注

名称	电磁保护继电器型号	控制继电器型号	标注符号
电流继电器	DL	JL	KA
电压继电器	DY	JY	K
时间继电器	DS	JS	KT
中间继电器	DZ	JZ	KZ

如图 8-4 所示是电流继电器、电压继电器、中间继电器的图形表示法；如图 8-5 所示是时间继电器的图形表示法。

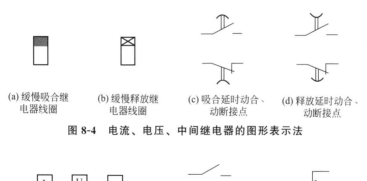

(a) 缓慢吸合继
电器线圈

(b) 缓慢释放继
电器线圈

(c) 吸合延时动合、
动断接点

(d) 释放延时动合、
动断接点

图 8-4   电流、电压、中间继电器的图形表示法

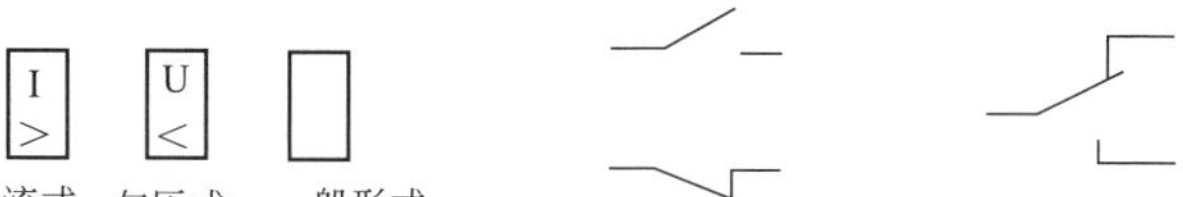

过流式   欠压式   一般形式

(a) 继电器线圈

(b) 动合、动断接点

(c) 转换接点

图 8-5   时间继电器图形的表示方法

四、非电量控制继电器

常用的非电量控制继电器有温度继电器、压力继电器、流量继电器、速度继电器、位移继电器和光照继电器等。这种继电器的感受元件反映的不是电气量，而是温度、压力、流量、速度、位移和光照等物理量。非电量继电器没有线圈符号，只有触点符号。几种常用的图形符号如图 8-6 所示。

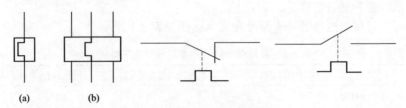

图 8-6　非电量继电器的图形符号

五、行程开关

行程开关是一种将机械信号（如行程、位移）转化为电气开关信号的电器，工作原理类似于按钮，是依靠机械的行程和位移碰撞，使其触点动作。按照其安装位置和作用的不同，行程开关分为限位开关、终点开关和方向开关。

行程开关有单向动作能自动复位和双向动作不能自动复位两种形式。单向动作能自动复位是指当机械外力碰撞感受元件时，在外力作用下动触头动作；外力消失时，在复位弹簧作用下又恢复原来状态。双向动作不能复位的行程开关，当外力消失时行程开关不能自动复位。

行程开关一般由一对动合触头和一对动断触头，文字符号一般用"ST"或"SL"表示，图形符号如图 8-7 所示。

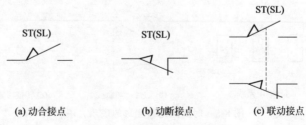

(a) 动合接点　　　　(b) 动断接点　　　　(c) 联动接点

图 8-7　行程开关的图形符号

六、控制开关

控制按钮是通过人力操作并具有贮能（弹簧）复位的开关电器，其结构虽然很简单，却是应用最广泛的一种电器。在低压控制电路中，它用于给出控制信号或用于电气连锁线路等。它由按钮帽、复位弹簧、触头三部分组成，根据不同的控制电路的需要，可以装配成一动合（常开）一动断（常闭）到六动合（常开）六动断（常闭）等复合形，接线时也可以只接动合（常开）触头或只接动断（常闭）触头。有的控制按钮为防止错误动作，将其做成钥匙式，即将钥匙插入按钮帽时方可操作，或者按钮帽做成旋钮式，用手把操作旋钮，并具有不复位记忆作用。有的控制按钮和信号灯装在一起，按钮帽用透明塑料制成，兼作信号灯罩，可缩小控制箱体积。此外，还有紧急式按钮，此种按钮有直径较大的红色蘑菇按钮头突出于外，作紧急切断电源用。文字符号一般用"SB"表示。如图 8-8 所示是控制按钮图形符号表示法。

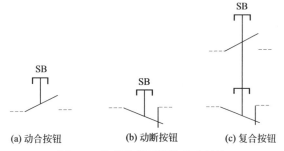

(a) 动合按钮　　　　(b) 动断按钮　　　　(c) 复合按钮

图 8-8　控制按钮图形符号表示法

第二节　电气控制电路图

一、电气控制电路图的组成及特点

电气控制电路图是指将控制装置的各种电气元件用图形符号表示，并按其工作顺序排列，详细表示控制装置、电路的基本构成和连接关系的图。电路图分主电路和辅助电路两部分，主电路是电气控制中强电流通过的部分，由电源电路、保护电路以及触点元件等组成；辅助电路有电源电路、控制电路、保护电路，由接触器线圈、继电器线圈及所带的动合触点和动断触点元件组成等。

电气控制电路图的特点如下。

① 主电路用粗线，辅助电路用细线。

② 控制电路应平行或垂直排列，主电路在图纸的左侧或下方。

③ 控制电路应尽量避免交叉，并尽可能按照工作顺序排列，由左到右，由上到下，两根以上电气连接点用圆黑点或圆圈表示。

④ 图中的每个电气元件和部位都用规定图形符号来表示，并在图形符号旁标注文字符号或项目代号，说明元件所在的层次、位置和种类。

⑤ 电器的各个元件和部位，在控制图中按照便于阅读来安排，同一电器元件的各个部位可以不画在一起，但使用同一文字符号标注，不需要的部分可以不画出。

⑥ 图中所有电器连接线均要标注编号，控制回路用数字从上至下编号，以便安装调试检修。

⑦ 图中所有电器触点是以没有通电或没有外力作用下的状态画出。

二、电气控制电路的基本环节

在一个控制电路中，能实现某项功能的若干电气元件的组合，称为一个控制环节，整个控制电路就是由这些控制环节有机地组合而成的。常用的控制电路基本环节，如表 8-2 所示。

表 8-2　常用的控制电路基本环节

序号	项目	说　　明
1	电源环节	电源环节包括主电路供电电源和辅助电路工作电源,由电源开关、电源变压器、整流装置、稳压装置、控制变压器、照明变压器等组成
2	保护环节	保护环节由对设备和线路进行保护的装置组成,如短路保护由熔断器完成,过载保护由热继电器完成,失压、欠压保护由失压线圈(接触器)完成。另外,有时还使用各种保护继电器来完成各种专门的保护功能
3	启动环节	启动环节包括直接启动和减压启动,由接触器和各种开关组成
4	运行环节	运行环节是电路的基本环节,其作用是使电路在需要的状态下运行,包括电动机的正反转、调速等
5	停止环节	停止环节的作用是切断控制电路供电电源,使设备由运转变为停止。停止环节由控制按钮、开关等组成

序号	项目	说　明
6	制动环节	制动环节的作用是使电动机在切断电源以后迅速停止运转。制动环节一般由制动电磁铁、能耗电阻等组成
7	连锁环节	连锁环节实际上也是一种保护环节。由工艺过程所决定的设备工作程序不能同时或颠倒执行,通过连锁环节限制设备运行的先后顺序。连锁环节一般通过对继电器接头和辅助开关的逻辑组合来完成
8	信号环节	信号环节是显示设备和线路工作状态是否正常的环节,一般由蜂鸣器、信号灯、音响设备等组成
9	手动工作环节	电气控制线路一般都能实现自动控制,为了提高线路工作的应用范围,适应设备安装完毕及事故处理后试车的需要,在控制线路中往往还设有手动工作环节。手动工作环节一般由转换开关和组合开关等组成
10	点动环节	点动环节是控制电动机瞬时启动或停止的环节,通过控制按钮完成

三、电气控制电路图阅读方法

① 对控制电路图中所采用的电器元件必须有充分的了解,熟悉其工作性能、技术参数、图纸上的表示方法。

② 对控制电路图所属的主控设备要有所了解,了解其基本结构、性能、特别及工作状况,了解该设备内部电动机之间的关系,以及其他被控设备之间的关系及工作情况。

③ 所有复杂的控制电路都包含了许多最基本的电路,只要熟悉掌握了各种基本电路,如正反转控制电路、连锁电路（自锁、互锁）、点动控制电路、降压启动电器、调速控制电路、制动控制回路等,就可以化难为易,读懂控制电路图。

④ 区分控制电路图的基本环节,对于理解、分析控制原理是十分重要的。在每个控制电路中,为实现某种功能都有若干个电器元件组合在一起。

⑤ 电气控制图是根据识图方便的原则绘制的,电器元件的各部件在控制电路中可以不画在一起,可以只画控制电路中所需要的部分。根据绘图的原则以及对各环节的分析理解,再将它们联系起来,从而分析出整个系统的原理及作用。

四、基本控制电路图分析

建筑电气设备控制系统都是由多种基本电路组成的。在电气控制电路中，最常见的是各种电动机控制线路。下面介绍几种三相异步电动机的基本控制电路。

(1) 点动控制电路

在生产实际中，有的机械需要点动控制。图 8-9 是三相异步电动机点动控制电路。它由电源开关 QF、点动按钮 SB、接触器 KM 等组成。工作时，合上电源开关 QF，为电路通电做好准备，启动时，按下点动按钮 SB，交流接触器 KM 的线圈流过电流，电磁机构产生电磁力将铁芯吸合，使三对主触点闭合，电动机通电转动。松开按钮后，点动按钮在弹簧作用下复位断开，接触器线圈失电，三对主触点断开，电动机失电停止转动。

点动按钮控制的是接触器线圈的小电流，而通过接触器控制的是主电路的大电流，这就达到了用小电流控制大电流的目的。此外，按钮的接线可以很长，就可以实现人机分离的远距离控制。

(2) 电动机直接启动控制线路

电动机直接启动控制线路，如图 8-10 所示。启动电动机时，先合上开关 QF，使电源接通，按下启动按钮 SB_2，接触器 KM 吸引线圈带电，其主触点 KM 吸合，电动机启动，因 KM 的自锁触点并联于 SB_2 两端，当松手启动按钮时，吸引线圈 KM 通过其自锁触点维持通电吸合；停止时，按下 SB_1 停止按钮，接触器 KM 吸引线圈失电，其主触点断开，电动机失电停转。

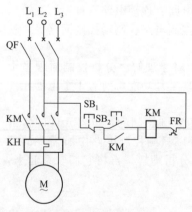

图 8-9　点动控制电路

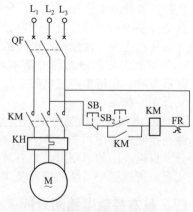

图 8-10　电动机直接启动控制电路

（3）电动机正反转控制电路

电动机正反转控制电路，如图 8-11 所示。当接触器 KM$_1$ 工作时，如果接触器 KM$_2$ 动作，两只接触器同时接通电源，就会造成电源两相短路。为了避免出现这种危险情况，当一个接触器线圈通电时，绝不允许另一只接触器线圈通电。正确的做法是利用启动按钮中的动断（常闭）触头，把启动按钮 SB$_2$ 的动断（常闭）触头接到接触器 KM$_2$ 的线圈回路中去，另一只启动按钮 SB$_3$ 的动断（常闭）触头接到接触器 KM$_1$ 的线圈回路中去，这样，按动启动按钮 SB$_3$ 时，由于按钮中的动断（常闭）触头先断开，就会先把接触器 KM$_1$ 线圈的电源断开，电动机会停转，再继续按下去，接触器 KM$_2$ 才会通电，主触头闭合，使电动机按与原来转向相反的方向转动。

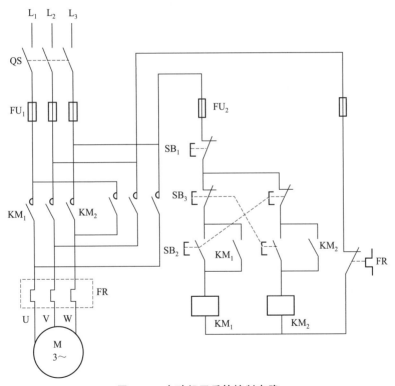

图 8-11　电动机正反转控制电路

电动机正反转控制电路的最大特点是正、反运转的操作比较方便。在电动机正转时可直接按反转启动按钮，使电动机反转，换向时不再用停止按钮。由按钮直接控制电动机正反转比辅助触头连锁间接控制要方便得多。另外，由于按钮的相互连锁，保证了正、反向两个接触器不会同时通电，从而避免了相间短路事故。

(4) 电动机能耗制动控制电路

电动机能耗制动控制电路，如图 8-12 所示。它是通过将定子绕组断开交流电的同时，通以直流电来实现能耗制动的。合上电源开关 QF，按下启动按钮 SB$_1$，接触器 KM$_1$ 得电自锁，主触头闭合，电动机运转。当需要电动机停止运行时，按下停止按钮 SB$_2$（必须按到底），SB$_2$ 的触头闭合，电动机运转。当需要电动机停止运行时，按下停止按钮 SB$_2$（必须按到底），SB$_2$ 的动断（常闭）触点切断接触器 KM$_1$ 的控制回路，使接触器 KM$_1$ 失电并释放。这时电动机虽然被切断电源，但由于惯性还在旋转。SB$_2$ 的动合（常开）触点接通了

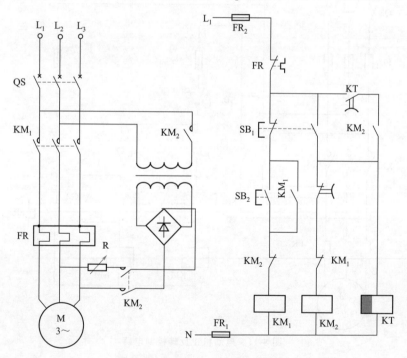

图 8-12　电动机能耗制动控制电路

274

接触器 KM$_2$ 的控制回路，使接触器 KM$_2$ 得电后短时吸合。这时经整流的直流电源被通入电动机的两相定子绕组。由于直流电产生恒定磁场，电动机转子切割恒定磁场的磁力线而产生感应电流，载流导体与恒定磁场相互作用，产生与转子旋转方向相反的制动转矩，使电动机迅速制动。

(5) Y/△降压启动控制电路

Y/△降压启动控制电路适用于运行时定子绕组接成角形接法的三相异步电动机。如果将电动机绕组接成星形连接时，每相绕组承受电压为 220V 相电压。启动结束后再改成三角形接法，每相绕组承受 380V 线电压，实现了降压启动的目的。

Y/△降压启动控制电路，如图 8-13 所示。图中 KM$_1$ 为启动接触器，KM$_2$ 为控制电动机绕组星形连接的接触器，KM$_3$ 为控制电动机绕组三角形连接的接触器。时间继电器 KT 用来控制电动机绕组星形连接的启动时间。启动时，先合上低压断路器 QF，按下启动按钮 SB$_2$，接触器 KM$_1$、KM$_2$ 和时间继电器 KT 的线圈同时通电，KM$_1$、

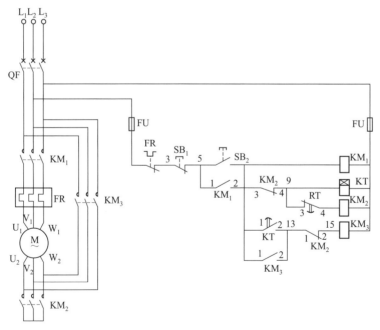

图 8-13　Y/△降压启动控制电路

KM_2 铁芯吸合，KM_1、KM_2 主触头闭合，电动机定子绕组 Y 接启动。KM_1 的动合（常开）触点闭合自锁，KM_2 的动断（常闭）触点断开互锁。电动机在 Y 接下启动，待延时一段时间后，时间继电器 KT 的动断（常闭）触点延时断开，KM_2 线圈失电，铁芯释放，触头还原；KT 的动合（常开）触点延时闭合，KM_3 线圈通电，铁芯吸合，KM_3 主触头闭合，将电动机定子绕组接成三角形，电动机在全压状态下运行。同时，KM_3 动合（常开）触点闭合自锁，KM_3 动断（常闭）触点断开互锁，使 KT 失电还原。

(6) 自耦变压器降压启动控制电路

电动机自耦变压器降压启动控制电路，如图 8-14 所示。在这个电路中自耦变压器专供启动时降压之用。启动时，先合上 QF 开关，接通电源，这时，H_1 指示灯亮，表示电源正常，电动机处于停止状态。按下 SB_2 启动按钮，KM_1 线圈通电并自锁，H_1 指示灯断电，H_2 指示灯亮，电动机降压启动，同时，KT 时间继电器线圈得电，

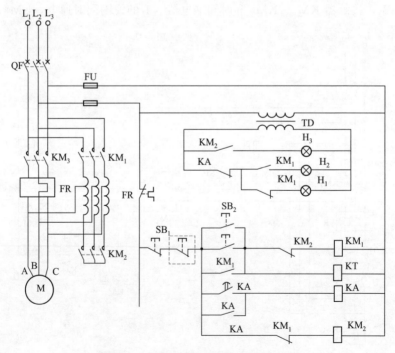

图 8-14 自耦变压器降压启动控制电路

延时一段时间后，其动合（常开）延时接点闭合（延时时间为降压启动时间），接通 K$_2$ 线圈，动断（常闭）接点断开 KM$_1$ 线圈电路，KM$_2$ 主接点闭合保持，H$_3$ 指示灯亮，表示电动机全压运行。其中 H$_1$ 为电源指示灯，H$_2$ 为电动机降压启动指示灯，H$_3$ 为电动机正常运行指示灯。虚框内的按钮为异地控制按钮。

(7) 三相绕线式异步电动机串电阻启动控制电路

三相绕线式异步电动机启动时，通常采用转子串接分段电阻来减少启动电流，启动过程中逐级切除电阻，待全部切除后，启动结束。

利用三个时间继电器依次自动切除转子电路中的三级电阻启动控制电路，如图 8-15 所示。电动机启动时，合上电源开关 QF，按下启动按钮 SB$_2$，接触器 KM 通电并自锁，同时，时间继电器 KT$_1$ 通电，在其动合（常开）延时闭合触动点动作前，电动机转子绕组串入全部电阻启动。

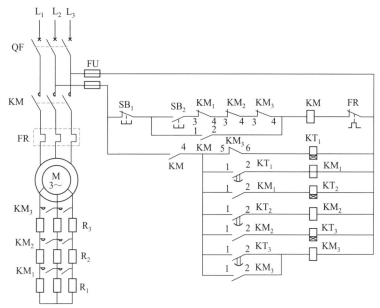

图 8-15　三相绕线式异步电动机串电阻启动控制电路

当 KT$_1$ 延时终了，在其动合（常开）延时闭合触点闭合，接触

器 KM_1 线圈通电动作，切除一段启动电阻 R_1，同时接通时间继电器 KT_2 线圈，经过整定的延时后，KT_2 的动合（常开）延时闭合触点闭合，接触器 KM_2 通电，短接第二段启动电阻 R_2，同时使时间继电器 KT_3 通电，经过整定的延时后，KT_3 的动合（常开）延时闭合触点闭合，接触器 KM_3 通电动作，切除第三段转子启动电阻 R_3，同时另一对 KM_3 动合（常开）触点闭合自锁，另一对 KM_3 动断（常闭）触点切断时间继电器 KT_1 线圈电路，KT_1 延时闭合动合（常开）触点瞬时还原，使 KM_1、KT_2、KM_2、KT_3 依次断电释放。只有 KM_3 保持工作状态，电动机的启动过程全部结束。

为了保证启动时转子全部启动电阻都能接入回路，将 KM_1、KM_2、KM_3 的动断（常闭）接点串联在 KM 线圈电路中。如果 KM_1、KM_2 和 KM_3 接触器中任一个触头因故障而没有释放，使启动电阻没有全部接入，启动时，启动电流将会很大。在启动电路中，串入 KM_1、KM_2 和 KM_3 的动断（常闭）接点后，只要任一接触器没有释放，电动机就不能启动。

第三节　电气控制接线图

电气控制接线图表示成套设备、装置或元件之间的连接关系，是进行配线、调试和维修不可缺少的图纸。根据表达的对象和使用的场合不同，接线图可分为单元接线图、互连接线图、端子接线图等。

一、单元接线图

单元接线图是一种提供本单元内部各项目间导线的连接关系的简图。一套电气控制系统是由多个电气单元构成的，它往往分布在不同的地点。单元之间内部接线查看单元接线图，外部之间的连接要查看互连接线图。

(1) 单元接线图的特点

① 接线图中每个项目的相对位置与实际位置大体一致，给安装、配线、调试带来方便。

② 接线图中各项目采用简化外形表示，用实线或点画线表示电器元件的外形，再将元件对外全部端子分布情况详细绘制出，电器的内部细节予以简略。

③ 接线图中标准的文字符号、项目代号、导线标记等内容，应与电路图上标注一致。

(2) 单元接线图表示方法

由于控制线路的复杂程度不同，单元接线图的表示方法可分为单线法、多线法和中断线法。

a.单线表示法。单线表示法是将图中各元件之间走向一致的导线用一条线表示，即图上的一根线实际代表一束线。某些导线走向不完全相同，但某一段上相同，也可以合并成一根线，在走向变化时，再逐条分出去。所以用单线图绘制的线条，可从中途汇合进去，也可从中途分出去，最后达到各自的终点各分别相连元件的接线端子，如图8-16所示。

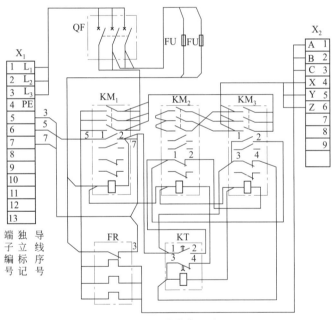

图8-16 单线表示法

b.多线表示法。多线表示法是将图中每一根电气连接线各用一条线表示，如图8-17所示在多线法表示的图中，各种连接线比较直观，但当连接线很多时，采用这种表示方式是比较困难的。

c.中断线表示法。在中断线法表示的接线图中，只画出元件的布

279

置，不画连接线，元件连接关系用符号表示，通常采用相对远端标记法表示连接线的去向。如图 8-18 所示。这种示方法减少了绘图量，增加了文字标注量，为施工接线查线带来方便，但不直观。

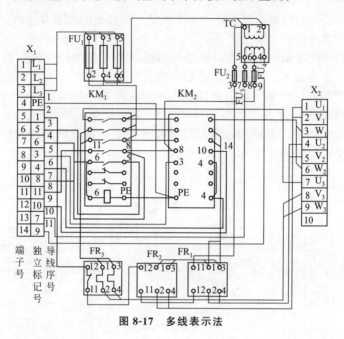

图 8-17 多线表示法

二、互连接线图

对于一个电气控制系统或电气装置的运行，往往需要若干个电气单元（控制柜）或电气设备，它们之间用导线进行连接。为了施工方便，一般采用互连接线图将各设备之间的连接关系绘制出来。

互连接线图是表示多个电气设备和电气控制箱之间的连接关系，在互连接线图中为了区分电气单元接线图用点画线框架表示设备装置，不用实框线。框架内表示的是各单元的外接端子，并提供端子上所连接导线的去向，根据需要图中有时会给出相关电气单元接线图的图号。

互连接线图的表示方法与单元接线，图相同，也有单线表示法、多线表示法和中断表示法。其表示方法见表 8-3。

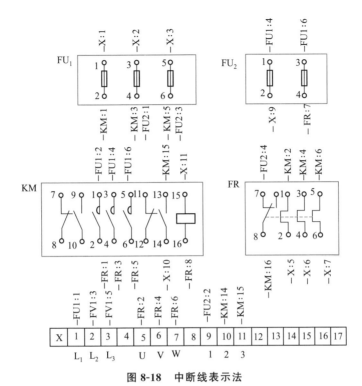

图 8-18 中断线表示法

表 8-3 互连接线图的表示方法

序号	名称	图 示
1	单线表示法	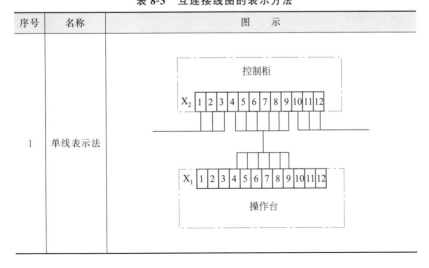

序号	名称	图　示
2	多线表示法	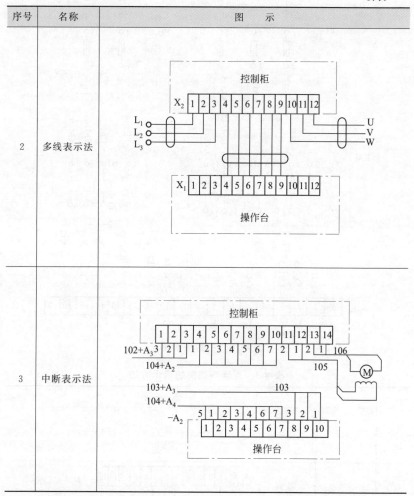
3	中断表示法	

三、端子接线图

在建筑电气工程设计施工中，为了减少绘图的工作量，方便识图者安装、施工及检修，有时会用端子接线图来替代互接线图，如图 8-19 所示。图中端子的位置与实际位置相对。一般端子图表示的各单元的端子排列有规则，按纵向排列，电路图即规范，又便于读图。

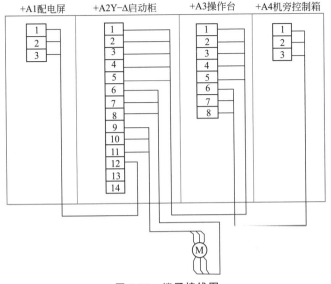

+A1配电屏　　　+A2Y-Δ启动柜　　　+A3操作台　　　+A4机旁控制箱

图 8-19　端子接线图

第四节　常用建筑电气设备电路图

一、双电源自动切换电路

　　供电系统是一个复杂的系统，系统可靠性十分重要。因此，为了防止突然停电造成损失，经常要准备备用电源。备用电源在正常供电发生故障要能够自动接入，这就需要使用双电源和自动切换控制箱。

　　双电源自动切换控制电路，如图 8-20 所示。供电电源有两路：一路电源来自变压器，通过断路器 QF_1、接触器 KM_1，通过断路器 QF_3 向负载供电。当变压器供电发生故障时，通过自动切换控制电路使 KM_1 主触头断开，KM_2 主触头闭合，将备用的发电机接入，保持供电。

　　供电时，合上断路器 QF_1、QF_2，按下手动开关 S_1、S_2，首先接通了变压器的供电回路，接触器 KM_1、KM 线圈得电，KM_1 主触点闭合。因变压器供电通路接有 KM，所以保证了变压器通路先得电；同时接触器 KM_1、KM 在 KM_2 通路上的辅助连锁触点断开，使

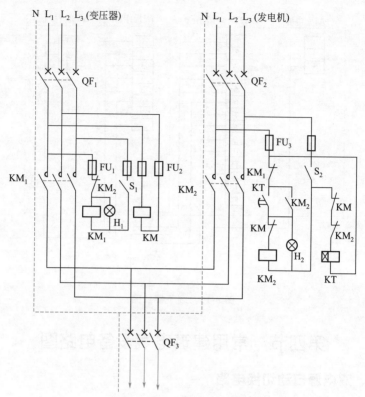

图 8-20　双电源自动切换电路

KM_2、KT 不能通电。

当正常供电发生故障时，中间断电器 KM、接触器 KM_1 线圈失电，动断（常闭）触头闭合，使时间继电器 KT 线圈通电，经延时后，KT 延时闭合动合（常开）触头闭合，接触器 KM_2 线圈通电自锁，KM_2 主触头闭合，备用发电机供电。

二、空调机组系统控制电路

(1) 空调机组系统的组成及表示方法

空调机组系统主要由制冷机组及其外部设备、空气处理设备、末端设备（多数为风机盘管）、空调管路及电气控制设备组成。空调系统中常用的图形符号见表 8-4，常用文字符号见表 8-5。

表 8-4　空调系统中常用的图形符号

图形符号	说明	图形符号	说明
	风机		冷水机组
	水泵 注:左侧为 进水,右侧 为出水		板式 换热器
	空气 过滤器		冷却塔
	空气加热、 冷却器 注:单加热	T	温度 传感器
	空气加热、 冷却器 注:单冷却	H	湿度 传感器
	空气加热、 冷却器 注:双功能 换热装置	P	压力 传感器
	电动调 节风阀		一般 检测点
	加湿器		电动 二通阀

图形符号	说明	图形符号	说明
	电动 三通阀	DDC	直接数字 控制器
	电动蝶阀	功能 位号	就地安 装仪表
F	水流开关	功能 位号	管道嵌 仪表

表 8-5　空调系统常用文字符号

字母	第一位		后继功能
	被测变量	修饰词（小写）	
A	分析		报警
C			控制、调节
D		差	
E	电压		监测元件
F	流量		
H	湿度		
I	电流		指示
J	功率	扫描	
K	时间或时间程序		操作
L	物位		
N	热量	灯	
P	压力或真空		

字母	第一位		后继功能
	被测变量	修饰词(小写)	
Q			积分、积累
R			记录或打印
S	速度或频率		开关或连锁
T	温度		传送
U	多变量		多功能
V			阀、风阀、百叶窗
W	重力或力		运算、转换单元、伺服
Z	位置		驱动、执行器

(2) 风机盘管控制电路

风机盘管是中央空调系统末端向室内送风的装置，由风机和盘管两部分组成。风机把中央送风管道内的空气吹入室内，风速可以调整。盘管是位于风机出口前的一根蛇形弯曲的水管，水管内通入冷（热）水，是调整室温的冷（热）源，在盘管上安装电磁阀控制水流。对水路系统设置电动调节阀时，在采用调速开关控制风机的同时，还采用与调速开关并装的温控器，根据室内温度变化，对风机盘管回水电动阀进行自控开闭，使室内温度保持在所需要的范围内。

➡️实例操作

图 8-21 为某风机盘管控制电路图。其控制工作原理是带室内温控器的三速开关 TS-101 安装在室内墙上，当 TS-101 内的三速开关被拨到"通"位置时，旋转调速开关在"高、中、低"任一挡，即可调节风机风速；当 TS-101 内的调速开关被拨到"断"位置时，风机电路被切断，同时电动阀 TV-101 关闭。TS-101 内的温控器也具有"通"、"断"两个工作位置，温控器的通断可控制电动阀的动作，当室内温度超过 TS-101 上的温度设定值时，温控器的触点 4 和 1 接通，电动阀被打开，系统向室内送冷风。

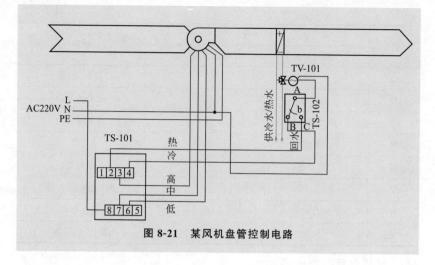

图 8-21　某风机盘管控制电路

(3) 恒温恒湿空调器控制电路

恒温恒湿空调器通过控制制冷量或制热量来满足房间的恒温要求，通过控制加湿量或减湿量来满足房间的恒湿要求。

➕ 实例操作

如图 8-22 所示为某恒温恒湿空调器电气控制电路图。其温度与湿度控制工作原理如下。

① 系统进行温度控制时，将 S_1、S_2、S_3 放在自动位置 ZD 上，当室内温度低于调定值时，干球温度计的触点脱开，电子继电器 KN_1 的动断（常闭）触点闭合，$KM_3 \sim KM_5$ 通电，其触点闭合，$RH_1 \sim RH_3$ 自动加热。待室内温度上升到规定值时，下触点闭合，KN_1 的动断（常闭）触点断开，电加热器自动停止加热。

② 系统进行湿度控制时，将 S_1 放在自动位置 ZD 上，当室内湿度低于规定值时，湿球温度计汞触点脱开，电子继电器 KN_2 的动断（常闭）触点闭合，KM_6 通电，其触点闭合，加湿器 RH_4 自动加湿，待湿度上升到规定值时，KN_2 的动断（常闭）触点断开，电加湿器自动停止加湿。

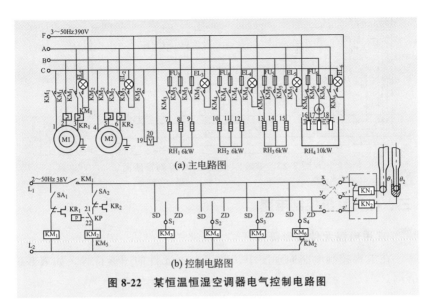

图 8-22 某恒温恒湿空调器电气控制电路图

(4) 冷水机组控制电路图

冷水机组是重要空调系统中的制冷装置。常用的冷水机组有活塞式、螺杆式、离心式、溴化锂吸收式、直燃机式等。根据制冷工况的要求，通常由冷水机组，冷冻水泵、冷却水泵、冷却塔风机组成一个机泵系统。几个机泵系统可组成一个大型制冷系统，这些系统既可独立运行，也可并列运行。

实例操作

如图 8-23 所示为某冷水机组 DDC 控制接线图。图中 A、B、C、D 四点接冷却塔风机控制柜 AC11 的控制信号线，F、G、H、I 四点接冷却水泵控制柜 AC12 的控制信号线，L、M、N、O 四点接冷水机组的控制信号线，T、U、V、W 四点接冷冻水泵控制柜 AC13 的控制信号线。这 16 个点均为数字信号，接 DDC 的数字信号端，用于控制四台设备的启动、停止，并监测四台设备的工作、故障状态。

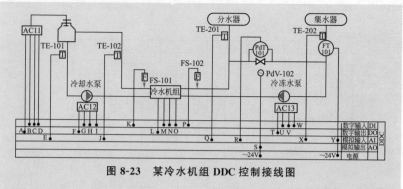

图 8-23　某冷水机组 DDC 控制接线图

三、电梯系统控制电路

(1) 常用电器元件图形符号

在电梯控制电路原理图中，常用电器元件的图形符号，如表 8-6
所示。

表 8-6　常用电器元件的图形符号

序号	元件名称		图形符号	备注
1	极限开关			三相铁壳 开关改制
2	照明总开关			二相铁壳 开关
3	电抗器			
4	限位开关	动断(常 闭)接点		
		动合(常 开)接点		
5	安全钳、断绳等的开关			非自动 复位

序号	元件名称		图形符号	备注
6	钥匙开关			
7	单刀单投手指开关			
8	热继电器	热元件 辅助接点		调整到 自动复位
9	电阻器	固定式 可调式		
10	急停按钮			非自动 复位
11	按钮			不闭锁
12	交流曳引、原动机		M 3~	
13	永磁式测速发电机		TG	
14	直流电动机		M	
15	励磁绕组			
16	变压器			
17	熔断器			

序号	元件名称		图形符号	备注
18	电容器			
19	继电器	电磁线圈		
		动合(常开)接点		
		动断(常闭)接点		
20	接触器	电磁线圈		
		动合(常开)接点		
		动断(常闭)接点		
21	快速动作延时复位继电器	电磁线圈		
		动合(常开)接点		
		动断(常闭)接点		
22	缓吸合、快复位继电器	电磁线圈		
		动合(常开)接点		
		动断(常闭)接点		
23	照明、指示灯			
24	二相插头			
25	层楼指示器、选层器接点组			动触头 定触头
26	警铃			

序号	元件名称	图形符号	备注
27	蜂鸣器		
28	二极管		
29	单刀双投手指开关		
30	传感器干簧管 动断(常闭)接头		

(2) 电梯的型号

电梯的型号是采用一组字母和数字组合而成的，它以简单明了的方式将电梯基本规格的主要内容表示出来。电梯的型号由三部分组成：第一部分是类别、组型；第二部分是主要参数；第三部分是控制方式。第二部分与第三部分用短线分开。

产品型号的组成顺序如下。

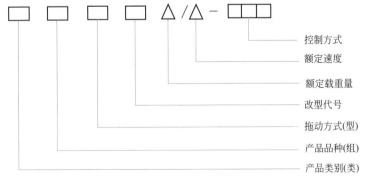

① 类别、组型和拖动方式代号用具有代表意义的大写汉语拼音字母表示，如表8-7～表8-9所示。

表 8-7 类别代号

产品代号	代表汉字	拼音	采用代号
电梯	梯	TI	T
液压梯			

表 8-8 品种（组）代号

产品名称	代表汉字	拼音	采用代号
乘客电梯	客	KE	K
载货电梯	货	HUO	H
客货（两用）电梯	两	LIANG	L
病床电梯	病	BING	B
住宅电梯	住	ZHU	Z
杂物电梯	物	WU	W
船用电梯	船	CHUAN	C
观光电梯	观	GUAN	G
汽车用电梯	汽	QI	Q

表 8-9 拖动方式代号

拖动方式	代表汉字	拼音	采用代号
交流	交	JIAO	J
直流	直	ZHI	Z
液压	液	YE	Y

② 主要参数代号的斜线前为电梯的额定载重量，斜线后为额定速度，中间用斜线分开，均采用阿拉伯数字表示，见表 8-10。

表 8-10 主要参数代号

额定载重量/kg	型号中采用代号	额定速度/(m/s)	型号中采用代号
400	400	0.63	0.63
630	630	1.0	1
800	800	1.6	1.6
1000	1000	2.5	2.5

③ 控制方式代号用大写印刷体汉语拼音字母表示，见表 8-11。

表 8-11 控制方式代号

控制方式	代表汉字	采用代号
手柄开关控制、自动门	手、自	SZ

控制方式	代表汉字	采用代号
手柄开关控制、手动门	手、手	SS
按钮控制、自动门	按、自	AZ
按钮控制、手动门	按、手	AS
信号控制	信号	XH
集选控制	集选	JX
并联控制	并联	BL
梯群控制	群控	QK
集选微机控制	集选微	Jxw

(3) 电梯系统的结构组成

电梯是多层建筑中的重要垂直运输工具，它有一个轿厢和一个对重，它们之间用钢丝绳连接，悬挂在曳引轮上，经电动机驱动曳引轮使轿厢和对重在垂直导轨之间做升降运动。它是机电合一的大型复杂产品，它的机械部分相当于人的躯体，它的电气控制部分相当于人体的神经，电梯是现代技术的综合产品。为了更好地维修和管理电梯，必须对电梯及电梯的构造有一个详细的了解。

实例操作

如图 8-24 所示为某交流电梯整体结构图，电梯系统的结构可分为机房、井道、轿厢、厅门等几大部分。

① 机房部分有曳引机、限速器、极限开关、控制柜、信号柜、机械选层器、电源控制盘、排风设备、安全设施、照明等。

② 井道部分有轿厢导轨、对重导轨、导轨架、对重装置、缓冲器、限速钢丝绳、张紧装置、线槽、分线盒、随线电缆、端站保护装置、平衡装置、钢带、井道照明及信号装置等。

③ 轿厢部分有轿门、安全钳装置、安全窗、导靴、自动开关门机构、平层装置、检修盒、操纵盘、轿内层站指示、通信报警装置、轿内照明、轿内排风等。

④ 门厅部分有厅门、召唤按钮盒、层站显示灯。

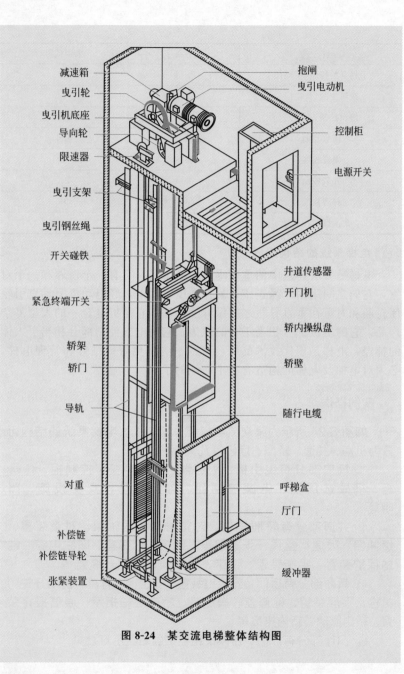

减速箱 —— 抱闸

曳引轮 —— 曳引电动机

曳引机底座

导向轮 —— 控制柜

限速器 —— 电源开关

曳引支架

曳引钢丝绳

开关碰铁 —— 井道传感器

—— 开门机

紧急终端开关 —— 轿内操纵盘

轿架 —— 轿壁

轿门

导轨 —— 随行电缆

对重 —— 呼梯盒

—— 厅门

补偿链

补偿链导轮 —— 缓冲器

张紧装置

图 8-24 某交流电梯整体结构图

第九章
动力和照明系统电路图的识读

第一节　室内电气工程的基础知识

照明与动力工程主要是指建筑内各种照明装置及其控制装置、配电线路和插座等安装工程。照明与动力施工图是电气工程施工安装依据的技术图样，是建筑电气最基本的内容，包括动力与照明供电系统图、动力与照明平面布置图、非标准件安装制作大样图及有关施工说明、设备材料表等。

一、室内电气工程概述

(1) 供电系统图

供电系统图又称配电系统图，简称系统图，是用国家标准规定的电气图用图形符号，概略地表示照明系统或分系统的基本组成、相互关系及其主要特征的一种简图。最主要的是表示其电气线路的连接关系，能集中地反映出安装容量、计算电流、安装方式、导线或电缆的型号规格、敷设方式、穿管管径、保护电器的规格型号等。

(2) 平面布置图

平面布置图简称平面图，是用国家标准规定的建筑和电气平面图图形符号及有关文字符号表示照明区域内照明灯具、开关、插座及配电箱等的平面位置及其型号、规格、数量、安装方式，并表示线路的走向、敷设方式及其导线型号、规格、根数等的一种技术图样。照明平面图，应包括建筑门窗、墙体、轴线、主要尺寸、标注房间名称、绘制配电箱、灯具、开关、插座、线路等平面布置，标明配电箱编号，干线、分支线回路编号、相别、型号、规格、敷设方式等。

平面图中的建筑平面是完全按照比例绘制的，电气部分的导线和设备不能完全按照比例绘制形状和外形尺寸，而是采用图形符号和标注的方法绘制，设备和导线的垂直距离和空间位置一般也不用剖、立面图表示，而是采用标注标高或附加必要的施工说明来表示。

(3) 大样图

对于标准图集或施工图册上没有的需自制或有特殊安装要求的某些元器件，则需在施工图设计中提出其大样图，大样图应按照制图要求以一定比例绘制，并标注其详细尺寸、材料及技术要求，便于按图制作施工。

(4) 施工说明

施工说明只作为施工图的一种补充文字说明，主要是施工图上未能表述的一些特定的技术内容。

(5) 设备材料表

通常按设备、照明灯具、光源开关、插座、配电箱及导线材料等，分门别类列出。表中需有编号、名称、型号规格、单位、数量及备注等栏。但是依据《建筑工程设计文件编制深度规定》，设计文件只要求列出主要电气设备表。主要电气设备一般包括变压器、开关柜、发电机及应急电源设备、落地安装的配电箱，插接式母线等，以及其他系统主要设备。

二、平面图及系统图的标注

平面图图面的标注多采用《建筑电气工程设计常用图形和文字符号》00DX001 国家标准设计图集中的标注方法，现举几个常用的例子说明。

(1) 灯具标注

灯具表示灯具标注一般形式 $a-b\dfrac{c\times d\times L}{e}f$，其中 a—灯数；b—型号或编号（无则省略）；c—每盏灯具的灯泡数；d—灯泡安装容量；L—光源种类；e—安装高度，m；f—安装方式可用"—"表示吸顶。

$1-\dfrac{1\times32\text{W}}{-}\text{C}$ 表示一套灯具，容量为 32W，吸顶安装；

$12-$双管荧光灯$\dfrac{2\times36\text{W}}{3.0\text{m}}\text{DS}$ 表示共计 12 套双管荧光灯，容量为 2×36W，安装高度 3.0m，管吊安装。

(2) **线路标注**

线路的标注一般为 $ab-c(d\times e+f\times g)i-jh$，其中 a—电缆编号；b—型号（可省略）；c—电缆根数；d—电缆芯数；e—线芯截面，mm^2；f—PE、N 线的芯数；g—线芯截面，mm^2；i—线缆敷设方式；j—线缆敷设部位；h—线缆敷设安装高度，各字母无内容则可省略该部分。

WP201 YJV-0.6/1kV-2（3×150+ 2×70）SC80-WS3.5 表示电缆号为 WP201，电缆型号规格为 YJV—0.6/1kV-（3×150+ 2×70），两根电缆并联连接，敷设方式为穿 DN80 焊接钢管沿墙明敷，敷设高度距地 3.5m。

对于线路的标注，多根导体并联时有很多的图样上将导体数量标注在线路型号的前端。上例表示为 WP201 2［YJV-0.6/1kV-（3×150+ 2×70）SC80］-WS3.5，读图时应注意。

(3) **用电设备标注**

用电设备一般标注 $\dfrac{a}{b}$，其中，a—设备的编号或位号；b—额定功率（kW 或 kV·A）。

(4) **概略图电气箱、柜标注**

概略图电气箱、柜的标注 $-a+b/c$，其中，a—设备种类代号；b—设备安装位置的位置代号；c—设备型号。

　　-AP1＋1. B6/XL21-15 表示动力配电箱种类代号-AP1，位置代号＋1. B6 即安装位置在一层 B、6 轴线，型号为 XL21-15。

(5) **平面图电气箱、柜标注**

　　概略图电气箱、柜的标注-a，其中，a—设备种类代号。

(6) **桥架的标注**

　　桥架的标注为 $\dfrac{a \times b}{c}$，其中，a—桥架的宽度，mm；b—桥架的高度，mm；c—安装高度，m。

　　$\dfrac{800 \times 200}{3.5}$ 表示电缆桥架宽 800mm，高 200mm，安装高度 3.5m。

　　平面图的标注一般采用类似的方法，遇到新的标注查阅图形文字符号及相关的产品说明，即可明白设计者的意图。

三、导线根数计算

　　各线路的导线根数及其走向是照明平面图的主要表现内容之一。然而，要真正认识每根导线及导线根数的变化原因，是初学者的难点之一。很多人参加工作后，很长时间都不能正确理解导线变化的原因。为了解决这一问题，首先了解接线的方法，所有导线的连接必须要在接线盒内进行，保护管内不得进行导线的连接；接线盒的设置部位一般是在灯具安装处、开关处、管线拐弯处。长距离管线的适当位置可依据需要设置接线（过线）盒。其次，是需要了解灯具的控制方式，分清哪个开关控制哪一盏灯，特别应注意多个开关安装在一起、一个开关控制多个灯及双控开关控制一盏灯的情况。要弄清楚导线的根数，还应了解接线的方法，相线经过开关，再接到灯具光源的一个引出线上，经光源后，再由另一个引出线，经 N 线回到电源的中性点。保护线一般是在必要时直接与灯具的接地端子连接的。

现先以一个最简单的例子来了解一下照明平面图。 图 9-1
（a）为某住宅两个卧室的照明平面图，图中 3 表示 3 根导线。

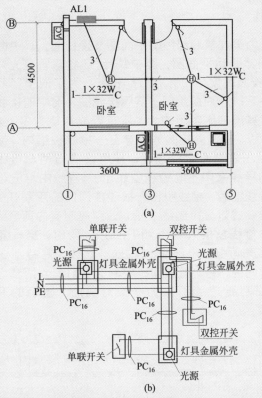

图 9-1　某住宅两个卧室的照明平面与接线图（尺寸单位:mm）

三套灯具的控制方式为带阳台的卧室采用双控开关，在门口及
床头控制，阳台灯具在阳台门的室内侧控制，另一卧室的灯具在卧
室门口控制。 为便于读图，图 9-1（b）为三个灯具及其控制开关
的接线示意图，图中虚线部分为接线盒，为了表达清楚，将接线盒
尺寸放大。 工程中，接线盒安装在墙或顶棚上，开关一般直接固
定在接线盒上，灯具通过胀管、吊件等方式安装，导线由接线盒引

到灯具内，完成接线。 支路上所有导线的连接均在接线盒内进行，不可在保护管内进行导线连接；当一个接线盒的进出管线超过4根时，应采用大型盒。

➡ 实例操作

图 9-2 为某建筑局部照明平面图及接线图，其中图 9-2（a）为某建筑局部照明平面图，图中共计 12 套双管荧光灯，容量为 2×36W，安装高度 3.0m，管吊安装。 为了便于了解导线变化情况，图 9-2（b）对应绘制了实际接线图，图中的接线盒采用虚线框表示，其尺寸比实际的大，所有灯具均认为是 I 类灯具，外壳需接 PE 线，椭圆圈定的导线穿在一根保护管内，保护管在两个相关的接线盒之间全程敷设，并用管箍与两个接线盒连接。不同类别的导线采用不同的线型表示。 管线由配电箱 AL1-4 引出到灯具接线盒后，相线引出一根通往门口的双联开关，经过开关后，导线变成灯具控制线 2 根，分别控制室内两套灯具，每套灯具分别由接线盒接入 N 线和 PE 线。 同时，第一套灯具的接线盒向相邻房间引出电源线、N 线、PE 线，需特别注意的是最右侧的大房间内，一个开关同时控制 2 套灯具，两套灯具之间增加了一根控制线。 当灯具为 II 类灯具时，图示的 PE 线可以省略。

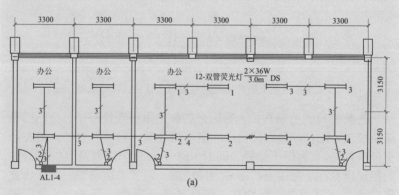

(a)

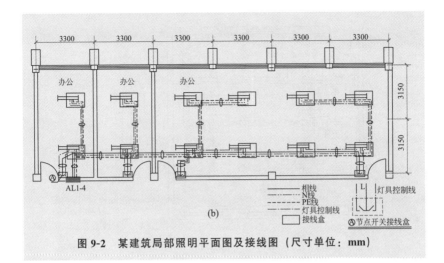

(b)

图 9-2　某建筑局部照明平面图及接线图（尺寸单位：mm）

　　图 9-3（a），为某教学楼的一个教室的照明平面图，图中共计 6 套双管荧光灯、2 套黑板灯，一台吊扇，线路由右侧教室引来，三根线（L、N、PE）共管。 灯具的控制：教室的前面四套灯具由双联开

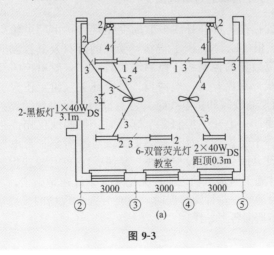

(a)

图 9-3

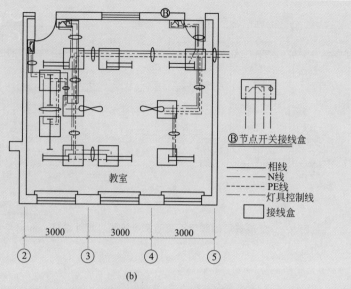

Ⓑ节点开关接线盒

3000　　　3000　　　3000

② ③ ④ ⑤

(b)

图 9-3　某教学楼的一个教室的照明
平面图及接线图(尺寸单位:mm)

关控制。 灯具旁边标注 1、2 表示控制的方式是与外窗平行控制,吊扇分别在门口控制,黑板灯在讲台处控制。 图 9-3(b)绘制了实际的接线图,可参照以上方法阅读。

　　通过对比读图,可知导线根数的变化规律:由配电箱引出为两根(L、N)或三根 (L、N、PE)导线,受控的灯具及其控制开关之间的管线包含相应数量的控制线[控制线的数量,一般单控的开关每联开关一根控制线,双控开关一般两根,每个开关(组)还应引入至少一根相线],当控制线需和供电线路共管敷设时,除电源线路外,应增加相应的控制线。一个开关控制多个灯具时,控制线仅用一根,一直敷设到最远的一个受控灯。对于末端支路,当不需要正常电源时,相线不必跟随敷设,而只需敷设控制线、N 线、PE 线。导线根数的确定是建筑电气设计施工的基本功之一,无论从事设计还是施工,都不可避免地会用到,当遇到一些特殊情况时,应充分考虑现场的接线情况,绘制草图,做到不遗漏各类导线。

四、建筑电气图的阅读方法及注意事项

平面图是照明工程的主要图样，是安装单位编制工程造价和施工方案进行安装施工的主要依据之一，必须熟悉阅读，全面掌握。读图时，一般应注意以下几点。

① 首先应阅读工程说明，了解工程概况及施工中的注意事项。

② 阅读干线系统图，了解整个配电系统的组成和各配电箱（柜）的相互关系。

③ 了解建筑物的基本情况，如房屋结构、房间分布及其功能，各类电器设备在建筑物内的分布及安装位置，了解它们的型号规格、性能、对安装的技术要求。对于设备的性能、特点及安装技术要求，往往通过阅读相关的技术资料及施工验收规范来了解。如在施工图中，照明开关的高度未明确时，则依据《建筑电气工程施工质量验收规范》（GB 50210—2011）执行，开关安装位置应便于操作，开关边缘距门框的距离宜为 0.15～0.2m，开关高度宜为 1.3m；拉线开关距地高度宜为 2～3m，层高小于 3m 时，拉线开关距顶不小于 0.1m，拉线出口应垂直向下。

④ 在了解了以上各项内容后，读平面图时，应对照配电箱系统图，了解各支路负荷分配和连接情况，明确各设备属于哪个支路的负荷，弄清设备之间的相互关系。读平面图时，一般从配电箱开始，一条支路一条支路地看。如果这个问题解决不好，就无法进行实际的配线施工。

⑤ 平面图是施工单位用来指导施工的依据，也是施工单位用来编制施工方案和工程预算的依据。设备、灯具的安装方法又往往在平面图上不加表示，这个问题就需要通过阅读安装大样图及图集解决。将阅读平面图和施工图集结合起来，就能编制出可行的施工方案和准确的施工预算。

⑥ 平面图只表示设备的和线路的平面位置，很少反映空间高度，在阅读平面图时，应建立起空间概念。这对造价技术人员特别重要，可以防止在编制工程预算时，造成垂直敷设管线的满算。

⑦ 相互对照、综合看图。为避免建筑电气设备及线路与其他设备管线在安装时发生位置冲突，在阅读平面图时，要对照阅读其他建筑设备安装图。

⑧ 了解设备的一些特殊要求，做出适当的选择。如低压电器外

壳防护等级、防触电保护的灯具分类、防爆电器等的特殊要求，现将其介绍如下。

防护等级由"IP"和两个防护特征数字组成，特征数字的含义如表 9-1 所示，如一个室外照明灯具的防护等级为 IP55，表示为防尘防喷水，当特征数字为 0 时，用 X 表示。

表 9-1　防护等级划分

特征数字	第一位特征数字	第二位特征数字	
	防止人接触或靠近带电部件以及接触外壳的活动部件，并防止外界固体物质进入设备	防止外壳内设备受侵入的水的危害	
	说明	说明	含义
0	无防护	无防护	垂直滴水无有害影响
1	防止大于 50mm 的固体进入，如一只手，但不防止故意接近	防滴水	垂直滴水无有害影响
2	防止大于 12mm 的固体进入，如手指	倾斜达 15°时防滴水	外壳从正常位置倾斜 15°以内时，垂直滴水无有害影响
3	防止大于 2.5mm 的固体进入，如直径或厚度大于 2.5mm 的工具、导线等	防淋水	与垂直成 60°角范围内的淋水无有害影响
4	防止大于 1.0mm 的固体进入，如厚度大于 1.0mm 的导线片条等	防溅水	任何方向的溅水无有害影响
5	防尘(不能完全防止尘埃进入，但进入量不能影响设备正常运转)	防喷水	任何方向的喷水无有害影响
6	密封防尘(无尘埃进入)	防海浪	猛烈海浪或强烈喷水时，进入外壳的水量不至达到有害程度
7	—	防浸水	浸入规定压力的水经规定的时间后，进入外壳的水量不至达到有害程度
8	—	防潜水	能按生产厂规定的条件长期潜水

表 9-2 为按防触电保护的灯具分类，O 类灯具适用于干燥、尘埃少的场所，安装在维护方便位置上的灯具，如吊灯、吸顶灯等通用固定灯具；Ⅰ 类灯具用于安装在高处，维护不方便的位置上的金属外壳

灯具，如投光灯、路灯、工厂灯等；Ⅱ类灯具用于人体经常接触，需经常移动、容易跌倒或安全要求特别高的灯具；Ⅲ类灯具用于接于安全超低电源的移动式灯、手提灯等。

表 9-2 按防触点保护的灯具分类

灯具分类	说明
O 类灯具	依靠基本绝缘作为防触电保护的灯具。灯具的易触及导电部件(如有这种部件)没有连接到设施的固定线路中的保护导线
Ⅰ类灯具	灯具的防触电保护不仅依靠基本绝缘，而且还包括附加的安全措施，即把易触及的导电部件连接到设施的固定线路中的保护导线上，使易触及的导电部件在基本绝缘失效时不致带电
Ⅱ类灯具	防触电保护不仅依靠基本绝缘，而且还包括附加的安全措施，例如，双重绝缘或加强绝缘，但没有接地或依赖安装条件的保护措施
Ⅲ类灯具	防触电保护依靠电源电压为安全特低电压(SELV)，并且其中不会产生高于 SELV 电压的一类灯具

注：额定电压超过 250V 的、在恶劣条件下使用的和轨道安装的灯具均不应划为 O 类。

防爆灯具的防爆标志、外壳防护等级和温度组别应与爆炸危险环境相适配；灯具配套齐全，安装时不可用非防爆零件代替灯具配件；灯具的安装位置离开释放源，且不在各种管道的泄压口及排放口上下方安装。

学习建筑电气工程图样是一个循序渐进、理论联系实际的过程，只要掌握了识图的基本知识和规律并用于实践，就一定会取得进步。

五、配线

将导线穿入保护管金属线槽内称为配线，目前，建筑物内多采用穿管暗敷设及穿管或金属线槽明敷设的配线方法。

(1) 穿保护管暗敷设

穿保护管暗敷设，把穿线管敷设在墙壁、楼板、地面等的内部，要求管路短、弯头少、不外露。暗敷设一般采用阻燃硬质塑料穿线管或金属管。敷设时，保护层厚度不小于 15mm，配管时应注意，根据管路的长度、弯头数量等因素，在管路的适当部位留拉线盒，设置接线盒及拉线盒的原则如下。

① 安装电器及开关的部位设置接线盒。

② 线路分支处或导线规格改变处应设置接线盒。

③ 水平管设置接线盒的原则：无弯曲时，长度每超过 30m 设一个；一个弯曲时，长度每超过 20m 设一个；两个弯曲时，长度每超过 15m 设一个；三个弯曲时，长度每超过 8m 设一个。

④ 垂直敷设的管路，在下列情况下应设固定导线用的接线盒：导线截面 $50mm^2$ 及以下，长度每超过 30m；导线截面 $70\sim95mm^2$，长度每超过 20m；导线截面 $120\sim240mm^2$，长度每超过 18m。

⑤ 管线通过建筑物的变形缝沉降缝处，缝两端设接线盒作补偿装置。穿保护管明敷设，多数是沿墙、柱及各种构架的表面用管卡固定，其安装固定可采用塑料胀管、膨胀螺栓或角钢支架。固定点与终点、转弯中心、电器或接线盒边缘的距离视管子规格宜为 $150\sim500mm$，管卡间最大距离符合表 9-3 规定。

表 9-3　管卡间最大距离

导管种类	穿线管公称直径/mm				
	15～20	25～32	32～40	50～65	65 以上
	管卡间最大距离/m				
壁厚大于 2mm 刚性钢导管	1.5	2.0	2.5	2.5	3.5
壁厚小于或等于 2mm 刚性钢导管	1.0	1.5	2.0		
刚性绝缘导管	1.0	1.5	1.5	2.0	2.0

穿管的注意事项如下。

① 穿管前应清楚管内杂物和积水。管口应有保护措施。

② 导线应分色施工——PE 线严格采用黄绿相间线，N 线严格用蓝色，L_1 相黄色，L_2 相绿色，L_3 相红色。

③ 三相或单相的交流单芯电缆或电线，不得单独穿于钢管内，应将回路的所有导线敷设在同一金属管内，且管内不得有接头，避免涡流效应。

④ 不同回路、不同电压等级的交流与直流电线不得穿于同一导管内。

⑤ 爆炸危险环境的照明电线和电缆额定电压不得低于 750V，且必须穿于钢管内。

(2) 金属线槽配线

金属线槽由厚度为 1～2.5mm 的钢板制成，具有槽盖的金属线槽，可以在吊顶内敷设。金属线槽连接间隙应严密、平直、无扭曲变形，穿墙壁、楼板处不得进行连接，穿越变形缝处应进行补偿。

金属线槽内的导线敷设，不应出现挤压、扭结、损伤绝缘等现象，应将放好的导线按回路或系统整理成束，做好永久性的编号标记。线槽内的导线规格数量应符合设计规定；当设计无规定时，导线总截面积（包括绝缘层），强电不宜超过槽截面积的20%，载流导体的数量不宜超过 30 根，弱电不宜超过槽截面积的50%。还应注意多根导线在线槽内敷设时，载流量将会明显下降。导线的接头，应在线槽的接线盒内进行。值得注意的是载流导线采用线槽敷设时，因为导线数量多，散热条件差，载流量会有明显的下降，设计施工时应充分注意这一点，否则，将会给工程留下安全隐患。

金属线槽应可靠接地，金属线槽与 PE 线连接应不少于两处，线槽的连接处应做跨接。金属线槽不可作为设备的接地导体。

(3) 树干式配电线路与配电箱连接

建筑电气中，经常采用的配电方式是分区树干式。树干式配电回路包含多个配电箱，配电箱与干线之间的连接通常采用的方式有 T接端子、电缆穿刺、预分支电缆、母线槽等方式，几种接线方式特点介绍如下。

① T接端子。不需要切断主干电缆的现场任意分支的工艺（但需剥去一定长度电缆芯线之绝缘层，不可带电作业），T接端子的导线夹与电缆芯线导电部分呈包容形的犬牙交错结构，接触牢靠；防火、耐燃烧性能优良；比选用插接式母线槽和预分支电缆造价低。

② 电缆穿刺。节省大量成本费用；不占用有效面积；施工速度极快，省时又省工；不受各种恶劣环境影响，防护性能佳；力矩螺栓，可控制紧固力矩，保证高质量，稳定连接；任意分支，随意变更；无需剥去电缆绝缘层、无需截断主电缆即可做电缆分支，接头完全密封绝缘；密封结构：防水、防火、防震、防腐蚀、防电化、耐扭曲、无需维护、可延长绝缘导线的使用寿命。使用穿刺线夹时，应注

意质量。劣质产品可能会出现短路现象。

③ 母线槽。具有体积小、结构紧凑、运行可靠、传输电流大、便于分接馈电、维护方便、能耗小、动热稳定性好等优点，因为价格昂贵、安装占地面积大、安装周期长、劳动强度大，所以一次投资很大是它的主要缺点。

④ 预分支电缆。电缆分支接头采用特殊设计的连接器进行压接，连接强度高、接触面积大，可保证导体连接的可靠性和接触电阻的要求；具有可靠性高、环境要求低、免维护等优点，缺点是需依据工程专门定做，供货周期长。

第二节　动力与照明系统图

一、动力系统图

动力系统图是建筑电气施工图中最基本的图纸之一，是用来表达建筑物内动力系统的基本组成及相互关系的电气工程图。它一般用单线绘制，能够集中体现动力系统的计算电流、开关及熔断器、配电箱、导线或电缆的型号规格、保护套管管径和敷设方式、用电设备名称、容量及配电方式等。

(1) 低压动力配电系统接线形式

低压动力配电系统的电压等级一般为 380V/220V 中性点直接接地系统，低压配电系统的接线方式主要有放射式、树干式和链式三种形式，如表 9-4 所示。

表 9-4　低压动力配电系统接线方式

序号	名称	接线图	说明
1	放射式	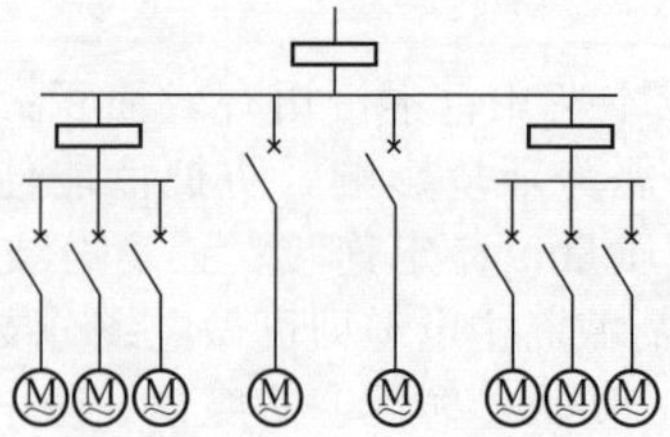	这种接线方式的主配电箱安装在容量较大的设备附近，分配电箱和控制开关与所控制的设备安装在一起，因此能保证配电的可靠性。当动力设备数量不多，容量大小差别较大，设备运行状态比较平稳时，一般采用放射式配电方案

序号	名称	接线图	说明
2	树干式	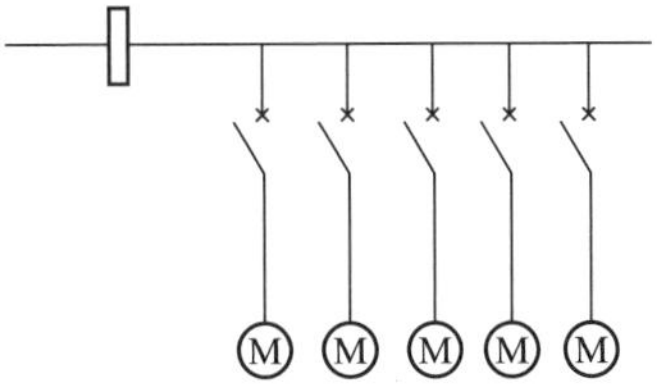	这种接线方式的可靠性比放射式要低一些,在高层建筑的配电系统设计中,垂直母线槽和插接式配电箱组成树干式配电系统 当动力设备分布比较均匀,设备容量差别不大且安装距离较近时,可采用树干式动力系统配电方案
3	链式	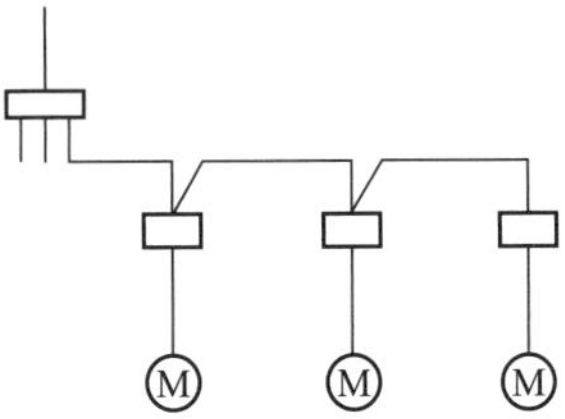	这种接线方式由一条线路配电,先接至一台设备,然后再由这台设备接至邻近的动力设备,通常一条线路可以接 3~4 台设备,最多不超过 5 台,总功率不超过 10kW。它的特性与树干式配电方案的特性相似,可以节省导线,但供电可靠性较差,一条线路出现故障,会影响多台设备的正常运行。当设备距离配电屏较远,设备容量比较小,且相互之间距离比较近时,可以采用链式动力配电方案

(2) 动力系统图的识读方法

建筑物的动力设备较多,包括电梯、空调、水泵以及消防设备等。

➜实例操作

下面以某教学大楼 1~7 层的动力系统图为例介绍动力系统图的识读方法。某教学大楼 1~7 层的动力系统图,如图 9-4 所示。设备包括电梯和各层动力装置,其中电梯动力较简单,由低压配电室 AA4 的 WPM4 回路用电缆经竖井引至 7 层电梯机房,接至 AP-7-1 箱上,箱型号为 PZ30-3003,电缆型号为 VV(5×10)铜芯电缆。该箱输出两个回路,电梯动力为 18.5kW,主开关为 C45N/3P(50A)低压断路器,照明回路主开关为 C45N/1P(10A)。

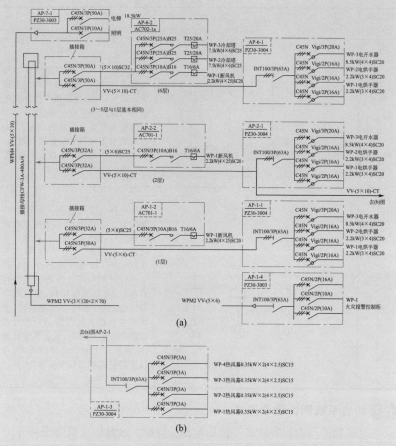

图 9-4　某教室大楼 1～7 层动力系统图

① 动力母线是用安装在电气竖井内的插接母线完成的，母线型号为 CFW-3A-400A/4，额定容量 400A，三相加一根保护线。母线的电源是用电缆从低压配电室 AA3 的 WPM2 回路引入的，电缆型号为 VV（3×120+ 2×70）铜芯塑电缆。

② 各层的动力电源是经插接箱取得的，插接箱与母线成套供应，箱内设两只 C45N73P（32）、（50）低压断路器，括号内数值为电流整定值，将电源分为两路。

③ 这里仅以一层为例加以说明。 电源分为两路，其中一路是用电缆桥架（CT）将电缆 VV-（5×10）-CT 铜芯电缆引至 AP-1-1 配电箱，型号为 PZ30-3004。 另一路是用 5 根（每根是 6mm²）导线穿管径 25mm 的钢管将铜芯导线引至 AP-1-2 配电箱，型号为 AC701-1。

AP-1-1 配电箱分为四路，其中有一备用回路，箱内有 C45N/3P（10A）的低压断路器，整定电流 10A，B16 交流接触器，额定电流 16A，以及 T16/6A 热继电器，额定电流为 16A，热元件额定电流为 6A。 总开关为隔离刀开关，型号 INT100/3P（63A），第一分路 WP-1 为电烘手器 2.2kW，用铜芯塑线（3×4）SC20 引出到电烘手器上，开关采用仪 C45NVigi/2P（16A），有漏电报警功能（Vigi）；第二分路 WP-2 为电烘手器，同上；第三分路为电开水器 8.5kW，用铜芯塑线（4×4）SC20 连接，采用 C45NVigi/3P（20A），有漏电报警功能。

AP-1-2 配电箱为一路 WP-1，新风机 2.2kW，用铜芯塑线（4×2.5）SC20 连接。

2～6 层与 1 层基本相同，但 AP-2-1 箱增了一个回路，这个回路是为一层设置的，编号 AP-1-3，型号为 PZ30-3004，如图 9-4（b）所示，四路热风幕，0.35kW×2，铜线穿管（4×2.5）SC15 连接。

④ 6 层与 1 层略有不同，其中 AP-6-1 与 1 层相同，而 AP-6-2 增加了两个回路，即两个冷却塔 7.5kW，用铜塑线（4×6）SC25 连接，主开关为 C45N/3P（25A）低压断路器，接触器 B₂₅ 直接启动，热继电器 T25/20A 作为过载及断相保护。 增加回路后，插接箱的容量也做了调整，两路均为 C45N/3P（50A），连接线变为（5×10）SC32。

⑤ 1 层除了上述回路外，还从低压配电室 AA4 的 WLM2 引入消防中心火灾报警控制柜一路电源，编号 AP-1-4，箱型号为 PZ30-3003，总开关为 INT100/3P（63A）刀开关，分 3 路，型号均为 C45N/ZP（16A）。

二、照明系统图

建筑电气照明系统图是用来表示照明系统网络关系的图纸，系统图应表示出系统的各个组成部分之间的相互关系与连接方式，以及各组成部分的电器元件和设备及其特性参数。

(1) 照明配电系统接线形式

照明配电系统有 380V/220V 三相五线制（TT 系统、TN-S 系统）和 220V 单相两线制。在照明分支线中，一般采用单相供电，在照明总干线中，要采用三相五线制供电，并且要尽量把负荷均匀地分配到各线路上，以保证供电系统的三相平衡。

根据照明系统接线方式的不同，照明配电系统可分为三种形式，如表 9-5 所示。

表 9-5　照明配电系统接线方式

序号	名称	接线图	说明
1	单电源照明配电系统	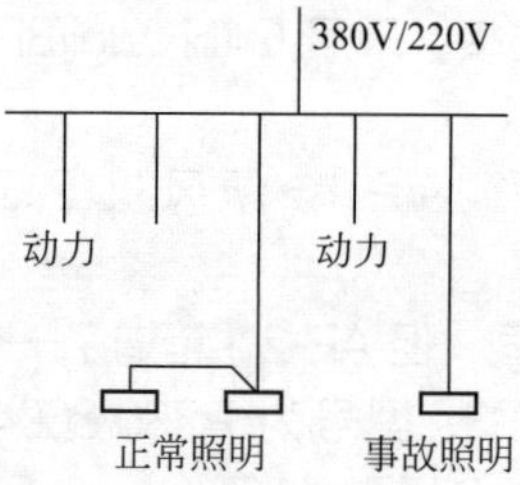	照明线路与动力线路在母线上分开供电，事故照明线路与正常照明分开
2	有备用电源照明配电系统	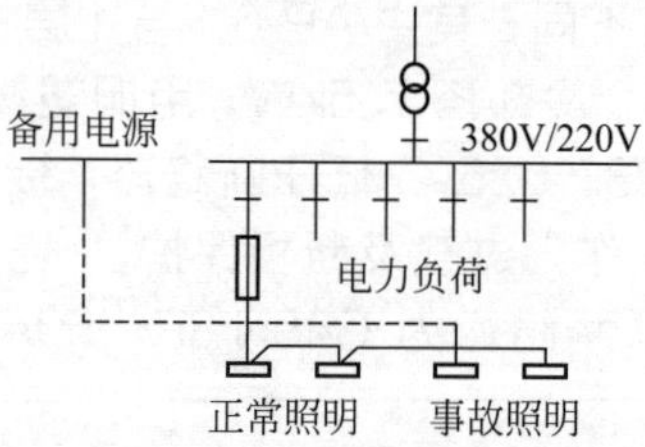	照明线路与动力线路在母线上分开供电，事故照明线路由备用电源供电
3	多层建筑照明配电系统	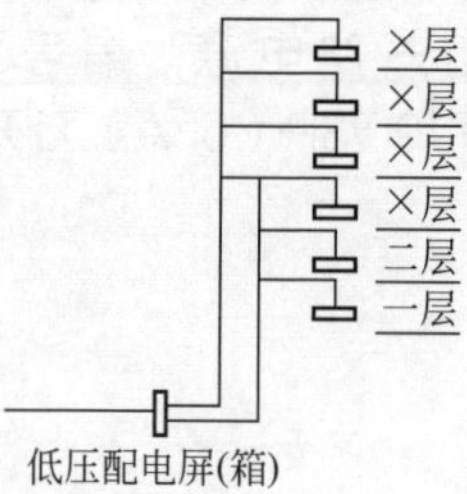	多层建筑照明一般采用干线式供电，总配电箱设在底层

在照明系统图中，可以清楚地看出照明系统的接线方式以及进线类型与规格、总开关型号、分开关型号、导线型号规格、管径及敷设方式、分支回路编号、分支回路设备类型、数量及计算总功率等基本设计参数。

✦ 实例操作

某综合大楼为三层砖沉结构，其照明系统图如图 9-5 所示。从图中可以看出，进线标注为 VV22-4×16SC50-FC，说明本楼使用全塑铜芯铠装电缆，规格为 4 芯，截面积 16mm²，穿直径 50mm 焊接钢管，沿地下暗敷设进图建筑物的首层配电箱。 三个楼层的电箱均为 PXT 型通用配电箱，一层 AL-I 箱尺寸为 700mm×650mm×200mm，配电箱内装一只总开关，使用 C45N-2 型单极组合断路器，容量 32A。 总开关后接本层开关，也使用 C45N-2 型单极组合断路器，容量 15A，另外的一条线路穿管引上二楼。 本层开关后共有 6 个输出回路，分别为 WL$_1$～WL$_6$。 其中 WL$_1$、WL$_2$ 为插座支路，开关使用 C45N-2 型单极组合断路器；WL$_3$～WL$_5$ 为照明支路，使用 C45N-2 型单极组合断路器；WL$_6$ 为备用支路。

1～2 层的线路使用 5 根截面积为 10mm² 的 BV 型塑料绝缘铜导线连接，穿直径 32mm 的焊接钢管，沿墙内暗敷设。 二层配电箱 AL-2 与三层配电箱 AL-3 相同，均为 PXT 型通用配电箱，尺寸为 500mm×280mm×160mm。 箱内主开关为 C45N-2 型 15A 单极组合断路器，在开关前分出一条线路接往三楼。主开关后为 7 条输出回路，其中 WL$_1$、WL$_2$ 为插座支路，使用带漏电保护断路器；WL$_3$～WL$_5$ 为照明支路；WL$_6$、WL$_7$ 两条为备用支路。

从 2～3 层使用 5 根截面积为 6mm² 的塑料绝缘铜线连接，穿直径 25mm 的焊接钢管，沿墙内暗敷设。

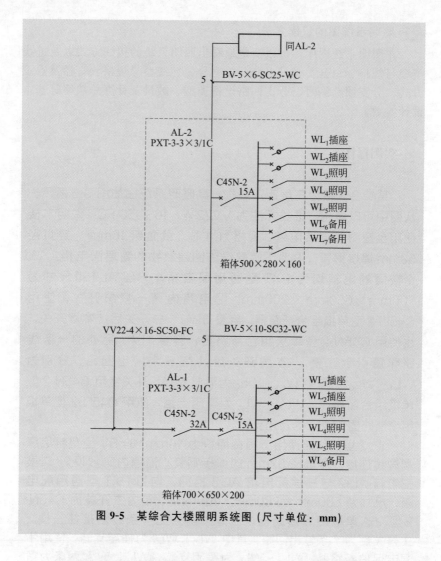

图 9-5　某综合大楼照明系统图（尺寸单位：mm）

第三节　动力及照明施工平面图识读

一、动力与照明平面图的识读

　　① 首先应阅读动力与照明系统图。了解整个系统的基本组成，

各设备之间的相互关系，对整个系统有一个全面了解。

② 阅读设计说明和图例。设计说明以文字形式描述设计的依据、相关参考资料以及图中无法表示或不易表示，但又与施工有关的问题。图例中常表明图中采用的某些非标准图形符号。这些内容对正确阅读平面图是十分重要的。

③ 了解建筑物的基本情况，熟悉电气设备、灯具在建筑物内的分布与安装位置。要了解电气设备、灯的型号、规格、性能、特点以及对安装的技术要求。

④ 了解各支路的负荷分配和连接情况，明确各设备属于哪个支路的负荷，弄清设备之间的相互关系。读平面图时，一般从配电箱开始，一条支路一条支路地看。如果这个问题解决不好，就无法进行实际的配线施工。

⑤ 动力设备及照明灯具的具体安装方法一般不在平面图上直接给出，必须通过阅读安装大样图来解决，可以把阅读平面图和阅读安装大样图结合起来，以全面了解具体的施工方法。

⑥ 相互对照、综合看图。为避免建筑电气设备及线路与其他设备管线在安装时发生位置冲突，在阅读平面图时，要对照阅读其他建筑设备安装图。

⑦ 了解设备的一些特殊要求，做出适当的选择。如低压电器外壳防护等级、防触电保护的灯具分类、防爆电器等的特殊要求。

二、动力与照明平面图识读方法

室内电气系统的动力部分通常分四种类型，即配电室设备、空调机房、水泵房和各种动力装置等。

✦➡实例操作

某办公大楼配电室平面如图 9-6 所示。图中还列出了剖面图和主要设备规格型号。从图中可以看出，配电室位于一层右上角⑦-⑧和⑪-ⓒ/① 轴间，面积 5400mm × 5700mm。两路电源进户，其中有一备用电源，380V/220V，电缆埋地引入，进户位置⑪轴距⑦轴 1200mm 并引入电缆沟内，进户后直接接于 AA1 柜总隔离刀开关上闸口。进户电缆型号为 VV22（3×185+ 1×95）× 2，备用电缆型号为 VV22（3×185+ 1×95），由厂区变电所引出来。

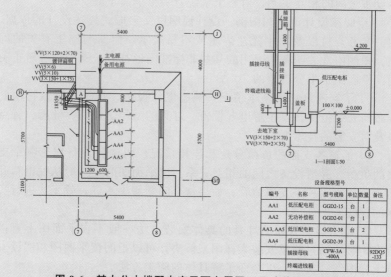

图 9-6　某办公大楼配电室平面布置图（尺寸单位：mm）

编号	名称	型号规格	单位	数量	备注
AA1	低压配电柜	GGD2-15	台	1	
AA2	无功补偿柜	GGD2-01	台	1	
AA3、AA5	低压配电柜	GGD2-38	台	2	
AA4	低压配电柜	GGD2-39	台	1	
	插接母线	CFW-3A-400A			92DQ5-133
	终端进线箱				

设备规格型号

室内设柜 5 台，成列布置于电缆沟上，距⑪轴 800mm，距⑪轴 1200mm。出线经电缆沟引至⑦轴与⑪轴所成直角的电缆竖井内，通往地下室的电缆引出沟后埋地－0.8m 引入。柜体型号及元器件规格型号见图 9-6 中的设备规格型号表。槽钢底座采用 100mm×100mm 槽钢。电缆沟设木盖板厚 50mm。

接地线由⑦轴与⑪轴交叉柱 A 引出到电缆沟内并引到竖井内，材料为－40mm×4mm 镀锌扁钢，系统接地电阻≤4Ω。

⊹实例操作

某幼儿园 1 层照明平面布置图，如图 9-7 所示。图中有一个照明配电箱 AL₁，由配电箱 AL₁ 引出 WL₁～WL₁₁ 共 11 路配电线。

其中 WL₁ 照明支路，共有 4 盏双眼应急灯和 3 盏疏散指示灯。4 盏双眼应急灯分别位于轴线Ⓑ的下方，连接到 3 轴线右侧传达室附近 1 盏、轴线Ⓔ的下方，连接到③轴线左侧传达室附近 1 盏；轴线Ⓔ的下方，连接到⑦轴线左侧消毒室附近 1 盏；轴线Ⓔ的下方，连接到⑪轴线右侧厨房附近 1 盏。3 盏疏散指示灯分别位

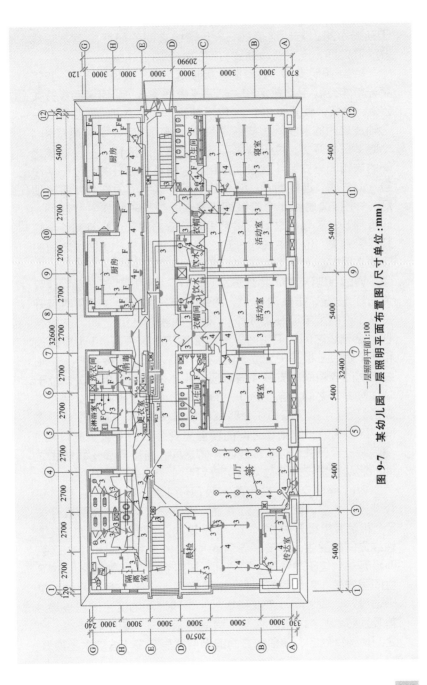

图 9-7 某幼儿园一层照明平面布置图(尺寸单位:mm)

于轴线Ⓐ的上方，连接到 3～5 轴线之间的门厅 2 盏；轴线Ⓓ～Ⓔ之间，连接到⑫轴线右侧的楼道附近 1 盏。

　　WL₂ 照明支路，共有防水吸顶灯 2 盏、吸顶灯 2 盏、双管荧光灯 12 盏、2 个排风扇、暗装三极开关 3 个、暗装两极开关 2 个、暗装单极开关 1 个。 位于轴线Ⓒ～Ⓓ之间，连接到⑤～⑦轴线之间的卫生间里安装 2 盏防水吸顶灯、1 个排风扇和 1 个暗装三极开关；位于轴线Ⓒ～Ⓓ之间，连接到⑦～⑧轴线之间的衣帽间里安装 1 盏吸顶灯和 1 个暗装单极开关；位于轴线Ⓒ～Ⓓ之间，连接到⑧～⑨轴线之间的饮水间里安装 1 盏吸顶灯、1 个排风扇和 1 个暗装两极开关；位于轴线Ⓐ～Ⓒ之间，连接到⑤～⑦轴线之间的寝室里安装 6 盏双管荧光灯和 1 个暗装三极开关；位于轴线Ⓐ～Ⓒ之间，连接到⑦～⑨轴线之间的活动室里安装 6 盏双管荧光灯和 1 个暗装三极开关。

　　WL₃ 照明支路，共有防水吸顶灯 2 盏、吸顶灯 2 盏、双管荧光灯 12 盏、排风扇 2 个、暗装三极开关 3 个、暗装两极开关 2 个、暗装单极开关 1 个。 位于轴线Ⓒ～Ⓓ之间，连接到 11～12 轴线之间的卫生间里安装 2 盏防水吸顶灯、1 个排风扇和 1 个暗装三极开关；位于轴线Ⓒ～Ⓓ之间，连接到⑩～⑪轴线之间的衣帽间里安装 1 盏吸顶灯和 1 个暗装单极开关；位于轴线Ⓒ～Ⓓ之间，连接到⑨～⑩轴线之间的饮水间里安装 1 盏吸顶灯、1 个排风扇和 1 个暗装两极开关；位于轴线Ⓐ～Ⓒ之间，连接到⑪～⑫轴线之间的寝室里安装 6 盏双管荧光灯和 1 个暗装三极开关；位于轴线Ⓐ～Ⓒ之间，连接到⑨～⑪轴线之间的活动室里安装 6 盏双管荧光灯和 1 个暗装三极开关。

　　WL₄ 照明支路，共有防水吸顶灯 1 盏、吸顶灯 12 盏、双管荧光灯 1 盏、单管荧光灯 4 盏、排风扇 4 个、暗装两极开关 5 个和暗装单级开关 11 个。 位于轴线Ⓖ下方，连接到①～②轴线之间的卫生间里安装 1 盏吸顶灯、1 个排风扇和 1 个暗装两极开关；位于轴线Ⓗ、Ⓖ之间，连接到②～③轴线之间的卫生间里安装 1 盏吸顶灯、1 个排风扇和 1 个暗装两极开关；位于轴线Ⓗ、Ⓖ之间，连接到③～④轴线之间的卫生间里安装 1 盏吸顶灯、1 个排风扇和 1 个暗装两极开关；位于轴线Ⓗ、Ⓖ之间，连接到⑤、⑥轴线之间的淋浴室里安装 1 盏防水吸顶灯和 1 个排风扇；位于轴线Ⓗ、Ⓖ之间，连接到⑥、⑦轴线之间的洗衣间里安装 1 盏双管荧光灯；位于轴线Ⓔ、Ⓗ之间，连接到⑥~⑦轴线之间的消毒间里安装 1 盏单管荧光灯和 2 个暗装单极开关（其中 1 个暗装单极开关是控制洗衣间 1 盏双管荧光灯的）；位于轴线Ⓔ、Ⓗ之间，连接到⑤、⑥轴线之间的更衣室里安装 1 盏单管荧光灯、1 个暗装单极开关和 1 个暗装两极开关（其中 1 个暗装两极开关是用来控制淋浴室的防水吸顶灯和排风扇的）；位于轴线Ⓔ、Ⓗ之间，连接到④~⑤轴线之间的位置安装 1 盏吸顶灯和 1 个暗装单极开关；位于轴线Ⓗ下方，连接到③~④轴线之间的洗手间里安装 1 盏吸顶灯和 1 个暗装单极开关；位于轴线Ⓗ下方，连接到②~③轴线之间的洗手间里安装 1 盏吸顶灯和 1 个暗装单极开关；位于轴线Ⓔ、Ⓗ之间，连接到③轴线位置安装 1 盏吸顶灯、位于轴线Ⓔ上方，连接到④轴线左侧位置安装 1 个暗装单极开关；位于轴线Ⓔ、Ⓗ之间和Ⓗ上方，连接到①~②轴线之间的中间位置各安装 1 个单管荧光灯；在轴线Ⓔ、Ⓗ之间，连接到 2 轴线左侧位置安装 1 个暗装两极开关；在轴线Ⓔ的下方，连接到④轴线位置安装 1 个暗装单极开关；在轴线Ⓓ、Ⓔ之间，连接到④、⑤轴线之间的中间位置安装 1 盏吸顶灯；在轴线Ⓓ、Ⓔ之间，连接到⑥、⑦轴线之间的中间位置安装 1 盏吸顶灯；在轴线Ⓔ的下方，连接到④、⑤轴线之间的中间位置安装 1 个暗装单极开关；在轴线Ⓓ、Ⓔ之间，连接到⑩轴、⑪轴线之间的中间位置安装 1 盏吸顶灯；在轴线Ⓔ的下方，连接到⑩轴、⑪轴线之间的中间位置安装 1 个暗装单极开关；在轴线Ⓓ、Ⓔ之间，连接到⑫轴线右侧的位置安装 1 盏吸顶灯；在轴线Ⓔ的下方，连接到⑫轴线的位置安装 1 个暗装单极开关。

WL$_5$照明支路，共有吸顶灯 6 盏、单管荧光灯 4 盏、筒灯 8 盏、水晶吊灯 1 盏、暗装三极开关 1 个、暗装两极开关 3 个和暗装单极开关 1 个。位于轴线Ⓒ~Ⓓ之间，连接到①~③轴线之间的晨检室里安装 2 盏单管荧光灯和 1 个暗装两极开关；位于轴线Ⓑ、Ⓒ之间，连接到①~③轴线之间的位置安装 4 盏吸顶灯和 1 个暗装两极开关；位于轴线Ⓐ、Ⓑ之间，连接到①~③轴线之间的传达室里安装 2 盏单管荧光灯和 1 个暗装两极开关；位于轴线Ⓐ~Ⓒ之间，连接到③~⑤轴线之间的门厅里安装 8 盏筒灯、1 盏水晶吊灯、1 个暗装三极开关和 1 个暗装单极开关；位于轴线Ⓐ下方，连接到③~⑤轴线之间的位置安装 2 盏吸顶灯。

WL_6 照明支路，共有防水双管荧光灯 9 盏，暗装两极开关 2 个。位于轴线Ⓔ~Ⓖ之间，连接到 8~12 轴线之间的厨房里安装 9 盏防水双管荧光灯和 2 个暗装两极开关。

WL_7 插座支路，共有单相二、三孔插座 10 个。位于轴线Ⓐ~Ⓒ之间，连接到⑤~⑦轴线之间寝室里安装单相二、三孔插座 4 个；位于轴线Ⓐ~Ⓒ之间，连接到 7~9 轴线之间的活动室里安装单相二、三孔插座 5 个；位于轴线Ⓒ~Ⓓ之间，连接到 8 轴线右侧的饮水间里安装单相二、三孔插座 1 个。

WL_8 插座支路，共有单相二、三孔插座 7 个。位于轴线Ⓒ、Ⓓ之间，连接到①~③轴线之间的晨检室里安装单相二、三孔插座 3 个；位于轴线 A、B 之间，连接到 1~3 轴线之间的传达室里安装单相二、三孔插座 4 个。

WL_9 插座支路，共有单相二、三孔插座 10 个。位于轴线Ⓒ、Ⓓ之间，连接到⑨、⑩轴线之间的饮水间里安装单相二、三孔插座 1 个；位于轴线Ⓐ~Ⓒ之间，连接到⑨~⑪轴线之间的活动室里安装单相二、三孔插座 5 个；位于轴线Ⓐ~Ⓒ之间，连接到⑪~⑫轴线之间的寝室里安装单相二、三孔插座 4 个。

WL_{10} 插座支路，共有单相二、三孔插座 5 个、单相二、三孔防水插座 2 个。位于轴线Ⓔ、Ⓗ之间，连接到⑥~⑦轴线之间的消毒室里安装单相二、三孔插座 2 个；位于轴线Ⓗ、Ⓖ之间，连接到⑥~⑦轴线之间的洗衣间里安装单相二、三孔防水插座 2 个；位于轴线Ⓔ~Ⓗ之间，连接到 5 轴线右侧更衣室里安装单相二、三孔插座 1 个；位于轴线Ⓔ～Ⓗ之间，连接到①～②轴线之间的隔离室里安装单相二、三孔插座 2 个。

WL₁₁ 插座支路，共有单相二、三孔防水插座 8 个。 位于轴线Ⓔ、Ⓖ之间，连接到⑧～⑫轴线之间的厨房里安装单相二、三孔防水插座 8 个。

第十章
建筑弱电工程施工图的识读

　　建筑弱电工程是建筑电气工程的重要组成部分。通常把建筑电气系统中以能量转换为主要特征的动力、照明系统，称为强电工程系统。而像电话、通信、广播、闭路电视、消防、安保等自动化、智能化系统电气工程，主要是传播信号、进行信息交换的，传输和流通的主要是电能极小的弱电信号，故称为弱电系统电气工程。从某种意义上讲，动力照明系统中，电压在 50V 以下的控制系统也属于弱电部分。描述弱电系统的电气图称为弱电电气工程图。弱电系统的引入，使建筑物的服务功能大大扩展，增加了建筑物内部以及内部与外界之间的信息传递和交换能力。

第一节　火灾自动报警及消防联动控制图识读

一、火灾自动报警及消防联动控制原理

　　火灾自动报警及消防联动控制系统原理：通过布置在现场的火灾探测器自动监测火灾发生时产生的烟雾或火光、热气等火灾信号，联动有关消防设备，实现监测报警、控制灭火的自动化。火灾自动报警及联动控制的主要内容有火灾参数的检测系统，火灾信息的处理与自动报警系统，消防设备联动与协调控制系统，消防系统的计算机管理等。

　　在此系统中，火灾报警控制器是火灾报警系统的心脏，是分析、判断、记录和显示火灾的部件，它通过火灾探测器（感烟、感温）不断向监视现场发出巡测信号，监视现场的烟雾浓度、温度等。探测器将烟雾浓度或温度转换成电信号，反馈给报警控制器，报警控制器收到电信号后与控制器内存储的整定值进行比较，以判断是否发生了火灾。当确认发生火灾，控制器上会立即

发出声光报警，现场发出火灾报警，显示火灾区域或楼层房号的地址编码，并打印报警时间、地址。同时通过消防广播向火灾现场发出火灾报警信号，指示疏散路线，在火灾区域相邻的楼层或区域通过消防广播、火灾显示盘显示火灾区域，指示人员朝安全的区域避难。

火灾自动报警及消防控制系统框图如图 10-1 所示。

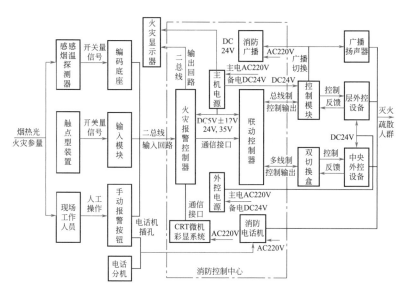

图 10-1　火灾自动报警及消防控制系统框图

二、火灾自动报警系统及消防联动控制主要设备

(1) 火灾探测器

① 火灾探测器的分类。火灾探测器是火灾自动报警系统最关键的部件之一，是整个系统自动检测的触发器件。其分类如表 10-1 所示。

② 火灾探测器工作原理及安装场所要求。

a.感烟火灾探测器工作原理及安装场所要求，如表 10-2 所示。

b.感温火灾探测器工作原理及安装场所要求，如表 10-3 所示。

c.感光火灾探测器工作原理及安装场所要求，见表 10-4。

d. 可燃气体火灾探测器工作原理及安装场所要求，见表10-5。
e. 复合火灾探测器工作原理及安装场所要求，见表10-6。

表 10-1 火灾探测器的分类

序号	类别	说明
1	感烟火灾探测器	这类火灾探测器对燃烧或热解产生的固体或液体微粒予以响应,可以探测物质初期燃烧所产生的气溶胶或烟粒子浓度。因为气溶胶或烟雾粒子可以改变光强,减小探测器电离室的离子电流,改变空气电容器的介电常数或改变半导体的某些性质,故感烟火灾探测器又可分为离子型、光电型、电容式或半导体型等类型。其中光电型火灾探测器还包括减光型(烟雾遮挡减少光通量)和散光型(烟雾对光的散射)等两种
2	感温火灾探测器	这种火灾探测器响应异常温度、温升速率和温差等火灾信号,是使用面广、品种多、价格最低的火灾探测器。其结构简单,很少配用电子电路,与其他种类比较,可靠性高,但灵敏度较低。常用的有定温型——环境温度达到或超过预定值时响应;差温型——环境温升速率超过预定值时响应;差定温型——兼有差温、定温两种功能。感温火灾探测器使用的敏感元件主要有热敏电阻、热电偶、双金属片、易熔金属、膜盒和半导体等
3	感光火灾探测器	感光火灾探测器又称火焰探测器,主要对火焰辐射出的红外、紫外、可见光予以响应。常用的有红外火焰型和紫外火焰型两种
4	气体火灾探测器	这类探测器主要用于易燃、易爆场所中探测可燃气体(粉尘)的浓度,一般调整在爆炸浓度下限的(1/5)~(1/6)时动作报警。其主要传感元件有铂丝、铂钯(黑白元件)和金属氧化物半导体(如金属氧化物、钙钛晶体和尖晶石)等几种。可燃气体探测器目前主要用于宾馆厨房或燃料气储备间、汽车库、压气机站、过滤车间、溶剂库、炼油厂、燃油电厂等存在可燃气体的场所。用于火灾时烟气体的探测尚未普及
5	复合火灾探测器	复合火灾探测器是可以响应两种或两种以上火灾参数的火灾探测器,主要有感温感烟型、感光感烟型、感光感温型等

表 10-2　感烟火灾探测器工作原理及安装场所要求

型别		工作原理	安装场所	
			不适宜	适宜
点型	离子型	利用烟雾粒子改变电离室电流的原理制成。当火灾发生时,烟雾粒子进入外电离室,部分正、负离子被吸附到比离子重的烟雾粒子上,使离子在电场中的运动速度降低,造成内外电离室等效阻抗发生变化,内外电离室相连点电位升高,当达到或超过阈值电平时,探测器报警	①相对湿度经常大于95% ②气流速度大于5m/s ③有大量粉尘、水雾滞留 ④可能产生腐蚀性气体 ⑤在正常情况下有烟滞留 ⑥产生醇类、醚类、酮类等有机物质	①饭店、旅馆、教学楼、办公楼的厅堂、卧室、办公室 ②电子计算机房、通信机房、电视放映室 ③楼梯、走道、电梯机房 ④书库、档案库 ⑤有电气火灾危险的场所
	光电型	利用烟雾粒子对光线产生散射、吸收或遮挡的原理制成	①可能产生黑烟 ②有大量粉尘、水雾滞留 ③可能产生蒸汽和油雾 ④在正常情况下有烟滞留	
线型	激光型	利用烟雾粒子吸收激光光束的原理制成。激光器在脉冲电源的激发下发出脉冲激光,当火灾发生时,激光束被大量烟雾遮挡而减弱,当光电接收信号减弱到设定的阈值时,探测器发出报警信号	无遮挡大空间或有特殊要求的场所	
	红外光束型	红外光束型感烟探测器由发射器、光学系统和接收器三部分组成。在正常情况下,测量区域内无烟,发射器发出的红外光束被接收器接收到,系统处于正常监视状态,当火灾发生时,大量烟雾扩散,对红外光束起到吸收和散射作用,使到达接收器的光信号减弱,当接收信号减弱到设定的阈值时,探测器发出报警信号		

表 10-3　感温火灾探测器工作原理及安装场所要求

型别		工作原理	安装场所	
点型	定温	在规定时间内,火灾温度参量超过一个固定值时启动报警的探测器。根据材料不同可分为双金属型、金属膜片型、易熔合金型、玻璃球型、水银接点型、热电偶型、半导体型和热敏电阻型等	①可能产生阻燃火或发生火灾不及时报警将造成重大损失的场所 ②温度在0℃以下的场所	①相对湿度经常大于95% ②无烟火灾 ③有大量粉尘 ④在正常情况下有烟和蒸汽滞留 ⑤厨房、锅炉房、发电机房等 ⑥吸烟室 ⑦其他不宜安装感烟探测器的厅堂和公共场所
	差温	在规定时间内,环境温度升温速率达到或超过预定值时响应的探测器。根据材料不同可分为金属膜盒型、双金属型、半导体型和热敏电阻型等	①可能产生阻燃火或发生火灾不及时报警将造成重大损失的场所 ②温度变化较大的场所	
	差定温	在一个壳体内兼具差温、定温两种功能的感温火灾探测器。根据材料不同可分为金属膜盒型、双金属型和热敏电阻型等	—	
线型	定温	在规定时间内,火灾温度参量超过一个固定值时启动报警的探测器。根据材料不同可分为可熔绝缘物型和半导体型	①电缆隧道、电缆竖井、电缆夹层、电缆桥架等 ②配电装置、开关设备、变压器等 ③各种皮带输送标志 ④控制室、计算机室的闷顶内、地板下及重要设施隐蔽处等 ⑤其他环境恶劣不适合点型探测器安装的危险场所	
	差温	在规定时间内,环境温度升温速率达到或超过预定值时响应的探测器。根据材料不同可分为空气管线型和热电偶线型		
	差定温	在一个壳体内兼具差温、定温两种功能的感温火灾探测器。根据材料不同可分膜盒型、双金属型、半导体型和热敏电阻型等		

328

表 10-4　感光火灾探测器工作原理及安装场所要求

型别	工作原理	安装场所	
		适宜	不适宜
紫外火焰型	利用火焰产生的紫外辐射来探测火焰并予以响应	①适用于飞机库、油井、输油站、可燃气罐和液罐、易燃易爆物品仓库等 ②适用于火灾初期不产生烟雾的场所,如生产、储存酒精、石油等场所	①可能发生无焰火灾 ②在火焰出现前有浓烟扩散 ③探测器的镜头易被污染 ④探测器的"视线"易被遮挡 ⑤探测器易受阳光或其他光源直接或间接照射 ⑥在正常情况下有明火作业以及 X 射线、弧光等影响
红外火焰型	利用火焰产生的红外辐射来探测火焰并予以响应	适用于没有熏燃阶段的燃料火灾早期预测,如醇类、汽油等易燃液体仓库等	

表 10-5　可燃气体火灾探测器工作原理及安装场所要求

名称	型别	工作原理	安装场所
可燃气体探测器	催化燃烧型	集传感器技术、电子技术与安全监控技术于一体的综合仪表	使用管道煤气或天然气的场所
	气敏半导体型		煤气站或煤气表房以及存储液化石油气罐的场所
	光电型		其他散发可燃气体和可燃蒸气的场所
	固体电解质型		有可能产生一氧化碳气体的场所,宜选择一氧化碳气体探测器

表 10-6　复合火灾探测器工作原理及安装场所要求

名称	型别	工作原理	安装场所
复合火灾探测器	感温感烟型	复合火灾探测器可适应两种或两种以上火灾参数的火灾探测器	装有联动装置、自动灭火系统以及用单一探测器不能有效确认火灾的场所
	感温感光型		
	感烟感光型		
	感温感烟感光型		
	红外光束感烟感光型		

③ 火灾探测器的选择。

a.火灾探测器的选用原则。在火灾自动探测系统中,探测器的选择非常重要，应根据探测区域内可能发生火灾的特点、空间高度、气流状况等选择其合适的探测器或几种探测器的组合。

 操作注意事项

火灾探测器的选择一般应遵守以下原则。

① 火灾初期有引燃阶段，产生大量的烟和少量的热，很少或没有火焰辐射，应选用感烟探测器。

② 火灾发展迅速，产生大量的热、烟和火焰辐射，可选用感温探测器、感烟探测器、火焰探测器或其组合。

③ 火灾发展迅速，有强烈的火焰辐射和少量的烟、热，应选用火焰探测器。

④ 火灾形成特点不可预料，可进行模拟试验，根据试验结果选择探测器。

⑤ 在散发可燃气体和可燃蒸气的场所，宜选用可燃气体探测器。

b. 火灾探测器的适用场所，如表 10-7 所示。

表 10-7 各类火灾探测器的适用场所

类别	适用场所
点型感烟探测器	①饭店、旅馆、教学楼、办公楼的厅堂、卧室、办公室等 ②电子计算机房、通信机房、电影或电视放映室等 ③楼梯、走道、电梯机房等 ④书库、档案库等 ⑤有电气火灾危险的场所
感温探测器	①相对湿度经常大于 95% ②无烟火灾 ③有大量粉尘 ④在正常情况下有烟和蒸气滞留 ⑤厨房、锅炉房、发电机房、烘干车间等 ⑥吸烟室等 ⑦其他不宜安装感烟探测器的厅堂和公共场所
火焰探测器	①火灾时有强烈的火焰辐射 ②液体燃烧火灾等无阻燃阶段的火灾 ③需要对火焰做出快速反应

类别	适用场所
可燃气体探测器	①使用管道煤气或天然气的场所 ②煤气站和煤气表房以及存储液化石油气罐的场所 ③其他散发可燃气体和可燃蒸气的场所 ④有可能产生一氧化碳气体的场所,宜选择一氧化碳气体探测器
采用感烟探测器、感温探测器、火焰探测器(同类型或不同类型)的组合	装有联动装置、自动灭火系统以及用单一探测器不能有效确认火灾的场合
红外光束感烟探测器	无遮挡大空间或有特殊要求的场所
缆式线型定温探测器	①电缆隧道、电缆竖井、电缆夹层,电缆桥架等 ②配电装置、开关设备、变压器等 ③各种皮带输送装置 ④控制室、计算机室的闷顶内、地板下及重要设施隐蔽处等 ⑤其他环境恶劣不适合点型探测器安装的危险场所
空气管式线型差温探测器	①可能产生油类火灾且环境恶劣的场所 ②不易安装点型探测器的夹层、闷顶

c.民用建筑及其有关部位火灾探测器类型的选择,如表 10-8 所示。

表 10-8　民用建筑及其有关部位火灾探测器类型的选择

项目	设置场所	火灾探测器的类型											
		差温式			差定温式			定温式			感烟式		
		I	II	III	I	II	III	I	II	III	I	II	III
1	剧场、电影院、礼堂、会场、百货公司、商场、旅馆、饭店、集体宿舍、公寓、住宅、医院、图书馆、博物馆等	△	○	○	△	○	○	○	△	△	×	○	○
2	厨房、锅炉房、开水间、消毒室等	×	×	×	×	×	×	△	○	○	×	×	×
3	进行干燥、烘干的场所	×	×	×	×	×	×	△	○	○	×	×	×
4	有可能产生大量蒸气的场所	×	×	×	×	×	×	△	○	○	×	×	×

项目	设置场所	火灾探测器的类型											
		差温式			差定温式			定温式			感烟式		
		I	II	III	I	II	III	I	II	III	I	II	III
5	发电机室、立体停车场、飞机库等	×	○	○	×	○	○	○	×	×	×	△	○
6	电视演播室、电影放映室	×	×	△	×	×	△	○	○	○	×	○	○
7	在第一项中差温式及差定温式有可能不预报火灾发生的场所	×	×	×	×	×	×	○	○	○	×	○	○
8	发生火灾时温度变化缓慢的小间	×	×	×	×	×	×	×	×	×	○	△	○
9	楼梯及倾斜路	×	×	×	×	×	×	×	×	×	○	△	○
10	走廊及通道										△	○	
11	电梯竖井、管道井	×	×	×	×	×	×	×	×	×	○	△	○
12	电子计算机房、通信机房	△	×	×	△	×	×	△	×	×	○	○	○
13	书库、地下仓库	△	×	×	△	×	×	△	×	×	○	○	○
14	吸烟室、小会议室等	×	×	○	×	×	○	×	×	×	×	×	○

注：1. ○表示适于使用；

2. △表示根据安装场所等状况，限于能够有效地探测火灾发生的场所使用；

3. ×表示不适于使用。

(2) 火灾报警控制器

火灾报警控制器接收到火灾探测器或手动火灾报警按钮发出的火灾信号，即发出声、光报警，指示火灾发生的部位；按照预先编制的逻辑，发出控制信号，联动各种灭火控制设备，迅速有效地扑灭火灾。控制器安装得良好与否，直接影响设备功能。

① 火灾报警控制器的类型

a.手动火灾报警控制器。手动火灾报警控制器适合安装在人流的通道、仓库以及风速温度变化很大，而各种报警控制器所不能胜任的场所。一旦发现火情，即可人工操作按钮报警或直接向自动灭火系统发出指令，以便迅速灭火。

根据其安装方式（外壳结构）的不同，手动火灾报警控制器又可分为壁挂式和嵌入式两种，安装方式虽然不同，但其内部器件完全一样。SAN-1型手动火灾报警控制器较为常用，其主要技术数据如表10-9所示。

表 10-9　SAN-1 型手动火灾报警控制器主要技术数据

技术项目	技术指标
工作电压/V	直流 24
输出电压/V	≥19
接点容量/A	0.05
线制	三线制
外形尺寸/mm	195×125×85
重量/kg	2

SAN-1 型手动火灾报警器可与 HBMK 系列火灾自动报警器、报警灭火控制台等装置配合，作应急报警或控制灭火使用。为了避免错误操作，手动报警系统具有音响信号，如果有人误将门拉开，扬声器就会发出连续声响，对误操作人员发出警告，门复位后声响自动切除。

b.通用型火灾报警控制器。通用型火灾报警控制器是专为小型商店、小仓库、饮食店、储蓄所和小型建筑工程等一些单位的需要而设计的。它既可以与探测器组成为一个小范围内的独立系统，也可以作为大型集中报警区的一个区域报警控制器。

JB-TB-8-2700/063 型通用报警控制器的主电源多采用开关电源，其抗干扰性能强，转换效率高，结构紧凑，其外形尺寸如图 10-2 所示。它设有外接备用电源插头座，可以与 FJ-2709B 型直流备用电源

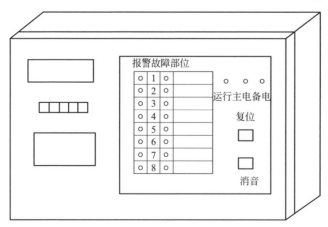

图 10-2　JB-TB-8-2700/063 型通用报警控制器外形

直接配用。当备用电源充到预定电压时，便自动切断充电网路。当主电源停电时，备用电源可以自动投入运行，以保证火灾报警系统的连续工作。

②火灾报警控制器的选择

a.区域报警控制器的容量不应小于报警区域内的探测区域总数，集中报警控制器的容量不宜小于保护范围内探测区域总数。

b.区域报警控制器和集中报警控制器的主要技术指标及其功能，应符合设计和使用要求，并有产品合格证。

c.选择火灾报警控制器时还应考虑其安装位置和安装方式。

(3) **联动控制器**

联动控制器与火灾报警装置配合，通过数据通信，接收并处理来自火灾报警装置的报警点数据，然后对其配套执行器件发出控制信号，实现对各类消防设备的控制。联动控制器可实现的功能，如表 10-10 所示。

表 10-10　联动控制器可实现的功能

序号	项目	内　容
1	控制、显示功能	①消防控制设备对室内消火栓系统应有下列控制、显示功能： a.控制消防水泵的启、停 b.显示启泵按钮启动的位置 c.显示消防水泵的工作、故障状态 ②消防控制设备对自动喷水灭火系统应有下列控制、显示功能： a.控制系统的启、停 b.显示报警阀、闸阀及水流监视器的工作状态 c.显示消防水泵的工作、故障状态 ③消防控制设备对泡沫、干粉灭火系统应有下列控制、显示功能： a.控制系统的启、停 b.显示系统的工作状态 ④消防控制设备对有管网的卤代烷、二氧化碳等灭火系统应有下列控制、显示功能： a.控制系统的紧急启动和切断装置 b.由火灾探测器联动的控制设备,应具有 30s 可调的延时装置 c.显示系统的手动、自动工作状态 d.在报警、喷射各阶段,控制室应有相应的声、光报警信号,并能手动切除声响信号 e.在延时阶段,应能自动关闭防火门、窗,停止通风、空气调节系统

序号	项目	内　　容
2	联动反馈功能	①火灾报警后,消防控制设备对联动控制对象应有下列功能: 　a.停止有关部位的风机,关闭防火阀,并接收其反馈信号 　b.启动有关部位的防烟、排烟风机(包括正压送风机)和排烟阀,并接收其反馈信号 ②火灾确认后,消防控制设备对联动控制对象应有下列功能: 　a.关闭有关部位的防火门、防火卷帘,并接收其反馈信号 　b.发出控制信号,强制电梯全部停于首层,并接收其反馈信号 　c.接通火灾事故照明灯和疏散指示灯 　d.切断有关部位的非消防电源 ③火灾确认后,消防控制设备应按疏散顺序接通火灾警报装置和火灾事故广播警报装置的控制程序,应符合下列要求: 　a.二层及二层以上楼层发生火灾,宜先接通着火层及其相邻的上、下层 　b.首层发生火灾,宜先接通本层、二层及地下各层 　c.地下室发生火灾,宜先接通地下各层及首层 ④消防控制室的消防通信设备,应符合下列要求。 　a.消防控制室与值班室、消防水泵房、配电室、通风空调机房、电梯机房、区域报警控制器及卤代烷等管网灭火系统应急操作装置处,应设置固定的对讲电话 　b.手动报警按钮处宜设置对讲电话插孔 　c.消防控制室内应设置向当地公安消防部门直接报警的外线电话

三、火灾自动报警及消防联动控制系统图范例及识读

(1) 火灾自动报警及联动控制系统工程图常用图形符号

火灾自动报警及联动控制系统工程图常用图形符号,如表10-11所示。

表 10-11　火灾自动报警及联动控制系统工程图常用图形符号

序号	图形符号	说明	序号	图形符号	说明
1	B	火灾报警控制器	14		火灾声光信号显示装置
2	B—O	区域火灾报警控制器	15		火灾报警电话(实装)
3	B—J	集中火灾报警控制器	16	T	火灾报警对讲机
4		火灾部位显示盘(层显示)	17		水流指示器
5		感烟探测器	18		压力报警阀
6		感温探测器	19		带监视信号的检修阀
7		火焰探测器	20		防火阀(70℃熔断关闭)
8		红外光束感烟发射器	21	E	
9		红外光束感烟接收器	22	280	
10		可燃气体探测器	23		
11		手动报警按钮	24		
12		火灾警铃	25		
13		火灾扬声器	26		

序号	图形符号	说明	序号	图形符号	说明
27	⊙⊙		33	 D	
28	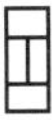		34	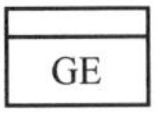 GE	
29	 P		35	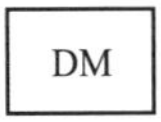 DM	
30	 △		36	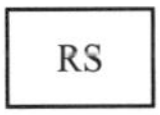 RS	
31	 C		37	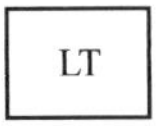 LT	
32	 M		38	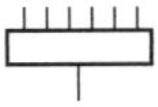	

(2) 火灾自动报警及联动控制系统图识读方法

① 明确该工程的基本消防体系。

② 了解火灾自动报警及联动控制系统的报警设备（火灾探测器、火灾报警控制、火灾报警装置等）、联动控制系统、消防通信系统、应急供电及照明控制设备等的规格、型号、参数、总体数量及连接关系。

③ 了解导线的功能、数量、规格及敷设方式。

④ 了解火灾报警控制器的线制和火灾报警设备的布线方式。

⑤ 掌握该工程的火灾自动报警及联动控制系统的总体配线情况和组成概况。

图 10-3 为某高层商业大楼火灾自动报警及联动控制系统图。从图中可以看出，消防控制室设置在一层，火灾报警与联动控制

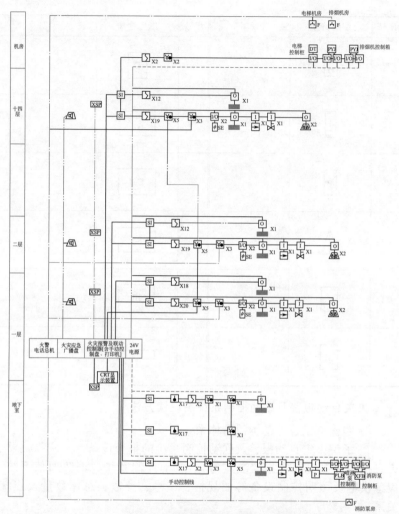

图 10-3　某商业大楼火灾报警及联动控制系统图

设备的型号为 JB-QIB-GST500，并具有报警及联动控制功能，设有 TS-Z01A 消防广播与消防电话主机，消防广播通过控制模块，实现应急广播。系统图中探测器旁文字"x17"表示共计 17 套该种探测器。每层的报警系统分别设 2~3 个总线隔离器，每个总线隔离器的后面分别接有不超过 30 个报警探测器，各类联动设备通过 I/O 接口与总线连接，反馈信号也通过总线反馈到消防控制室。一层平面图中，各消火栓按钮之间均连接有导线，不同层的消火栓按钮之间也连接有导线，通过对比系统图中消火栓按钮启泵线，当击破按钮上的玻璃后，启动消火栓泵，同时将水泵的运行信号返回到消防控制室，导线的规格为 RVB（4×1.5）-SC15-SC。

(3) 火灾自动报警及联动控制系统平面图识读方法

① 从消防报警中心开始，将其与其他楼层接线端子箱（区域报警控制器）连接导线走向关系搞清楚，就容易了解工程情况。

② 了解从楼层接线端子箱（区域报警控制器）延续到各分支线路的配线方式和设备连接情况。

➡ 实例操作

图 10-4 为某高层商业大楼一层自动报警及联动控制系统平面布置图，一层是包括大堂、服务台、吧厅、商务及接待中心等在内的服务层。自下向上引入的线缆有五处。本层的报警控制线由位于轴线③、④之间，轴线 E、D 之间的消防及广播值班室引出，呈星型引至引上引下处。

（1）本层引上线共有五处

① 在 2/D 附近继续上引 WDC。

② 在 2/D 附近新引 FF。

③ 在 4/D 附近新引 FS、FCl/FC2、FP、C、S。

④ 9/D 附近移位，继续上引 WDC。

⑤ 9/C 附近继续上引 FF。

（2）本层联动设备共有四台

① 空气处理机 AHU 一台，在 9/C 附近。

② 新风机 FAU 一台，在 10/A 附近。

③ 非消防电源箱 NFPS 一个，在 10/D-10/C 附近。

④ 消防值班室的火灾显示盘及楼层广播 ARL。

（3）本层检测、报警设施为

① 探测器，除咖啡厨房用感温型外均为感烟型。

② 消防栓按钮及手动报警按钮，分别为 4 点及 2 点。

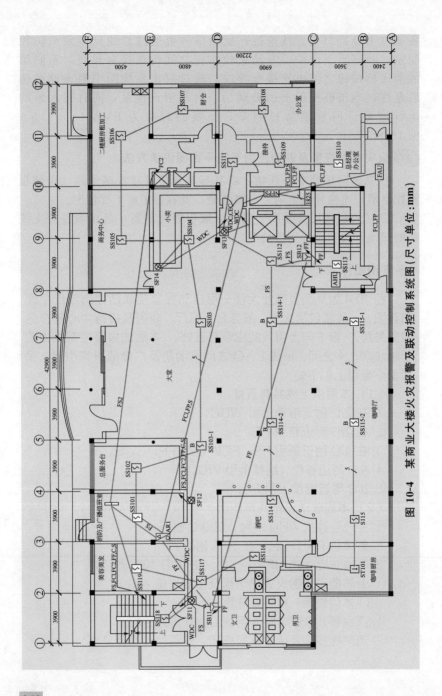

图10-4 某商业大楼火灾报警及联动控制系统图（尺寸单位：mm）

第二节 安全防范系统工程图识读

安全防范系统是指以维护公共安全为目的，综合利用安防产品和相关科学技术、管理方式所组成的公共安全防范体系。它包括电视监控系统、入侵报警系统、门禁管理系统、访客对讲系统、楼宇对讲系统及停车场自动出入管理系统等多种防范系统。

一、电视监视系统

电视监控系统是电视技术在安全防范领域的应用，是一种先进的、安全防范能力极强的综合系统。它的主要功能是通过摄像机及其辅助设备来监控现场，并把监测到的图像、声音等内容传送到监控中心。

（1）电视监控系统工作原理

通常，电视监控系统是由摄像、传输分配、控制、图像显示与记录四部分组成。工作时系统通过摄像部分把所监视目标的光、声信号变成电信号，然后送入传输分配部分。传输分配部分将摄像机输出的视频（有时包括音频）信号馈送到中心机房或其他监视点。系统通过控制部分可在中心机房通过有关设备对系统的摄像和传输分配部分的设备进行远距离控制。系统传输的图像信号可依靠相关设备进行切换、记录、重放、加工和复制等处理。

（2）电视监控系统的组成

电视监控系统的组成可由框图 10-5 来表示。

图 10-5　电视监控系统组成

① 摄像部分。摄像部分由摄像机、镜头、摄像机防护罩和云台等设备构成，其中摄像机是核心设备。

a.摄像机。摄像机是电视监控系统中最基本的前端设备，其作用是将被摄物体的光图像转变为电信号，为系统提供信号源。按摄像器件的类型，摄像机分为电真空摄像机和固体摄像器件两大类。其中固体摄像器件（如 CCD 器件）是近年发展起来的一类新型摄像器件，具有寿命长、重量轻、不受磁干扰、抗震性好、无残像和不怕靶面灼烧等优点，随着其技术的不断完善和价格的逐渐降低，已经逐渐取代了电真空摄像管。

b. 镜头。摄像机镜头是电视监控系统中不可缺少的部件，它的质量（指标）优劣直接影响摄像机的整机指标。摄像机镜头按其功能和操作方法分为定焦距镜头、变焦距镜头和特殊镜头三大类。

c. 云台。云台是一种用来安装摄像机的工作台，分为手动和电动两种。手动云台由螺栓固定在支撑物上，摄像机方向的调节有一定范围。一般水平方向可调 $150°\sim300°$，垂直方向可调 $\pm45°$；电动云台可在微型电动机的带动下做水平和垂直转动，不同的产品其转动角度也各不相同。

d. 防护罩。为了使摄像部分能够在各种环境下都能正常工作，需要使用防护罩来进行保护。防护罩的种类有很多，主要分为室内、室外和特殊类型等几种。室内防护罩的主要区别在于体积大小，外形及表面处理的不同，主要以装饰性、隐蔽性和防尘为目标；而室外型因为属于全天候应用，需适应不同的使用环境。

② 传输部分。传输部分用来完成整个系统数据的传输，包括电视信号和控制信号。电视信号从系统前端的摄像机流向电视监控系统的控制中心，控制信号从控制中心流向前端的摄像机等受控对象。

电视监控系统中，传输方式的确定，主要根据传输距离的远近、摄像机的多少来确定。传输距离较近时，采用视频传输方式；传输距离较远时，采用射频有线传输方式或光缆传输方式。

③ 控制部分。控制部分是电视监控系统的中心。它包括主控器（主控键盘）、分控器（分控键盘）、视频矩阵切换器、音频矩阵切换器、报警控制器及解码器等。其中，主控器和视频矩阵切换器是系统中必须具有的设备，通常将它们集中为一体，结构图如图 10-6 所示。

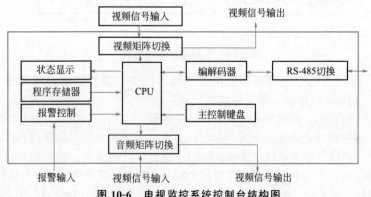

图 10-6　电视监控系统控制台结构图

(3) 电视监控系统施工图识读范例

➜ 实例操作

图 10-7 为某六层建筑物电视监控系统图及平面布置图。

如图 10-7 所示，可以看出此建筑物的监控中心设置在一层，一层监控室统一供给，安装有摄像机、监视机及所需电源，并设有监控室操作通断。

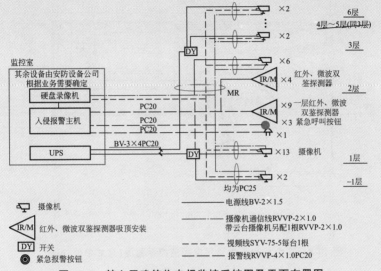

图 10-7 某六层建筑物电视监控系统图及平面布置图

由图可读出，一层里安装有 3 台摄像机，2 楼安装 6 台摄像机，其余楼层各安装 2 台摄像机。

系统图 10-7 上的视频线采用 SYV-75-5，电源线采用 BV-2×1.5，摄像机通信线采用 RVVP-2×1.0（带云台控制另配一根 RVVP-2×1.0）。系统中的视频线、电源线、通信线共穿 ϕ25 的 PC 管暗敷设。

从图 10-7 上可以看出入侵报警主机安装在监控室内。

在建筑物的二层安装了 4 只红外、微波双鉴探测器，吸顶安装；在一层安装了 9 只红外、微波双鉴探测器，3 只紧急呼叫按钮和一个警铃。

系统的报警线用的是 RVVP-4×1.0 线穿 ϕ20PC 管暗敷设。

从图 10-8 上可看出每台摄像机附近设有吊顶排管经弱电线槽到安防报警接线箱；紧急报警按钮、警铃和红外、微波双鉴探测器直接引至接线箱。

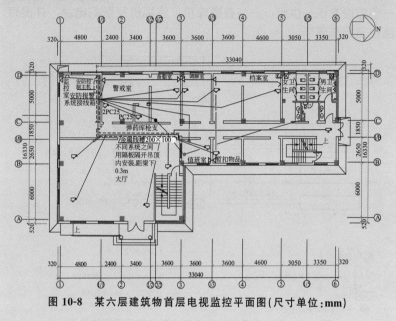

图 10-8 某六层建筑物首层电视监控平面图(尺寸单位：mm)

二、入侵报警系统

入侵报警系统可以划分成多个子系统，扩展到数百个防区。可将多个主机乃至多个建筑物内的不同主机联合应用，在一个地方就可以布（撤）防、显示其他各个地方的主机。有的主机还可以和门禁、监视系统集成在一起使用，门禁模块以及小型矩阵系统可以使报警主机具备报警、可视、门禁等系统的综合性能。

（1）入侵报警系统的组成

入侵报警系统主要由前端探测器、报警主机、接警中心以及联动设备等组成，前端探测器主要有被动红外探测器、微波探测器、玻璃破碎探测器、振动探测器。还有的采用几种技术复合探测器，如红外＋微波探测器、红外＋动态监测探测器等。

入侵报警系统采用红外、微波等探测技术，在无人值守的部位，将入侵信号通过无线或有线方式传送到报警主机，进行声光报警、启动联动设备，并可以自动拨号的形式将报警信息报告给报警中心或个人，以便迅速响应。

（2）入侵报警系统的工作原理

在防盗报警系统中，探测器安装在防范现场，用来探测和预报各种危险情况。当有入侵发生时，发出报警信号，并将报警信号经传输系统发送到报警主机。由信号传输系统送到报警主机的电信号经控制器作进一步的处理，以判断"有"或"无"危险信号。若有危险情况，控制器就控制报警装置发出声、光报警信号，从而引起值班人员的警觉。

（3）入侵报警系统图识读

实例操作

图 10-9 为某大楼入侵报警系统图。在图 10-9 中，IR/M 探测器（被动红外/微波双技术探测器），共 20 点。其中，在一层两个出入口内侧左右各有一个，共有 4 个，在 2～8 层走廊两头各装有一个，共 14 个。

从图 10-9 上可看出在 2～8 层中，每层各装有 4 个紧急按钮。

从图上还可以看出此入侵报警系统图的配线为总线制，施工中敷线时应注意隐蔽。

从此图上还可看出此系统扩展器"4208"，为总线制 8 区扩展器（提供 8 个地址），每层 1 个。其中，1 层的"4208"为 4 区扩展器，3～8 层的"4208"为 6 区扩展器。

此系统的主机 4140XMPT2 为大型多功能主机。该主机有9 个基本接线防区，为总线式结构，扩充防区十分方便，并具有多重密码、布防时间设定、自动拨号以及"黑匣子"记录功能。

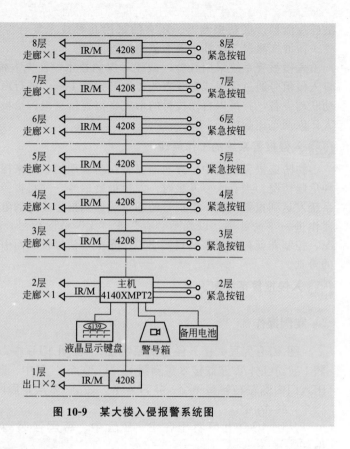

图 10-9 某大楼入侵报警系统图

三、门禁管理系统

门禁管理系统也叫出入口控制系统，通常是预先制作出各种层次的卡或预定密码，在相关的大门出入口处安装磁卡识别器或密码键盘等，用户持有效卡或输入密码方能通过和进入。门禁出入系统一般要与防盗（劫）报警系统、闭路电视监视系统和消防系统联动，从而实现有效的安全防范。

（1）门禁管理系统的组成

门禁管理系统由管理主机、读卡器、电控锁、控制器等部分组成，如图 10-10 所示。

① 读卡器。读卡器分为接触卡读卡器（磁条、IC）和感应卡

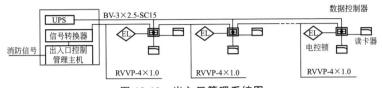

图 10-10　出入口管理系统图

（非接触）读卡器（依数据传输格式的不同，大抵可分为韦根、智慧等）等几大类，它们之间又带有密码键盘或不带密码键盘的区别。

读卡器设置在出入口处，通过它可将门禁卡的参数读入，并将所读取的参数经由控制器判断分析。准入则电锁打开，人员可自行通过。禁入则电锁不动作，而且可立即报警并做出相应的记录。

② 电锁。出入口控制系统所用电锁一般有电阴锁、电磁锁和电插锁三种类型，可视门的具体情况灵活选择。电阴锁、电磁锁一般用于木门和铁门；电插锁多用于玻璃门。电阴锁通常为通电开门，电磁锁和电插锁为通电锁门。

③ 控制器。控制器是门禁系统的核心，它由一台微处理器和相应的外围电路组成，控制器是门禁管理系统的大脑。由它来确定哪张卡是否为本系统已注册的有效卡，该卡是否符合所限定的授权，从而控制电锁是否打开。

(2) 门禁管理系统的工作原理及作用

门禁管理系统是用来控制进出建筑物或一些特殊区域的管理系统。出入口控制系统采用个人识别卡方式，给每个有权进入的人发一张个人身份识别卡，系统根据该卡的卡号和当前的时间等信息，判断该卡持有人是否可以进出。在建筑物内的主要管理区、出入口、电梯厅、主要设备控制中心机房、贵重物品库房等重要部位的通道口安装上出入口控制系统，可有效地控制人员的流动，并能对工作人员的出入情况做及时的查询，同时系统还可兼作考勤统计。如果遇到非法进入者，还能实现报警。

第三节　综合布线系统控制图识读

综合布线系统是指一个建筑物（或场地）的内部之间或建筑群体中的信息传输媒质系统。它将话音、数据（包括计算机）、图像（包括有线电视、监控系统）等各种设备所需的布线、接续构件组合在一套标准的且通用的传输媒质（对绞线、同轴电缆、光缆等）中，综合布线目前以通信自动化为主。

一、综合布线系统的组成

通常综合布线由六个子系统组成，即工作区子系统、水平子系统、垂直干线子系统、设备间子系统、管理子系统和建筑群子系统综合布线系统大多采用标准化部件和模块化组合方式，把语音、数据、图像和控制信号用统一的传输媒体进行综合，形成一套标准、实用、灵活、开放的布线系统，从而提升了弱电系统平台的支撑。

建筑的综合布线系统是将各种不同部分构成一个有机的整体，而不是像传统的布线那样自成体系，互不相干。

综合布线系统的结构组成图如图 10-11、图 10-12 所示。

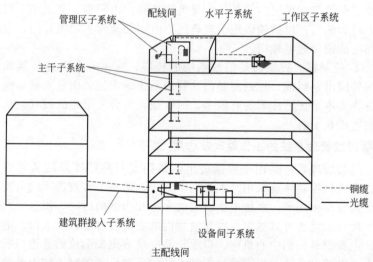

图 10-11　综合布线系统的结构组成图

其中，工作区子系统由终端设备连接到信息插座的跳线组成。工作区子系统位于建筑物个人办公的区域内。

工作区子系统将用户终端（电话、传真机、计算机、打印机等）连接到结构化布线系统的信息插座上。它包括信息插头、信息模块、网卡、连接所需的跳线，以及在终端设备和输入/输出（I/O）之间

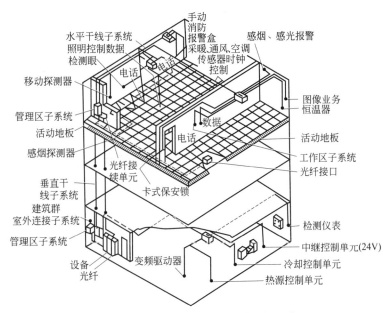

图 10-12　智能大厦综合布线系统结构组成图

的搭接，相当于电话配线系统中连接话机的用户线和话机终端部分。

　　工作区子系统的终端设备可以是电话、微机和数据终端，也可以是仪器仪表、传感器和探测器。

　　工作区子系统的硬件主要有信息插座（通信接线盒）、组合跳线。其中，信息插座是终端设备（工作站）与水平子系统连接的接口，它是工作区子系统与水平子系统之间的分界点，也是连接点、管理点，又称为 I/O 口或通信线盒。

　　工作区线缆是连接插座与终端设备之间的电缆，也称组合跳线，它是在非屏蔽双绞线（UTP）的两端安装上模块化插头（RJ45 型水晶头）制成。

　　工作区的墙面暗装信息出口面板的下沿距地面一般为 300mm；信息出口与强电插座的距离不能小于 200mm。信息插座与计算机设备的距离保持在 5m 范围内，以便于连接。

　　工作区子系统的组成图如图 10-13 所示。

　　水平子系统是指从工作区子系统的信息出发，连接管理子系统的通信中间交叉配线设备的线缆部分。水平布线子系统是一幢楼水平布

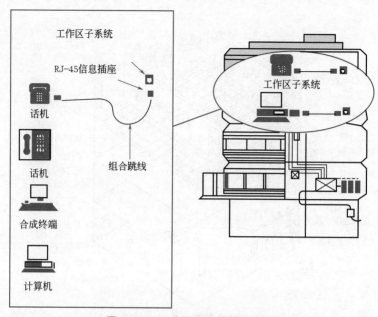

图 10-13　工作区子系统的组成图

线子系统的一部分，其作用是将干线子系统线路延伸到用户工作区。

水平布线子系统一端接于信息插座上，另一端接在干线接线间、卫星接线间或设备机房的管理配线架上。水平子系统包括水平电缆、水平光缆及其在楼层配线架上的机械终端、接插软线和跳接线。水平电缆或水平光缆一般直接连接至信息插座。

图 10-14 为水平子系统的组成图。

垂直干线子系统是由连接主设备间 MDF 与各管理子系统 IDF 之间的干线光缆及大对数电缆构成，是提供建筑物主干电缆的路由，实现主配线架（MDF）与分配线架的连接及计算机、交换机（PBX）、控制中心与各管理子系统间的连接。

垂直干线子系统的任务是通过建筑物内部的传输电缆，把各个接线间的信号传送到设备间，直至传送到最终接口，再通往外部网络。它既要满足当前的需要，又要适应今后的发展。垂直干线子系统由供各干线接线间电缆走线用的竖向或横向通道及主设备间的电缆组成。

图 10-15 为垂直干线子系统组成图。

设备间子系统是安装公用设备（如电话交换机、计算机主机、进

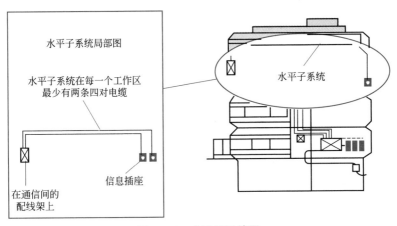

图 10-14　水平子系统图

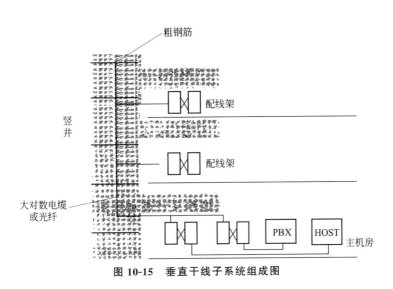

图 10-15　垂直干线子系统组成图

出线设备、网络主交换机、综合布线系统的有关硬件和设备）的
场所。

　　设备间供电电源为 50Hz、380V/220V，采取三相五线制/单相三
线制。通常应考虑备用电源。可采用直接供电和不间断供电相结合的
方式。噪声、温度、湿度应满足相应要求，安全和防火应符合相应
规范。

管理子系统是提供与其他子系统连接的手段，是使整个综合布线系统及其所连接的设备、器件等构成一个完整的有机体的软系统。通过对管理子系统交接的调整，可以安排或重新安装系统线路的路由，使传输线路能延伸到建筑物内部的各工作区。

管理子系统由交连、互连以及 I/O 组成，用来管理设备间、交接间和工作区的配线设备、线缆、信息插座等设施，按一定的模式进行标识和记录。

建筑群子系统是连接各建筑物之间的传输介质及各种支持设备（硬件）而组成的布线系统。

二、综合布线方式

(1) 基本型综合布线系统

基本型综合布线系统是一个经济有效的布线方案。它支持语音或综合型语音/数据产品，并能够全面过渡到数据的异步传输或综合型布线系统。

基本型综合布线系统一般配置包括以下几方面。

① 每一个工作区有 1 个信息插座。

② 每个工作区的配线为 1 条 4 对对绞电缆。

③ 完全采用 110A 交叉连接硬件，并与未来的附加设备兼容。

④ 每个工作区的干线电缆至少有 2 对双绞线。

(2) 增强型综合布线系统

增强型综合布线系统不仅支持语音和数据的应用，还支持图像、影像、影视、视频会议等。它具有为增加功能提供发展的余地，并能够利用接线板进行管理。

增强型综合布线系统配置一般包括以下几方面。

① 每个工作区有 2 个以上信息插座。

② 每个工作区的配线为 2 条 4 对对绞电缆。

③ 具有 110A 交叉连接硬件。

④ 每个工作区的地平线电缆至少有 3 对双绞线。

(3) 综合型布线系统

综合型布线系统是将光缆、双绞电缆或混合电缆纳入建筑物布线的一种布线系统。

其配置为需在基本型和增强型综合布线基础上增设光缆及相关连

接件。

三、综合布线图识读

图 10-16 为某住宅楼综合布线控制系统图。

从图 10-16 可以看出图中的电话线由户外公用引入，接至主配线间或用户交换机房，机房内有 4 台 110PB2-900FT 型配线架和 1 台用户交换机（PABX）。可以看出系统的主机房中有服务器、网络交换机、1 台配线架等。

图 10-16 中的电话与信息输出线，在每个楼层各使用一根 100 对干线 3 类大对数电缆（HSGYV3100×2×0.5），此外每个楼层还使用一根 6 芯光缆。可以看出每个楼层设楼层配线架（FD），大多数电缆要接入配线架，用户使用 3.5 类 8 芯电缆（HSYV54×2×0.5）。

从图 10-16 中还可以看出光缆先接入光纤配线架（LIU），转换成电信号后，再经集线器（Hub）或交换机分路，然后接入楼层配线架（FD）。

图 10-16 左侧 2 层的右边，V73 表示本层有 73 个语音出线口，D72 表示本层有 72 个数据出线口，M2 表示本层有 2 个视像监控口。其余各层含义相同，读者可依次推断。

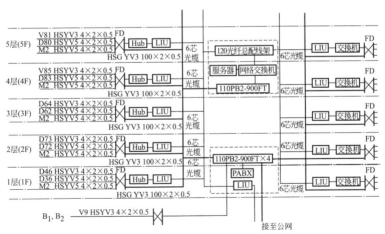

图 10-16 某住宅楼综合布线系统图

从此住宅楼平面图（图 10-17）上可以看出信息线由楼道内配电箱引入室内，使用 4 根 5 类 4 对非屏蔽双绞线电缆（UTP）和 2 根同轴电缆，穿 430PVC 管在墙体内暗敷设。

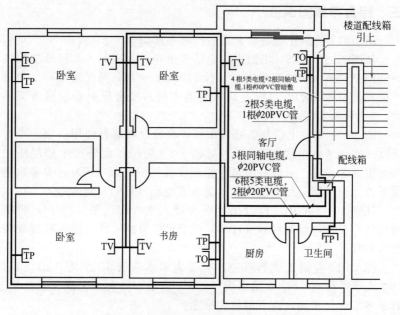

图 10-17　某住宅楼首层综合布线平面图

从图 10-17 中可以看出首层每户室内有一只家居配线箱，配线箱内有双绞线电缆分接端子和电视分配器，本用户有 3 个分配器。

可以获悉该层户内每个房间都有电话插座（TP），起居室和书房有数据信息插座（TO），每个插座用 1 根 5 类（UTP）电缆与家居配线箱连接。

可以得知该首层户内各居室都有电视插座（TV），用 3 根同轴电缆与家居配线箱内分配器连接，墙两侧均安装有线电视插座，用二分支配器分配电视信号。户内电缆穿 ϕ20PVC 管在墙体内暗敷。

第十一章
PLC控制电路图的识读

第一节　PLC 概述

PLC 是以微处理器为基础，综合了计算机技术、半导体集成技术、自动控制技术、数字技术和通信技术发展起来的一种通用的公用自动化装置，是现代工业 3 大支柱之一。德国西门子公司的 S7-200 系列 PLC 是一种小型 PLC。它以紧凑的结构、良好的扩展性、强大的指令功能、低廉的价格，已经成为当代各种小型控制工程的理想控制器。S7-200 的编程软件 STEP7-Micro/WIN32 可以方便地在 Windows 环境下对 PLC 编程、调试、监控，使得 PLC 的编程更加方便、快捷。可以说，S7-200 可以完美地满足各种小规模控制系统的要求。

一、 PLC 的基本结构

PLC 实质是一种专用于工业控制的计算机，各种 PLC 的组成结构基本相同，主要由电源、CPU、储存器和输入输出接口电路等组成。

(1) 电源

PLC 一般使用 220V 交流电源或 24V 直流电源，内部的开关电源为 PLC 的中央处理器、存储器等电路提供 5V、12V、24V 直流电源，使 PLC 能正常工作。可编程逻辑控制器的电源在整个系统中起着十分重要的作用。一般交流电压波动在 +10%（+15%）范围内，可以将 PLC 直接连接到交流电网上去。

(2) 中央处理单元

中央处理单元（CPU）是可编程逻辑控制器的控制中枢。一般由控制器、运算器和寄存器组成。CPU 是 PLC 的核心，它不断采集输入信号，执行用户程序，刷新系统输出。CPU 通过地址总线、数据总线、控制总线与储存单元、输入输出接口、通信接口、扩展接口相连。CPU 按照系统程序赋予的功能接收并存储用户程序和数据，检查电源、存储器、I/O 以及警戒定时器的状态，并且能够诊断用户程序中的语法错误。当 PLC 运行时，首先以扫描的方式接收现场各输入装置的状态和数据，然后分别存入 I/O 映象区，从用户程序存储器中逐条读取用户程序，经过命令解释后按指令的规定将逻辑或算数运算的结果送入 I/O 映象区或数据寄存器内。当所有的用户程序执行完毕之后，将 I/O 映象区的各输出状态或输出寄存器内的数据传送到相应的输出装置，如此循环运行，直到停止。

(3) 存储器

PLC 的存储器包括系统存储器和用户存储器两种。存放系统软件的存储器称为系统程序存储器，存放应用软件的存储器称为用户程序存储器。

(4) 输入输出接口电路

现场输入接口电路由光耦合电路和微机的输入接口电路组成，作用是将按钮、行程开关或传感器等产生的信号输入 CPU。

现场输出接口电路由输出数据寄存器、选通电路和中断请求电路组成，作用是将 CPU 向外输出的信号转换成可以驱动外部执行元件的信号，以便控制接触器线圈等电器的通、断电。

(5) 功能模块

包括像计数、定位等功能的模块。

(6) 通信模块

通信接口的功能是通过这些通信接口可以和监视器、打印机或其他的 PLC 以及计算机相连，从而实现"人-机"或"机-机"之间的对话。

二、 PLC 的工作原理

PLC 是采用"顺序扫描，不断循环"的方式进行工作的。当 PLC 投入运行后，其工作过程一般分为三个阶段，即输入采样、用户程序执行和输出刷新三个阶段。完成上述三个阶段称作一个扫描周期。在整个运行期间，PLC 的 CPU 以一定的扫描速度重复执行上述三个阶段。

输入采样阶段：首先 PLC 以扫描方式按顺序将所有暂存在输入锁存器中的输入端子的通断状态或输入数据读入，并将其写入各对应的输入状态寄存器中，刷新输入后，进入程序执行阶段。

用户程序执行阶段：在用户程序执行阶段，PLC 总是按由上而下的顺序依次扫描执行每条指令，经相应的运算和处理后，其结果再写入输出状态寄存器中，随着程序的执行输出状态寄存器中的内容将随之改变。

输出刷新阶段：当扫描程序结束，PLC 进入输出刷新阶段。输出状态寄存器的通断状态在输出刷新阶段送至输出锁存器中，并通过输出电路驱动相应的外设。

三、 PLC 的编程算法

(1) 开关量的计算

开关量也称逻辑量，指仅有两个取值，1 或 0、On 或 Off。它是最常用的控制，对它进行控制是 PLC 的优势，也是 PLC 最基本的应用。

开关量控制的目的是，根据开关量的当前输入组合与历史的输入顺序，使 PLC 产生相应的开关量输出，从而使系统能够按一定的顺序工作。因此，有时也称其为顺序控制。其中，顺序控制又分为手动、半自动或自动。采用的控制原则有分散、集中与混合控制三种。

(2) 模拟量的计算

模拟量是指一些连续变化的物理量，如电压、电流、压力、速度、流量等。

PLC 是由继电控制引入微处理技术后发展而来的，可方便及可靠地用于开关量控制。模拟量可转换成数字量，而数字量只是多位的开关量，所以经转换后的模拟量，PLC 也完全可以可靠地进行处理控制。模拟量控制有时也称过程控制。模拟量多是非电量，而 PLC 只能处理数字量、电量。所以要通过传感器将模拟量转换成电量来实现它们之间的转换。如果这一电量不是标准的，还要经过变送器，把非标准的电量变成标准的电信号，如 4～20mA、1～5V、0～10V 等。同时还要通过模拟量输入单元（A/D），把这些标准的电信号变换成数字信号；通过模拟量输出单元（D/A）把 PLC 处理后的数字量变换成模拟量：标准的电信号。所以标准电信号、数字量之间的转换就要用到各种运算。所以需要搞清楚模拟量单元的分辨率以及标准的电信号。

例如，PLC 模拟单元的分辨率是 1/32767，对应的标准电量是 0～10V，所要检测的是温度值 0～100℃。那么 0～32767 对应 0～100℃的温度值。然后计算出 1℃所对应的数字量是 327.67。

模拟量控制包括反馈控制、前馈控制、比例控制、模糊控制等。这些都是 PLC 内部数字量的计算过程。

(3) 脉冲量的计算

脉冲量是其取值总是不断地在 0（低电平）和 1（高电平）之间交替变化的数字量。每秒钟脉冲交替变化的次数称为频率。

脉冲量的控制多用于步进电动机、伺服电动机的角度控制、距离控制、位置控制等。脉冲量的控制目的主要是位置控制、运动控制、轨迹控制等。例如，脉冲数在角度控制中的应用。步进电动机驱动器的细分是每圈 10000，要求步进电动机旋转 90°。那么所要动作的脉冲数值＝10000/(360/90)＝2500。

第二节　梯形图基本知识

梯形图程序语言普遍使用在 PLC 程序设计中，应用较为便捷。最初的梯形图只是一些常开接点、常闭接点、输出线圈、定时器、计数器等的基本机构装置，后来随着可编程控制器（PLC）的出现和发展，梯形图的装置有了明显增多。例如，增加了微分接点、保持线圈等装置以及一些传统配电盘无法达成的应用指令，如加、减、乘、除等数值运算功能。

一、梯形图逻辑

无论传统梯形图或 PLC 梯形图其工作原理均相同，只是在符号表示上传统梯形图比较接近实体的符号表示，而 PLC 则采用简明且易于计算机或报表上表示的符号表示。在梯形图逻辑方面可分为组合逻辑和顺序逻辑两种。

(1) 组合逻辑

图 11-1 和图 11-2 为分别以传统梯形图和 PLC 梯形图表示组合逻辑的范例。

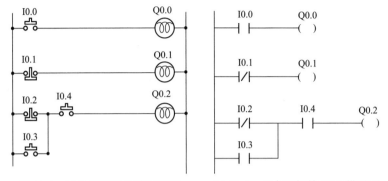

图 11-1　组合逻辑的传统梯形图　图 11-2　组合逻辑的 PLC 梯形图

行 1：使用常开开关 I0.0 也即一般所谓的 "A" 开关或接点。其特性是在未按下时，其接点为开路（Off）状态，故 Q0.0 不导通，而在开关动作时其接点变为导通（On），故 Q0.0 导通。

行 2：使用常闭接点 I0.0 也即一般所称的 "B" 开关或接点，其特性是在未按下时，其接点为导通，故 Q0.1 导通，而当开关动作时，其接点反而变成开路，故 Q0.1 不导通。

行 3：为一个以上输入装置的组合逻辑输出的应用，其输出 Q0.2 只有在 I0.2 不动作时或 I0.3 动作且 I0.4 为动作时才会导通。

(2) 顺序逻辑

顺序逻辑为具有反馈结构的回路，亦即将回路输出结果送回充当输入条件，如此在相同的输入条件下，会因前次状态或动作顺序的不同，而得到不同的输出结果。

图 11-3 为传统梯形图，图 11-4 为 PLC 梯形图，表示顺序逻辑的范例。

在此回路刚接上电源时，虽然 I0.6 开关为 On，但 I0.5 开关为 Off，故 Q0.3 不动作。在启动开关 I0.5 按下后，Q0.3 动作，一旦起动作后，即使放开启动开关，Q0.3 因为自身接点反馈而仍保持动作，即自保持回路，其动作过程如表 11-1 所示。

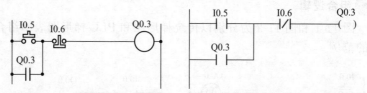

图 11-3　顺序逻辑的传统梯形图　　图 11-4　顺序逻辑的 PLC 梯形图

表 11-1　顺序逻辑范例的动作过程

动作顺序 装置状态	I0.5 开关	I0.6 开关	Q0.3 状态
1	不动作	不动作	Off
2	动作	不动作	On
3	不动作	不动作	On
4	不动作	动作	Off
5	不动作	不动作	Off

　　由表 11-1 可知在不同的顺序下，虽然输入状态完全一致，其输出结果也可能不一样，如表中的顺序 1 和顺序 3，其 I0.5 和 I0.6 均为不动作，在状态 1 的条件下 Q0.3 为 Off，但状态 3 却为 On，此种 Q0.3 输出状态送回当输入（即反馈）而使回路具有顺序控制的效果是梯形图回路的主要特性。在此仅列举 A、B 接点和输出线圈作说明，其他装置的用法与此类似。

二、梯形图组成图形及说明

　　梯形图组成图形及说明见表 11-2。

表 11-2　梯形图组成图形及说明

梯形图形结构	指令解说	指令	使用装置
┤├	常开触点	LD	I、Q、M、S、T、C
┤/├	常闭触点	LDI	I、Q、M、S、T、C

梯形图形结构	指令解说	指令	使用装置
	串接常开	AND	I、Q、M、S、T、C
	并接常开	OR	I、Q、M、S、T、C
	并接常闭	ORI	I、Q、M、S、T、C
	上升沿触发开关	LDP	I、Q、M、S、T、C
	下降沿触发开关	LDF	I、Q、M、S、T、C
	上升沿触发串接	ANDP	I、Q、M、S、T、C
	下降沿触发串接	ANDF	I、Q、M、S、T、C
	上升沿触发并接	ORP	I、Q、M、S、T、C
	下降沿触发并接	ORF	I、Q、M、S、T、C
	区块串接	ANB	无
	区块并接	ORB	无

梯形图形结构	指令解说	指令	使用装置
	多重输出	MPS MRD MPP	无
─┤ ├─⟨S⟩─	步进梯形	STL	S

第三节　识读控制电路图

一、启动优先程序

(1) 启动优先程序实现方案 1

范例示意如图 11-5 所示。

图 11-5　范例示意

◀控制要求▶

启动优先：当启动与停止信号同时到达时，输出的状态若为启动，则为启动优先。例如，消防水泵启动的控制场合，需要选用启动优先控制程序。对于该程序，若同时按下启动和停止按钮，则启动优先。无论停止按钮 I0.1 按下与否，只要按下启动按钮 I0.0，则负载启动。

◀元件说明▶

元件说明见表 11-3。

表 11-3　元件说明

PLC 软元件	控制说明
I0.0	消防水泵启动按钮,按下时,I0.0 状态由 Off→On
I0.1	消防水泵停止按钮,按下时,I0.1 状态由 Off→On
Q0.0	消防水泵接触器

梯形图

如图 11-6 所示。

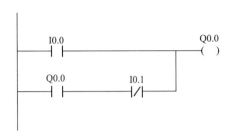

图 11-6　控制程序

梯形图识读

① 按下启动按钮,I0.0 得电常开触点闭合,此时若 I0.1 没有按下,Q0.0 得电并自锁,消防水泵正常启动;此时按下 I0.1,Q0.0 失电,自锁解除,消防水泵停止。

② 当 I0.0 与 I0.1 同时被按下时,Q0.0 得电,但无法完成自锁,消防水泵仍然启动,松开两按钮后,Q0.0 失电,消防水泵停止运行(相当于点动控制)。

(2) 启动优先程序实现方案 2

元件说明

元件说明见表 11-4。

表 11-4　元件说明

PLC 软元件	控制说明
I0.0	消防水泵启动开关,按下时,I0.0 状态由 Off→On
I0.1	消防水泵停止开关,按下时,I0.1 状态由 Off→On
Q0.0	消防水泵接触器

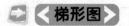

如图 11-7 所示。

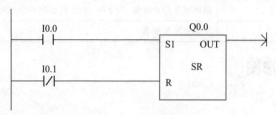

图 11-7 控制程序

① 按下启动开关，I0.0 得电常开触点闭合，此时若 I0.1 没有按下，Q0.0 得电，消防水泵正常启动；此时若 I0.1 被按下，Q0.0 得电，消防水泵仍然启动。

② 当启动按钮 I0.0、停止按钮 I0.1 都失电时，I0.0 常开触点断开，I0.1 常闭触点闭合，Q0.0 失电，消防水泵处于停止状态。

③ 当停止按钮 I0.1 按下，而启动按钮 I0.0 未按时，消防水泵保持原来的状态。

知识链接

设置主双稳态触发器（SR）指令使用说明

设置主双稳态触发器（SR）是一种设置主要位的锁存器，如果设置（S1）和复原（R）信号均为真，则输出（OUT）为真。

"位"参数指定被设置或复原的布尔参数。供选用输出反映位参数的信号状态。SR 指令的真值见表 11-5。

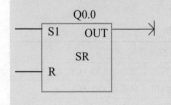

表 11-5 SR 指令的真值

S1	R	OUT(位)
0	0	以前的状态
0	1	0
1	0	1
1	1	1

二、停止优先程序

◆ 《控制要求》

停止优先:启动与停止信号同时到达时,输出为停止则为停止优先。本案例属于原理说明,对于实际应用环境中的用电保护进行简单的举例。停止优先是编程中常用的保护之一,它保证了停止主令信号的有效性和优先性,保证在出现情况时可以按照意愿顺利停止。

(1) 停止优先程序实现方案 1

范例示意如图 11-8 所示。

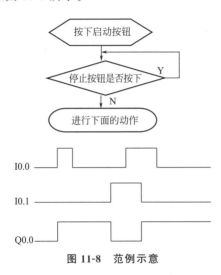

图 11-8　范例示意

◆ 《元件说明》

元件说明见表 11-6。

表 11-6　元件说明

PLC 软元件	控制说明
I0.0	启动按钮,按下启动时,I0.0 状态由 Off→On
I0.1	停止按钮,按下时,I0.1 状态由 Off→On
I0.2	热继电器,电动机过载热继电器动作时,I0.2 状态由 Off→On
Q0.0	程序规定的输出

梯形图

如图 11-9 所示。

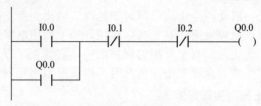

图 11-9　控制程序

梯形图识读

① 本案例属于停止优先程序说明。为了确保安全，在 PLC 起保停电路的两个启动方式中，一般情况下会选择停止优先。对于该程序，若同时按下启动和停止按钮，则停止优先。无论启动按钮 I0.0 按下与否，只要按下停止按钮 I0.1，则 Q0.0 必然失电，因此，这种电路也被称为失电优先的自锁电路。这种控制方式常用于需要紧急停车的场合。

② 电动机发生过载时，热继电器动作，I0.2 得电常闭接点断开，输出线圈 Q0.0 失电，自锁解除，电动机失电停转。

③ 若热继电器设定为手动复位，则因过载停机后需对热继电器手动复位后方可再次启动电动机。这样有利于设备维护人员查清电动机过载的原因并排除后再对热继电器进行复位，对于保护电动机和维护生产安全有好处。

(2) 停止优先程序实现方案 2

元件说明

元件说明见表 11-7。

表 11-7　元件说明

PLC 软元件	控制说明
I0.0	启动开关，按下启动时，I0.0 状态由 Off→On
I0.1	停止开关，按下时，I0.1 状态由 Off→On
Q0.0	程序规定的输出

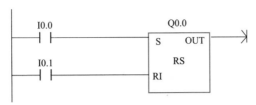
如图 11-10 所示。

图 11-10　控制程序

① 按下启动按钮，I0.0 得电，此时 I0.1 若没有按下，Q0.0 得电，消防水泵正常启动；此时若 I0.1 被按下，Q0.0 失电，消防水泵停止。

② 当启动按钮 I0.0 未按下时，I0.0 失电，常开触点断开，停止按钮 I0.1 按下时，I0.1 得电，常开触点闭合，消防水泵处于停止状态，Q0.0 失电。

③ 当启动按钮 I0.0 与停止按钮 I0.1 都未按下时，消防水泵保持原来的状态。

知识链接

复原主（复位优先）双稳态触发器（RS）指令使用说明

复原主双稳态触发器（RS）是一种复原主要位的锁存器。 如果设置（S）和复原位（R）信号均为真，则输出（OUT）为假。

"位"参数指定被设置或复原的布尔参数。 供选用输出反映位参数的信号状态。 RS 指令的真值见表 11-8。

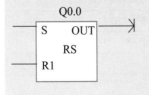

表 11-8　RS 指令的真值

S	R1	OUT（位）
0	0	以前的状态
0	1	0
1	0	1
1	1	0

三、互锁联锁控制

范例示意如图 11-11 所示。

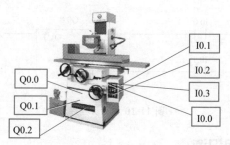

图 11-11　范例示意

▶ 控制要求

本案例属于原理说明，对于冲床来讲，为避免机器因人为疏忽导致的一些器件损坏，使用了一系列互锁和联锁结构。

在机床控制线路中，要求两个或多个电器不能同时得电动作，相互之间有排他性，这种关系称为互锁。如在控制电动机的正反转的两个接触器同时得电，将导致电源短路。

在机床控制线路中，常要求电动机或其他电器有一定的得电顺序。这种先后顺序称为联锁。

▶ 元件说明

元件说明见表 11-9。

表 11-9　元件说明

PLC 软元件	控制说明
I0.0	润滑泵启动按钮,按下时,I0.0 状态由 Off→On
I0.1	机头上行启动按钮,按下时,I0.1 状态由 Off→On
I0.2	机头下行启动按钮,按下时,I0.2 状态由 Off→On
I0.3	润滑泵停止按钮,按下时,I0.3 状态由 Off→On
Q0.0	润滑泵接触器
Q0.1	机头上行接触器
Q0.2	机头下行接触器

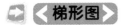

如图 11-12 所示。

```
    I0.0          I0.3          Q0.0
  ──┤ ├────────┬──┤/├───────────( )──
    Q0.0        │
  ──┤ ├─────────┤
    Q0.1        │
  ──┤ ├─────────┤
    Q0.2        │
  ──┤ ├─────────┘

    I0.1          Q0.0          Q0.2          Q0.1
  ──┤ ├──────────┤ ├──────────┤/├───────────( )──

    I0.2          Q0.0          Q0.1          Q0.2
  ──┤ ├──────────┤ ├──────────┤/├───────────( )──
```

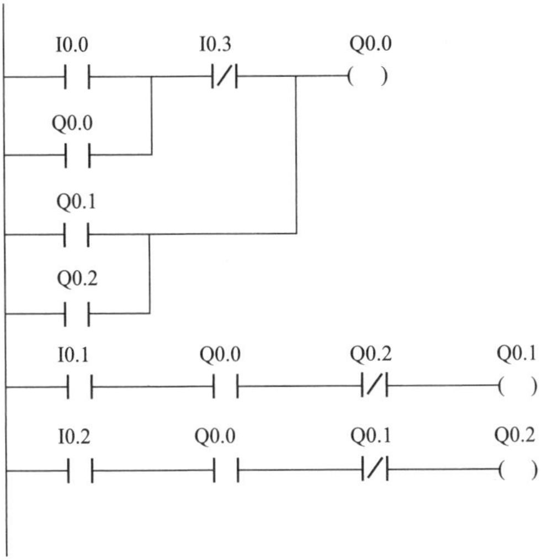

图 11-12　控制程序

梯形图识读

① 本案例讲述联锁与互锁的用法。在启动机床时要求先启动润滑泵，否则不能启动电动机，则在此时使用联锁结构编写程序；在机床机头上下行过程中，要求两种情况不能同时发生，以避免短路，则此时可使用互锁结构。

② 先启动润滑泵，当按下启动按钮 I0.0 时，I0.0 得电，常开触点闭合，Q0.0 得电自锁，润滑泵启动。当需要机头上行时，按下上行按钮 I0.1，I0.1 得电，常开触点闭合，Q0.1 得电，上行接触器得电，机头上行。同时，下行回路中 Q0.1 闭闭接点断开，下行无法启动。

③ 当需要机头下行时，需要先停止上行，即松开上行按钮，此时按下下行按钮 I0.2，I0.2 得电，常开触点闭合，Q0.2 得电，下行接触器得电，机头下行。同时，上行回路中 Q0.2 常闭断开，上行无法启动。

④ 停止润滑泵时，需要在机头驱动电动机停止的情况下，才能停止润滑泵，满足条件时，按下润滑泵停止按钮 I0.3，I0.3 得电常

闭触点断开，Q0.0 失电，润滑泵停止。

⑤ 注意机头的上下行控制实际为电动机的点动正反转控制。

四、自保持与解除程序

范例示意如图 11-13 所示。

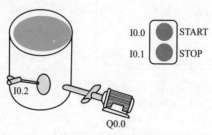

图 11-13　范例示意

控制要求

① 按下 START 按钮，抽水泵运行，开始将容器中水抽出；

② 按下 STOP 按钮或容器中水为空，抽水泵自动停止工作。

(1) 自保持与解除回路实现方案 1

元件说明

元件说明见表 11-10。

表 11-10　元件说明

PLC 软元件	控制说明
I0.0	START 控制按钮：按下时，I0.0 状态由 Off→On
I0.1	STOP 控制按钮：按下时，I0.1 状态由 Off→On
I0.2	浮标水位检测器，只要容器中有水，I0.2 状态为 On
Q0.0	抽水泵电动机

梯形图

如图 11-14 所示。

梯形图识读

① 只要容器中有水，I0.2 得电常开触点闭合，按下 START 按

钮时，I0.0 得电常开触点闭合，Q0.0 得电并自锁，抽水泵电动机开始抽水。

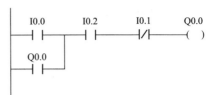

图 11-14　控制程序

② 当按下 STOP 按钮，I0.1 得电，常闭触点断开，水泵电动机停止抽水；或当容器中的水被抽干之后，I0.2 失电，Q0.0 失电，抽水泵电动机停止抽水。

(2) 自保持与解除回路实现方案 2

元件说明

元件说明见表 11-11。

表 11-11　元件说明

PLC 软元件	控制说明
I0.0	START 控制按钮：按下时，I0.0 状态由 Off→On
I0.1	STOP 控制按钮：按下时，I0.1 状态由 Off→On
I0.2	浮标水位检测器，只要容器中有水，I0.2 状态为 On
M0.0	内部辅助继电器
Q0.0	抽水泵电动机

梯形图

如图 11-15 所示。

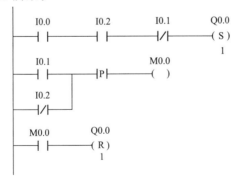

图 11-15　控制程序

371

① 容器中有水，I0.2得电常开触点闭合，按下 START 按钮时，I0.0得电，置位操作指令被执行，Q0.0得电，抽水泵电动机开始抽水。

② 当按下 STOP 按钮，I0.1得电，常闭触点断开、常开触点闭合，通过上升沿指令将 I0.1 的不规则信号转换为瞬时触发信号，M0.0接通一个扫描周期，复位操作指令执行，Q0.0失电，抽水泵电动机停止抽水。

③ 另外一种停止抽水的情况是当容器水抽干后，I0.2失电，常闭触点接通，上升沿指令瞬时触发，M0.0接通一个扫描周期，复位操作指令执行，Q0.0被复位，抽水泵电动机停止抽水。

五、单一开关控制启停

范例示意如图 11-16 所示。

图 11-16　范例示意

◀ 控制要求 ▶

上电后，甲灯亮（甲组设备工作），乙灯不亮（乙组设备不工作）；按一次按钮，乙灯亮（乙组设备工作），甲灯不亮（甲组设备不工作）；再按一次按钮，甲灯亮（甲组设备工作），乙灯不亮（乙组设备不工作）；以此类推。

◀ 元件说明 ▶

元件说明见表 11-12。

表 11-12　元件说明

PLC 软元件	控制说明	PLC 软元件	控制说明
I0.0	开关控制按钮	Q0.1	灯 L1(乙组设备)
Q0.0	灯 L0(甲组设备)	M1.0	内部辅助继电器

🔷 ◀梯形图▶

如图 11-17 所示。

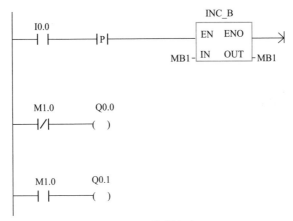

图 11-17　控制程序

🔷 ◀梯形图识读▶

① 上电后，M1.0＝Off，M1.0 常闭触点闭合，Q0.0 得电，灯 L0 亮（甲组设备工作）；M1.0 常开触点断开，Q0.1 失电，灯 L1 灭（乙组设备不工作）。

② 按一下 I0.0 按钮，上升沿触发 INC 自增指令执行使 M1.0 得电，常闭接点断开，Q0.0 失电，灯 L0 灭（甲组设备不工作）；M1.0 常开接点闭合，Q0.1 得电，等 L1 亮（乙组设备工作）。

③ 再按一下 I0.0 按钮，上升沿触发自增指令执行使得 M1.0 由 On→Off；分析过程同①。

六、按钮控制圆盘旋转一圈

🔷 ◀控制要求▶

一个圆盘在原始位置时，限位开关受压，处于动作状态；按一下控制按钮，电动机带动圆盘转一圈，到原始位置时停止。

🔷 ◀元件说明▶

元件说明见表 11-13。

表 11-13　元件说明

PLC 软元件	控制说明
I0.0	控制按钮,按下时,I0.0 状态由 Off→On
I0.1	圆盘限位开关,当圆盘到达原位时,I0.1＝On
Q0.0	电动机(接触器)
M0.0	内部辅助继电器

◁◀ 梯形图 ▶

如图 11-18 所示。

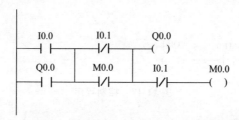

图 11-18　控制程序

◁◀ 梯形图识读 ▶

① 圆盘在原位时,限位开关 I0.1 常开触点受压闭合,I0.1 常闭接点断开,M0.0 输出线圈为失电状态,M0.0 常闭接点闭合。

② 当按下控制按钮时,I0.0 得电,I0.0 常开接点闭合,且 M0.0 常闭接点为闭合状态,输出线圈 Q0.0 得电并自锁,电动机启动运转,带动圆盘转动。

③ 圆盘转动,限位开关复位,I0.1 常闭触点闭合,M0.0 输出线圈得电,M0.0 常闭接点断开。

Q0.0 线圈当前得电路径为 Q0.0 常开接点闭合,I0.1 常闭接点闭合,Q0.0 输出线圈得电。

当圆盘转一圈后又碰到限位开关 I0.1:I0.1 常闭接点断开,Q0.0 输出线圈失电,电动机停止转动。

④ 若想再旋转一圈,再按按钮 I0.0,过程同上,不再赘述。

七、三地控制一盏灯

范例示意如图 11-19 所示,图 11-19(a) 要求由三个普通开关实现灯的三地控制。图 11-19(b) 为由两个单刀双掷和一个双刀双掷开关实现灯的三地控制原理接线图。

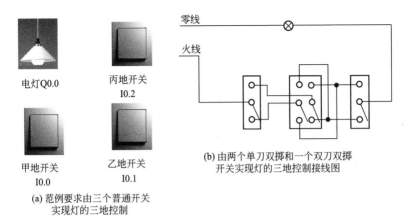

电灯Q0.0　　丙地开关
　　　　　　　I0.2

甲地开关　　乙地开关
I0.0　　　　I0.1

(a) 范例要求由三个普通开关
　　实现灯的三地控制

(b) 由两个单刀双掷和一个双刀双掷
　　开关实现灯的三地控制接线图

图 11-19　范例示意

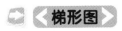 **控制要求**

一盏灯可以由三个地方的普通开关共同控制，按下任一个开关，都可以控制电灯的点亮和灭。

元件说明

元件说明见表 11-14。

表 11-14　元件说明

PLC 软元件	控制说明
I0.0	甲地普通开关，上方按下时，I0.0 状态由 Off→On；下方按下时，I0.0 状态由 On→Off
I0.1	乙地普通开关，上方按下时，I0.1 状态由 Off→On；下方按下时，I0.1 状态由 On→Off
I0.2	丙地普通开关，上方按下时，I0.2 状态由 Off→On；下方按下时，I0.2 状态由 On→Off
Q0.0	电灯

梯形图

如图 11-20 所示。

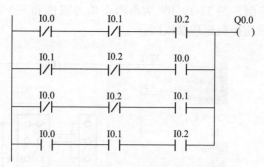

图 11-20　控制程序

梯形图识读

(1) 假定三个开关原始状态均为 Off 状态

仅按下甲地开关，I0.0 得电，常开接点闭合，因乙、丙两地不动作，I0.1、I0.2 常闭触点导通，Q0.0 得电，灯亮；

再按甲地开关，I0.0 失电，常开接点断开，Q0.0 失电，灯灭；仅操作乙或丙地开关情况类似。

(2) 假定三个开关原始状态均为 On 状态

I0.0、I0.1、I0.2 常开接点闭合，Q0.0 得电，灯亮。

若仅操作乙地开关，I0.1 常开接点断开，Q0.0 失电，灯灭；再按一下乙地开关 I0.1 得电，常开接点闭合，Q0.0 得电，灯亮；其余两地操作类似。

(3) 甲地为 On、乙地、丙地为 Off 情况

I0.0 为 On、I0.1 为 Off、I0.2 为 Off，I0.0 常开接点闭合、I0.1 常闭接点闭合、I0.2 常闭接点闭合，Q0.0 得电，灯亮。

① 在甲地操作　操作甲地开关 I0.0 为 Off：

I0.0 为 Off、I0.1 为 Off、I0.2 为 Off，I0.0 常开接点断开、I0.1 常闭接点闭合、I0.2 常闭接点闭合，Q0.0 失电，灯灭；再按一次灯亮；

② 在乙地操作　操作乙地开关 I0.1 为 On：

I0.0 为 On、I0.1 为 On、I0.2 为 Off，I0.0 常开接点闭合、I0.1 常闭接点断开、I0.2 常闭接点闭合，Q0.0 失电，灯灭；再按一次灯亮。

③ 其余情况

类似，不再赘述。

(4) 小结

用实际开关连线来实现灯的控制时，两地控制较容易，三地控制如图 11-19（b）所示，需要用到双刀双掷开关，实现起来较为麻烦。

用 PLC 编程可以很容易地实现多地控制，如四个开关控制一盏照明灯程序如图 11-21 所示，具体原理读者可自行分析。

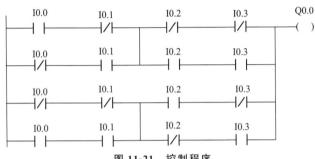

图 11-21　控制程序

应用拓展提示

若将灯泡改为其他设备（如某重要仓库的灭火设备），甲、乙、丙三处为三个监控中心，均对该仓库进行监控，在甲、乙、丙三处三个监控中心安装灭火设备的控制开关，那么出现险情时，任一个监控中心均可启动或关闭灭火装置。

八、信号分频简易程序

(1) 控制信号的二分频

范例示意如图 11-22 所示。

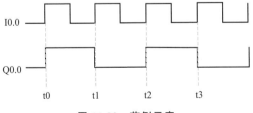

图 11-22　范例示意

◁ 控制要求 ▷

本案例要求通过一定的 PLC 程序完成对控制信号的多分频操作，本案例以比较常见的二分频需求为例说明该类控制程序。

◁ 元件说明 ▷

元件说明见表 11-15。

表 11-15　元件说明

PLC 软元件	控制说明
I0.0	信号产生按钮，按下时，I0.0 状态由 Off→On
M0.0～M0.2	内部辅助继电器
Q0.0	某个终端设备

◁ 梯形图 ▷

如图 11-23 所示。

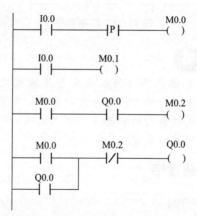

图 11-23　二分频控制程序

◁ 梯形图识读 ▷

① Q0.0 产生的脉冲信号是 I0.0 脉冲信号的二分频。程序设计用了三个辅助继电器 M0.0、M0.1 和 M0.2。

② 当输入 I0.0 在 t0 时刻接通（On），M0.0 产生脉宽为一个扫描周期的单脉冲，Q0.0 线圈在此之前并未得电，其对应的常开接点处于断开状态，因此执行至网络 3 时，尽管 M0.0 得电，但 M0.2 仍

不得电，M0.2 的常闭接点处于闭合状态。执行至网络 4，Q0.0 得电（On）并自锁。此后，多次循环扫描执行这部分程序，但由于 M0.0 仅接通一个扫描周期，M0.2 不可能得电。由于 Q0.0 已接通，对应的常开接点闭合，为 M0.2 的得电做好了准备。

③ 等到 t1 时刻，输入 I0.0 再次接通（On），M0.0 上再次产生单脉冲。此时在执行网络 3 时，M0.2 条件满足得电，M0.2 对应的常闭接点断开。执行网络 4 时，Q0.0 线圈失电（Off）。之后虽然 I0.0 继续存在，由于 M0.0 是单脉冲信号，虽多次扫描执行第 4 行程序，Q0.0 也不可能得电。

④ 在 t2 时刻，I0.0 第三次接通（On），M0.0 上又产生单脉冲，输出 Q0.0 再次接通（On）。

⑤ t3 时刻，Q0.0 再次失电（Off），循环往复。这样 Q0.0 正好是 I0.0 脉冲信号的二分频。

(2) 控制信号的三分频

① 三分频示意如图 11-24 所示。

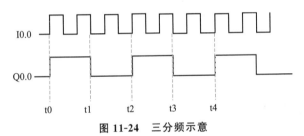

图 11-24 三分频示意

② 实现三分频的 PLC 程序如图 11-25 所示。

梯形图

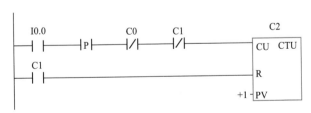

图 11-25

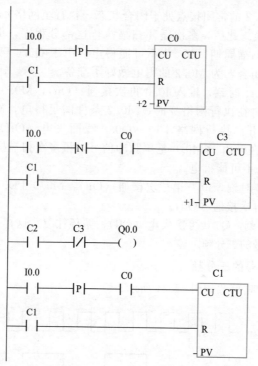

图 11-25　三分频控制程序

 梯形图识读

① Q0.0 产生的脉冲信号是 I0.0 脉冲信号的三分频。程序设计用了四个计数器 C0、C1、C2 和 C3。

② 当输入 I0.0 在 t0 时刻接通 (On) 时，C2＝On，Q0.0 得电 (On)。

③ t1 时刻，当输入 I0.0 第 2 次接通后断开时，C3＝On，其对应的常闭接点断开，Q0.0 失电 (Off)。

④ 等到 t2 时刻，当输入 I0.0 第 4 次接通 (On) 时，输出 Q0.0 再次接通 (On)，循环往复。这样 Q0.0 正好是 I0.0 脉冲信号的三分频。

⑤ 本程序适当修改计数器计数值可实现 5 分频、7 分频、9 分频……。

⑥ 去掉下降沿并适当修改计数值可实现 2 分频、4 分频、6 分频……。

第三篇
电工操作

第十二章
电工基本操作技能

第一节　电工工具的使用

一、常用工具

(1) 工具夹和工具袋

① 工具夹。工具夹是装夹电工随身携带常用工具的器具。工具夹常用皮革或帆布制成，分为插装一件、三件和五件工具等几种。

② 工具袋。工具袋常用帆布制成，是用来装锤子、手锯等工具和零星器材的背包。

➡实例操作

电工工具夹和工具袋的使用方法如图 12-1 所示。

电工工具夹的使用

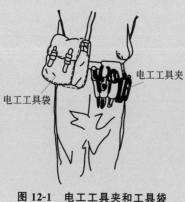

图 12-1　电工工具夹和工具袋

① 工具夹在使用时，佩挂在背后右侧的腰带上，以便随手取用归放工具。

② 工具袋在工作时一般电工斜挎在肩上。

（2）验电器

验电器是检验导线和电气设备是否带电的一种电工常用工具，分为低压验电器和高压验电器两种（本文只简单介绍低压验电器）。

低压验电器又称试电笔、测电笔（简称电笔），是电工最常用的一种检测工具，用于检查低压电气设备是否带电。检测电压的范围为 $60 \sim 500\text{V}$。常用的有钢笔式和螺钉旋具式两种，前端是金属探头，内部依次装接氖泡、安全电阻和弹簧，弹簧与后端外部的金属部分相接触。按其显示元件不同分为氖管发光指示式和数字显示式两种。

氖管发光指示式验电器由氖管、电阻、弹簧、笔身和笔尖等部分组成，如图 12-2（a）、图 12-2（b）所示，数字显示式验电器如图 12-2(c) 所示。

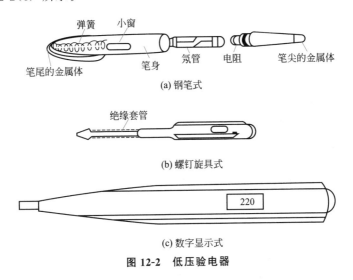

弹簧　　小窗

笔尾的金属体　　　　笔身　　氖管　　电阻　　笔尖的金属体

(a) 钢笔式

绝缘套管

(b) 螺钉旋具式

220

(c) 数字显示式

图 12-2　低压验电器

⊹ 实例操作

使用低压验电器，必须严格如图 12-3 所示姿势握笔。

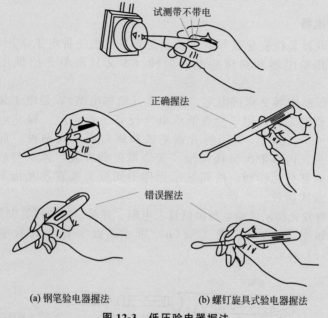

试测带不带电

正确握法

错误握法

(a) 钢笔验电器握法   (b) 螺钉旋具式验电器握法

图 12-3　低压验电器握法

① 以食指触及笔尾的金属体，笔尖触及被测物体，使氖管小窗背光朝向自己。

② 当被测物体带电时，电流经带电体、电笔、人体到大地形成通电回路。

③ 只要带电体与大地之间的电位差超过 60V，电笔中的氖管就会发光，电压高发光强，电压低发光弱。

④ 用数字显示式测电笔验电，其握笔方法与氖管指示式电笔相同，但带电体与大地间的电位差在 2～500V，电笔都能显示出来。

由此可见，使用数字式测电笔，除了能知道线路或电气设备是否带电以外，还能够知道带电体电压的具体数值。

电笔使用前一定要在有电的电源上检查电笔中的氖泡是否损坏；电笔不可用于电压高于规定范围（500V）的电源，以免发生危险。

使用时应注意以下事项。

① 一般用右手握住电笔，左手背在背后或插在衣裤口袋中。

② 人体的任何部位切勿触及与笔尖相连的金属部分。

③ 防止笔尖同时搭在两线上。

④ 验电前，先将电笔在确实有电处试测，只有氖管发光，才可使用。

⑤ 在明亮光线下不易看清氖管是否发光，因此应注意避光。

(3) 螺钉旋具

螺钉旋具又称旋凿、起子、改锥、螺丝刀，它是一种紧固和拆卸螺钉的工具。螺钉旋具的式样和规格很多，按头部形状可分为一字形［图 12-4(a)］和十字形［图 12-4(b)］两种。

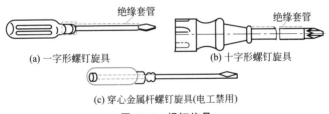

(a) 一字形螺钉旋具　　　　(b) 十字形螺钉旋具

(c) 穿心金属杆螺钉旋具(电工禁用)

图 12-4　螺钉旋具

一字形螺钉旋具常用的有 50mm、100mm、150mm 和 200mm 等规格，电工必备的是 50mm 和 150mm 两种。

在用螺钉旋具进行操作时，需注意以下事项。

① 电工不可使用金属杆直通柄顶的螺钉旋具［图 12-4（c）］，使用螺钉旋具紧固或拆卸带电的螺钉时，手不得触及螺钉旋具的金属杆，否则，很容易造成触电事故。

② 为了防止螺钉旋具的金属杆触及皮肤或触及邻近带电体，应在金属杆上套上绝缘管。

(4) 钢丝钳

钢丝钳有绝缘柄［图 12-5(a)］和裸柄［图 12-5(g)］两种。绝缘柄钢丝钳为电工专用钳（简称电工钳），常用的有 150mm、175mm 和 200mm 三种规格。电工禁用裸柄钢丝钳。

＋实例操作

电工钳的用法可以概括为四句话：剪切导线用刀口，剪切钢丝用侧口，扳旋螺母用齿口，弯纹导线用钳口。如图 12-5 所示。

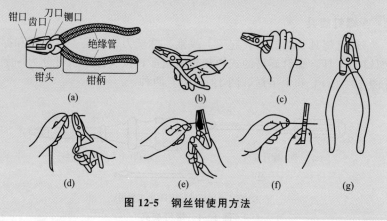

图 12-5　钢丝钳使用方法

　操作注意事项

在用电工钳进行操作时，需注意以下事项。

① 使用前，应检查绝缘柄的绝缘是否良好。

② 用电工钳剪切带电导体时，不得用钳口同时剪切相线和零线，或同时剪切两根相线。

(5) 尖嘴钳

尖嘴钳（图 12-6）的头部尖细，适于在狭小的工作空间操作。

尖嘴钳也有裸柄和绝缘柄两种。裸柄尖嘴钳电工禁用，绝缘柄的耐压强度为 500V，常用的有 130mm、160mm、180mm、200mm 四种规格。

尖嘴钳的握法与使用注意事项同电工钳。

（6）电工刀

电工刀是用来剖削导线线头，切割木台缺口，削制木榫的专用工具，其外形如图 12-7 所示。

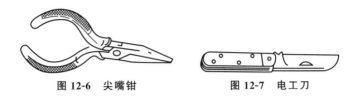

图 12-6　尖嘴钳　　　　　　　图 12-7　电工刀

◆ 实例操作

电工刀的操作方法如下。

① 剖削导线绝缘层时，刀口朝外，刀面与导线成较小的锐角。

② 电工刀刀柄无绝缘保护，不可在带电导线或带电器材上剖削，以免发生触电事故。

（7）电工用凿

电工常用的凿有圆榫凿、小扁凿、大扁凿和长凿等几种。具体介绍见表 12-1。

表 12-1　电工用凿

序号	分类	说　　　明
1	圆榫凿	圆榫凿[图 12-8(a)]又称麻线凿或鼻冲,用于在混凝土结构的建筑物上凿打木榫孔
2	小扁凿	小扁凿[图 12-8(b)]用来在砖墙上凿打方形榫孔。电工常用凿口宽约 12mm 的小扁凿。凿孔时,也要经常拔出凿身,以排出灰沙、碎砖,同时观察墙孔开凿得是否平整,大小是否合适,孔壁是否垂直
3	大扁凿	大扁凿[图 12-8(c)]用来凿打角钢支架和撑脚等的埋设孔穴。电工常用凿口宽约 16mm 的大扁凿。使用方法与小扁凿相同

序号	分类	说　　　明
4	长凿	长凿图[图 12-8(d)、(e)]用来凿出通孔。如图 12-8(d)所示长凿由中碳圆钢制成，用来在混凝土墙上凿出通孔；图 12-8(e)所示长凿由无缝钢管制成，用来在砖墙上凿出通孔

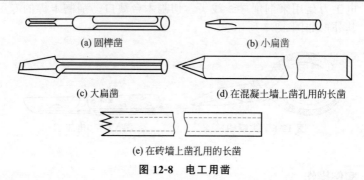

(a) 圆錾凿

(b) 小扁凿

(c) 大扁凿

(d) 在混凝土墙上凿孔用的长凿

(e) 在砖墙上凿孔用的长凿

图 12-8　电工用凿

(8) 电钻

① 使用前，先检查各部状态是否良好。使用没有绝缘手把的电钻时，必须先戴好绝缘手套。

② 移动电钻时，禁止提携电线或钻头。使用中发生故障或暂停操作时，要立即切断电源。

③ 架空使用电钻或朝上钻孔时，要采取安全防护措施。

④ 钻薄铁板时，要用平钻头；钻深孔要在钻杆上做记号，要不断退铁屑，临钻透时压力要轻。

⑤ 雨雪天禁止在露天使用电钻。

(9) 电烙铁

电烙铁是钎焊（也称锡焊）的热源，其规格有 15W、25W、45W、75W、100W、300W 等多种。功率在 45W 以上的电烙铁，通常用于强电元件的焊接；弱电元件的焊接一般使用 15W、25W 功率等级的电烙铁。电烙铁有外热式和内热式两种，如图 12-9 所示。

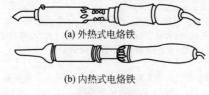

(a) 外热式电烙铁

(b) 内热式电烙铁

图 12-9　电烙铁

在用电烙铁进行操作时，需注意以下事项。

① 为了不影响电烙铁头的拆装，使用过程中应轻拿轻放，不得敲击电烙铁，以免损坏内部发热元件。

② 烙铁头应经常保持清洁，使用时可常在石棉毡上擦几下以除去氧化层。

③ 烙铁使用日久，烙铁头上可能出现凹坑，影响正常焊接。此时可用锉刀对其整形，加工到符合要求的形状再浸锡。

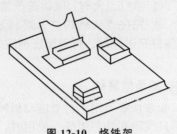

图 12-10　烙铁架

④ 使用中的电烙铁不可搁在木架上，而应放在特制的烙铁架（图 12-10）上，以免烫坏导线或其他物件引起火灾。

⑤ 使用烙铁时不可随意甩动，以免焊锡溅出伤人。

(10)　喷灯

喷灯是利用喷射火焰对工件进行局部加热的工具。有汽油喷灯、煤油喷灯和酒精喷灯。结构如图 12-11 所示。

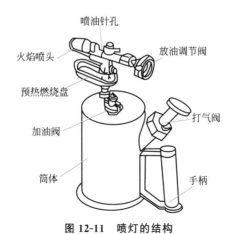

喷油针孔

火焰喷头

放油调节阀

预热燃烧盘

打气阀

加油阀

筒体

手柄

图 12-11　喷灯的结构

操作注意事项

在用喷灯进行操作时，需注意以下事项。

① 使用前应仔细检查油桶是否漏油，喷嘴是否通畅，有无漏气处。并注意喷灯所要求的燃料油种类，禁止在煤油或酒精喷灯内注入汽油使用。

② 喷灯的加油、放油和修理应在熄火后方可进行。

③ 喷灯点火时，喷嘴前严禁有人，工作场所无可燃物。

④ 先在点火碗内注入燃料油，作为点燃用，待喷嘴烧热后再慢慢打开进油阀，打气加压前应先关闭进油阀。

(11) 断条侦察器

断条侦察器用于检查电动机转子，如图 12-12 所示。它由一大一小两只线圈和铁芯组成。使用时，先将被测转子放在大铁芯 1 上，线圈接 220V 交流电。慢慢转动被测转子。如果转子有断条，则相当于变压器的二次线圈开路，流过线圈的电流将下降。

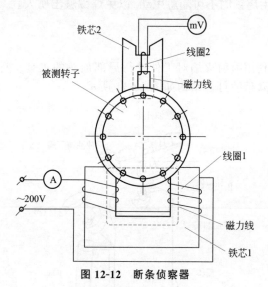

图 12-12 断条侦察器

在用断条侦察器进行操作时，需注意以下事项。

① 检查时，电流表读数的变化不应超过 5%，否则，需逐槽检查。

② 逐槽检查时，再将小线圈放在被测转子外圆，铁芯口对准被测的鼠笼条，组成另一只变压器。

二、架线工具

(1) 叉杆

叉杆由 U 形铁叉和细长的圆杆组成，如图 12-13（a）所示。叉杆在立杆时用来临时支撑电杆和用于起立 9m 以下的木单杆。

+ 实例操作

叉杆的操作方法如下。

① 将电杆移至坑口，使杆根顶住滑板。

② 用杠子将电杆头部抬起，随即用叉杆顶住，再逐步向杆根交替移动叉杆，如图 12-13（b）所示，使杆头不断升高。当杆头升高到一定高度时，增加三根叉杆，使电杆起立。

③ 当电杆起立到将近垂直时，将一根叉杆转至对面，以防电杆向对面倾倒，并抽出滑板，同时将另两根叉杆分别向左、右岔开，使三根叉杆成三角位置支撑电杆，以防电杆向左、右倾斜，如图 12-13（c）所示。

(2) 抱杆

抱杆分为单抱杆和人字形抱杆两种。人字形抱杆是将两根相同的细长圆杆，在顶端用钢绳交叉绑扎成人字形。抱杆高度按电杆高度的 1/2 选取，抱杆直径平均为 16～20mm，根部张开宽度为抱杆长度的 1/3，其间用 φ12 钢绳连锁（图 12-14）。

(3) 紧线器

紧线器又称紧线钳和拉线钳，用来收紧室内瓷瓶线路和室外架空

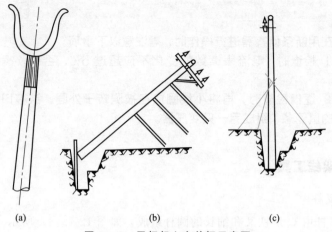

(a)   (b)   (c)

图 12-13　叉杆起立木单杆示意图

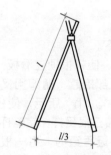

图 12-14　人字形抱杆

线路的导线。紧线器的种类很多，常用的有平口式和虎头式两种，其外形如图 12-15 所示。

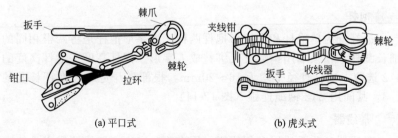

(a) 平口式   (b) 虎头式

图 12-15　紧线器

在紧线器进行操作时，需注意以下事项。

① 应根据导线的粗细，选用相应规格的紧线器。

② 使用紧线器时，如果发现有滑线（逃线）现象，应立即停止使用，采取措施（如在导线上绕一层铁丝）将导线确实夹牢后，才可继续使用。

③ 在收紧时，应紧扣棘爪和棘轮，以防止棘爪脱开打滑。

(4) **导线弧垂测量尺**

导线弧垂测量尺又称弛度标尺，用来测量室外架空线路导线弧垂，其外形如图 12-16 所示。

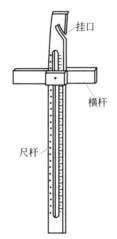

图 12-16 导线弧垂测量尺

实例操作

导线弧垂测量尺操作方法如下。

① 使用时应根据表 12-2 所示值，先将两把导线弧垂测量尺上的横杆调节到同一位置上。

表 12-2　架空导线弧垂参考值

弛度 /m 挡距 /m 环境温度 /℃	30	35	40	45	50
−40	0.06	0.08	0.11	0.14	0.17
−30	0.07	0.09	0.12	0.15	0.19
−20	0.08	0.11	0.14	0.18	0.22
−10	0.09	0.12	0.16	0.20	0.25
0	0.11	0.15	0.19	0.24	0.30
10	0.14	0.18	0.24	0.30	0.38
20	0.17	0.23	0.30	0.38	0.47
30	0.21	0.28	0.37	0.47	0.58
40	0.25	0.35	0.44	0.56	0.69

② 将两把标尺分别挂在所测挡距的同一根导线上（应挂在近瓷瓶处），然后两个测量者分别从横杆上进行观察，并指挥紧线。

③ 当两把测量尺上的横杆与导线的最低点成水平直线时，即可判定导线的弛度已调到预定值。

三、登高工具（用具）

登高工具是指电工进行高空作业所需的工具和装备。为了保证高空作业的安全，登高工具必须牢固可靠。电工完成高空作业时，要特别注意人身安全。

(1) 梯子和高凳

梯子和高凳可用木材或竹材制作，切不可用金属材料制作。梯子和高凳应坚固可靠，能够承受电工身体和携带工具的质量。梯子分为直梯（也称靠梯）和人字梯两种。如图 12-17 所示。

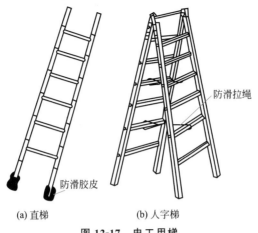

防滑拉绳

防滑胶皮

(a) 直梯   (b) 人字梯

图 12-17　电工用梯

实例操作

电工用梯的操作方法及其注意事项如下。

① 使用前应严格检查梯子是否损伤、断裂，脚部有无防滑材料和是否绑扎防滑安全绳。

② 梯子放置必须稳固，梯子与地面的夹角以 60° 左右为宜，顶部应与建筑物靠牢。

③ 人字梯放好后，要检查四只脚是否同时着地。作业时不可站立在人字梯最上面两挡工作。

④ 在梯子上工作，应备有工具袋，上下梯子时工具不得拿在手中，工具和物体不得上下抛递，要防止落物伤人。

⑤ 在室外高压线下或高压室内搬动梯子时，应放倒由两人抬运，并且与带电体保持足够的安全距离。

(2) **脚扣**

脚扣又称铁脚，是一种攀登电杆的工具。脚扣分为两种：一种是扣环上有铁齿，供登木杆用，如图 12-18(a) 所示；另一种是扣环上裹有橡胶，供登混凝土杆用，如图 12-18(b) 所示。

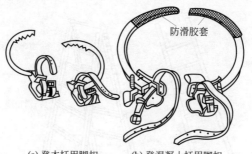

(a) 登木杆用脚扣　　　　(b) 登混凝土杆用脚扣

图 12-18　脚扣

脚扣的操作方法及其注意事项如下。

① 脚扣攀登速度较快，容易掌握，但在杆上操作不灵活、不舒适，容易疲劳，所以只适于在杆上短时工作用。

② 登杆前首先应检查脚扣是否损伤，型号与杆径是否相配，脚扣防滑胶套是否牢固可靠，然后将安全带系于腰部偏下位置，戴好安全帽。

③ 为了保证在杆上进行作业时人体保持平稳，两只脚扣应如图 12-19 所示方法定位。

(a)　　(b)　　(c)　　　　(d)

图 12-19　脚扣登杆定位方法

④ 下杆时，同样要手脚协调配合，往下移动身体，其动作与上杆时相反。

腰带、保险绳和腰绳是电工高空操作必备用品。其外形如图 12-20 所示。

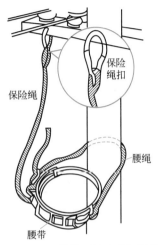

图 12-20　腰带、保险绳和腰绳

操作注意事项

在使用腰带、保险绳和腰绳时，需注意以下事项。

① 腰绳应系结在臀部上端，而不是系在腰间。

② 使用时应将其系结在电杆的横担或抱箍下方，要防止腰绳窜出电杆顶端而造成工伤事故。

四、绝缘安全用具

电工绝缘安全用具，按其功能可分为绝缘操作用具和绝缘防护用具两大类。

(1) **绝缘操作用具**

绝缘操作用具主要是在带电操作、测量和其他需要直接接触带电设备的环境下使用的绝缘用具。

绝缘操作杆由工作部分、绝缘部分和手握部分组成，如图 12-21

所示。

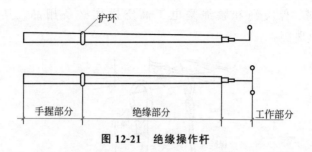

图 12-21　绝缘操作杆

　　为了保证操作人员有足够的安全距离，在不同工作电压下所使用的操作杆规格亦不相同，不可任意取用。绝缘操作杆规格与工作电压的对应关系如表 12-3 所示。

表 12-3　绝缘操作杆规格　　　　　　单位：mm

规格	棒长		工作部位长度	绝缘部位长度	手握部位长度	棒身直径	钩子宽度	钩子终端直径
	全长	节数						
500V	1640	1		1000	455			
10kV	2000	2	185	1200	615	38	50	13.5
35kV	3000	3		1950	890			

➕实例操作

　　绝缘操作杆的使用方法及其注意事项如下。
　　① 使用前应仔细检查绝缘杆各部分的连接是否牢固，有无损坏和裂纹，并用清洁干燥的毛巾擦拭干净。
　　② 手握绝缘杆进行操作时，手不得超过护环。
　　③ 雨天室外使用的绝缘杆，应加装喇叭形防雨罩，防雨罩宜装在绝缘部分的中部，罩的上口必须与绝缘部分紧密结合，以防止渗漏，罩的下口与杆身应保持 20～30mm 距离。
　　④ 操作时要戴干净的线手套或绝缘手套，以防止因手出汗而降低绝缘杆的表面电阻，使泄漏电流增加，危及操作者的人身安全。

(2)　**绝缘防护用具**

　　绝缘防护用具，主要指对可能发生的电气伤害起防护作用的绝缘用具。

绝缘手套、绝缘靴、绝缘垫和绝缘站台统称为绝缘防护用具，如图 12-22 所示。

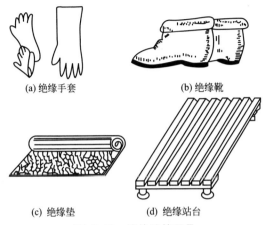

(a) 绝缘手套　　　　　(b) 绝缘靴

(c) 绝缘垫　　　　(d) 绝缘站台

图 12-22　绝缘防护用具

① 绝缘手套。绝缘手套用绝缘性能良好的特种橡胶制成，用于防止泄漏电流、接触电压和感应电压对人体的伤害。其外形如图 12-22（a）所示。

 操作注意事项

在使用绝缘手套时，需注意以下事项。

① 使用前绝缘手套应进行外观检查，不应有黏胶、裂纹、气泡和外伤。

② 戴上绝缘手套后，手容易出汗，因此应在绝缘手套内衬上吸汗手套（如普通线手套），以增加手与带电体的绝缘强度。

③ 平时绝缘手套应放在干燥、阴凉处，现场应放置在特制的木架上。

② 绝缘靴。绝缘靴是用特种橡胶制成的，里面有衬布，外面不上漆，这与涂光亮黑漆的普通橡胶水鞋在外观上有所不同。其外形如图 12-22（b）所示。

操作注意事项

在使用绝缘靴时，需注意以下事项。

① 绝缘靴不得当作雨靴使用，普通橡胶鞋也不得取代绝缘靴。

② 绝缘靴应经常检查，如果发现严重磨损、裂纹和外伤，则应停止使用。

③ 绝缘垫。绝缘垫也是用特种橡胶制成的，其表面有防滑槽纹，如图 12-22(c) 所示。

操作注意事项

在使用绝缘靴时，需注意以下事项。

① 绝缘垫不得与酸、碱、油类物质和化学药品等接触。

② 要保持清洁、干燥，不受阳光直射，远离热源。

③ 每隔一段时间应使用温水清洗一次。

④ 绝缘站台。绝缘站台是电工带电操作用的辅助保护用具，它可取代绝缘靴和绝缘垫。其外形如图 12-22(d) 所示。

操作注意事项

在使用绝缘靴时，需注意以下事项。

① 台面的边缘不得伸出支持绝缘瓷瓶的边缘。

② 支撑台面的绝缘瓷瓶高度（从地面至站台面）不应小于100mm。

③ 绝缘站台应放置在坚硬、干燥的地点。

④ 用于室外时，如果地面松软，则应在站台下面垫一块坚实的垫板，以免台脚陷入泥土或站台触及地面而降低其绝缘性能。

第二节　电气测量仪表的使用

一、电压表

测量电路电压的仪表叫作电压表，也称伏特表，表盘上标有符号

"V"。因量程不同，电压表又分为毫伏表、伏特表、千伏表等多种品种规格，在其表盘上分别标有 mV、V、kV 等字样。电压表分为直流电压表和交流电压表，二者的接线方法都是与被测电路并联（图 12-23）。

➡️实例操作

（1）直流电压表的接线方法

在直流电压表的接线柱旁边标有"＋"和"－"两个符号，接线柱的"＋"（正端）与被测量电压的高电位连接；接线柱的"－"（负端）与被测量电压的低电位连接［图 12-23（a）］。正负极不可接错，否则，指针就会因反转而打弯。

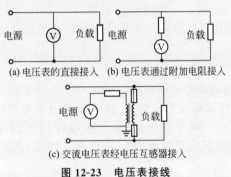

(a) 电压表的直接接入　(b) 电压表通过附加电阻接入

(c) 交流电压表经电压互感器接入

图 12-23　电压表接线

（2）交流电压表的接线方法

在低压线路中，电压表可以直接并联在被测电压的电路上。在高压线路中测量电压，由于被测电压高，不能用普通电压表直接测量，而应通过电压互感器将仪表接入电路［图 12-23（b）］。

为了测量方便，电压互感器一般都采用标准的电压比值，例如，3000/100V、6000/100V、10000/100V 等。其二次绕组电压总是 100V。因此，可用 0～100V 的电压表来测量线路电压。通过电压互感器来测量时［图 12-23（c）］，一般都将电压表装在配电盘上，表盘上标出测算好了的刻度值，从表盘上可以直接读取所测量的电压值。

为了防止因电表过载而损坏，可采用二极管来保护。保护二极管并接在表头两端，其接线方法如图 12-24 所示。

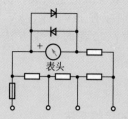

图 12-24　表头的二极管保护示意图

二、电流表

电流表的内阻很小，使用时应串接在电路中，如图 12-25 所示。直流电流表使用时还需注意电流正负极性，避免接错。

➡实例操作

（1）直流电表的接线方法

接线前要搞清电流表极性。直流电表流的接线柱旁边通常标有"＋"和"－"两个符号，"＋"接线柱接直流电路的正极，"－"接线柱接直流电路的负极。接线方法如图 12-25（a）所示。

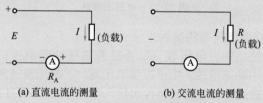

(a) 直流电流的测量　　　　(b) 交流电流的测量

图 12-25　电流表的接线方法

分流器在电路中与负载串联，使通过电流表的电流只是负载电流的一部分，而大部分电流则从分流器中通过。这样，既保护了表头，又扩大了电流表的测量范围，接线图如图 12-26 所示。

如果分流器与电流表之间的距离超过了所附定值导线的长度，则可用不同截面和不同长度的导线代替，但导线电阻应在 $0.035\,\Omega \pm 0.002\,\Omega$ 以内。

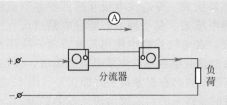

图 12-26 附有分流器的直流电流表接线图

（2）交流电流表的接线方法

交流电流表一般采用电磁式仪表，其测量机构与磁电式的直流电流表不同，它本身的量程比直流电流表大。 在电力系统中常用的 1T1-A 型电磁式交流电流表，其量程最大为 200A。 在这一量程内，电流表可以直接串联于负载电路中，接线方法如图 12-25（b）所示。

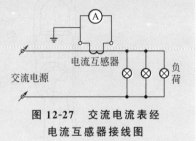

图 12-27 交流电流表经电流互感器接线图

电磁式电流表也采用电流互感器来扩大量程，其接线方法如图 12-27 所示。

多量程电磁式电流表，通常将固定线圈绕组分段，再利用各段绕组串联或并联来改变电流表的量程，如图 12-28 所示。

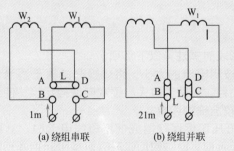

(a) 绕组串联   (b) 绕组并联

图 12-28 双量程电磁式电流表改变量程接线图

三、钳形表

钳形电流表简称钳形表。其工作部分主要由一只电磁式电流表和穿心式电流互感器组成。穿心式电流互感器铁芯制成活动开口,且成钳形,故名钳形电流表。是一种不需断开电路就可直接测电路交流电流的携带式仪表,在电气检修中使用非常方便,应用相当广泛。

钳形表是由电流互感器和整流系电流表组成,外形结构如图 12-29 所示。电流互感器的铁芯在捏紧扳手时即张开(图 12-29 中虚线位置),使被测电流通过的导线不必切断就可进入铁芯的窗口,然后放松扳手,使铁芯闭合。这样,通过电流的导线相当于互感器的一次侧绕组,而二次侧绕组中将出现感应电流,与二次侧相连接的整流系电流表指示出被测电流的数值。

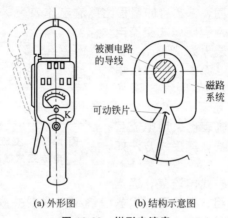

(a) 外形图　　　　　　(b) 结构示意图

图 12-29　钳形电流表

 操作注意事项

使用钳形表时需注意以下事项。

① 估计被测电流的大小,将转换开关置于适当量程;或先将开关置于最高挡,根据读数大小逐次向低挡切换,使读数超过刻度的 1/2,得到较准确的读数。

② 测量低压可熔保险器或低压母线电流时,测量前应将邻近各相用绝缘板隔离,以防钳口张开时可能引起相间短路。

③ 有些型号的钳形电流表附有交流电压量限,测量电流、电压时应分别进行,不能同时测量。

④ 测量 5A 以下电流时,为获得较为准确的读数,若条件许可,可将导线多绕几圈放进钳口测量,此时实际电流值为钳形表的

示值除以所绕导线圈数。

⑤ 测量时应戴绝缘手套，站在绝缘垫上。读数时要注意安全，切勿触及其他带电部分。

⑥ 钳形电流表应保存在干燥的室内，钳口处应保持清洁，使用前应擦拭干净。

四、万用表

万用表是一种带有整流器的、可以测量交直流电流、电压及电阻等多种电学参量的磁电式仪表。对于每一种电学量，一般都有几个量程。又称多用电表或简称多用表。万用表是由磁电系电流表（表头）、测量电路和选择开关等组成。通过选择开关的变换，可方便地对多种电学参量进行测量。其电路计算的主要依据是闭合电路欧姆定律。万用表种类很多，使用时应根据不同的要求进行选择。

操作注意事项

（1）指针式万用表使用时应注意以下事项

① 测量时，应用右手握住两支表笔，手指不要触及表笔的金属部分和被测元器件，如图 12-30（a）所示。图 12-30（b）的握笔方法是错误的。

② 测量过程中不可转动转换开关，以免转换开关的触头产生电弧而损坏开关和表头。

指针式万用表的使用

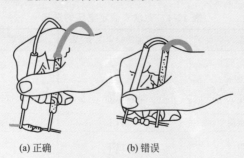

(a) 正确　　　　(b) 错误

图 12-30　万用表表笔的握法

③ 使用 R×1 挡时，调零的时间应尽量缩短，以延长电池使用寿命。

④ 万用表使用后，应将转换开关旋至空挡或交流电压最大量程挡。

（2）数字式万用表使用时应注意以下事项

① 不宜在阳光直射和有冲击的场所使用。不能用来测量数值很大的强电参数。

② 长时间不使用应将电池取出，再次使用前，应检查内部电池的情况。

③ 被测元器件的引脚氧化或有锈迹，应先清除氧化层和锈迹再测量，否则，无法读取正确的测量值。

④ 每次测量完毕，应将转换开关拨到空挡或交流电压最高挡。

五、兆欧表

兆欧表又称摇表。它的刻度是以兆欧（MΩ）为单位的。兆欧表由中大规模集成电路组成。兆欧表输出功率大，短路电流值高，输出电压等级多（每种机型有四个电压等级）。

兆欧表的使用

选用兆欧表的额定电压应与被测线路或设备的工作电压相对应，兆欧表电压过低会造成测量结果不准确；过高则可能击穿绝缘。其额定电压的选择见表 12-4。另外，兆欧表的量程也不要超过被测绝缘电阻值太多，以免引起测量误差。

表 12-4　兆欧表额定电压的选择

被测对象	被测设备的额定电压/V	兆欧表的额定电压/V
线圈绝缘电阻	500 以下 500 以上	500 1000
电力变压器线圈绝缘电阻 电动机线圈绝缘电阻	500 以上	1000～2000
发电机线圈绝缘电阻	500 以上	1000
电气设备绝缘电阻	500 以下	500～1000 2500
瓷瓶	500 以下 500 以上	2500～5000

兆欧表的使用方法如下。

① 测量前必须切断被测设备的电源，并接地短路放电，确实证明设备上无人工作后方可进行。被测物表面应擦拭干净，有可能感应出高电压的设备，应作好安全措施。

② 兆欧表在测量前的准备：兆欧表应放置在平稳的地方，接线端开路，摇发电机至额定转速，指针应指在"∞"位置；然后将"线路"、"接地"两端短接，缓慢摇动发电机，指针应指在"0"位。

③ 作一般测量时只用"线路"和"接地"两个接线端，在被试物表面泄漏严重时应使用"屏蔽"端，以排除漏电影响。接线不能用双股绞线。

④ 兆欧表上有分别标有"接地（E）"、"线路（L）"和"保护环（G）"的三个端钮。

测量线路对地的绝缘电阻时，将被测线路接于 L 端钮上，E 端钮与地线相接如图 12-31（a）所示；

测量电动机定子绕组与机壳间的绝缘电阻时，将定子绕组接在 L 端钮上，机壳与 E 端钮连接如图 12-31（a）所示；

测量电缆芯线对电缆绝缘保护层的绝缘电阻时，将 L 端钮与电缆芯线连接，E 端钮与电缆绝缘保护层外表面连接，将电缆内层绝缘层表面接于保护环端钮 G 如图 12-31（a）所示。

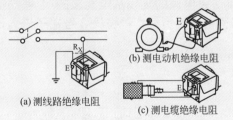

(a) 测线路绝缘电阻
(b) 测电动机绝缘电阻
(c) 测电缆绝缘电阻

图 12-31　用兆欧表测量绝缘电阻的接线

保护环 G 的作用如图 12-32 所示。其中图 12-32（a）为未使用保护环，两层绝缘表面的泄漏电流也流入线圈，使读数产生误差。图 12-32（b）为使用保护环后，绝缘表面的泄漏电流不经过线圈而直接回到发电机。

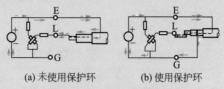

(a) 未使用保护环　　　(b) 使用保护环

图 12-32　保护环的作用

⑤ 测量完后，在兆欧表没有停止转动和被测设备没有放电之前，不要用手去触及被测设备的测量部分或拆除导线，以防电击。对电容量较大的设备进行测量后，应先将被测设备对地短路后，再停摇发电机手柄，以防止电容放电而损坏兆欧表。

六、电能表

电能表是用来测量电能的仪表，又称电度表，火表，千瓦小时表，指测量各种电学量的仪表。

电能表根据工作原理，可分为感应式电能表、磁电式电能表、电子式电能表等。

➡ 实例操作

① 单相电能的测量应使用单相电能表，其接线如图 12-33 所示。正确的接法是电源的火线从电能表的 1 号端子进入电流线圈，从 2 号端子引出接负载；零线从 3 号端子进入，从 4 号端子引出。

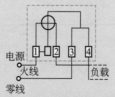

图 12-33　DD 型单相电能表测量电能的接线

② 三相电能的测量。三相三线有功电能表的接线有直接接入

和间接接入两种，如图 12-34（a）、（b）、（c）所示。

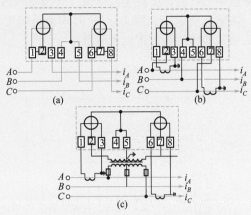

图 12-34　三相三线有功电能表测量三相有功电能的接线

七、接地摇表

接地摇表又叫接地电阻摇表、接地电阻表、接地电阻测试仪。接地摇表按供电方式分为传统的手摇式和电池驱动式；接地摇表按显示方式分为指针式和数字式；接地摇表按测量方式分为打地桩式和钳式。目前传统的手摇接地摇表几乎无人使用，比较普及的是指针式或数字式接地摇表，在电力系统以及电信系统比较普及的是钳式接地摇表。

接地电阻测试仪工作原理图，如图 12-35 所示。

✦➡ **实例操作**

接地摇表的使用方法如下。

① 测量前准备：测量前，应先将接地装置的接地引下线与所有电气设备断开。同时按测量接地电阻或低阻导体电阻以及测量土壤电阻率不同的使用目的，对照有关仪表的使用说明正确接线。

② 测量：测量时应先将仪表放在水平位置，检查检流计指针是否对在中心线上（如不在中心线上，应调整到中心线上）。然后将"倍率标度"放在最大倍数上，慢慢转动发电机摇把，同时旋转

"测量标度盘"，使检流计指针平衡。

　　当指针接近中心线时，加快摇把转速，达到 120r/min，再调整测量标度盘，使指针指于中心线上。此时用测量标度盘的读数乘以倍率标度的倍数即得所测的接地电阻值。

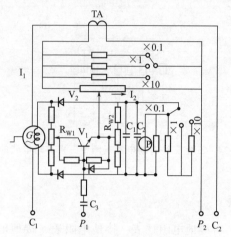

图 12-35　接地电阻测试仪工作原理图

第十三章
常用高低压电器

第一节　常用低压电器

低压电器是指用于额定电压交流 1200V 或直流 1500V 及以下，在由供电系统和用电设备等组成的电路中起保护、控制、调节、转换和通断作用的电器。

低压电器的额定电压等级范围，随着工农业生产的不断发展和供电系统容量不断扩大，有相应提高的趋势，同时电子技术也将日益广泛用于低压电器中。

一、开关刀和转换开关

刀开关主要用在负载切除以后，将线路与电源隔开，以保证检修人员的安全，也可以接通和分断额定电流。

刀形转换开关主要作为两种及两种以上的电源或负载的转换和通断电路之用。

刀开关有的带灭弧装置，有的不带灭弧装置。前者一般可带负荷接通、分断额定电流，后者仅作隔离作用，不应作负荷开关来分断电流。作隔离器使用时在操作上要注意操作顺序。接通电路时，应先把刀开关合闸，再把负荷开关合闸；分断电路时，操作次序正好相反。

常用开关刀及转换开关：

(1) HK1、HK2 胶盖瓷座刀开关

一般作电灯、电热、电阻等回路的控制开关用，也可作为分支线路的控制开关用。三极开关在适当降低容量使用时，也可以作为异步电动机的不频繁直接启动和停止之用。HK1、HK2 刀开关技术数据如表 13-1 所示。

表 13-1　HK1、HK2 刀开关技术数据

型号	额定电流 /A	极数	额定电压 /V	控制电动机容量 /kW	熔丝直径 /mm	熔丝成分		
						铅	锡	锑
HK1	15	2	220 332	1.5	1.45～1.59	98%	1%	1%
	30			3.0	2.30～2.52			
	60			4.5	3.36～4.00			
	15	3	380	2.2	1.45～1.59			
	30			4.0	2.30～2.52			
	60			5.5	3.36～4.00			
HK2	10	2	250	1.1	0.25	铜丝(含量不少于99.9%)		
	15			1.5	0.41			
	30			3.0	0.56			
	15	3	380	2.2	0.45			
	30			4.0	0.71			
	60			5.5	1.12			

注：开关刀的熔丝不随产品供应。

(2) HD11～HD14、HS11～HS13 系列刀开关

本系列开关用于交流 50Hz、额定电压 380V，直流额定电压 440V、额定电流 1500A 及以下低压成套配电装置中，作为不频繁地手动接通和分断交直流电路或作隔离开关用。

其结构为开启式，其中：

① HD11、HS11 用于磁力站中，仅作隔离开关用；

② HD12、HS12 用于正面两侧方操作、前面维修的开关柜中；

③ HD13（图 13-1）、HS13 用于正面操作、后面维修的开关柜中；

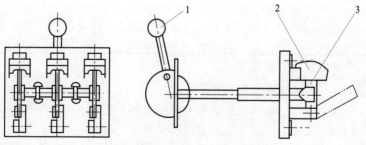

图 13-1　HD13-400/31 刀开关外形图
1—操作手柄；2—灭弧罩；3—动触刀

④ HD14 用于动力配电箱中。

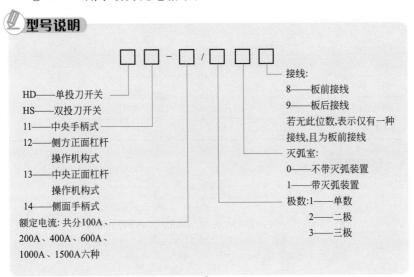

HD——单投刀开关
HS——双投刀开关
11——中央手柄式
12——侧方正面杠杆
操作机构式
13——中央正面杠杆
操作机构式
14——侧面手柄式
额定电流:共分100A、
200A、400A、600A、
1000A、1500A六种

接线:
8——板前接线
9——板后接线
若无此位数,表示仅有一种
接线,且为板前接线
灭弧室:
0——不带灭弧装置
1——带灭弧装置
极数:1——单数
2——二极
3——三极

(3) HH3、HH4 系列铁壳开关

适用于工矿企业、农村电力灌溉和电热、照明灯各种配电设备中,供不频繁手动接通和分断负载电路使用,具有短路保护,也可作为交流异步电动机的不频繁启动和停止之用。结构如图 13-2 所示。

(4) HH10D 系列开关熔断器组

作为手动不频繁地接通和分断有载电路及线路的过载、短路保护之用。其主要技术数据如表 13-2 所示。

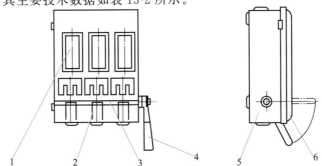

图 13-2 HH4-60 铁壳开关结构简图 (左为去盖示意图)
1—RC1A 熔断器;2—动触刀;3—轴;4—操作手柄;5—壳体;6—盖

表 13-2   HH10D 系列开关熔断器组主要技术数据

型号	额定工作电压/V	额定工作电流/A			额定接通和分断电流/A			极限分断能力/kA $\cos\varphi=0.25$
		AC-21 AC-22	AC-23	$\cos\varphi$	接通	分断		
HH11D-20	AC415	20	8	0.65	80	64		50
HH11D-32		32	14		140	112		
HH11D-63		63	25	0.35	250	200		
HH11D-100		100	40		400	320		

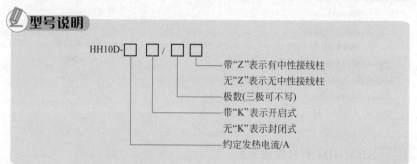

型号说明

HH10D-□□/□□

- 带"Z"表示有中性接线柱
- 无"Z"表示无中性接线柱
- 极数(三极可不写)
- 带"K"表示开启式
- 无"K"表示封闭式
- 约定发热电流/A

(5) HR11 系列熔断器式开关

适用于工业电气设备的配电系统中,作为手动不频繁地接通与分断负载电路及线路的过载保护。外形见图 13-3 所示。

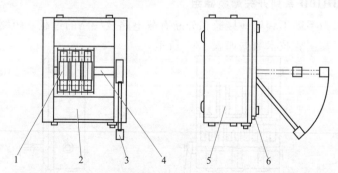

图 13-3   HR11 熔断器式开关结构简图 (左为去盖示意图)
1—RT15 熔断器;2—挡板;3—操作手柄;4—横梁;5—壳体;6—盖

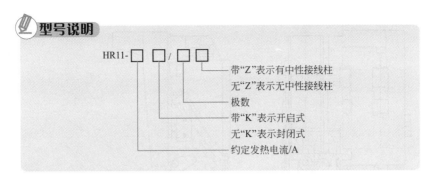

HR11-□□/□□

带"Z"表示有中性接线柱
无"Z"表示无中性接线柱
极数
带"K"表示开启式
无"K"表示封闭式
约定发热电流/A

(6) HR3 系列熔断器式开关

在工矿企业配电网络中，作为电气设备及线路的过载和短路保护用，以及正常供电情况下不频繁地接通和分断电路。

型号说明

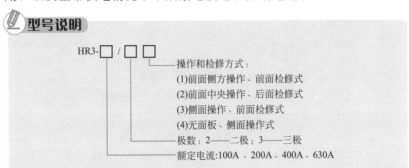

HR3-□/□□

操作和检修方式：
(1)前面侧方操作、前面检修式
(2)前面中央操作、后面检修式
(3)侧面操作、前面检修式
(4)无面板、侧面操作式
极数：2——二极；3——三极
额定电流:100A、200A、400A、630A

(7) HR5 系列熔断器式隔离开关

主要用于有高短路电流的配电电路和电动机电路中，作为电源开关的隔离开关和应急开关，并对电路进行保护。一般不作为直接开闭单台电动机之用。

开关如配上带有熔断撞击器的熔断体时，当熔断体熔断，撞击器弹出，通过传动轴，触动开关侧面的 LX19K 行程开关，即发出信号或切断电动机控制电路，防止断相运行事故。外形如图 13-4 所示。

(8) HG1 系列熔断器式隔离器

适用于具有高短路电流的配电电路和电动机电路中，作为电源隔离器和电路保护用。其主要技术数据如表 13-3 所示。

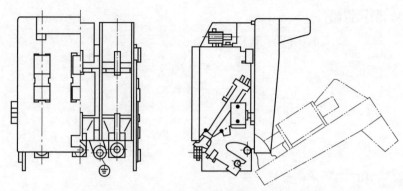

图 13-4　HR5-200/31 熔断器式隔离开关结构简图

型号说明

HR5-□ / □ □

　　　　　　　　"0"为无熔断信号装置(配用只
　　　　　　　　有熔断指示器的熔断体)

　　　　　　　　"1"为有熔断信号装置(配用有
　　　　　　　　熔断撞击器的熔断体)

　　　　　　　　极数:2——二极;3——三极

　　　　　　　　约定发热电流:100A、200A、400A、630A

表 13-3　HG1 系列熔断器式隔离器主要技术数据

	约定发热电流/A	20	32	63
	额定熔断短路电流/kA	50		
	机械寿命(次)	3000		
辅助触头	额定电压/V	AC380		
	约定发热电流/A	5		
	额定控制容量/(V·A)	300		
熔断指示微动开关	额定电压/V	AC220		
	约定发热电流/A	1		

熔断器式隔离器配用交流 380V、RT14 有填料封闭管式圆筒形

熔断体。当32A和63A隔离器配用带撞针的熔断体时，具有断相保护的功能。

（9）系列空气式隔离器

适用于工矿企业低压配电系统以及冶炼、电解、电镀、交通运输、整流设备中，主要用于负载切除以后将线路与电源隔离，以保证检修人员的安全。其额定工作电压为交流50Hz、1200V及以下，或直流1500V及以下，额定工作电流为2500A、4000A。

其安装地点周围环境的污染等级为3级，安装类别为Ⅲ类。隔离器均附有3动合（常开）、3动断（常闭）的辅助开关。

型号说明

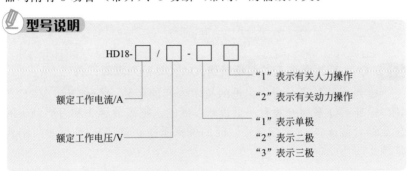

（10）HZ10系列组合开关

适用于交流50Hz、380V及以下，直流220V及以下的电气线路中，作接通或分断电路，换接电源和负载，测量三相电压，调节电加热器的串、并联，控制小型异步电动机正反转用。本系列开关不能作为频繁操作的手动开关。

型号说明

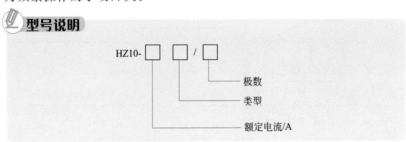

（11）HZ15系列组合开关

适用于交流50Hz或60Hz、380V及以下，直流220V及以下的电气线路中，供手动不频繁地接通或分断电路，转换电路用。亦可直接开闭小容量交流电动机。

型号说明

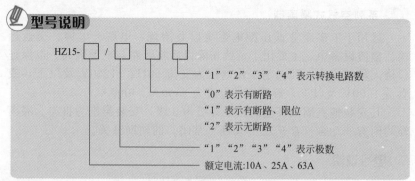

HZ15-□/□□□

"1""2""3""4"表示转换电路数
"0"表示有断路
"1"表示有断路、限位
"2"表示无断路
"1""2""3""4"表示极数
额定电流:10A、25A、63A

(12) **QSA 系列隔离开关熔断器组,QA、QP 系列隔离开关**

Q 系列开关是由丹麦引进的技术生产的产品，符合 Bs、VDE 和 IEC 标准。Q 系列开关有一个最新发展的、把滚动触头和刀形触头的优点结合起来的、具有独特性能的触头系统，如图 13-5 所示。结构如图 13-6 所示。

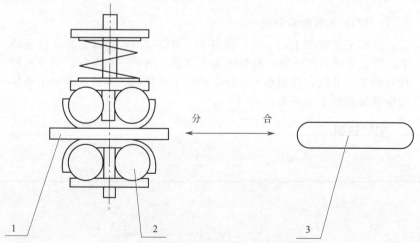

图 13-5　Q 系列开关的触头系统示意图

1—动触头系统；2—接触滚柱；3—静触头刀片

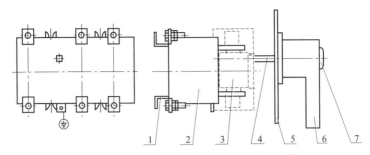

图 13-6 QSA400 隔离开关熔断器组结构示意图
1—安装支持件；2—开关壳体；3—熔断器；4—操动方轴；
5—面板；6—操作手柄；7—挂锁拉扣

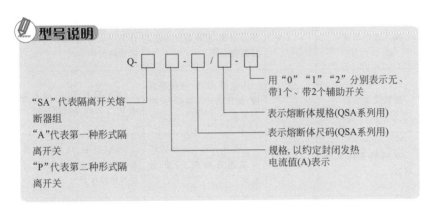

型号说明

Q-□□-□/□-□

用"0""1""2"分别表示无、
带1个、带2个辅助开关

表示熔断体规格(QSA系列用)

表示熔断体尺码(QSA系列用)

规格，以约定封闭发热
电流值(A)表示

"SA"代表隔离开关熔
断器组
"A"代表第一种形式隔
离开关
"P"代表第二种形式隔
离开关

二、熔断器

熔断器是根据电流超过规定值一段时间后，以其自身产生的热量使熔体熔化，从而使电路断开的原理制成的一种电流保护器。熔断器广泛应用于高低压配电系统和控制系统以及用电设备中，作为短路和过电流的保护器，是应用最普遍的保护器件之一。

熔断器是一种过电流保护器。熔断器主要由熔体和熔管以及外加填料等部分组成。使用时，将熔断器串联于被保护电路中，当被保护电路的电流超过规定值，并经过一定时间后，由熔体自身产生的热量熔断熔体，使电路断开，从而起到保护的作用。

以金属导体作为熔体而分断电路的电器，串联于电路中，当过载或短路电流通过熔体时，熔体自身将发热而熔断，从而对电力系统、各种电工设备以及家用电器都起到了一定的保护作用。具有反时延特性，当过载电流小时，熔断时间长；过载电流大时，熔断时间短。因此，在一定过载电流范围内至电流恢复正常，熔断器不会熔断，可以继续使用。熔断器主要由熔体、外壳和支座 3 部分组成，其中熔体是控制熔断特性的关键元件。

(1) 低压熔断器的种类及特点

低压熔断器的种类及特点如表 13-4 所示，结构图如图 13-7 所示。

表 13-4 常见低压熔断器的种类及特点

名称	主要型号系列	基本特点	用途
插入式熔断器	BC1A	由装有熔丝的瓷盖、瓷底等组成,更换熔丝方便,分断能力小	380V 及以下线路末端,作为配电支线及电气设备的短路保护
螺旋式熔断器	BL_1 BL_2	由瓷帽、熔体、底座等组成,熔体内填石英砂,分断能力大	500V 以下、200A 以下电路中,作过载及短路保护
有填料密闭式熔断器	RT_0	由装填有石英砂的瓷管及底座等组成,分断能力大	500V 以下、1kA 以下具有大短路电流电路中,作过载及短路保护
无填料密闭式熔断器	RM_7 RM_{10}	由无填料纤维密闭熔管和底座等组成,熔断能力较大	500V 以下、600A 以下电路中,短路保护及防止连续过载
快速式熔断器	RLS RS_0	分断能力大,熔断速度快	硅半导体器件过载保护
管式熔断器	R1	由装有熔丝的玻璃管、底座等组成	二次电路过载及短路保护
限流线	XLSG	高阻、低熔点导线,具有良好的限流性能	与自动开关配合使用

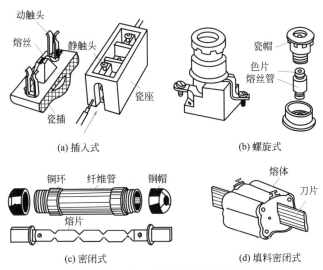

(a) 插入式　　　　　　　　　　　(b) 螺旋式

(c) 密闭式　　　　　　　　　　　(d) 填料密闭式

图 13-7　低压熔断器的典型结构

操作注意事项

（1）熔断器使用注意事项

① 熔断器的保护特性应与被保护对象的过载特性相适应，考虑到可能出现的短路电流，选用相应分断能力的熔断器。

② 熔断器的额定电压要适应线路电压等级，熔断器的额定电流要大于或等于熔体额定电流。

③ 线路中各级熔断器熔体额定电流要相应配合，保持前一级熔体额定电流必须大于下一级熔体额定电流。

④ 熔断器的熔体要按要求使用相配合的熔体，不允许随意加大熔体或用其他导体代替熔体。

（2）熔断器巡视检查

① 检查熔断器和熔体的额定值与被保护设备是否相配合。

② 检查熔断器外观有无损伤、变形，瓷绝缘部分有无闪烁放电痕迹。

③ 检查熔断器各接触点是否完好，接触紧密，有无过热现象。

④ 熔断器的熔断信号指示器是否正常。

（3）熔断器使用维修

① 熔体熔断时，要认真分析熔断的原因，可能的原因如下。

a. 短路故障或过载运行而正常熔断。

b. 熔体使用时间过久，熔体因受氧化或运行中温度高，使熔体特性变化而误断。

c. 熔体安装时有机械损伤，使其截面积变小而在运行中引起误断。

② 拆换熔体时，要求做到以下几点。

a. 安装新熔体前，要找出熔体熔断原因，未确定熔断原因，不要拆换熔体试送。

b. 更换新熔体时，要检查熔体的额定值是否与被保护设备相匹配。

c. 更换新熔体时，要检查熔断管内部烧伤情况，如有严重烧伤，应同时更换熔管。瓷熔管损坏时，不允许用其他材质管代替。填料式熔断器更换熔体时，要注意填充填料。

③ 熔断器应与配电装置同时进行维修工作。

a. 清扫灰尘，检查接触点接触情况。

b. 检查熔断器外观（取下熔断器管）有无损伤、变形，瓷件有无放电闪烁痕迹。

c. 检查熔断器，熔体与被保护电路或设备是否匹配，如有问题应及时调查。

d. 注意检查在 TN 接地系统中的 N 线，设备的接地保护线上，不允许使用熔断器。

e. 维护检查熔断器时，要按安全规程要求，切断电源，不允许带电摘取熔断器管。

（4）熔断器适配器

熔断器的适配器包括基座，微动指示开关和散热器等，用户可以根据需要与熔断器生产厂家协商定做。

(2) **常用熔断器**

① RC1A 瓷插式（插入式）熔断器。此型熔断器主要用于交流 50Hz、380V（或 220V）的低压电路末端，作为电器设备的短路保护。当过载电流超过 2 倍额定电流时，熔体能在 1h 内熔断，所以也可以起一定程度的过载保护作用。其技术数据如表 13-5 所示。

表 13-5　RC1A 型熔断器的技术数据

额定电流/A	熔体的额定电流/A	交流 380V 极限分断电流/A（$\cos\varphi \geqslant 0.4$）	允许断开次数
5	1,2,3,5	250	3
10	2,4,5,10	500	3
15	6,10,15	500	3
30	20,25,30	1500	3
60	40,50,60	3000	3
100	80,100	3000	3
200	120,150,200	3000	3

② RL1、RL6、RL7 型螺旋式熔断器。在 RL1 型熔断器在熔体周围充满石英砂，能大量吸收电弧能量，通过灭弧，提高了熔断器的分断能力。RL6、RL7 是新系列产品，可取代老产品 RL1。RL 型螺旋式熔断器可适用于交流低压电路中作为过载及短路保护元件，技术数据如表 13-6 所示。

表 13-6　RL1、RL6、RL7 熔断器的技术数据

型号	额定电流/A	熔断体(内装熔丝)电流等级	极限分断能力(kA,有效值)$\cos\varphi \geqslant 0.3$		
			380V	500V	660V
RL1-15	15	2,4,6,10,15	2	2	
RL1-60	60	20,25,30,35,40,50,60	5	3.5	
RL1-100	100	60,80,100		20	
RL6-25	25	2,4,6,10,16,20,25		50	
RL6-63	63	35,50,6			
RL6-100	100	80,100		50	
RL6-200	200	125,160,200			
RL7-25	25	2,4,6,10,20,25			
RL7-3	63	35,50,63			25
RL7-100	100	80,100			

(3) RT0、RT12、RT14、RT15 等系列有填料封闭管式熔断器

RT0 系列有填料封闭管式熔断器广泛应用于低压成套装置中，

一般用于低压供电引出线，或对断流能力要求较高的场合，如小型发电站的厂用电及农村变电站的主回路及靠近电力变压器出线端的供电线路中，作为电缆、导线和电气设备的短路保护及过载保护。

近年按新标准生产的 RT12 系列（圆管式）、RT14 系列（圆管形帽）和 RT15 系列的有填料封闭管式熔断器，其中 RT12 系列可取代 RT0 系列，RT12 系列可取代 RT11 系列。RT0 系列熔断器的主要技术数据见表 13-7。RT12、RT14、RT15 系列熔断器的主要技术数据见表 13-8。

表 13-7　RT0 系列熔断器的主要技术数据

型号	额定电压/V	额定电流/A	熔体的额定电流等级/A	极限分断能力/kA	
				交流 380V	直流 440V
RT0-50	交流	50	5,10,20,30,40,50		
RT0-100	380	100	30,40,50,60,80,100		
RT0-200		200	80*,100*,120,150,200	50 $\cos\varphi > 0.3$	25 T<0.015s
RT0-400	直流	400	150*,200,250,350,400		
RT0-600	440	600	350*,400*,450,500,550,600		
RT0-800		1000	700,800,900,1000		

注：表中标*者尽可能不采用。

表 13-8　RT12、RT14、RT15 系列熔断器的主要技术数据

型号	额定电压/V	额定电流/A	熔体的额定电流等级/A	分断能力/kA	代号
RT12-20		20	4,6,16,20		A1
RT12-32	415	32	20,25,32	80	A2
RT12-63		63	32,40,50,63		A3
RT12-100		100	63,80,100		A4
RT14-20		20	2,4,6,10,16,20		
RT14-32	380	32	2,4,6,10,16,20,25,32	100	
RT14-63		63	10,16,20,25,32,40,50,63		
RT15-100		100	10,50,63,80,100		B1
RT15-200	415	200	125,160,200	80	B2
RT15-315		315	250,315		B3
RT15-400		400	350,400		B4

（4）**RM10、RM7 系列无填料封闭管式熔断器**

RM10 系列无填料封闭管式熔断器由静插座、熔管及管中的熔体

3 部分组成。熔断器的熔体是用锌片冲成不均匀的截面形状，可同时起过载和短路保护两重作用。RM10 系列熔断器的主要技术数据如表 13-9 所示。

表 13-9　RM10 系列熔断器的主要技术数据

型　号	熔断器额定电压/V	熔断器额定电流/A	熔体的额定电流等级/A	分断能力/kA
RM10-15	交流 500、380、220	15	6,10,15	1,2
RM10-60	直流 440、220	60	15,20,25,30,40,50,60	3,5
RM10-100		100	60,80,100	10
RM10-200		200	100,125,160,200	10
RM10-350		350	200,240,260,300,350	10
RM10 600		600	350,430,500,600	10
RM10-1000		1000	600,700,800,1000	12

RM7 系列熔断器的熔管是用三氯氰胶玻璃布加热卷压成型的，帽形端盖则用酚醛玻璃布热压而成。它的熔体为铜片，上面开有一些孔，以形成变截面形状。并在窄处焊有锡桥。这种熔断器适用于容量不大的电网，特别是单独运行的小水电和小火电站，作过载和短路保护用。其技术数据如表 13-10 所示。

表 13-10　RM7 系列熔断器技术数据

型号	额定电压/V	熔断器额定电流/A	熔体的额定电流等级/A	极限分断能力/kA
RM7-15	交流 220	15	2,2.5,3,4,5,6,10,15	1.5($\cos\varphi = 0.8$)
RM7-15		158	6,10,15	2($\cos\varphi = 0.7$)
RM7-60		60	15,20,25,30,40,50,60、	5($\cos\varphi = 0.55$)
RM7-100	交流 380	100	60,80,100	20($\cos\varphi = 0.4$)
RM7-200	直流 440	200	100,125,160,200	20($\cos\varphi = 0.4$)
RM7-400		400	200,240,260,300,350,400	20($\cos\varphi = 0.35$)
RM7-600		600	400,450,500,560,600	

(5) RS 系列、RLS 系列快速熔断器

RS 系列快速熔断器是 RT0 有填料封闭管式熔断器的派生系列。

其中，RS0 系列快速熔断器用于保护大容量硅元件，RS3 系列快速熔断器用于保护晶闸管。RLS 系列快速熔断器是 RL1 螺旋式熔断器的派生系列，其结构与 RL1 熔断器相同。RLS3 系列快速熔断器用于保护半导体硅整流元件和晶闸管，以及硅整流元件和晶闸管组成的成套装置的内部短路或过载保护。

特别应注意，普通熔断器的熔体不能代替快速熔断器的熔体。

RS 系列、RLS 系列快速熔断器的技术数据见表 13-11。RLS 快速熔断器的保护特性见表 13-12。

表 13-11　RS 系列、RLS 系列快速熔断器的技术数据

型号	熔断器额定电压/V	熔断器额定电流/A	熔体额定电流等级/A	分断能力/kA
RS0-50		50	30,50	
RS0-100		100	50,80	
RS0-200	250	200	150	50
RS0-350	(500)	350	350	(40)
RS0-500		500	400,480	
RS3-50		50	10,15,20,25,30,40,50	
RS3-100	500	100	80,100	25
RS3-200		200	150,200	
RS3-300		300	250,300	
RLS-10		10	3,5,10	
RLS-50		50	15,20,25,30,40,50	
RLS-100	500	100	60,80,100	50
RLS-30		30	16,20,25,30	
RLS-60		60	35,50,60	
RLS-100		100	80,100	

表 13-12　RLS 快速熔断器的保护特性

过载倍数	熔断时间	$\cos\varphi$
1.1	5h 内不熔断	
3	<0.3s	
3.5	<0.12s	0.3～0.8
4	<0.06s	
5	<0.02s	

（6）NT 和 NGT 系列熔断器

NT 系列为低压高分断能力熔断 999 器，NGT 系列为半导体器

件保护用熔断器。它们均属有填料封闭式熔断器，其技术数据见表 13-13 及表 13-14。

表 13-13 NT 系列熔断器基本技术数据

型号	额定电压 /V	底座额定 电流/A	熔断额定 电流等级/A	额定分段 能力/kA	底座型号
NT00	500 660	160	4,6,10,16,20,25,32 35,40,50,63,80,100	120 50	Sist101
	500		125,160	120	
NT0	500 600		6,10,16,20,25,32,36 40,50,63,80,100	120 50	Sist160
	500		125,160	120	
NT1	500 660	250	80,100,125,160,200	120 50	Sist201
	500		224,250	120	
NT2	500 660	400	125,160,200,224,250 300,315	120 50	Sist401
	500		355,400	120	
NT3	500 660	630	315,335,400,425	120 50	Sist601
	500		500,630	120	
NT4	380	1000	800,1000	100	Sist1001

表 13-14 NGT 系列熔断器基本技术数据

型号	额定电压/V	熔体额定电流/A	额定分断电流/kA
NGT-T0	380,800	25,32,40,56,63,80,100,125	
NGT-T1	800	100,125,160,200,250	100
NGT-T2	660	200,250,280,315,355,400	
NGT-T3	1000	355,400,450,500,560,630	

实例操作

① 安装熔断器除保证有足够的电气距离外，还应保证足够的间距，以保证拆卸、更换熔体方便。

② 安装熔体必须保证接触可靠，否则，将造成接触电阻过大而发热或断相，引起负载断相运行烧毁电动机。

③ 安装引线要有足够的截面积，而且必须拧紧接线螺钉，避免接触不良，引起接触电阻过大而使熔体提前熔断，造成误动作。

④ 安装熔体时不能有机械损伤，否则，使截面积变小，电阻增大，发热增加，保护特性变坏，动作不准确。

⑤ 经常清除熔断器上及导电插座上的灰尘和污垢。检查熔体，发现氧化腐蚀或损伤后应及时更换。

⑥ 拆换熔断器通常应不带电进行更换，有些熔断器允许带电情况下更换，但也要注意切断负载，以免发生危险。

⑦ 更换熔体时，必须注意新熔体的规格尺寸、形状应与原熔体相同，不应随意更换凑合使用。

⑧ 快速熔断器的熔体不能用普通熔断器的熔体代替。

⑨ 正确选择熔体电流，可以保证电气设备正常运行及启动时熔体不熔断，而在短路故障下，能在短时内熔断，起到短路保护作用。选择原则为：

a. 对照明电路

$$I_{fN} \geqslant I_{le} \qquad\qquad (2\text{-}1)$$

式中　I_{fN}——熔体额定电流，A；

　　　I_{le}——回路计算电流，A。

通常取　　　　　　　$I_{fN}/I_{le} = 0.9 \sim 1.1$

b. 交流电动机线路中

单台电动机线路　$I_{fN} = (1.5, 2.5)I_{le}$

多台电动机线路　$I_{fN} = (1.5 \sim 2.5)I_{MN\,max} + \sum I_{e}$

式中　I_{MN}——电动机额定电流，A；

　$I_{MN\,max}$——线路中最大一台电动机额定电流，A；

　$\sum I_{e}$——线路中除最大一台电动机外的计算电流总和，A。

系数（1.5～2.5）的选取：若电动机是空载或轻载启动时，系数取小些；反之，取大些。个别情况下，系数取 2.5 后，仍不能满足电动机启动要求时可适当放大，但系数不要超过 3。用补偿器启动的交流电动机，系数取（1.5～2）。

⑩ 三相负载回路（如电动机），更换一相熔断器时，应同时检查或更换另两相熔断。

三、断路器

断路器是指能够关合、承载和开断正常回路条件下的电流并能关合、在规定的时间内承载和开断异常回路条件下的电流的开关装置。

断路器可用来分配电能，不频繁地启动异步电动机，对电源线路及电动机等实行保护，当它们发生严重的过载或者短路及欠压等故障时能自动切断电路，其功能相当于熔断器式开关与过欠热继电器等的组合。而且在分断故障电流后一般不需要变更零部件。

断路器按其使用范围分为高压断路器和低压断路器，高低压界线划分比较模糊，一般将 3kV 以上的称为高压电器。断路器的外形如图 13-8 所示，其动作和原理如图 13-9 所示。

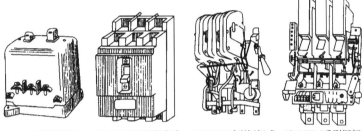

(a) DZ5系列塑壳式   (b) DZ10系列塑壳式   (c) DW10系列框架式   (d) DW16系列框架式

图 13-8 断路器的外形

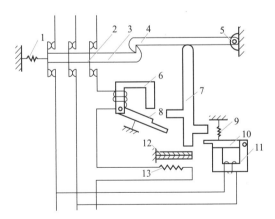

图 13-9 断路器的动作和原理图

1,9—弹簧；2—主触头；3—锁键；4—钩子；5—轴；6—电磁脱扣器；7—杠杆；
8,10—衔铁；11—欠电压脱扣器；12—热脱扣器双金属片；13—热脱扣器的热元件

图 13-9 中有三对主触头,当断路器合闸后,三对主触头由锁键钩住钩子,克服弹簧的拉力,保持闭合状态。当电磁脱扣器吸合、热脱扣器的双金属片受热弯曲或欠电压脱扣器释放时,这三者中的任何一个动作,就可将杠杆顶起,使钩子与锁键脱开,于是主触头就断开电路。当电路正常工作时,电磁脱扣器的线圈产生的吸力不能将衔铁吸合。而当电路发生短路或有关故障,致使线圈流过较大电流,产生的吸力足以将衔铁吸合,使主触头断开,并切断电路。若电路发生过载,但又达不到电磁脱扣器动作的电流时,流过发热元件的过载电流却能使金属片受热弯曲顶起杠杆,导致触头分开而切断电路,起到了欠压或失压保护作用。

断路器的类型及特点见表 13-15。

表 13-15　断路器的类型及特点

项次	项目	结构类型	
		塑壳式(装置式)(DZ 型等)	万能式(框架式)(DW 型等)
1	基本结构	具有一个用塑料模压成型的绝缘外壳,将所有构件组装成一整体	具有一个带绝缘衬的金属框架,将所有构件组装在框架内
2	选择性	大都无短延时,不能满足选择性保护	有短延时,可调,可满足选择性保护
3	脱扣器种类	多数只有过电流脱扣器,由于体积限制,失压和分励脱扣器只能两者择一	可具有过电流欠电压(也可有延时)、分励、闭锁脱扣器等
4	短路通断能力	较低	较高
5	额定工作电压	较低(660V 以下)	较高(至 1140V)
6	额定电流	多在 600A 以下	一般为 200～4000A,至 5000A 以上
7	使用范围	宜作支路开关	宜作主开关
8	操作方法	多为手操动,少数带电动机操动机构	有手动、杠杆、非储能式、储能式、电动操作等
9	几个	较便宜	较贵

项次	项目	结构类型	
		塑壳式（装置式）（DZ 型等）	万能式（框架式）（DW 型等）
10	维修	不方便，甚至不可维修	较方便
11	接触防护	好	差
12	装置方式	可单独安装，也可装于开关柜内	宜装于开关柜内，有抽屉式结构
13	外形尺寸	较小	较大
14	飞弧距离	较小	较大
15	动热稳定	较低	较高

注：型号说明：

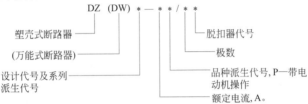

操作注意事项

在断路器的安装和使用中应注意下列几点。

① 断路器应按规定垂直安装，其上、下导线端接点必须使用规定截面积的导线或母线连接。

如果是用铝排搭接，则搭接端面最好用铜丝刷刮擦后上一层高滴点的导电膏以保证端面接触良好，尤其在潮湿、盐雾及化学腐蚀性气体场合即使使用铜排搭接其端面也必须涂敷高滴点导电膏。

② 工作时不可将灭弧罩取下不用，灭弧罩若有损坏，应更换新的，以免发生短路时不能切断电弧，酿成事故。

③ 过电流脱扣器的整定值一经调好就不允许随意更动，而且使用日久后要检查其弹簧是否生锈卡住，以免影响其动作。

④ 触头的长期工作电流不得大于开关的额定电流，以免触头温升过高。

⑤ 在断路器分断短路电流以后，应在切除上一级电源的情况下，及时地检查其触头。若发现有电弧灼烧痕迹，可用干布抹净；若

发现触头已烧毛，可用砂纸或细锉小心修整，但主触头一般不允许用锉刀修整。

⑥ 使用前应将脱扣器电磁铁工作面的防锈油脂抹去，以免影响电磁机构的动作值。

⑦ 每使用一定次数（一般为四分之一机械寿命）后，应给操作机构添加润滑油。

⑧ 应定期清除掉落在断路器上的尘垢，以免影响操作和影响绝缘。

⑨ 应定期检查各种脱扣器的动作值，有延时者还要检查其延时。

四、接触器

在电工学上，因为可快速切断交流与直流主回路和可频繁地接通与大电流控制（某些型号可达 800A）电路的装置，所以经常运用于电动机作为控制对象，也可用作控制工厂设备、电热器、工作母机和各样电力机组等电力负载，接触器不仅能接通和切断电路，而且还具有低电压释放保护作用。接触器控制容量大，适用于频繁操作和远距离控制。是自动控制系统中的重要元件之一。

(1) **接触器的分类和主要技术数据**

接触器是电力系统和自动控制系统中应用最普遍的一种电器，作为执行元件，它可以频繁地接通和分断带有负载的主电路或大容量的控制电路，并可实现远距离的自动控制。

接触器可分为交流接触器和直流接触器两大类。CJ10 系列交流接触器如图 13-10 所示；直动式交流接触器结构示意图如图 13-11 所

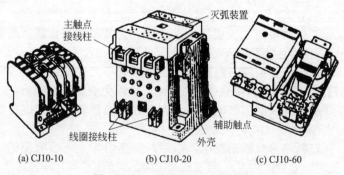

(a) CJ10-10　　　　(b) CJ10-20　　　　(c) CJ10-60

图 13-10　CJ10 系列交流接触器

示；交流接触器的分类和主要用途见表 13-16；直流接触器的分类和主要用途见表 13-17。

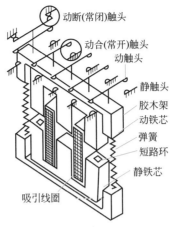

图 13-11　直动式交流接触器结构示意图

表 13-16　交流接触器的分类和主要用途

序号	分类原则	分类名称	主要用途
1	按主触头所控制的电流种类分	交流	用于远距离频繁地接通与分断交流电路用
		交直流	用于远距离频繁地接通与分断交流或直流电路用
2	按主触头的位置分（当励磁线圈无电时）	动合(常开)	广泛用于控制电动机及电阻负载
		动断(常闭)	用于能耗制动或备用电源的接通
		一部分动合（常开），另一部分动断（常闭）	用于发电机励磁电路的灭磁或备用电源的接通
3	按主触头极数分	单极	①用于控制单相负载,如照明、点焊机等②能耗制动
		双极	①交流电动机的动力制动②在绕线转子电动机的转子电路中,做短接各级启动电阻用
		三极	控制交流电动机,应用最为广泛

序号	分类原则	分类名称	主要用途
3	按主触头极数分	四极	①控制三相四线制的照明电路 ②控制双回路电动机负载
		五极	①组成自耦补偿启动器 ②控制双速笼型电动机,变换绕组联结
4	按灭弧介质分	空气式	用于一般用途的接触器
		真空式	用于煤矿、石油化工企业及电压在660～1140V的场所
5	按有无触头分	有触头式	本表序号1～4均为有触头式交流接触器,用途不再重述
		无触头式	通常由晶闸管作为电路的通断元件,适用于频繁无触头式操作和有无噪声要求的特殊场所,如冶金和化工等行业

表 13-17 直流接触器的分类和主要用途

序号	分类原则	分类名称	主要用途
1	按使用场所分	一般工业用	用于冶金、机床等电气设备中,主要用于控制各类直流电路中
		牵引用	用于电力机车、蓄电池运输车辆的电气设备中
		高电感电路用	用于直流电磁铁、电磁操作机构的控制电路中
2	按操作线圈控制电源分	交流	用于晶闸管控制电路中
		直流	用于直流控制的电路中
3	按主触头极数分	单极	用于一般直流电路中
		双极	用于要求分断后完全隔离的电路中和控制电动机正反转电路中
4	按主触头的位置分（当励磁线圈无电视）	动合(常开)	用于电动机和电阻负载电路中
		动断(常闭)	用于放电电阻负载电路中
5	按有无灭弧室分	有灭弧室	用于额定电压较高的直流电路中
		无灭弧室	用于低电压直流电路,如叉车、铲车电控设备中

序号	分类原则	分类名称	主 要 用 途
6	按吹弧方式分	串联磁吹弧	用于一般用途接触器
		永磁吹弧	用于对小电流也要求可靠熄灭的直流电路中

(2) 常用接触器

常用交流接触器见表 13-18，常用直流接触器见表 13-19。

表 13-18　常用交流接触器

型号	额定电流/A	结构特点	主要用途
CJ10	5,10,20,40,60,100,150	40A 及以下等级采用双断点直动式结构,正装立体布置,触头灭弧系统位于磁系统前方;60A 以上等级采用双断点转动式结构,平面布置	适用于远距离控制三相异步电动机的启动、停止、换向、变速、星-三角转换等,并可频繁操作
CJ12	100,150,250,400,600	单断点转动式结构,条架式平面布置;采用 Ⅱ 型铁芯,动、静铁芯均装有后座式缓冲装置	主要用于冶金、纺织、起重机等电气设备,供远距接通与断开电路,还适用于频繁启动及控制交流电动机
CJ20	6.3,10,16,25,40,63,100,160,250,400,630	采用双断点直动式结构,正装立体布置;40A 及以下等级采用 E 形铁芯,63A 及以上等级采用 U 形铁芯,非磁性气隙置于静铁芯底部正中,可确保去磁气隙不变	主要用于电力系统中接通和控制电路,并与热继电器或电子式保护装置组合成电磁启动器,实现启动、控制及过负荷、断相保护
CJ*(B)	8.5,11.5,15.5,22,30,37,44,65,85,105,170,245,370,475	均为双断点直动式结构,B9～B30、B460 采用正装立体布置,触头系统位于磁系统前方。B460 的铁芯运动方向垂直于触头运动方向,依靠杠杆传动;B37～B370 采用倒装立体布置,磁系统位于触头系统前方(引进德国 BBC 公司产品)	用于交流 50～60Hz,电压至 660V 的电力线路中,供远距离接通与断开电路,或频繁地控制交流电动机,常与 T 系列热继电器组成电磁启动器

型号说明

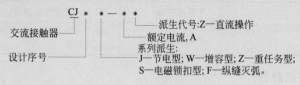

交流接触器

设计序号

CJ * * — * *

派生代号:Z—直流操作
额定电流,A
系列派生:
J—节电型;W—增容型;Z—重任务型;
S—电磁锁扣型;F—纵缝灭弧。

表 13-19　常用直流接触器

型号	额定电流/A	结构特点	主要用途
CZ0	20 40 100 150 250 400 600	150A 及以下的为立式布置,所有零件都装在电磁系统上,磁系统为拍合式;250A 及以上为平面布置	一般工业用。主要用于直流电力线路中,控制直流电动机的换向或反接制动,如用于冶金、机床等电气控制设备中
CZ18	40 80 160 315 630	采用平面布置,主触头为转动式单断点指形触头	一般工业用。主要用于直流电力线路中,适宜于直流电动机频繁启动、停止、反接制动
CZ21 CZ22	16 63	同 CJ20—16 同 CJ20—63	一般工业用。适宜于对直流电动机进行控制
CZ25	5 40 60	主触头为单极常开式,指形,直接装在衔铁上	牵引用。适用于无轨电车、起重机等用电设备中的电力和控制电路中
CZ0- * C * GD	40 100	采用较特殊的灭弧室结构	控制高电感负载用。主要用于控制合闸电磁铁、起重电磁铁、电磁阀等

型号说明

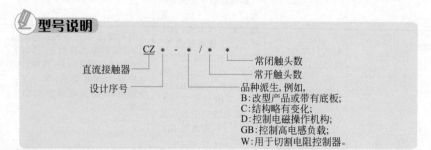

直流接触器

设计序号

CZ * - * / * *

常闭触头数
常开触头数
品种派生,例如,
B:改型产品或带有底板;
C:结构略有变化;
D:控制电磁操作机构;
GB:控制高电感负载;
W:用于切割电阻控制器。

接触器在使用与维护时，通常应注意以下几个方面的问题。

① 在使用中，应定期检查接触器的各部件，要求可动部分未卡住、紧固件无松脱，零部件如有损坏，应及时进行修理或重换新件。

② 经常保持触点表面的清洁，不允许涂油，当触点表面由于飞弧作用而形成金属小珠时，应及时铲除。当触点严重磨损后，应及时进行调整或重换新件，当厚度仅剩原厚度的 1/3～2/3 时，应及时调换触点。但应注意银合金触点表面产生的氧化膜，由于接触电阻很小，不会造成接触不良现象，不必铲修，否则，会缩短触头寿命。

③ 原来带有灭弧罩的接触器绝不能不带灭弧罩使用，以防发生短路事故。陶土灭弧罩性脆易碎，应避免碰撞，若有损坏，应及时重换新件。

④ 当衔铁与铁芯接触面接触不良或衔铁歪斜时，会导致铁芯振动严重，噪声过大和线圈过热，应及时清除铁芯端污垢和锈蚀，调整衔铁的歪斜现象，紧固松动的铁芯，以保证衔铁与铁芯的接触良好、可靠。

⑤ 短路环有时会出现断裂或跳出等故障，致使铁芯噪声过大。可将断裂处焊牢，用环氧树脂固定。如不能焊接，则应更换短路环或铁芯。

✦ 实例操作

接触器常见的故障及排除方法见表 13-20。

表 13-20　接触器常见的故障及排除方法

常见故障	可能原因	排除方法
通电后不能闭合	①线圈断线或烧毁 ②动铁芯或机械部分卡住 ③转轴生锈或歪斜 ④操作回路电源容量不足 ⑤弹簧压力过大	①修理或更换线圈 ②调整零件位置，消除卡住现象 ③除锈，上润滑油，或更换零件 ④增加电源容量 ⑤调整弹簧压力

常见故障	可能原因	排除方法
通电后动铁芯不能完全吸合	①电源电压过低 ②触头弹簧和释放弹簧压力过大 ③触头超程过大	①调整电源电压 ②调整弹簧压力或更换弹簧 ③调整触头超程
电磁铁噪声过大或发生振动	①电源电压过低 ②弹簧压力过大 ③铁芯极面有污垢或磨损过度而不平 ④短路环断裂 ⑤铁芯夹紧螺栓松动，铁芯歪斜或机械卡住	①调整电源电压 ②调整弹簧压力 ③清除污垢、修整极面或更换铁芯 ④更换短路环 ⑤拧紧螺栓，排除机械故障
接触器动作缓慢	①动、静铁芯间的间隙过大 ②弹簧的压力过大 ③线圈电压不足 ④安装位置不正确	①调整机械部分，减小间隙 ②调整弹簧压力 ③调整线侧电压 ④重新安装
断电后接触器不释放	①触头弹簧压力过小 ②动铁芯或机械部分被卡住 ③铁芯剩磁过大 ④触头熔焊在一起 ⑤铁芯极面有油污或尘埃	①调整弹簧压力或更换弹簧 ②调整零件位置；消除卡住现象 ③退磁或更换铁芯 ④修理或更换触头 ⑤清理铁芯极面
线圈过热或烧毁	①弹簧的压力过大 ②线圈额定电压、频率或通电持续时间等与使用条件不符 ③操作频率过高 ④线圈匝间短路 ⑤运动部分卡住 ⑥环境温度过高 ⑦空气潮湿或含腐蚀性气体 ⑧交流铁芯极面不平	①调整弹簧压力 ②更换线圈 ③更换接触器 ④更换线圈 ⑤排除卡住现象 ⑥改变安装位置或采取降温措施 ⑦采取防潮、防腐蚀措施 ⑧清除极面或调换铁芯
触头过热或灼伤	①触头弹簧压力过小 ②触头表面有油污或表面高低不平 ③触头的超行程过小 ④触头的断开能力不够 ⑤环境温度过高或散热不好	①调整弹簧压力 ②清理触头表面 ③调整超行程或更换触头 ④更换接触器 ⑤接触器降低容量使用

常见故障	可能原因	排除方法
触头熔焊在一起	①触头弹簧压力过小 ②触头断开能力不够 ③触头开断次数过多 ④触头表面有金属颗粒突起或异物 ⑤负载侧短路	①调整弹簧压力 ②更换接触器 ③更换触头 ④清理触头表面 ⑤排除短路故障,更换触头
相间短路	①可逆转的接触器连锁不可靠,致使两个接触器同时投入运行而造成相间短路 ②接触器动作过快,发生电弧短路 ③尘埃或油污使绝缘变坏 ④零件损坏	①检查电气连锁与机械连锁 ②更换动作时间较长的接触器 ③经常清理,保持清洁 ④更换损坏零件

五、启动器

启动器是一种用于启动电动机的控制电器。除少数手动启动器外,大多由接触器、热继电器和控制按钮等电路按一定方式组合而成,并具有过载、电压保护功能。常用于启动器有电磁启动器、星三角启动器、自耦减压启动器等。

(1) 电磁启动器

电磁启动器又称磁力启动器,可用来直接启动电动机。电磁启动器主要由接触器和热继电器两部分组成,如图 13-12 所示。接触器用于闭合与切断电路,当电源电压太低或突然停电时,能自动切断电路。热继电器用作过载保护,当电动机过载时能自动切断电源。

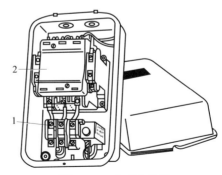

图 13-12　电磁启动器

1—热继电器;2—接触器

① 电磁启动器使用前应注意以下事项。

a. 各零、部件有无因运输而损坏，松弛或遗失。

b. 隔爆面是否完好，间隙是否符合要求，否则，不予使用。

c. 启动器铭牌上的技术数据是否与所控制的电动机参数相符合。

d. 启动器下井前必须在井上进行严格的试验检查，检查合格后，方可入井使用。

e. 启动器在井下装卸及运输过程中，应避免受强烈振动，严禁翻滚，必须轻移轻放。

② 打开启动器的接线箱盖，主回路接入符合电压绝缘要求的合适截面的电缆，接线后应保证出线口的密封特性。

③ 应压紧压盘螺钉，同样要保证出线口的密封特性。

④ 打开启动器的主腔，按照所控制的电动机的容量对 JDB 进行调整，若电动机的额定工作电流在分挡电流的高挡或低挡，JDB 粗调开关应拨至高挡或低挡，然后将波段开关调至最接近电动机额定电流的电流挡。

⑤ 启动器的变压器出厂时，初级接在 1140V 位置上，当用 660V 电源，应改接在 660V 的接线位置上。

⑥ 启动器内的远近控开关，应根据需要打到相应的位置上。

⑦ 做电动机的转向试验，确定电动机转向，经试车确认后，方可投入正常运行。

(2) 星三角启动器

凡在正常运行时定子绕组作三角形联结的电动机，均可采用星三角启动器进行降压启动，来达到减小启动电流的目的。启动时，定子绕组接成星形，使加在每相绕组上的电压由 380V 降为 220V；当电动机达到一定转速时，再将定子绕组改接成三角形，使电动机在额定电压 380V 运行。星三角启动器减压启动时，启动转矩只有全电压启动时的 1/3，故星三角启动器适用于空载或轻载启动。星三角启动器有手动式和自动式两类。

① 手动星三角启动器。手动星三角启动器有 QX1、QX2 系列产

品，如图 13-13 所示。手动星三角启动器不带任何保护，所以要与断路器、熔断器等配合使用。当电动机因失压停转后，应立即将手柄扳到停止位置上，以免电压恢复时电动机自行全电压启动。

② 自动星三角启动器。自动星三角启动器主要由接触器、热继电器、时间继电器组成，能自动控制电动机定子绕组的星三角换接，并具有过载和失压保护。此类星三角启动器有 QX3、QX4 系列产品，如图 13 14 所示。

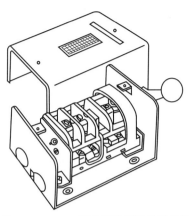

图 13-13 QX1 系列手动星三角启动器

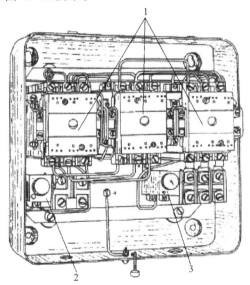

图 13-14 QX3-13 型自动星三角启动器
1—接触器；2—时间继电器；3—热继电器

(3) 自耦减压启动器

自耦减压启动器又称补偿启动器，是一种利用自耦变压器降低电动机启动电压的控制电器。对容量较大或者启动转矩要求较高的三相异步电动机可采用自耦减压启动。

自耦减压启动器由自耦变压器、接触器、操作机构、保护装置和箱体等部分组成。自耦变压器的抽头电压有三种，分别是电源电压40％、60％和80％，可以根据电动机启动时的负载大小选择不同的启动电压。启动时，利用自耦变压器降低定子绕组的端电压；当转速接近额定转速时，切除自耦变压器，将电动机直接接入电源全电压正常运行。

自耦减压启动器有 QJ3 系列充油式手动自耦减压启动器（图 13-15）、QJ10 系列空气式手动自耦减压启动器和 XJ01 系列自动式自耦减压启动箱等产品。

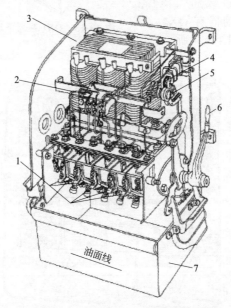

图 13-15　QJ13 型系列自耦减压启动器

1—启动静触头；2—热继电器；3—自耦变压器；
4—失压保护装置；5—停止按钮；6—操纵手柄；7—油箱

六、继电器

继电器是一种电控制器件，是当输入量（激励量）的变化达到规定要求时，在电气输出电路中使被控量发生预定的阶跃变化的一种电器。它具有控制系统（又称输入回路）和被控制系统（又称输出回路）之间的互动关系。通常应用于自动化的控制电路中，它实际上是用小电流去控制大电流运作的一种"自动开关"。故在电路中起着自动调节、安全保护、转换电路等作用。

继电器的分类见表 13-21。

表 13-21　继电器的分类

名　称	分类类型
按继电器的工作原理或结构特征分类	①电磁继电器:利用输入电路内电路在电磁铁铁芯与衔铁间产生的吸力作用而工作的一种电气继电器 ②固体继电器:指电子元件履行其功能而无机械运动构件的,输入和输出隔离的一种继电器 ③温度继电器:当外界温度达到给定值时而动作的继电器 ④舌簧继电器:利用密封在管内,具有触点簧片和衔铁磁路双重作用的舌簧动作来开闭或转换线路的继电器 ⑤时间继电器:当加上或除去输入信号时,输出部分需延时或限时到规定时间才闭合或断开其被控线路继电器 ⑥高频继电器:用于切换高频,射频线路而具有最小损耗的继电器 ⑦极化继电器:有极化磁场与控制电流通过控制线圈所产生的磁场综合作用而动作的继电器。继电器的动作方向取决于控制线圈中流过的电流方向 ⑧其他类型的继电器:如光继电器、声继电器、热继电器、仪表式继电器、霍尔效应继电器、差动继电器等
按继电器的外形尺寸分类	①微型继电器 ②超小型微型继电器 ③小型微型继电器 注:对于密封或封闭式继电器,外形尺寸为继电器本体三个相互垂直方向的最大尺寸,不包括安装件、引出端、压筋、压边、翻边和密封焊点的尺寸
按继电器的负载分类	①微功率继电器 ②弱功率继电器 ③中功率继电器 ④大功率继电器
按继电器的防护特征分类	①密封继电器 ②封闭式继电器 ③敞开式继电器
按继电器按照动作原理可分类	①电磁型 ②感应型 ③整流型 ④电子型 ⑤数字型等

名　　称	分 类 类 型
按照反应的物理量可分类	①电流继电器 ②电压继电器 ③功率方向继电器 ④阻抗继电器 ⑤频率继电器 ⑥气体(瓦斯)继电器
按照继电器在保护回路中所起的作用可分类	①启动继电器 ②量度继电器 ③时间继电器 ④中间继电器 ⑤信号继电器 ⑥出口继电器

(1) 热继电器

热继电器（图 13-16）是由流入热元件的电流产生热量，使有不同膨胀系数的双金属片发生形变，当形变达到一定距离时，就推动连杆动作，使控制电路断开，从而使接触器失电，主电路断开，实现电动机的过载保护。继电器作为电动机的过载保护元件，以其体积小，结构简单、成本低等优点在生产中得到了广泛应用。

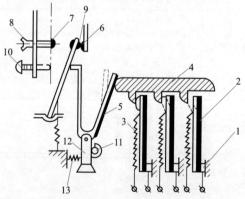

图 13-16　热继电器示意图

1—双金属片固定支点；2—双金属片；3—热元件；4—导板；
5—补偿双金属片；6—常闭触点；7—常开触点；8—复位螺钉；
9—动触点；10—复位按钮；11—调节旋钮；12—支撑；13—压簧

① 热继电器的基本特性参数

热继电器的基本特性参数见表 13-22。

表 13-22　热继电器的基本特性参数

项次	项目	基本要求
1	动作特性(安-秒特性)	反时限特性。对各自平衡负载,一般要求: $1.05I_N$ 时,2h 不动作; $1.20I_N$ 时,2h 动作; $1.50I_N$ 时,动作时间≤2min; $6.0I_N$ 时,动作时间<5s (I_N 一般为被保护电动机的满载电流)
2	热稳定性	耐受过载电流的能力。在最大整定电流时 I_{KN}≤100A,可通过 10 倍最大整定电流 I_{KN}≥100A,8 倍最大整定电流,能可靠动作 5 次(I_{KN} 为热继电器额定电流)
3	控制触头容量和寿命	动合、动断触头长期工作电流一般为 3A(JR16 型常闭为 5A,常开为 1.5A)。能操作 570V·A 的接触器线圈 1000 次以上
4	复位时间	自动复位时间不大于 5min 手动复位时间不大于 2min
5	电流调节范围	为 66%～100%,最大为 50%～100%

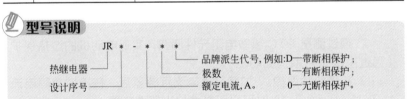

型号说明

JR * - * * *

热继电器
设计序号
额定电流,A。
极数
品牌派生代号,例如:D—带断相保护;
1—有断相保护;
0—无断相保护。

② 常用热继电器

a. JR20 系列双金属片式热继电器:该热继电器适用于交流 50Hz、主电路电压至 660V、电流至 160A 的传动系统中,作为三相笼型异步电动机的过载和断相保护。能与 CJ20 等交流接触器配套组成新型电磁启动器,作为电动机的启动、运转控制和保护,也能单独使用。

b. 3UA 系列双金属片式热过载继电器:该系列双金属片式热过载继电器是引进德国西门子公司产品,适用于交流 50Hz(或 60Hz)、电压 690～1000V、电流 0.1～630A 的长期工作或间断长期工作的交流电动机的过载与断相保护,也可用作直流电磁铁和直流电动机的过载保护，可与接触器接插安装，也可独立安装。

c. T系列双金属片式热过载继电器：该热过载继电器适用于主电路交流50Hz、额定电压660V及以下、电流至500A的电力系统中，供三相交流电动机作过载保护和断相保护之用。

d. 3RB10、3RB12电子式热继电器：3RB10电子式热继电器是使用电子元器件及线路来实现热金属片式热过载继电器功能的一种新型继电器。

操作注意事项

（1）3RB10电子式热继电器提供了多种多样的电动机保护功能

① 保护特性误差小于10%，脱扣保护特性精度高。

② 通过调节脱扣保护等级，就可以达到保护正常或重载启动电动机的目的，而不需要更换热继电器。

③ 保护特性不受振动、引出导线截面变化、温度波动、腐蚀性环境和老化等外界因素的影响。

④ 电子式热继电器动作后，恢复时间固定（约为5min）。

（2）3RB12电子式热继电器还能提供三种不同的保护功能

① 通过对电动机每一个绕组电流的不间断地监视，实现过载保护。

② 通过测量PTC热敏电阻元件回路，实现电动机的过热保护（通过短接线A取消此功能）。

③ 接地故障保护。加装零序电流互感器后，在接地故障电流为0.3A、0.5A和1A时可以可靠地检出接地故障。

实例操作

热继电器安装的方向、使用环境和所用连接线都会影响动作性能，安装时应引起注意。

（1）热继电器的安装方向

热继电器的安装方向很容易被人忽视。热继电器是电流通过发热元件发热，推动双金属片动作。热量的传递有对流、辐射和传导三种方式。其中对流具有方向性，热量自下向上传输。在安放时，如果发热元件在双金属片的下方，双金属片就热得快，动作时间短；如果发热元件在双金属片的旁边，双金属片热得较慢，热继电器的动作时间长。当热继电器与其他电器装在一起时，应装在电器下方且远离其他电器 50mm 以上，以免受其他电器发热的影响。热继电器的安装方向应按产品说明书的规定进行，以确保热继电器在使用时的动作性能相一致。

（2）使用环境

主要指环境温度，它对热继电器动作的快慢影响较大。热继电器周围介质的温度，应和电动机周围介质的温度相同，否则，会破坏已调整好的配合情况。例如，当电动机安装在高温处、而热继电器安装在温度较低处时，热继电器的动作将会滞后（或动作电流大）；反之，其动作将会提前（或动作电流小）。

对没有温度补偿的热继电器，应在热继电器和电动机两者环境温度差异不大的地方使用。对有温度补偿的热继电器，可用于热继电器与电动机两者环境温度有一定差异的地方，但应尽可能减少因环境温度变化带来的影响。

（3）连接线

热继电器的连接线除导电外，还起导热作用。如果连接线太细，则连接线产生的热量会传到双金属片上，加上发热元件沿导线向外散热少，从而缩短了热继电器的脱扣动作时间；反之，如果采用的连接线过粗，则会延长热继电器的脱扣动作时间。所以连接导线截面不可太细或太粗，应尽量采用说明书规定的或相近的截面积。

热继电器常见故障和处理方法见表 13-23。

表 13-23　热继电器常见故障和处理方法

故障现象	故障原因	处理方法
热继电器误动作	①整定电流值偏小	①旋转电流调节旋钮，调整整定电流至电动机额定电流值，如调节范围不够，则应调换热继电器
	②电动机启动时间过长	②减少启动时间
	③操作频率过高	③限定并减小操作频率

故障现象	故障原因	处理方法
热继电器误动作	④强烈冲击振动 ⑤可逆运转 ⑥环境温度变化太大 ⑦热继电器可调整部件松动 ⑧热继电器通过较大短路电流后，双金属片产生永久变形 ⑨热继电器与连接导线松动或连接导线太细	④采取防振措施或选择带防冲击振动装置的专用热继电器 ⑤可逆运转不适宜用热继电器保护，改换其他保护措施 ⑥改善使用环境，使其符合周围介质温度不高于＋40℃及不低于－30℃ ⑦紧固松动部分 ⑧重新进行调整试验，或更换热继电器 ⑨紧固连接螺钉，按电动机额定电流重新选择导线
热元件烧断	①负载侧短路或电流整定值过大，造成长期过载，长时间通过大电流 ②反复短时工作频率过高	①排除电路故障，更换热继电器，重新整定工作电流至电动机额定值 ②减小并限定操作频率
热继电器控制失灵	①热继电器触头烧毁或动触片弹性消失，造成动静触头接触不良或不能接触 ②在可调整式的热继电器中，由于刻度盘或调整螺钉转到不合适的位置，将触头顶开	①更换动触片及烧毁的触头 ②调整刻度盘或调整螺钉
热继电器不能再扣	①再扣与脱扣时间间隔太短 ②复位片簧折断	①2min 以后可进行手动再扣，5min以后可进行自动复位再扣 ②更换热继电器
热继电器不动作	①整定值偏大 ②热元件烧毁 ③动作机构卡阻 ④导板脱出	①按电动机额定电流重新整定 ②更换热继电器 ③打开热继电器整板，排除相应故障，并手动试验使脱扣机构动作灵活 ④重新放入并手动试验脱扣机构动作是否灵活

(2) 电磁式继电器

电磁继电器一般由铁芯、线圈、衔铁、触点簧片等组成的（图 13-17）。只要在线圈两端加上一定的电压，线圈中就会流过一定的电流，从而产生电磁效应，衔铁就会在电磁力吸引的作用下克服返回弹簧的拉力吸向铁芯，从而带动衔铁的动触点与静触点（常开触点）吸合。当线圈断电后，电磁的吸力也随之消失，衔铁就会在弹簧的反作用力下返回原来的位置，使动触点与原来的静触点〔动断（常闭）触点〕释放。这样吸合、释放，从而达到了在电路中的导通、切断的目的。对于继电器的"动合（常开）、动断（常闭）"触点，可以这样来区分：继电器线圈未通电时处于断开状态的静触点，称为"动合（常开）触点"；处于接通状态的静触点称为"动断（常闭）触点"。继电器一般有两股电路，为低压控制电路和高压工作电路。

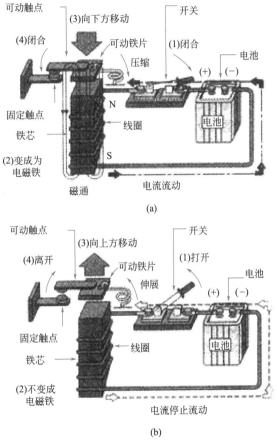

图 13-17　电磁式继电器的组成

电磁继电器的选择，通常可从以下几个方面来进行考虑。

① 选择线圈合适的电压类型及电压。使用电磁式继电器时，先应选择继电器线圈电源电压是交流还是直流。继电器线圈的额定工作电压一般应小于或等于其控制电路的工作电压。

② 选择线圈合适的额定工作电流

对于采用晶体管或集成电路驱动的直流电磁继电器，其线圈额定工作电流（一般为吸合电流的 2 倍）应在驱动电路的输出电流范围之内。

③ 选择触点合适的类型

由于同一种型号的电磁继电器有多种触点形式可供选用，如单组触点、双组触点、多组触点、动合（常开）式触点、动断（常闭）式触点等，应选择适合巧用电路的触点类型。

④ 选择触点合适的额定负载电流

使用继电器时，触点的额定负载电流大小是必须考虑的重要参数之一。许多电工尽管也注意使负载的正常工作电流不超过继电器触点的额定负载电流，但在使用中继电器的触点还是被频繁发生的电弧烧蚀而导致接触不良等，就是因为没有搞清楚这一参数的具体含义。

a.继电器触点额定负载电流含义：继电器触点额定的负载电流是指在规定的寿命内，在额定电压和频率下，触点所能切换的电阻性电流的大小。由于负载性质的不同，即使额定工作电流相同，在接通或切断负载时通过的电流也是不同的，而影响触点寿命的正是在切换瞬间通过负载的电流。因此，不考虑负载的性质来选取继电器肯定是错误的。

b.各种性质的负载对继电器触点寿命的影响：

ⓐ 容性负载的影响：许多电源电路中都设置有大小容量的滤波电容器，一般电路中也有为数众多的退耦滤波电容器，使得这些电路都成为强容性电路。它们在刚接通电源时，由于电容器两端电压不能突变相当于短路，电路中电流必然很大，仅受电源电压和线路电阻限制是不够的，这样大的电流必然会使继电器的触点在接通时烧蚀。此问题可在电路中串联适当的电阻器来解决。

ⓑ 感性负载的影响：感性负载可分为两种类型：电动机负载和强感性负载。电动机在静态时输入阻抗很小，在启动时会产生很大的启动电流，其大小为额定工作电流的 5.5～7 倍，持续时间视电动机负荷的大小而定，一般为 10s 左右。这样大的启动电流易使继电器的触点在接通时有拉弧，且电弧持续时间较长，必然会对触点造成严重损坏。

当电动机在停机时，绕组中的电流迅速减小，由此又会产生很高的自感电动势加到控制它的继电器触点两端，也会引发电弧，烧伤触点。扼流圈、电感器、接触器的线圈等属于强感性负载，这类负载虽然在接通电源时不会像电动机那样产生大的启动电流，但在切断电源时也会产生很高的自感电动势损伤触点。

ⓒ 电阻性负载的影响：在电压一定时，电阻性负载中的电流一般是恒定的，但如果负载工作温度和常温相差很大时，则要考虑温度对负载电阻的影响。如白炽灯在冷态下灯丝温度为室温，而正常工作时灯丝处于高温炽热状态，达 1500℃ 左右。而灯丝电阻值是随温度升高而增加的，室温下灯丝电阻只有正常工作时的十几分之一，所以白炽灯在刚接通电源时，通过的电流可达正常工作电流的十几倍。可见若以白炽灯的额定工作电流来选择继电器肯定是错误的。因此，在选用继电器时一定要考虑负载中可能出现的最大电流。当然，为了降低对继电器带载能力的要求，也可以采取一些措施来减少负载中可能出现的最大电流，防止产生电弧，如在触点两端加电容器 R-C 网络、二极管、压敏元件等，必要时还可使用专门的灭弧装置。

⑤ 选择合适的体积

电磁继电器体积的大小通常与继电器触点负荷的大小有关，采用多大体积的继电器，通常应根据使用电路的要求来确定。

继电器的型号较多，而且在同一型号中还有很多规格代号，它们的各项参数都不相同，尤其参数中的直流电阻、额定电压及吸合电流在选用时应重点考虑。

典型的电磁式继电器有以下几种。

(1) 通用继电器

它是一种具有良好的通用性、系列性的电磁式继电器，在同一磁系统结构上加上不同的线圈或阻尼线圈就可以分别构成中间继电器、电压继电器、欠电流继电器、高返回系数继电器、时间继电器（短延时），它在电力拖动线路和自动控制装置中作控制继电器用，在直流电动机励磁回路中起保护和控制作用，在交流绕线转子异步电动机的反接制动线路中用作反接继电器（图 13-18）。

图 13-18　通用继电器

(2) 电流继电器

电流继电器（图 13-19）主要用作绕线转子异步电动机或直流电动机的启动、过载、过电流保护，高返回系数电流继电器主要用作交流异步电动机的堵转保护。

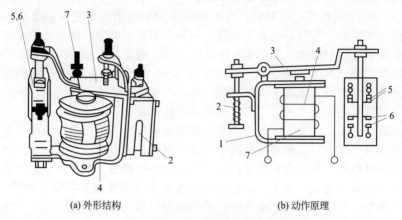

(a) 外形结构   (b) 动作原理

图 13-19   JT4 系列电流继电器

1—磁轭；2—反作用弹簧；3—衔铁；4—电流线圈；
5—动断（常闭）触头；6—动合（常开）触头；7—铁芯

(3) 中间继电器

中间继电器（图 13-20）在控制电路中起信号放大作用或将信号同时传输给数个有关控制元件起增加控制回路数的作用。

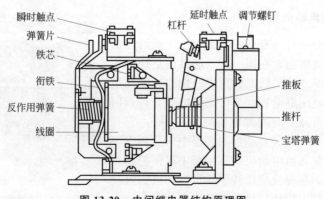

图 13-20   中间继电器结构原理图

(4) 时间继电器

时间继电器（图 13-21）是在电路中起着按时间控制作用的继电器，当它的感测部分接受输入信号后，经过一定时间延时，它的执行机构才会动作，并输出信号以操纵控制回路。

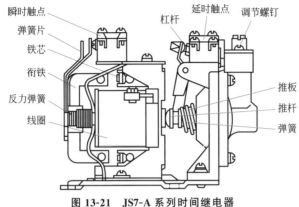

图 13-21　JS7-A 系列时间继电器

实例操作

电磁继电器常见故障原因及处理方法见表 13-24。该表也同样适合于磁力启动器故障的检修用。

表 13-24　电磁继电器和磁力启动器的故障及排除方法

序号	常见故障现象	故障可能原因	排除方法
1	机械或塑料件损坏	零件开裂、损坏，系受外力所致，安装孔不准，强行安装	①黏结破损部分 ②清除外力 ③安装孔位要准确
2	触头过热或灼伤	①触头弹簧压力太小 ②触头上有油垢 ③触头超行程过小 ④触头的断开容量不够 ⑤触头的开断次数过多 ⑥电路中发生短路故障	①调整弹簧压力 ②清除油垢 ③调整行程 ④改换大容量触头 ⑤减低操作次数或改换操作频率高的触头 ⑥清除电路的短路故障

序号	常见故障现象	故障可能原因	排除方法
3	动、静触头熔接在一起	①触头长期过热与灼伤 ②触头断开容量不够 ③触头的开断次数过多 ④线圈电压过低,触头引起振动 ⑤短路故障	①清除粗触头过热和灼伤故障 ②更换大容量触头 ③降低操作频率 ④适当增大电压到额定值 ⑤清除粗短路故障
4	衔铁吸引不上	①线圈断线或电源供电中断 ②线圈烧毁 ③衔铁或机械可动部分被卡死或黏住 ④机械部分转轴生锈或歪斜 ⑤线圈供电电压太低	①检查线路,更换或修理线圈 ②电压不符换线圈,短路换线圈 ③清除障碍物 ④去锈,上润滑油,调整位置或更换零件 ⑤提高电压到额定值
5	接触器、继电器动作缓慢	①极面间隙过大 ②电器的底板上部较下部凸出 ③电器活动部分被黏住或阻碍 ④继电器调整动作时间过长	①调整机械装置,减小间隙 ②把电器装直 ③清除阻碍物 ④调整动作时间,直到要求值
6	断点时衔铁不落下	①触头间弹簧压力过小或断裂 ②电器底板下部较上部凸出 ③衔铁或机械可动部分被卡死 ④非磁性衬垫被过渡磨损或太薄(直流) ⑤触头熔焊在一起 ⑥剩磁	①调整触头压力,更换 ②装直电器 ③清除阻力 ④更换或加厚 ⑤找出熔焊原因,排除故障 ⑥进行退磁处理或更换铁芯
7	线圈过热或烧毁	①弹簧的反作用力过大 ②线圈额定电压与电流电压不符 ③线圈通电持续率与实际工作情况不符 ④线圈由于机械损伤或附加有导电尘埃而部分短路	①调整压力 ②更换线圈 ③更换线圈 ④更换线圈,保持清洁

序号	常见故障现象	故障可能原因	排除方法
8	线圈损坏	空气潮湿或含有腐蚀性气体	换用涂有特种绝缘漆的线圈
9	电器有噪声	①弹簧的反作用力过大 ②极面有污垢 ③极面磨损过度不平 ④磁系统歪斜 ⑤短路环断裂（交流） ⑥衔铁与机械部分间连接销松脱	①调整弹簧压力 ②清除污垢 ③修平极面 ④调整装配位置 ⑤重焊或更换 ⑥装好连接销

七、主令电器

主令电器的供应商是用丁闭合、断开和转换控制电路，以发布命令的一类电器。又称主令开关的供应商。也用于对生产过程实行程序控制。主令电器主要由触头系统、操作机构和定位机构组成。由于主令电器所转换的电路是控制电路，所以其触头工作电流很小。

主令电器应用广泛，种类繁多，常见的有按钮、位置开关、万能转换开关、主令控制器与凸轮控制器等。

(1) 按钮

按钮是一种手动且可以自动复位的主令电器，其结构简单，控制方便，在低压控制电路中得到广泛应用。按钮结构示意图如图 13-22 所示。

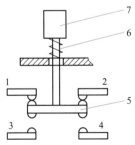

图 13-22　按钮结构示意图

1,2—动断（常闭）触点；3,4—动合（常开）触点；

5—桥式触点；6—复位弹簧；7—按钮帽

① 型号含义

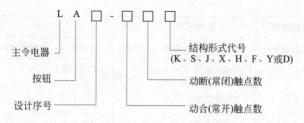

K——开启式；S——防水式；J——紧急式（有红丝大蘑菇头突出在外）；

X——旋钮式；H——保护式；F——防腐式；Y——钥匙式；D——带灯式。

② 电器符号

按钮的图形符号及文字符号表示如下。

| SB | SB | SB |
| 动合(常开)触点 | 动断(常闭)触点 | 复合式触点 |

③ 按钮的选择原则

a.根据使用场合，选择控制按钮的种类，如开启式、防水式、防腐式等。

b.根据用途，选用合适的形式，如钥匙式、紧急式、带灯式等。

c.按控制回路的需要，确定不同的按钮数，如单钮、双钮、三钮、多钮等。

d.按工作状态指示和工作情况的要求，选择按钮及指示灯的颜色。

（2）行程开关

行程开关又称限位开关，用于机械设备运动部件的位置检测，是利用生产机械某些运动部件的碰撞来发出控制指令，以控制其运动方向或行程的主令电器。行程开关从结构上可分为操作机构、触头系统和外壳三部分。如图 13-23 所示为行程开关的外形及结构示意图。

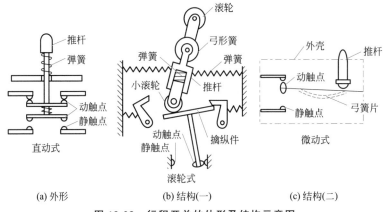

(a) 外形   (b) 结构(一)   (c) 结构(二)

图 13-23　行程开关的外形及结构示意图

① 型号含义

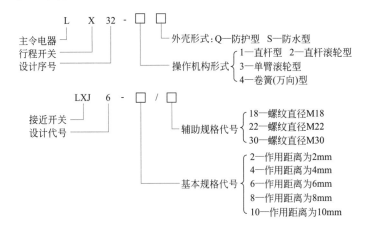

② 电器符号

行程开关及接近开关图形符号及文字符号表示，如图 13-24 所示。

③ 行程开关的选择

实际应用中，行程开关的选择主要从以下几方面考虑。

a. 根据应用场合及控制对象选择。

b. 根据安装环境选择防护形式，如开启式或保护式。

c. 根据控制回路的电压和电流选择行程开关系列。

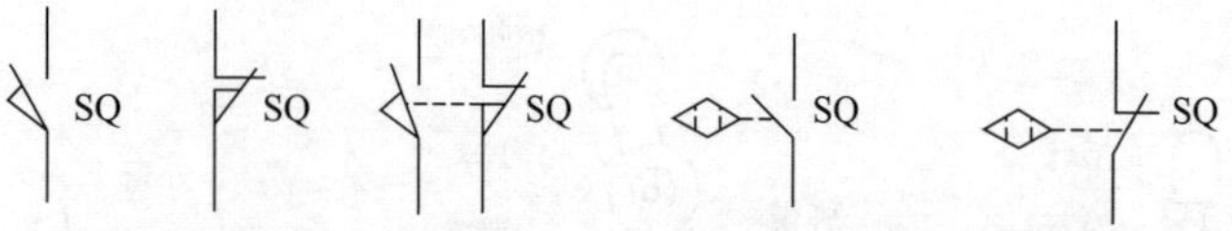

SQ   SQ   SQ   SQ   SQ

(a) 行程开关图形及文字符号   (b) 电子接近开关图形及文字符号

图 13-24　行程开关及接近开关图形及文字符号

d. 根据机械与行程开关的传力与位移关系选择合适的头部形式。

[3] 万能转换开关

万能转换开关主要适用于交流 50Hz、额定工作电压 380V 及以下、直流电压 220V 及以下，额定电流至 160A 的电气线路中，万能转换主要用于各种控制线路的转换、电压表、电流表的换相测量控制、配电装置线路的转换和遥控等。万能转换开关还可以用于直接控制小容量电动机的启动、调速和换向。

① 万能转换开关结构原理

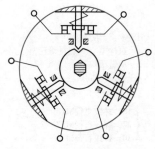

图 13-25　LW6 系列转换开关中某一层的结构原理示意图

如图 13-25 所示为 LW6 系列转换开关中某一层的结构原理示意图，LW6 系列万能转换开关由担任机构、面板、手柄及触点座等主要部件组成，操作位置有 2～12 个，触点底座有 1～10 层，每层底座均可装三对触点，每层凸轮均可做成不同形状，当手柄转动到不同位置时，通过凸轮的作用，可使各对触点按所需要的规律接通和分断。这种开关可以组成数百种线路方案，以适应各种复杂要求。

② 常用型号

万能转换开关适用性广，国内现有的 LW2、LW4、LW5、LW6、LW8、LW12、LW15、LW16、LW26、LW30、LW39、CA10、HZ5、HZ10、HZ12 等各类开关以及进口设备上的转换开关。万能转换开关派生产品有挂锁型开关和暗锁型开关（63A 及以下），可用作重要设备的电源切断开关，防止误操作以及控制非授权人员的操作。

万能转换开关具有体积小、功能多、结构紧凑、选材讲究、绝缘良好、转换操作灵活、安全可靠的特点。LW6 系列万能转换开关型号和触点排列特征，如表 13-25 所示。

表 13-25　LW6 系列万能转换开关型号和触点排列特征表

型号	触点座数	触点座排列形式	触点对数
LW6-1	1	单列式	3
LW6-2	2		6
LW6-3	3		9
LW6-4	4		12
LW6-5	5		15
LW6-6	6		18
LW6-8	8		24
LW6-10	10		30
LW6-12	12	双列式	36
LW6 16	16		48
LW6-20	20		60
—	—		—

③ 万能转换开关符号含义

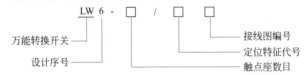

④ 电气符号

万能转换开关的电气符号及通断表如图 13-26 所示。

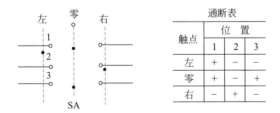

图 13-26　万能转换开关电气符号及通断表

⑤ 万能开关的选择

万能转换开关的选择主要按下列要求进行。

a. 按额定电压和工作电流选用合适的万能转换开关系列。

459

b. 按操作需要选定手柄形式和定位特征。

c. 按控制要求参照转换开关样本确定触点数量和接线图编号。

d. 选择面板形式及标志。

(4) 主令控制器

主令控制器（又称主令开关），主要用于电气传动装置中，按一定顺序分合触头，达到发布命令或其他控制线路连锁、转换的目的。适用于频繁对电路进行接通和切断，常配合磁力启动器对绕线式异步电动机的启动、制动、调速及换向实行远距离控制，广泛用于各类起重机械的拖动电动机的控制系统中。

操作注意事项

主令控制器一般由触头系统、操作机构、转轴、齿轮减速机构、凸轮、外壳等几部分组成。

其动作原理与万能转换开关相同，都是靠凸轮来控制触头系统的关合。但与万能转换开关相比，它的触点容量大些，操纵挡位也较多。

不同形状凸轮的组合可使触头按一定顺序动作，而凸轮的转角是由控制器的结构决定的，凸轮数量的多少则取决于控制线路的要求。

由于主令控制器的控制对象是二次电路，所以其触头工作电流不大。

成组的凸轮通过螺杆与对应的触头系统联成一个整体，其转轴既可直接与操作机构联结，又可经过减速器与之联结。如果被控制的电路数量很多，即触头系统档次很多，则将它们分为 2~3 列，并通过齿轮啮合机构来联系，以免主令控制器过长。主令控制器还可组合成联动控制台，以实现多点多位控制。

配备万向轴承的主令控制器可将操纵手柄在纵横倾斜的任意方位上转动，以控制工作机械（如电动行车和起重工作机械）作上下、前后、左右等方向的运动，操作控制灵活方便。

(5) 凸轮控制器

凸轮控制器亦称接触器式控制器。因为它的动、静触头的动作原理与接触器极其类似。至于二者的不同之处，仅仅有别于凸轮控制器是凭借人工操纵的，并且能换接较多数目的电器，而接触器系具有电磁吸引力实现驱动的远距离操作方式，触头数目较少。

凸轮控制器是一种大型的控制电器，也是多挡位、多触点，利用手动操作，转动凸轮去接通和分断通过大电流的触头转换开关。凸轮控制器主要用于起重设备中控制中小型绕线转子异步电动机的启动、停止、调速、换向和制动，也适用于有相同要求的其他电力拖动场合。

凸轮控制器主要由触点、转轴、凸轮、杠杆、手柄、灭弧罩及定位机构组成，如图 13-27 所示。

转动手柄时，转轴带动凸轮一起转动，转到某一位置时，凸轮顶动滚子，克服弹簧压力，使动触点顺时针方向转动，脱离静触点而分断。在转轴上叠装不同形状的凸轮，可以使若干个触点组按规定的顺序接通或分断。将这些触点接到电动机电路中，便可实现控制电动机的目的。

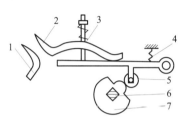

图 13-27　凸轮控制器的结构原理图
1—静触点；2—动触点；3—触点弹簧；
4—复位弹簧；5—滚子；
6—绝缘方轴；7—凸轮

操作注意事项

① 按照电器原理图的要求，分别逐挡操作控制器，观察触头的分合是否与接线图中触头分合程序相符，如不符，应予以调整，所有导线由基座下端两接线孔引出。

② 通电前必须检查电动机和电阻器有关电气系统的接线是否正确，接地是否可靠。

③ 通电后应按相应凸轮控制器细心检查电动机运转情况，若有异常，应立即切断电源，待查明原因后方可继续通电。

④ 控制器应当按要求经常检修。

a. 所有螺钉连接部分必须紧固，特别是触头接线螺钉。

b. 摩擦部分应经常保持一定的润滑。

c. 触头表面应无明显熔斑，烧熔的部分用细锉刀精心修理，不可用砂纸打磨。

d. 损坏的零件要及时更换。

第二节 常用高压电器

高压电器是在高压线路中用来实现关合、开断、保护、控制、调节、量测的设备。一般的高压电器包括开关电器、量测电器和限流、限压电器。

根据高压电器在电力系统中所起的作用，可将其分为以下几大类。

① 开关电器。如断路器、隔离开关等。

② 保护电器。如熔断器、避雷器等。

③ 测量电器。如仪用互感器等。

④ 限流电器。如电抗器、电阻器等。

⑤ 其他。如电容器、成套或组合电器等。

一、高压断路器

高压断路器（或称高压开关），如图 13-28 所示。它不仅可以切断或闭合高压电路中的空载电流和负荷电流，而且当系统发生故障时通过继电器保护装置的作用，切断过负荷电流和短路电流，它具有相

图 13-28　高压断路器

1—下出线座；2—电流互感器；3—箱体；4—连锁轴；5—分合闸操作手柄；
6—储能标示牌；7—吊环；8—储能操作手柄；9—分合标识牌；10—接地螺母；
11—铭牌；12—极柱部分；13—下出线端子

当完善的灭弧结构和足够的断流能力，可分为油断路器（多油断路器、少油断路器）、六氟化硫断路器（SF6断路器）、真空断路器、压缩空气断路器等。

高压断路器分类见表13-26。

表 13-26　高压断路器分类

类别	结构特点	技术性能	运行维护	主要使用场所
多油	触头系统及灭弧室安置在接地的油箱中，主要用油作为对地绝缘介质。结构简单，制造方便，易于加装单匝环形电流互感器及电容分压装置不能实现积木式结构，耗钢耗油量大	额定电流不易做大，一般开断小电流时，燃弧时间较长，动作速度慢	运行经验较多，易于维护，噪声低，需要一套油处理装置	35kV 及以下变电所
少油	对地绝缘主要依靠固体介质，结构较简单，制造方便，若配用液压机构，工艺要求较高	积木式结构可做到任何使用电压等级，开断电流大，全开断时间短。加机械油吹后，可满足开断空载长线的要求 额定电流不易做得很大，但 35kV 以下，可加并联回路提高额定电流	运行经验较多，易于维护，噪声低。灭弧室油易劣化，需要一套油处理装置	各级电压的户内、外变电所，是生产量最大的品种
压缩空气	易于加装并联电阻结构较复杂，工艺要求较高	额定电流和开断能力都可以做得很大，开断空载长线易于做到不重复击穿，动作快，开断时间短	检修方便，不检修隔期长，噪声大，需一套空压机系统	110kV 及以上大容量发电站、变电所，发电机保护断路器及操作频繁的断路器
固体产气	结构简单、重量轻、制造方便	额定电流和开断电流不宜做得大，断口电压也不宜做得高	易于维护检修，噪声大	35kV 及以下户外小容量变电所
磁吹	结构较复杂，体积较大、重量较重	特别适合频繁操作，断口电压不宜做得高(20kV 及以下)	检修方便，不检修隔期长	20kV 及一线户内频繁操作场所

类别	结构特点	技术性能	运行维护	主要使用场所
六氟化硫	单压式结构简单密封要求严，对工艺和材料要求高	额定电流和开断能力都可以做得很大，各种开断性能均好。触头系统在开断大小电流时损耗均小，断口电压可做得高（如单断口220kV）	不检修间隔期长，噪声低检修前准备工作量较大，需一套充放气及过滤装置	100kV 及以上大容量变电站及频繁操作场所
真空	体积小，重量轻灭弧室工艺及材料要求较高	可连续多次自动重合闸，能进行频繁操作，开断电容电流性能好 断口电压不做得高	不需检修灭弧室，运行维护简单。无爆炸可能，噪声小	35kV 及以下户内变电所及工矿企业中要求频繁操作的场所

型号说明

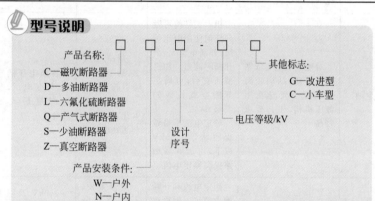

产品名称：
C—磁吹断路器
D—多油断路器
L—六氟化硫断路器
Q—产气式断路器
S—少油断路器
Z—真空断路器

产品安装条件：
W—户外
N—户内

设计序号

电压等级/kV

其他标志：
G—改进型
C—小车型

操作注意事项

　　为保证高压电器在正常运行、检修、短路和过电压情况下的安全，高压电器应按下列条件选择。
　　① 按正常工作条件包括电压、电流、频率、机械载荷等选择。
　　② 按短路条件包括短时耐受电流、峰值耐受电流、关合和开断电流等选择。
　　③ 按环境条件包括温度、湿度、海拔、地震等选择。

➡ 实例操作

断路器的接线方式有板前、板后、插入式、抽屉式，用户如无特殊要求，均按板前供货，板前接线是常见的接线方式。

① 板后接线方式。 板后接线最大特点是可以在更换或维修断路器，不必重新接线，只需将前级电源断开。 由于该结构特殊，产品出厂时已按设计要求配置了专用安装板和安装螺钉及接线螺钉，需要特别注意的是由于大容量断路器接触的可靠性将直接影响断路器的正常使用，因此安装时必须引起重视，严格按制造厂要求进行安装。

② 插入式接线。 在成套装置的安装板上，先安装一个断路器的安装座，安装座上 6 个插头，断路器的连接板上有 6 个插座。 安装座的面上有连接板或安装座后有螺栓，安装座预先接上电源线和负载线。 使用时，将断路器直接插进安装座。 如果断路器坏了，只要拔出坏的，换上一只好的即可。 它的更换时间比板前、板后接线要短，且方便。 由于插、拔需要一定的人力。 因此目前中国的插入式产品，其壳架电流限制在最大为400A。 从而节省了维修和更换时间。 插入式断路器在安装时应检查断路器的插头是否压紧，并应将断路器安全紧固，以减少接触电阻，提高可靠性。

③ 抽屉式接线。 断路器的进出抽屉是由摇杆顺时针或逆时针转动的，在主回路和二次回路中均采用了插入式结构，省略了固定式所必须的隔离器，做到一机二用，提高了使用的经济性，同时给操作与维护带来了很大的方便，增加了安全性、可靠性。 特别是抽屉座的主回路触刀座，可与 NT 型熔断路器触刀座通用，这样在应急状态下可直接插入熔断器供电。

二、高压隔离开关

高压隔离开关（图 13-29）是发电厂和变电站电气系统中重要的开关电器，需与高压断路器配套使用，其主要功能是保证高压电器及装置在检修工作时的安全，起隔离电压的作用，不能用于切断、投入负荷电流和开断短路电流，仅可用于不产生强大电弧的某些切换操作，即是说它不具有灭弧功能；按安装地点不同分为屋内式和屋外式，按绝缘支柱数目分为单柱式，双柱式和三柱式，各电压等级都有可选设备。

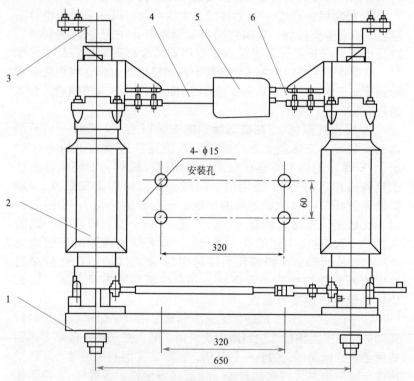

图 13-29　高压隔离开关（尺寸单位：mm）

1—底座；2—支柱绝缘子；3—接线端子；
4—静导电管；5—防水盖；6—动导电管

型号说明

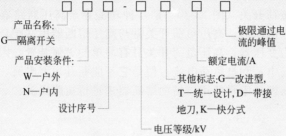

产品名称:
G—隔离开关

产品安装条件:
W—户外
N—户内

设计序号

电压等级/kV

极限通过电流的峰值

额定电流/A

其他标志:G—改进型,T—统一设计,D—带接地刀,K—快分式

隔离开关都配有手力操动机构,一般采用 CS6-1 型。 操作时要先拔出定位销,分合闸动作要果断、迅速,终了时注意不可用力过猛,操作完毕一定要用定位销销住,并目测其动触头位置是否符合要求。

用绝缘杆操作单极隔离开关时,合闸应先合两边相,后合中相;分闸时,顺序与此相反。

必须强调,不管合闸还是分闸的操作,都应在不带负荷或负荷在隔离开关允许的操作范围之内时才能进行。 为此,操作隔离开关之前,必须先检查与之串联的断路器,应确实处于断开位置。如隔离开关带的负荷是规定容量范围内的变压器,则必须先停掉变压器的全部低压负荷,令其空载之后再拉开该隔离开关;送电时,先检查变压器低压侧主开关确在断开位置,方可合隔离开关。

如果发生了带负荷分或合隔离开关的误操作,则应冷静地避免可能发生的另一种反方向的误操作。 就是已发现带负荷误合闸后,不得再立即拉开;当发现带负荷分闸时,若已拉开,不得再合(若拉开一点,发觉有火花产生时,可立即合上)。

对运行中的隔离开关应进行巡视。 在有人值班的配电所中应每班一次;在无人值班的配电所中,每周至少一次。

日常巡视的内容主要是观察有关的电流表,其运行电流应在正常范围内; 其次根据隔离开关的结构,检查其导电部分接触良好,无过热变色,绝缘部分应完好,以及无闪络放电痕迹;再就是传动部分应无异常(无扭曲变形,销轴脱落等)。

三、高压负荷开关

高压负荷开关（图13-30）是一种功能介于高压断路器和高压隔离开关之间的电器，高压负荷开关常与高压熔断器串联配合使用；用于控制电力变压器。高压负荷开关具有简单的灭弧装置，因为能通断一定的负荷电流和过负荷电流。但是它不能断开短路电流，所以它一般与高压熔断器串联使用，借助熔断器来进行短路保护。

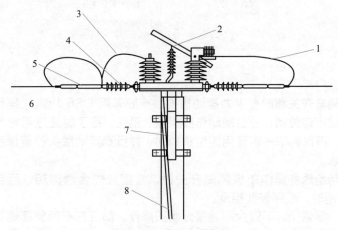

图13-30　高压负荷开关
1,3—连接导线；2—负荷开关；4—瓷拉棒绝缘子；5—叉形锁铐；
6—耐张线夹；7—开关支架；8—操纵杆

型号说明

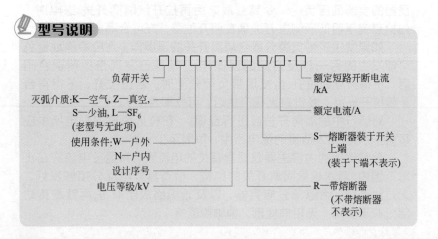

①垂直安装，开关框架、合闸机构、电缆外皮、保护钢管均应可靠接地（不能串联接地）。

②运行前应进行数次空载分、合闸操作，各转动部分无卡阻，合闸到位，分闸后有足够的安全距离。

③与负荷开关串联使用的熔断器熔体应选配得当，即应使故障电流大于负荷开关的开断能力时保证熔体先熔断，然后负荷开关才能分闸。

④合闸时接触良好，连接部无过热现象，巡检时应注意检查瓷瓶脏污、裂纹、掉瓷、闪烁放电现象；开关上不能用水冲（户内型）。一台高压柜控制一台变压器时，更换熔断器最好将该回路高压柜停运。

高压负荷开关是一种功能介于高压断路器和高压隔离开关之间的电器，高压负荷开关常与高压熔断器串联配合使用；用于控制电力变压器。高压负荷开关具有简单的灭弧装置，因为能通断一定的负荷电流和过负荷电流。但是它不能断开短路电流，所以它一般与高压熔断器串联使用，借助熔断器来进行短路保护。

四、高压熔断器

熔断器（图 13-31）是最简单的保护电器，它用来保护电气设备免受过载和短路电流的损害；按安装条件及用途选择不同类型高压熔断器，如屋外跌落式、屋内式，对于一些专用设备的高压熔断器应选专用系列；我们常说的熔丝就是熔断器类。

型号说明

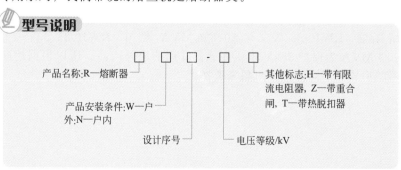

产品名称:R—熔断器

产品安装条件:W—户外:N—户内

设计序号

电压等级/kV

其他标志:H—带有限流电阻器，Z—带重合闸，T—带热脱扣器

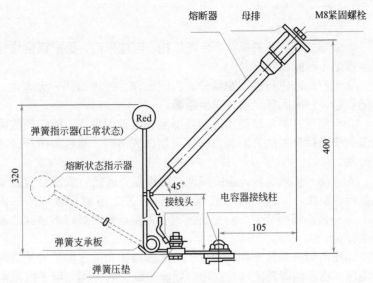

图 13-31　高压熔断器示意图（尺寸单位：mm）

在 3～66kV 的电站和变电所常用的高压熔断器有两大类。

一类高压熔断器是户内高压限流熔断器，额定电压等级分 3kV、6kV、10kV、20kV、35kV、66kV，常用的型号有 RN1、RN3、RN5、XRNM1、XRNT1、XRNT2、XRNT3 型，主要用于保护电力线路、电力变压器和电力电容器等设备的过载和短路；RN2 和 RN4 型额定电流均为 0.5～10A，为保护电压互感器的专用熔断器。

另一类是户外高压喷射式熔断器，常用的为跌落式熔断器，型号有 RW3、RW4、RW7、RW9、RW10、RW11、RW12、RW13 和 PRW 系列型等，其作用除与 RN1 型相同外，在一定条件下还可以分断和关合空载架空线路、空载变压器和小负荷电流。户外瓷套式限流熔断器 RW10-35/0.5～50-2000MVA 型中 RW10-35/0.5～1-2000MVA 为保护 35kV 电压互感器专用的户外产品。所以根据熔断器的形式和不同的保护对象来选择。

第十四章
供配电线路安装技能

第一节 架空配电线路

架空线路是采用杆塔支持电线路，适用于室外的一种线路，架空线路是电力网的重要组成部分，其作用是输送和分配电能。架空线路大体上可分为送电线路（又称输电线路，220kV 以上的称超高压输电线路）和配电线路。

配电线路根据电压高低又可分为高压配电线路、中压配电线路和低压配电线路。一般高压配电线路为 35kV 或 110kV；中压配电线路为 6kV 或 10kV；低压配电线路为 220V/380V。

杆上电气设备安装包括杆上变压器、高压绝缘子、高压隔离开关、跌落式熔断器、避雷器和杆上低压配电箱等。

一、架空电杆

电杆是架空配电线路中的基本设备之一，按所用材质可分为木杆、水泥杆和金属杆三种。水泥杆具有使用寿命长、维护工作量小等优点，使用较为广泛。水泥杆中使用最多的是拔梢杆，锥度一般均为 1/75，分为普通钢筋混凝土杆和预应力型钢筋混凝土杆。

电杆按其在线路中的用途可分为直线杆、耐张杆、转角杆、分支杆、终端杆和跨越杆等。

(1) 直线杆

又称中间杆或过线杆。用在线路的直线部分，主要承受导线重量和侧面风力，故杆顶结构较简单，一般不装拉线。

(2) 耐张杆

为限制倒杆或断线的事故范围，需把线路的直线部分划分为若干耐张段，在耐张段的两侧安装耐张杆。耐张杆除承受导线重量和侧面风力外，还要承受邻挡导线拉力差所引起的沿线路方面的拉力。为平衡此拉力，通常在其前后方各装一根拉线。

（3）**转角杆**

用在线路改变方向的地方。转角杆的结构随线路转角不同而不同：转角在 15°以内时，可仍用原横担承担转角合力；转角在 15°～30°时，可用两根横担，在转角合力的反方向装一根拉线；转角在 30°～45°时，除用双横担外，两侧导线应用跳线连接，在导线拉力反方向各装一根拉线；转角在 45°～90°时，用两对横担构成双层，两侧导线用跳线连接，同时在导线拉力反方向各装一根拉线。

（4）**分支杆**

设在分支线路连接处，在分支杆上应装拉线，用来平衡分支线拉力。分支杆结构可分为丁字分支和十字分支两种：丁字分支是在横担下方增设一层双横担，以耐张方式引出分支线；十字分支是在原横担下方设两根互成 90°的横担，然后引出分支线。

（5）**终端杆**

设在线路的起点和终点处，承受导线的单方向拉力，为平衡此拉力，需在导线的反方向装拉线。

 操作注意事项

对于高低压同杆架设的配电线路，其挡距应满足低压线路的技术要求。杆位确定还需注意以下几个问题。

① 挡距尽量一致，只有在地形条件限制时才可适当前后挪移杆位。

② 在任何情况下导线的任一点对地应保证有足够的安全距离。

③ 遇到跨越时，若线路从被跨越物上方通过，电杆应尽量靠近被跨越物（但应在倒杆范围以外），若线路从被跨越物下方通过，交叉点应尽量放在挡距之间；跨越铁路、公路、通航河流等时，跨越杆应是耐张杆或打拉线的加强直线杆。

二、拉线

立好电杆后紧接着就是拉线安装。拉线的作用是平衡电杆各方向上的拉力,防止电杆弯曲或倾斜。因此,对于承受不平衡拉力的电杆,均需装设拉线,以达到平衡的目的。

根据电杆的受力情况,拉线的装设也不相同,大致可分为普通拉线、两侧拉线、过道拉线、共同拉线、V形拉线和弓形拉线等。

(1) 拉线类型

① 普通拉线。普通拉线也叫承力拉线,多用在线路的终端杆、转角杆、耐张杆等处,主要起平衡力的作用。拉线与电杆夹角宜取45°,如受地形限制,可适当减少,但不应小于30°,如图14-1所示。

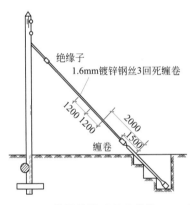

图 14-1　普通拉线(尺寸单位:mm)

② 两侧拉线。两侧拉线也称人字拉线或防风拉线,多装设在直线杆的两侧,用以增强电杆抗风吹倒的能力。防风拉线应与线路方向垂直,拉线与电杆的夹角宜取45°。

③ 四方拉线。四方拉线也称十字拉线,在横线方向电杆的两侧和顺线路方向电杆的两侧都装设拉线,用以增强耐张单杆和土质松软地区电杆的稳定性。

④ Y形拉线。Y形拉线也称V形拉线,可分为垂直V形和水平V形两种,主要用在电杆较高、横担较多、架设导线条数较多的地方,如图14-2所示。

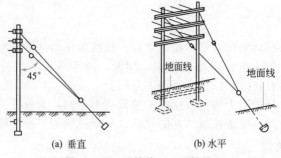

(a) 垂直　　　　　　　　(b) 水平

图 14-2　Y 形拉线（V 形拉线）

　　① 垂直 V 形拉线就是在垂直面上拉力合力点上下两处各安装一条拉线，两条拉线可以各自和拉线下把相连，也可以合并为一根拉线与拉线下把相连，如同"Y"字形，如图 14-2（a）所示。

　　② 水平 V 形拉线多用于 2 杆拉线上端，各自连到两单杆的合力点或者合并成一根拉线，也可把各自两根拉线连接到拉线的下把，如图 14-2（b）所示。

　　⑤ 过道拉线。过道拉线也称水平拉线，由于电杆距离道路太近，不能就地安装拉线，或跨越其他设备时，则采用过道拉线，即在道路的另一侧立一根拉线杆，在此杆上作一条过道拉线和一条普通拉线。过道拉线应保持一定高度，以免妨碍行人和车辆的通行，如图 14-3 所示。

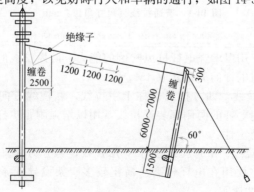

图 14-3　过道拉线（尺寸单位：mm）

474

过道拉线在跨越道路时，拉线对路边的垂直距离不应小于4.5m，对行车路面中心的垂直距离不应小于6m；而对电车行车线，不应小于9m。

⑥ 共同拉线。当在直线路的电杆上产生不平衡拉力，又受地形限制没有地方装设拉线时，就可采用共同拉线，直线将拉线固定在相邻电杆上，用以平衡拉力，如图14-4所示。

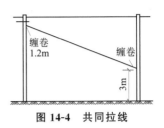

图 14-4 共同拉线

⑦ 弓形拉线。弓形拉线也称自身拉线，多用于木电杆上，为防止电杆弯曲，因地形限制不能安装拉线时，可采用弓形拉线，此时电杆的中横木需要适当加强。弓形拉线两端拴在电杆的上下两处。中间用拉线支撑顶在电杆上。如同弓形。如图14-5所示。

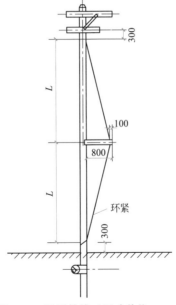

图 14-5 弓形拉线（尺寸单位：mm）

操作注意事项

① 弓形拉线用的拉线支撑长度为 1m，顶在电杆上的一端削成凹形，装拉线的一端距端头 100mm 钻一通过拉线的孔。

② 拉线支撑设在拉线中间，为使拉线支撑经常保持水平位置，应用铁线使其与电杆固定牢靠。

③ 弓形拉线的上端，固定在距离下部横担 300mm 处；拉线下端固定在距离地面 300mm 处。

（2）**拉线计算**

拉线的计算主要包括确定拉线的长度和截面。

① 拉线的长度计算。一条拉线是由上把、中把和下把三部分构成的，如图 14-6 所示。拉线实际需要长度（包括下部拉线棒露出地面的部分）除了拉线装成长度（上部拉线和下部拉线）外，还应包括上下把折面缠绕所需的长度，即拉线的余割量。

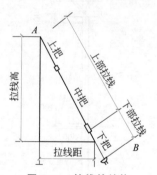

图 14-6 拉线的结构

实例操作

① 上部拉线余割量的计算方法如下：

上部拉线的余割量= 拉线装成长度+ 上把与中把附加长度－下部拉线出土长度

如果拉线上加装拉紧绝缘子及花篮螺栓，则拉线余割量的计算方法是：

上部拉线余割量＝拉线装成长度＋上把与中把附加长度＋绝缘子上、下把附加长度－下部拉线出长度－花篮螺栓长度

② 在一般平地上计算拉线的装成长度时，也可采用查表的方法，查表时，首先应知道拉线的拉距和高度，计算出距高比，然后依据距高比即可从表 14-1 中查得。

表 14-1　换算拉线装成长度表

距高比	拉线装成长度
2	拉距×1.1
1.5（即 3/2）	拉距×1.2
1.25	拉距×1.3
1	拉距×1.4
0.75（即 3/4）	拉距×1.7
0.66（即 2/3）	拉距×1.8
0.55（即 1/2）	拉距×2.2
0.33（即 1/3）	拉距×3.2
0.25（即 1/4）	拉距×4.1

② 拉线截面计算。电杆拉线所用的材料有镀锌铁线和镀锌钢绞线两种，镀锌铁线一般用 $\phi4.0$ 一种规格，但施工时需绞合，制作比较麻烦。镀锌钢绞线施工较方便，强度稳定，有条件可尽量采用。镀锌铁线与镀锌钢绞线换算见表 14-2。

表 14-2　$\phi4.0$ 镀锌线与钢线换算表

$\phi4.0$ 镀锌线根数	3	5	7	9	11	13	15	17	19
镀锌钢绞线截面/mm^2	25	25	35	50	70	70	100	100	100

三、导线

导线一般由铜或铁制成，也有用银线所制（导电、热性好），用来疏导电流或者是导热。用作电线电缆的导电材料，通常有铜和铝两种。铜材的导电率高，50℃ 时的电阻系数铜为 $0.0206\Omega\cdot mm^2/m$，铝为 $0.035\Omega\cdot mm^2/m$；载流量相同时，铝线芯截面约为铜的 1.5 倍。采用

铜线芯损耗比较低,铜材的机械性能优于铝材,延展性好,便于加工和安装。抗疲劳强度约为铝材的 1.7 倍。但铝材相对密度小,在电阻值相同时,铝线芯的质量仅为铜的一半,铝线、缆明显较轻。

固定敷设用的布电线一般采用铜线芯。

(1) 导线的规格

导线的规格主要是针对导线的直径、交货长度和标称截面而言。导线的直径通常是指导线的外径,可用游标深度尺进行测量。导线的交货长度是指导线在工厂制造的每捆(卷)线的长度。导线的标称截面常根据导线的根数、直径,用公式计算出其实际截面的大小,再取整数,并以该整数作为该导线的标称截面。

➡实例操作

如采用电压损失校核导线的标称截面,其方法如下。

① 高压线路。 自供电的变电所二次侧出口至线路末端变压器,或末端受电变电所一次侧入口的允许电压损失,为供电变电所二次侧额定电压(6kV、10kV)的 5%。

② 低压线路。 自配电变压器二次侧出口至线路末端(不包括接户线)的允许电压损失,一般为额定配电电压(220V、380V)的 40%。

当确定高、低压线路的导线截面时,除根据负荷条件外,还应与该地区配电网的发展规划相结合。 在选择导线截面时,要留有一定的裕度,配电导线截面不宜小于表 14-3 所列数值的规定。

表 14-3　导线截面　　　　　　　单位:mm²

导线种类线路	高压线路			低压线路		
	主干线	分干线	分支线	主干线	分干线	分支线
铝绞线及铝合金线	120	70	35	70	50	35
钢芯铝绞线	120	70	35	70	50	35
铜绞线	—	—	16	50	35	16

架空线路导线和 6～10kV 接户线的最小截面应符合表 14-4 的规定。

表 14-4　架空线路与 6～10kV 接户线的最小截面

单位：mm²

线路导线种类		铝绞线		钢芯铝绞线		铜绞线	
		居民区	非居民区	居民区	非居民区	居民区	非居民区
架空线路	6～10kV	35	25	25	16	16	16
	≤1kV	16		16		10(线直径 3.2mm)	
6～10kV 接户线		25		—		16	

注：1kV 以下县里与铁路交叉跨越挡处，铝绞线最小截面为 35mm²。

（2）导线的选用

在我国沿海地区，由于盐雾或有化学腐蚀的气体会对架空线路的导线造成腐蚀，因而降低导线的使用年限，施工时宜采用防腐铝绞线、铜绞线或采取其他措施。在城市中，为了安全，在街道狭窄和建筑物稠密地区应采用绝缘导线，避免造成漏电伤人事故，保证输送电正常运行。

操作注意事项

导线选用要注意以下几方面。

① 当低压线路与铁路有交叉跨越挡，采用裸铝绞线时，其截面不应小于 35mm²。

② 不同金属、不同绞向、不同截面的导线严禁在挡距内连接。

③ 高压配电架空线路在同一横担上的导线，其截面差不宜大于三级。

④ 架空配电线路的导线不应采用单股的铝线或铝合金线，高压线路的导线不应采用单股铜线。 配电线路导线的截面按机械强度要求不应小于表 14-5 所列数值的规定。

⑤ 三相四线制的中性线截面不应小于表 14-6 所列数值的规定。

若中性线截面选择不当，可能产生断线烧毁用电设备事故。中性线截面过小，遇到大风，也会造成断线、混线事故，甚至烧毁电器，造成严重事故或人员伤亡。

<table>
<tr><td colspan="5" align="right">表 14-5　导线最小截面　　　　　　单位：mm²</td></tr>
</table>

表 14-5　导线最小截面　　　　　　单位：mm²

导线种类线路	高压线路		低压线路
	居民区	非居民区	
铝绞线及铝合金绞线	35	25	16
钢芯铝绞线	25	16	16
铜绞线	16	16	(3.2mm)

表 14-6　中性线截面　　　　　　单位：mm²

导线种类线别	相线截面	中性线截面
铝绞线及钢芯铝绞线	LJ-50 及以下 LGJ	与相线截面相同
	LJ-70 及以下 LGJ	不小于相线截面的 50%，但不小于 50mm²
铜绞线	TJ-35 及以下	与相线截面相同
	TJ-50 及以上	不小于相线截面的 50%，但不小于 50mm²

⑥ 在离海岸 5km 以内的沿海地区或工业区，视腐蚀性气体和尘埃产生腐蚀作用的严重程度，选用不同防腐性能的防腐型钢芯铝绞线。

(3) 导线检查与修补

常见导线损伤情况如表 14-7 的规定。

表 14-7　常见导线损伤情况

导线类别	损伤情况	处理方法
铝绞线	导线在同一处损伤程度已经超过规定，但因损伤导致强度损失不超过总拉断力的 5%	缠绕或不修预绞线修理
铝合金绞线	导线在同一处损伤程度损失超过总拉断力的 5%，但不超过 17%	补修管补修
钢芯铝绞线	导线在同一处损伤程度已超过规定，但因损伤导致强度损失不超过总拉断力的 5%，且截面积损伤又不超过导电部分总截面积的 7%	缠绕或不修预绞线修理
钢芯铝合金绞线	导线在同一处损伤的强度损失已超过总拉断力的 5%，但不足 17%，且截面积损伤也不超过导电部分总截面积的 25%	补修管补修

当导线某处有损伤时，常用的修补方法有缠绕、补修预绞线和补修管补修等，其具体操作如下。

① 缠绕处理。采用缠绕法处理损伤的铝绞线时，导线受损伤的线股应处理平整，选用与导线相同金属的单股线为缠绕材料，缠绕导线直径不应小于 2mm，缠绕中心应位于导线损伤的最严重处，缠绕应紧密，受损伤部分应该全部被覆盖住，缠绕长度不应小于 100mm。

② 补修预绞线修理。补修预绞线是由铝镁硅合金制成的，适用于 LGJ400/35 钢芯铝绞线和 LGJQ-300 轻型钢芯铝绞线。

采用补修预绞线处理时，首先应将需要修补的受损伤处的线股处理平整。操作时先将损伤部分导线净化，净化长度为预绞线长度的 1.2 倍，预绞线的长度不应小于导线的 3 个节距，在净化后的部位涂抹一层中性凡士林，然后将相应规格的补修预绞线一组用手缠绕在导线上，补修预绞线的中心应位于损伤最严重处，同一组各根均匀排列，不能重叠，且与导线接触紧密，损伤处应全部覆盖。

③ 补修管补修。当铝合金绞线和钢芯铝绞线的损伤情况超过规定时，可以用补修管补修。补修管为铝制的圆管，由大半圆和小半圆两个半片合成，如图 14-7 所示，套入导线的损伤部分，损伤处的导线应先恢复其原绞制状态，补修管的中心应位于损伤最严重处，需补修导线的范围应位于管内各 20mm 处，并且将损伤部分放置在大半圆内，然后把小半圆的铝片从端部插入，用液压机进行压紧，所用钢模为相同规格的导线连接管钢模。

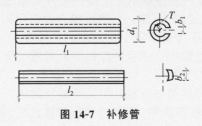

图 14-7　补修管

（4） **放线**

放线就是把导线从线盘上放出来架设在电杆的横担上。常用的放线方法有施放法和展放法两种。施放法即是将线盘架设在放线架上拖放导线；展放法则是将线盘架设在汽车上，行驶中展放导线。放线操作如图 14-8 所示。

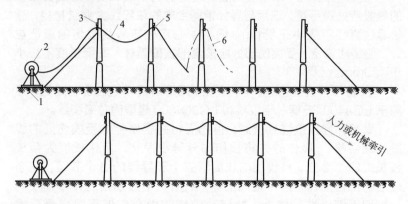

图 14-8　放线

1—放线架；2—线轴；3—横担；4—导线；5—放线滑轮；6—牵引绳

实例操作

导线放线是按每个耐张段进行的，具体操作如下。

① 放线前，应选择合适位置，放置放线架和线盘，线盘在放线架上要使导线从上方引出。

如采用拖放法放线，施工前应沿线路清除障碍物，石砾地区应垫以隔离物（草垫）以免磨损导线。

② 在放线段内的每根电杆上挂一个开口放线滑轮（滑轮直径应不小于导线直径的 10 倍）。 铝导线必须选用铝滑轮或木滑轮，这样既省力，又不会磨损导线。

③ 在放线过程中，线盘处应有专人看守，负责检查导线的质量和防止放线架的倾倒。 放线速度应尽量均匀，不宜突然加快。

④ 当发现导线存在问题，而又不能及时进行处理时，应作显著标记，如缠绕红布条等，以便导线展放停止后，专门进行处理。

⑤ 展放导线时，必须有可靠的联络信号，沿线还需有人看护导

线不受损伤，不使导线发生环扣（导线自己绕成小圈）。当导线在跨越道路和跨越其他线路处也应设人看守。

⑥ 放线时，线路的相序排列应统一，对设计、施工、安全运行以及检修维护都是有利的。高压线路面向负荷从左侧起导线排列相序为 L_1、L_2、L_3，低压线路面向负荷从左侧起导线排列相序为 L_1、N、L_2、L_3。

⑦ 在展放导线的过程中，对已展放的导线应进行外观检查，导线不应发生磨伤、断股、扭曲、金钩、断头等现象。如有损伤，可根据导线的不同损伤情况进行修补处理。

1kV 以下电力线路采用绝缘导线架设时，展放中不应损伤导线的绝缘层和出现扭弯等现象，对破口处应进行绝缘处理。

⑧ 当导线沿线路展放在电杆根旁的地面上以后，可由施工人员登上电杆，将导线用绳子提升至电杆横担上，分别摆放好。对截面较小的导线，可将一个耐张段全长的 4 根导线一次吊起提升至横担上；导线截面较大时，用绳子提升时，可一次吊起两根。

(5) 导线的固定

架空配电线路的导线，在针式及蝶式绝缘子上的固定，普遍采用绑线缠绕法。

① 顶绑法。顶绑法适用于 1~10kV 直线杆针式绝缘子的固定绑扎。铝导线绑扎时应在导线绑扎处先绑 150mm 长的铝包带，所用铝包带宽为 10mm，厚为 1mm，绑线材料应与导线的材料相同，其直径在 2.6~3.0mm 范围内，如图 14-9 所示。

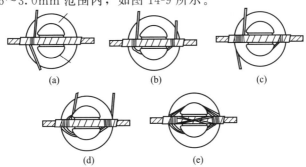

图 14-9　顶绑法

顶绑发绑扎步骤如下。

① 把导线嵌入瓷瓶顶部线槽中，并在导线左边近瓷瓶处用短扎线绕上三圈，然后放在左侧，待与长左线相绞。

② 接着把长扎线按顺时针方向，从瓷瓶顶槽外侧绕到导线右边下侧，并在左侧导线上缠绕三圈。

③ 然后再按顺时针方向围绕瓷瓶颈槽内侧（即前面）到导线左边下侧，并在左侧导线缠绕三圈（在原三圈扎线的左侧）。

④ 然后再围绕瓶颈颈槽外侧，顺时针到导线右边下侧，继续缠绕导线三圈（也排列在原三圈右侧）。

⑤ 把扎线围绕瓷瓶颈槽内侧顺时针到导线左边下侧，并斜压在顶槽中导线，继续扎到导线右边下侧。

⑥ 接着从导线右边下侧，按逆时针方向围绕瓷瓶颈槽到左边导线下侧。

⑦ 然后把扎线从导线左边下侧，斜压在顶槽中导线，使顶槽中导线被扎线压成"X"状。

⑧ 最后将扎线从导线右边下侧，按顺时针方向围绕瓷瓶颈槽，到扎线的另一端，相交于瓷瓶中间。并在缠绕六圈后减去余端。

② 侧绑法。转角杆针式绝缘子上的绑扎，导线应放在绝缘子颈部外侧。若由于绝缘子顶槽太浅，直线杆也可以用这种绑扎方法，如图 14-10 所示。

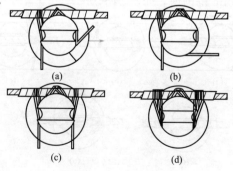

(a)　　　　　　(b)

(c)　　　　　　(d)

图 14-10　侧绑法

侧绑法绑扎步骤如下。

① 把绑线盘成一个圆盘，在绑线的一段留出一个短头，起长度为 25mm 左右，用绑线的短头在绝缘子左侧的导线上绑三圈（导线在瓷瓶的背面，即外侧），方向呈向导线外侧（经导线上方绕向导线内侧，然后放在左侧，待与长绑线相绞）。

② 用盘起来的绑线向绝缘子脖颈内侧（即瓷瓶的前面）绕过，绕到绝缘子左侧导线上并绑三圈（呈逆时针），方向是向导线下方绕到导线外侧，再到导线上方。

③ 用盘起来的绑线，从绝缘子脖颈内侧绕回到绝缘子左侧导线上，并绑三圈（顺时针），方向是至导线下方经过外侧绕到导线上方（此时左侧导线上已有六圈），然后再经过绝缘子脖颈内侧回到绝缘子右侧导线上（逆时针），再绑三圈，方向是从导线的下方经外侧绕到导线上方（此时右侧导线上已绑有六圈）。

④ 用盘起来的绑线向绝缘子脖颈内侧绕过，绕到绝缘子左侧导线下方（顺时针），并向绝缘子左侧导线外侧，经导线下方绕到右侧导线的上方（顺时针）。

⑤ 在绝缘子右侧上方的绑线，经脖颈内侧绕回到绝缘子左侧，经导线上方由外侧绕到绝缘子右侧下方，回到导线内侧（顺 时 针），这 时 绑 线 已 在 绝 缘 子 外 侧 导 线 上 压 了 一 个 "X" 字。

⑥ 将压完 "X" 字的绑线端头绕到绝缘子脖颈内侧中间（顺时针）与左侧的绑线短头并绞 2～3 个，绞合成一小辫，剪去多余绑线并将小辫沿瓶弯下压平。

③ 终端绑扎法。该法如图 14-11 所示。

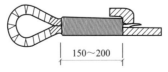

|150～200|

图 14-11　终端绑扎法（尺寸单位：mm）

终端绑扎法步骤如下。

① 把绑线盘成圆盘，在绑线一端流出一个短头，长度比绑扎长度多 50mm。

② 把绑线短头加在导线与折回导线中间凹进去的地方，然后用绑线在导线上绑扎。

③ 绑扎五圈后，短头压在缠绕层上，再续绑五圈，短头折起；再续绑五圈，之后重复上述步骤。绑扎到规定长度后，与短头互拧 2~3 个绞合，成一小辫并压平在导线上。

④ 把导线端折回，压在绑线上。

④ 用耐张线夹固定导线法。该法如图 14-12 所示。

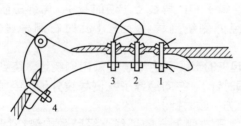

图 14-12 耐张线夹固定导线法

耐张线夹固定法绑扎步骤。

① 用紧线钳先将导线收紧，使弧垂比所要求的数值稍小些。然后在导线需要安装线夹的部分，用同规格的线股缠绕，缠绕时，应从一端开始绕向另一端，其方向需与导线外股缠绕方向一致。缠绕长度需露出线夹两端各 10mm。

② 卸下线夹的全部 U 形螺栓，使耐张线夹的线槽紧贴导线缠绕部，装上全部 U 形螺栓及压板，并稍拧紧。最后按如图 14-12 所示顺序进行拧紧，在拧紧过程中，要使受力均衡，不要使线夹的压板偏斜和卡碰。

四、杆上电器设备

电力金具在电力输送过程中，起着至关重要的固定、连接、制成作用，其质量的好坏直接影响到电力的安全输送。

① 架空线路上常用的金具如图 14-13 所示。

② 电杆拉线常用的金具如图 14-14 所示。

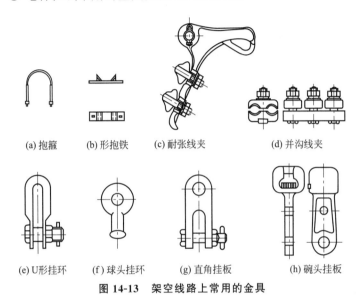

(a) 抱箍　　(b) 形抱铁　　(c) 耐张线夹　　(d) 并沟线夹

(e) U形挂环　　(f) 球头挂环　　(g) 直角挂板　　(h) 碗头挂板

图 14-13　架空线路上常用的金具

(a) 心形环　　(b) 双拉线连板　　(c) 花篮螺栓　　(d) 形拉线挂环

(e) 拉线抱箍　　(f) 双眼板　　(g) 楔形线夹　　(h) 可调式UT线夹

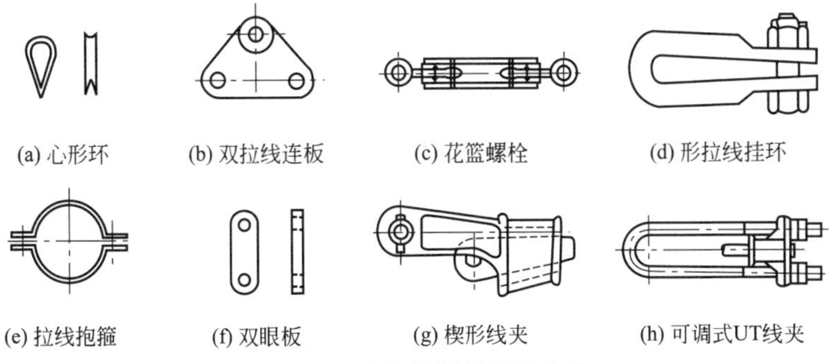

图 14-14　电杆拉线常用的金具

杆上电器设备安装需注意以下几点。

① 电杆上电气设备安装应牢固可靠；电气连接应接触紧密；不同金属连接应有过渡措施，瓷件表面光洁，无裂缝、破损等现象。

② 杆上变压器及变压器台的安装，其水平倾斜不大于台架根开的 1/100；二次引线排列整齐、绑扎牢固；油枕、油位正常，外壳干净；接地可靠，接地电阻值符合规定；套管压线螺栓等部件齐全；呼吸孔道畅通。

③ 跌落式熔断器的安装，要求各部分零件完整；转轴光滑灵活，铸件不应有裂纹、砂眼锈蚀；瓷件良好，熔丝管不应有吸潮膨胀或弯曲现象；熔断器安装牢固、排列整齐，熔管轴线与地面的垂线夹角为 15°～30°,熔断器水平相间距离不小于 500mm；操作时灵活可靠，接触紧密。合上熔丝管时上触头应有一定的压缩行程；上、下引线压紧；与线路导线的连接紧密可靠。

④ 杆上断路器和负荷开关的安装，其水平倾斜不大于担架长度的 1/100。当采用绑扎连接时，连接处应留有防水弯，其绑扎长度应不小于 15mm；外壳应干净，不应有漏油现象，气压不低于规定值；外壳接地可靠，接地电阻值应符合规定。

⑤ 杆上隔离开关分、合操动灵活，操动机构机械锁定可靠，分合时三相同期性好，分闸后；刀片与静触头间空气间隙距离不小于 200mm；地面操作杆的接地（PE）可靠，且有标识。

⑥ 杆上避雷器安装排列整齐，高低一致，其间隔距离为：1～10kV 不应小于 350mm；1kV 以下不应小于 150mm；避雷器的引线应短而直且连接紧密，当采用绝缘线时，其截面应符合下列规定。

a. 引上线：铜线不小于 $16mm^2$，铝线不小于 $25mm^2$。

b. 引下线：铜线不小于 $25mm^2$，铝线不小于 $35mm^2$。引下线接地可靠，接地电阻值符合规定。与电气部分连接，不应使避雷器产生外加应力。

⑦ 低压熔断器和开关安装要求各部分接触应紧密，便于操作。低压熔体安装要求无弯折、压偏、伤痕等现象。

第二节　电缆配电线路

一、电缆敷设

电缆通常是由几根或几组导线（每组至少两根）绞合而成的类似绳索的电缆，每组导线之间相互绝缘，并常围绕着一根中心扭成，整个外面包有高度绝缘的覆盖层。多架设在空中或装在地下、水底，用于电信或电力输送。

电缆的型号是识别电缆性能的标志。在我国，电缆的型号是由汉语拼音字母和阿拉伯数字组成，其代表符号和含义见表 14-8。

表 14-8　电缆型号字母意义

用途	导线材料	绝缘	内护层	特性	外护层
K:控制电缆 Y:移动电缆	L:铝芯 T:铜芯 （省略）	Z:纸绝缘 X:橡皮绝缘 V:聚氯乙烯套	H:橡套 Q:铅包 L:铝包 V:聚氯乙烯套	P:贫油式 D:不滴流 F:分相铅包 C:重型	1:麻皮 2:钢带铠装 20:裸钢带铠装 3:细钢丝铠装 30:裸细钢丝铠装 5:单层粗钢丝铠装 11:防腐护层 12:钢带铠装有防腐层 120:裸钢带铠装有防腐层

控制电缆用于连接电气仪表、继电保护和自动控制等回路，属低压电缆，运行电压一般为交流 500V 或直流 1000V 以下，电流不大，而且是间断性负荷，均为多芯电缆。其型号表示方法和电力电缆相同，只是在电力电缆前加上 K 字。

操作注意事项

电缆敷设注意事项如下。

① 电缆敷设前应检查核对电缆的型号、规格是否符合设计要求，检查电缆线盘及其保护层是否完好，电缆两端有无受潮。

② 检查电缆沟的深浅、与各种管道交叉、平行的距离是否满足有关规程的要求、障碍物是否消除等。

③ 确定电缆敷设方式及电缆线盘的位置。

④ 敷设中直埋电缆人工敷设时，注意人员组织敷设速度在防

止弯曲半径过小损伤电缆；敷设在电缆沟或隧道的电缆支架上时，应提前安排好电缆在支架上的位置和各种电缆敷设的先后次序，避免电缆交叉穿越。 注意电缆有伸缩余地。 机械牵引时注意防止电缆与沟底弯曲转角处摩擦挤压损伤电缆。

二、电缆直埋敷设

直埋电缆是按照规范的要求，挖完直埋电缆沟后，在沟底铺砂垫层，并清除沟内杂物，再敷设电缆，电缆敷设完毕后，要马上再填砂，还要在电缆上面盖一层砖或者混凝土板来保护电缆，然后回填的一种电缆敷设方式。

 操作注意事项

电缆埋设应注意如下几点。

① 在电缆线路路径上有可能使电缆受到机械损伤、化学作用、地下电流、震动、热影响、腐殖物质、虫鼠等危害的地段，应采用保护措施。

② 电缆埋设深度应符合下列要求。

a. 电缆表面距地面的距离不应小于 0.7m，穿越农田时不应小于 1m，66kV 及以上的电缆不应小于 1m，只有在引入建筑物与地下建筑交叉及绕过地下建筑物处，可埋设浅些，但应采取保护措施。

b. 电缆应埋设于冻土层以下，当无法深埋时，应采取措施防止电缆受到损坏。

③ 严禁将电缆平行敷设于管道的上面或下面。

④ 电缆与铁路、公路、城市街道、厂区道路交叉时，应敷设于坚固的保护管（钢管或水泥管）或隧道内。 管顶距轨道底或路面的深度不小于 1m，管的两端伸出道路路基边各 2m，伸出排水沟 0.5m，在城市街道应伸出车道路面。

⑤ 直埋电缆的上、下方需铺以不小于 100mm 厚的软土或沙层，并盖以混凝土保护板，其覆盖宽度应超过电缆两侧各 50mm，也可用砖块代替混凝土盖板。

三、电缆沟、电缆竖井内电缆敷设

(1) 电缆沟内电缆敷设

电缆在电缆沟内敷设，即首先挖好一条电缆沟，电缆沟壁要用防水水泥砂浆抹面，然后把电缆敷设在沟壁的角钢支架上，最后盖上水泥板。电缆沟的尺寸根据电缆多少（一般不宜超过 2 根）而定。

这种敷设方式较直埋式投资高，但检修方便，能容纳较多的电缆，在厂区的变、配电所中应用很广。在容易积水的地方，应考虑开挖排水沟。

 操作注意事项

敷设电缆时应注意以下几方面。

① 电缆敷设前，应先检验电缆沟及电缆竖井，电缆沟的尺寸及电缆支架间距应满足设计要求。

② 电缆沟应平整，且有 0.1% 的坡度。沟内要保持干燥，并能防止地下水浸入。沟内应设置适当数量的积水坑，及时将沟内积水排出，一般每隔 50m 设一个，积水坑的尺寸以 400mm × 400mm × 400mm 为宜。

③ 敷设在支架上的电缆，按电压等级排列，高压在上面，低压在下面，控制与通信电缆在最下面。如两侧装设电缆支架，则电力电缆与控制电缆、低压电缆应分别安装在沟的两边。

④ 电缆支架横撑间的垂直净距，无设计规定时，一般对电力电缆不小于 150mm；对控制电缆不小于 100mm。

⑤ 在电缆沟内敷设电缆时，其水平间距不得小于下列数值。

a. 电缆敷设在沟底时，电力电缆间为 35mm，但不小于电缆外径尺寸；不同级电力电缆与控制电缆间为 100mm；控制电缆间距不作规定。

b. 电缆支架间的距离应按设计规定施工，当设计无规定时，则不应大于表 14-9 的规定值。

⑥ 电缆在支架上敷设时，其拐弯处的最小弯曲半径应符合电缆的最小允许弯曲半径。

⑦ 电缆表面距地面的距离不应小于 0.7m，穿越农田时不应小于 1m；66kV 及以上电缆不应小于 1m。只有在引入建筑物、与地

下建筑物交叉及绕过地下建筑物处，可埋设浅些，但应采取保护措施。

⑧ 电缆应埋设于冻土层以下；当无法深埋时，应采取保护措施，以防止电缆受到损坏。

表 14-9　电缆支架之间的距离　　　　单位：m

电缆种类	支架敷设之间的距离	
	水平	垂直
电力电缆（橡皮及其他黏性油浸纸绝缘电缆）	1.0	2.0
控制电缆	0.8	1.0

注：水平与垂直敷设包括沿墙壁、构架、楼板等处所非支架固定。

(2) **电缆竖井内电缆敷设**

① 电缆布线。电缆竖井内常用的布线方式为金属管、金属线槽、电缆或电缆桥架及封闭母线等。在电缆竖井内除敷设干线回路外，还可以设置各层的电力、照明分线箱及弱电线路的端子箱等电气设备。

a.竖井内高压、低压和应急电源的电气线路，相互间应保持0.3m 及以上距离或采取隔离措施，并且高压线路应设有明显标志。

b.强电和弱电如受条件限制必须设在同一竖井内，应分别布置在竖井两侧，或采取隔离措施以防止强电对弱电的干扰。

c.电缆竖井内应敷设有接地干线和接地端子。

d.在建筑物较高的电缆竖井内垂直布线时（有资料介绍超过100m），需注意以下因素。

操作注意事项

① 顶部最大变位和层间变位对干线的影响。 为保证线路的运行安全，在线路的固定、连接及分支上应采取相应的防变位措施。高层建筑物垂直线路的顶部最大变位和层间变位是建筑物由于地震或风压等外部力量的作用而产生的。 建筑物的变位必然影响到布线系统，这个影响对封闭式母线、金属线槽的影响最大，金属管布线次之，电缆布线最小。

492

② 要考虑好电线、电缆及金属保护管、罩等自重带来的荷重影响，以及导体通电以后由于热应力、周围的环境温度经常变化而产生的反复载荷（材料的潜伸）和线路由于短路时的电磁力而产生的载荷，要充分研究支持方式及导体覆盖材料的选择。

③ 垂直干线与分支干线的连接方法，直接影响供电的可靠性和工程造价，必须进行充分研究。尤其应注意铝芯导线的连接和铜-铝接头的处理问题。

② 电缆敷设。敷设在竖井内的电缆，其绝缘或护套应具有非延燃性。采用较多的是聚氯乙烯护套细钢丝铠装电力电缆，因为此类电缆能承受的拉力较大。

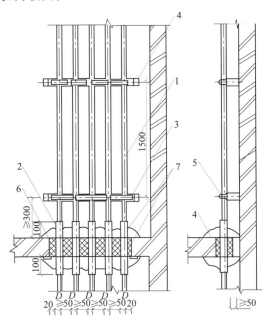

图 14-15　电缆布线沿支架垂直安装（尺寸单位：mm）
1—电缆；2—电缆保护管；3—支架；4—膨胀螺栓；
5—管卡子；6—防火隔板；7—防火堵料

a. 在多层、高层建筑中，一般低压电缆由低压配电室引出后，沿电缆隧道、电缆沟或电缆桥架进入电缆竖井，然后沿支架或桥架垂直上升。

b. 电缆在竖井内沿支架垂直布线，所用的扁钢支架与建筑物之间的固定应采用 M10×80mm 的膨胀螺栓紧固。支架设置距离为 1.5m 底部支架距楼（地）面的距离不应小于 300mm。

扁钢支架上，电缆宜采用管卡子固定，各电缆之间的间距不应小于 50mm。

c. 电缆沿支架的垂直安装，如图 14-15 所示，小截面电缆在电气竖井内布线，也可沿墙敷设，此时可使用管卡子或单边管卡子用 ϕ6×30mm 塑料胀管固定，如图 14-16 所示。

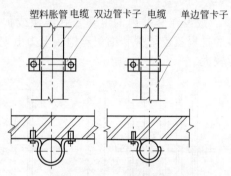

图 14-16　电缆沿墙固定

d. 电缆在穿过楼板或墙壁时，应设置保护管，并用防火隔板、防火堵料等做好密封隔离，保护管两端管口空隙应做密封隔离。

e. 电缆布线过程中，垂直干线与分支干线的连接，通常采用"T"接方法。为了接线方便，树干式配电系统电缆应尽量采用单芯电缆；单芯电缆 T 形接头大样如图 14-17 所示。

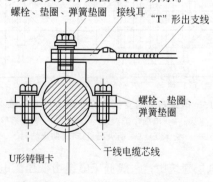

图 14-17　单芯电缆 T 形接头大样图

f. 电缆敷设过程中，为减少单芯电缆在支架上的感应涡流，因使用单边管卡子来固定单芯电缆。

 操作注意事项

电缆质量应注意的问题。

① 电缆的排列，当设计无规定时，应符合下列要求。

a. 电力电缆和控制电缆应分开排列。

b. 当电力电缆和控制电缆敷设在同一侧支架上时，应将控制电缆放在电力电缆下面，1kV 及以下电力电缆应放在 1kV 以上的电力电缆的下面。充油电缆可例外。

② 并列敷设的电力电缆，其相互间的净距应符合设计要求。

③ 电缆与热力管道、热力设备之间的净距：平行时应不小于1m；交叉时应不小于 0.5m。如无法达到时，应采取隔热保护措施。电缆不宜平行敷设于热力管道的上部。

④ 明设在室内及电缆沟、隧道、竖井内的电缆应剥除保护层，并应对其铠装加以防腐。

⑤ 电缆敷设完毕后，应及时清除杂物，盖好盖板，必要时，还应将盖板缝隙密封，以免水、汽、油、灰等侵入。

⑥ 隐蔽工程应在施工过程中进行中间验收，并做好签证。

⑦ 在验收时应进行下列检查。

a. 电缆规格应符合规定，排列整齐，无机械损伤，标志牌应装设齐全、正确、清晰。

b. 电缆的固定、弯曲半径、有关距离及单芯电力电缆的金属护层的接线等应符合要求。

c. 电缆终端头、电缆接头及充油电力电缆的供油系统应安装牢固，不应有渗漏现象，充油电力电缆的油压及表计整定值应符合要求。

d. 接地良好，充油电力电缆及护层保护器的接地电阻应符合设计。

e. 电缆终端头、电缆中间对接头、电缆支架等的金属部件，油漆完好，相色正确。

f. 电缆沟及隧道内应无杂物，盖板齐全。

⑧ 电缆与铁路、公路等交叉以及穿过建筑物地梁处，应事先埋设保护管，然后将电缆穿在管内。管的长度除满足路面宽度外，还

应在两边各伸出 2m。 管的内径为当电缆保护管的长度在 30m 以下时,应不小于电缆外径的 1.5 倍保护管的长度超过 30m 时,应不小于电缆外径的 2.5 倍。 管口应做成喇叭口。

⑨ 注意电缆的排列。 电缆敷设一定要根据设计图纸绘制的"电缆敷设图"进行。 图中应包括电缆的根数,各类电缆的排列和放置顺序,以及与各种管道的交叉位置。 对运到现场的电缆要核算、弄清每盘的电缆长度,确定好中间接头的位置。 按线路实际情况,配置电缆长度,避免浪费。 核算时,不要把电缆接头放在道路交叉处、建筑物的大门口以及与其他管道交叉的地方。 在同一电缆沟内有数条电缆并列敷设时,电缆接头要错开,在接头处应留有备用电缆坑。

四、桥架内电缆敷设

我国自 20 世纪 80 年代初期开始生产电缆桥架,并很快应用于发电厂、工矿企业、体育场馆及交通运输等部门。电缆桥架槽较深,一层格架内,可敷设很多电缆而不会下滑;电缆在槽内易于排列整齐,没有挠度。

电缆桥架对架空敷设的电缆虽然有很多优点,但桥架耗费钢材较多,因而多适用于电缆数量较多的大中型工程,以及受通道空间限制又需敷设数量较多的场地,如电厂主厂房和电缆夹层的明敷电缆。

(1) 电缆桥架的组成

电缆桥架一般由直线段、弯通、桥架附件和支、吊架四部分组成。

① 直线段:指一段不能改变方向或尺寸的用于直接承托电缆的刚性直线部件。

② 弯通:指一段能改变电缆桥架方向或尺寸的一种装置,是用于直接承托电缆的刚性非直线部件,也是由冷轧(或热轧)钢板制成的。

③ 桥架附件:用于直线段之间、直线段与弯通之间的连接,以构成连续性刚性的桥架系统所必需的连接固定或补充直线段弯通功能的部件,既包括各种连接板,也包括盖板、隔板、引下装置等部件。

④ 桥架支、吊架:是直接支承托盘、梯架的主要部件。按部件

功能包括托臂、立柱、吊架及其固定支架。

立柱是支承电缆桥架及电缆全部负载的主要部件。底座是立柱的连接支承部件，主要用于悬挂式和直立式安装。横臂主要同立柱配套使用，并固定在立柱上，支承梯架或槽形钢板桥，梯架或槽形钢板桥用连接螺栓固定在横臂上。盖板盖在梯形桥或槽形钢板桥上起屏蔽作用，能防尘、防雨、防晒和防杂物落入。垂直或水平的各种弯头，可改变电缆走向或电缆引上引下。

(2) 电缆桥架的机构类型

电缆桥架按材质进行划分，有冷轧钢板和热轧钢板之分，其表面处理分为热镀锌或电镀锌、喷塑、喷漆三种，在腐蚀环境中可作防腐处理。此外，除钢制桥架外，还有铝合金桥架和玻璃钢（玻璃纤维增强塑料的简称）桥架。铝合金和玻璃钢桥架仅适用于少数极易受腐蚀的环境。

按结构形式划分，电缆桥架有梯架式、托盘式和线槽式三种，其结构特点如下。

① 梯架式桥架是用薄钢板冲压成槽板和横格架（横撑）后，再将其组装成由侧边与若干个横挡构成的梯形部件，如图 14-18 所示。

② 托盘式桥架是用薄钢板冲压成基板，再将基板作为底板和侧板组装成托盘。基板有带孔眼和不带孔眼等四种形式，不同的底板与

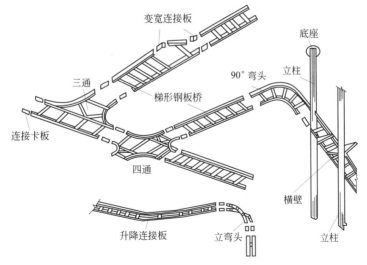

图 14-18　梯形电缆桥架组合图

侧板又可组装成不同的形式，如封闭式托盘和非封闭式托盘等。

托盘式电缆桥架是石油、化工、轻工、电信等方面应用最广泛的一种。它具有重量轻、载荷大、造型美观、结构简单、安装方便等优点。它既适用于动力电缆的安装，也适合于控制电缆的敷设。

a.有孔托盘：是由带孔眼的底板和侧边所构成的槽形部件，或由整块钢板冲孔后弯制成的部件。

b.无孔托盘：是由底板与侧边构成的或由整块钢板制成的槽形部件，如图 14-19 所示。

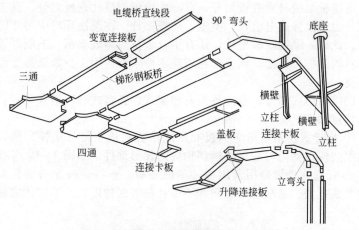

图 14-19　槽形电缆桥架部件组合示意图

③ 槽式电缆桥架是一种全封闭型电缆桥架。它最适用于敷设计算机电缆、通信电缆、热电偶电缆及其他高灵敏系统的控制电缆等。它对控制电缆的屏蔽干扰和重腐蚀中环境电缆的防护都有较好的效果。

 操作注意事项

电缆桥架安装注意事项如下。

① 新型合金塑料电缆桥架装置的最大载荷，支撑间距应小于允许载荷和支撑跨距。

② 选择电缆桥架宽度时应有一定的备用空间，以便为今后增添电缆所用。

③ 当电力电缆和控制电缆数量较少时，可用统一电缆桥架安装，但中间要用隔板将电力电缆和控制电缆隔开敷设，如有必要可采用屏蔽桥架与普通桥架进行组合。

④ 电缆桥架水平敷设时，桥架之间的接头应尽量设置在跨距的 1/4 处，水平走向的桥架每隔 2m 左右固定吊杆一个，垂直走向的桥架每隔 1.5m 左右固定一个。

⑤ 屏蔽电缆桥架安装应加装保护罩，桥架在室外安装时顶部也应加装保护罩防止日晒雨淋。一次设备是指在变配电所（或发电厂）中直接与生产和输配电能有关的设备为一次设备，包括发电机、变压器、隔离开关、互感器、电力电容、电抗器、母线、避雷器、输配电线路等。

五、电缆低压架空敷设

(1) 适用条件

当地下情况复杂不宜采用电缆直埋敷设，且用户密度高、用户的位置和数量变动较大，今后需要扩充和调整以及总图无隐蔽要求时，可采用架空电缆，但在覆冰严重地面不宜采用架空电缆。

(2) 施工材料

架空电缆线路的电杆，应使用钢筋混凝土杆，并采用定型产品，电杆的构件要求应符合国家标准。在有条件的地方，宜采用岩石的底盘、卡盘和拉线盘，应选择结构完整、质地坚硬的石料（如花岗岩等），并进行强度试验。

(3) 敷设要求

① 电杆的埋设深度不应小于表 14-10 所列数值，即除 1m 杆的埋设深度不小于 2.3m 外，其余电杆埋设深度不应小于杆长的 1/10 加 0.7m。

表 14-10　电杆埋设深度　　　　　　单位：m

杆高	8	9	10	11	12	13
埋深	1.5	1.6	1.7	1.8	1.9	2

② 架空电缆线路应采用抱箍与不小于 7 根 ϕ3mm 的镀锌铁绞线或具有同等强度及直径的绞线作吊线敷设，每条吊线上宜架设一根电缆。当

杆上设有两层吊线时，上下两吊线的垂直距离不应小于 0.3m。

③ 架空电缆与架空线路同杆敷设时，电缆应在架空线路的下面，电缆与最下层的架空线路横担的垂直间距不应小于 0.6m。

④ 架空电缆在吊线上以吊钩吊挂，吊钩的间距不应大于 0.5m。

⑤ 架空电缆与地面的最小净距不应小于表 14-11 所列数值。

表 14-11　架空电缆与地面的最小净距　　　　单位：m

线路通过地区	线路电压	
	高压	低压
居民区	6	5.5
非居民区	5	4.5
交通困难地区	4	3.5

六、电缆在桥梁上敷设

① 木桥上敷设的电缆应穿在钢管中，一方面能加强电缆的机械保护，另一方面能避免因电缆绝缘击穿，发生短路故障电弧损坏木桥或引起火灾。

② 在其他结构的桥上，如钢结构或钢筋混凝土结构的桥梁上敷设电缆，应在人行道下设电缆沟或穿入由耐火材料制成的管道中，确保电缆和桥梁的安全，在人不易接触处，电缆可在桥上裸露敷设，但是，为了不降低电缆的输送容量和避免电缆保护层加速老化，应有避免太阳直接照射的措施。

③ 悬吊架设的电缆与桥梁构架之间的净距不应小于 0.5m。

④ 在经常受到震动的桥梁上敷设的电缆，应有防震措施，以防止电缆长期受震动，造成电缆保护层疲劳龟裂，加速老化。

⑤ 在桥墩两端和伸缩缝处的电缆，应留有松弛部分。

第三节　室内配电线路

室内导线敷设的方式有瓷夹板、瓷珠配线、瓷瓶配线、钢索吊线、大瓷瓶配线、管内穿线等。应用最多的是管内穿线。

一、一般规定

(1) 配电线路的敷设

① 符合场所环境的特征，如环境潮湿程度、环境宽敞通风情

况等。

② 符合建筑物和构筑物的特征，如采用预制还是现浇、框架结构、滑升模板施工等情况不同，则管线的设计部位不同。

③ 人与布线之间可接近的程度，如机房、仓库、车间等人与布线之间可接近的程度显然不同。

④ 由于短路可能出现的机电应力，如总配电室和负荷末端用户显然不同。

⑤ 在安装期间或运行中布线可能遭受的其他应力和导线的自重。

(2) 配电线路的敷设，应避免下列外部环境的影响

① 应避免由外部热源产生热效应的影响。

② 应防止在使用过程中因水的侵入或因进入固体物而带来的影响。

③ 应防止外部机械性损伤而带来的影响。

④ 在有大量灰尘的场所，应避免由于灰尘聚集在布线上所带来的影响。

⑤ 应避免由于强烈日光辐射而带来的损害。

(3) 室内配电线路材料

① 常用管材

a.钢管：标称直径（mm）近似于内径，敷设符号 SC。钢管的特点是抗压强度高，若是镀锌钢管还比较耐腐蚀。

b.电线管：敷设符号 TC，标称直径近似于外径。也称薄壁铁管，抗压强度较差。

c.阻燃管：敷设型号 PVC，近年来有取代其他管材之势。这种管材优点如下。

PVC 管施工截断最方便，用一种专用管刀，很容易截断。用一种专用黏合剂容易把 PVC 粘接起来，国产 PVC 胶亦很好用。耐腐蚀、抗酸碱能力强。耐高温，符合防火规范的要求。重量轻，只有钢管质量的六分之一，便于运输。加工作弯容易，在管内插入一根弹簧就可以煨弯成型。价格与钢管相比较低。提高工作效率，有相应的连接头配件，如三通、四通、接线盒等。

PVC 管 $32mm^2$ 以下的管子可以用冷加工方法作弯，32mm 以上的管子必须加热弯曲。热源可以用热气喷射、电热器或热水，但应注意不能用明火直接加热。当管子受热变软后立刻放到适当的定型器上，慢慢地弯曲，弯曲后保持 1min 不动，定型方可，或用湿布冷却。用冷弯或热弯的弯曲半径都不小于管径的 2.5 倍。注意定型器不应用热的良导体，因为在管子尚未定型前就冷却了。

此外，还有阻燃型半硬塑料管 BYG、KRG，含氧气指数均高于 27%，符合防火规范的要求。质地软，不宜作干线，只作支线用。硬塑料管 VG，特点是耐腐蚀性能较好。但是不耐高温，属非阻燃型管。含氧气指数低于 27%，不符合防火规范的要求，逐渐淘汰。

② 常用绝缘导线

a. 铝芯橡皮绝缘线，型号 BLX-□，最后的数字表导线的标称直径。

b. 铜芯橡皮绝缘线，型号 BX-□。

c. 铝芯塑料绝缘线，型号 BLV-□。

d. 铜芯塑料绝缘线，型号 BV-□。

e. 铝芯氯丁橡胶绝缘线，型号 BLXF-□。

例如，电气平面图中有 BV(3×50+1×35)SC50-FC 这表示铜芯塑料绝缘线，三根 $50mm^2$，一根 $35mm^2$ 导线，穿钢管 50mm，埋地暗敷设。铜芯绝缘线的截面有 $1.5mm^2$、$2.5mm^2$、$4mm^2$、$6mm^2$、$10mm^2$、$16mm^2$、$25mm^2$、$35mm^2$、$50mm^2$、$70mm^2$、$95mm^2$、$120mm^2$、$150mm^2$、$185mm^2$、$240mm^2$ 等。铝芯线最小 $2.5mm^2$。铝绞线的最小截面是 $10mm^2$。

二、室内管线设计要点

(1) 室内管线的电压等级

绝缘导线电压等级不低于 50V。潮湿的场所应选用钢管，明设干燥的场所可以用电线管。有腐蚀的场所应选用硬塑料管或镀锌钢管。有火灾或爆炸危险的场所用钢管。

(2) 线路的共管敷设条件

不同电压、不同回路、不同电流种类的导线，不得同穿在一根管内。只有在下列情况时才能共穿一根管。

① 一台电动机的所有回路，包括主回路和控制回路。

② 同一台设备或同一条流水作业线、多台电动机和无防干扰要求的控制回路。

③ 无防干扰要求的各种用电设备的信号回路、测量回路及控制

回路。

④ 复杂灯具的供电线路。

电压相同的同类照明支线可以共穿一根管，但不超过 8 根。工作照明和应急照明不能同穿一根管。禁止将互为备用的回路敷设在同一根管内。控制线和动力线路共管时，如果线路长而且弯多，控制线的截面不得小于动力线截面的 10%。否则，应该分开敷设。北京地区的环境温度室内取 +30℃，室外地上取 +35℃，室外地下取 +25℃。室外低压配电线路的电压降，自变压器低压侧出口至电源引入处，在最大负荷时的允许值为其额定电压的 4%，室内线路（最远至配电箱）为 3%。

(3) 绝缘间距的要求

线路电压不超过 1kV 时，允许在室内用绝缘线或是裸导线明敷设。如果用裸导线时，距离地面的高度不得小于 3.5m，有保护网时，不得低于 2.5m。在搬运物件时，不得触及裸线。裸线不得设在经常有人进去检查或维修的管道底下。室内明设裸导线的最小间距见表 14-12。

表 14-12　室内明设裸导线的最小间距　　　单位：mm

名称	最小允许距离/mm
2m 以下时	50
2～4m 时	100
4～6m 时	150
6m 以上时	200
导线和架线结构之间的距离	50
导线至需要经常维护的管道的距离	1000
导线至需要经常维护的设备的距离	1500
导线至不需要经常维护的管道的距离	300
导线至可燃性气体管道的距离	1500
导线至吊车的下梁的距离	2000

明敷或暗敷于干燥场所的金属管、金属线槽布线应采用壁厚度不小于 1.5mm 的电线管。直接埋于素土内的金属管布线，应采用水煤气钢管。绝缘导线在水平敷设时，距离地面高度不小于 2.5m。垂直敷设时，不宜小于 2m。否则，应用钢管或槽板加以保护。绝缘导线

在室外明敷设时，在架设方法上和触电危险性方面与裸导线同样看待。16mm² 以下的导线可以沿建筑物外墙明设，但应设有能切断所有线路的总开关。

(4) 供电半径

室内插座回路与照明回路宜分别供电。其供电半径不宜超过50m。不同回路不应同管敷设，确有困难时，同管敷设线路的保护开关电器应能同时切断同管敷设回路的电源。配电干线管径宜按选定导线截面加大 1～2 级考虑。当室内装修设计难与专业施工图进度一致时，可只设计到进入厅堂第一个用电出线口或其他专用配电盘处。此时若难于估算出线回路数，宜采用预留线槽配线方式，但应为出线回路留有接续施工条件，如在穿过混凝土墙、梁预留双洞口等。电线电缆穿越防火分区、楼板、墙体的洞口和重要机房活动地板下的缆线夹层等应采用耐火材料进行封堵。

(5) 配线的路由要求

室内线路敷设应避免穿越潮湿房间。潮湿房间内的电气管线应尽量成为配线回路的终端。在有条件时，推荐采用扁平电缆（VERSA-TRAK）布线等新技术。电气布线竖井管道间宜将强、弱电分室设置。

(6) 标准举例

例如，某照明系统图中标注有 BV(3×50＋2×25)SC50-FC 表示该线路是采用铜芯塑料绝缘线，三根 50mm²，两根 25mm²，穿钢管敷设，内管径 50mm，沿地面暗设。本例中导线型号 BV 中加一个L，成 BLV，则表示铝芯塑料绝缘电线。BX 是铜芯橡皮绝缘线，BLX 是铝芯橡皮绝缘线。

例如，有一栋楼，电源进户线标注是 VLV23(3×50＋1×25)SC50-FC，表示该线路是采用铝芯塑料绝缘、塑料护套钢带铠装四芯电力电缆，其中三芯是 50mm²，一芯是 25mm²，穿钢管敷设，管径50mm，暗敷设在梁内。

三、配电线路的保护

配电线路保护包括短路保护、过负载保护和接地故障保护。方法是切断供电电源或发出报警信号。要求配电线路上下级保护电器的动作应具有选择性，各级之间应能协调配合，但对于非重要负荷，可无选择性切断。

(1) 短路保护

配电线路的短路保护，应在短路电流对导体和连接件产生热作用和机械作用造成危害之前切断短路电流。其绝缘导体的应校验热稳定性能。即当短路电流持续时间不大于 5s 时，绝缘导体的热稳定应满足式(14-1)。

$$S \geqslant \frac{I}{K}\sqrt{t} \qquad (14\text{-}1)$$

式中　S——绝缘导体的线芯截面，mm^2；

　　　I——短路电流有效值（均方根值 A）；

　　　t——在已达到允许最高持续温度的导体内短路电流持续作用的时间，s；

　　　K——不同绝缘的计算系数。

不同绝缘的 K 值，应按表 14-13 的规定。

表 14-13　不同绝缘的 K 值

线芯材料	聚氯乙烯	丁基橡胶	乙丙橡胶	油浸纸
铜芯	115	131	143	107
铝芯	76	87	94	71

短路持续时间小于 0.1s 时，应考虑短路电流的非周期分量的影响。当保护电器为低压断路器时，短路电流不应小于低压断路器瞬时或延时过电流脱扣器整定电流的 1.3 倍。在线路线芯截面减少处的线路、分支处的线路，以及导体类型、敷设方式或环境改变后载流量减少处的线路，当符合下列情况之一，且越级切断电路不引起故障线路以外的一、二级负荷的供电中断，可不装设短路保护。

配电线路被前段线路短路保护电器有效的保护，且此线路和其过负载保护电器能承受通过的短路能量。配电线路的电源侧装有额定电流为 20A 以下的保护电器。架定配电线路的电源侧装有短路保护电器。

(2) 过负载保护

配电线路的过负载保护，应在过负载电流引起的导体温升对导体的绝缘、接头、端子造成损害前切断负载电流。下列配电线路可不装设过负载保护：已由电源侧的过负载保护电器有效地保护。不可能过负载的线路，由于电源容量限制，不可能发生过负载的线路。负载保护电器宜采用反时限特性的保护电器，其分断能力可低于电器安装处的短路电流值，但应能承受通过的短路能量。过负载保护电器动作特性应同时满足下列条件。

$$I_B \leqslant I_n \leqslant I_Z \tag{14-2}$$
$$I_2 \leqslant 1.45 I_Z$$

式中　I_B——线路计算负载电流，A；

I_n——熔断器熔体额定电流或低压断路器长延时脱扣器整定电流，A；

I_Z——导体允许持续载流量，A；

I_2——保证保护电器可靠动作的电流 A。当保护电器为低压断路器时，I_2 为约定时间内的约定动作电流；当为熔断器，I_2 为约定时间内的约定熔断电流。

突然断电比过负载造成的损失更大的线路，其过负载保护应作用于信号，而不应作用于切断电源。多根并联导体组成的线路过负载保护，其线路允许的持续载流量 I_Z 为每根并联导体的允许载流量之和，且应符合下列要求：导体的型号、截面、长度和敷设方式均相同；线路全长内无分支回路引出；线路的布置使各并联导体的负载电流基本相等。

(3) 接地故障保护

一般规定接地故障保护的设置应能防止人身间接电击以及电气火灾、线路损坏等事故。接地故障保护电器的选择应根据配电系统的接地形式；移动式、手握式或固定式电气设备的区别，以及导体截面等因素经技术经济比较确定。

防止人身间接电击的保护采用下列措施之一时，可不采用接地故障保护。采用双重绝缘或加强绝缘的电器设备（Ⅱ类设备）；采用电气隔离措施；采用安全超低压；电气设备安装在非导电场所内；设置不接地的等电位联结。接地故障保护的电气设备，按其防电击保护等级应为Ⅰ类电气设备。其设备所在的环境应为正常环境，人身电击安全电压极限值（UL）为 50V。TN 系统配电线路接地故障保护的动作特性应符合式(3-3)要求：

$$Z_s I_q \leqslant U_0 \tag{14-3}$$

式中　Z_s——接地故障回路的阻抗，Ω；

I_q——保证保护电器在规定的时间内自动切断故障回路的电流，A；

U_0——相线对地标称电压，V。

相线对地标称电压为 220V 的 TN 系统配电线路的接地故障保护，其切断故障回路的时间应符合下列规定：配电干线和仅供给固定式电气设备用电的末端配电线路，不宜大于 5s；供电给手握式电气设备和移动式电气设备的末端配电线路和插座回路，不应大于 0.4s。

(4) 漏电电流动作保护

保护线或保护中性线严禁穿过漏电电流动作保护器所保护的线路及外露可导电体应接地。TN 系统配电线路采用漏电电流动作型保护时可将被保护的外露导电体与漏电电流动作型保护器电源侧的保护线相连接。将被保护的外露导电体接至专用的接地极上。

(5) 保护电器的装设位置

保护电器应装设在操作维护方便、不易受到机械损伤、不靠近可燃物的地方，应采取措施避免保护电器运行时意外损伤对周围人员造成伤害。保护电器应装在被保护线路与电源线路的连接处，为了操作和维护方便亦可设置在离开连接点的地方，但线路长度不宜超过3m。当将从高处的干线向下引接分支线路的保护电器，电器设在距连接点的线路长度大于 3m 的地方，应满足下列要求：在分支装设保护电器前的那一段线路发生单相（或两相）短路时，离短路点最近的上一级保护电器应能保证动作；该段分支线应敷设于不燃或难燃材料的管、槽内。短路保护电器应装设在低压配电线路不接地的各相（或极）上，但对于中性点不接地且中性线不引出的三相三线配电系统，可只在二极上装设保护电器。

当中性线截面与相线相同，或虽小于相线，但已能为相线上的保护电器所保护，中性线可不装设保护电器。否则，应装设保护电器保护中性线。

中性线上不宜装设独立的保护电器，当需要断开中性线时，应同时切断相线和中性线。当装设漏电电流动作型保护电器时，应将其保护的电路所有带电导线断开。在 TN-C 系统中，严禁断开保护中性线，不得装设断开保护中性线的任何电器。

塑料管暗敷或埋地敷设时，引出地面的一段管路，应采取防止机械损伤的措施。

第十五章

变压器

第一节 变压器的基础知识

变压器具有变压、变流和变阻抗等多种功能。它是利用电磁感应原理,把输入的交流电压升高或降低为同一频率的交流输出电压的一种静止电动机。在输电、配电系统中,远距离输电必须采用高压,才能减少输电线路上的电能及电压损失。对用电设备来说,不能直接接受输电线路上的高压,需要用变压器将高压降低以适合用电设备对低电压的需求。

一、变压器的分类

变压器的种类很多,根据用途不同可以分为输配电用的电力变压器,冶炼用的电炉变压器,为用电设备提供不同电压的电源变压器,焊接用的电焊变压器,实验用的调压器,测量用的特殊变压器等。

电力变压器可以将高电压变换成低电压,或将低电压变换成高电压。其分类和表示符号列于表 15-1 中。电力变压器的产品型号在新的标准中有所改动,但新与旧的变动不大。

表 15-1　电力变压器的分类和表示符号

序号	分类	类别	代表符号	
			新型号	旧型号
1	相数	单相 三相	D S	D S
2	绕组外绝缘介质	变压器油 空气 成型固体	G C	K C

序号	分类	类别	代表符号	
			新型号	旧型号
3	冷却方式	油浸自冷式 空气自冷式 风冷式 水冷式	不表示 不表示 F W	J 不表示 F S
4	油循环方式	自然循环 强迫油导向循环 强迫油循环	不表示 D P	不表示 不表示 P
5	绕组数	双绕组 三绕组	不表示 S	不表示 S
6	调压方式	无励磁调压 有载调压	不表示 Z	不表示 Z
7	绕组导线材料	铜 铝	不表示 不表示	不表示 L
8	绕组耦合方式	自耦 分裂	O	O

注：1. 型号后还可加注防护类型代号，例如，湿热带 TH、干热带 TA 等。

2. 自耦变压器，升压时"O"列型号之后，降压时"O"列型号之前。

型号下脚数字为设计序号，型号后面分子数为额定容量（kV·A），分母数为高压线圈电压等级（kV）。

二、变压器的工作原理

变压器是变换交流电压、交变电流和阻抗的器件，当初级线圈中通有交流电流时，铁芯（或磁芯）中便产生交流磁通，使次级线圈中感应出电压（或电流）。

变压器由铁芯（或磁芯）和线圈组成，线圈有两个或两个以上的绕组，其中接电源的绕组叫一次侧线圈，其余的绕组叫二次侧线圈。

变压器的基本工作原理就是电磁感应原理，如图 15-1 所示为单相变压器的原理图。

在闭合铁芯回路的芯柱上绕有两个互相绝缘的绕组。与电源相连接的绕组叫一次侧绕组，其匝数为 N_1；与负载相连接的绕组叫二次侧绕组，其匝数为 N_2。

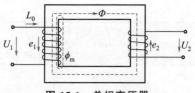

图 15-1 单相变压器

图中一次绕组与交流电源相接，于是在一次绕组中就有交变电流流过，这个交变电流便在铁芯中产生交变磁通。

若不计一次、二次绕组的电阻和铁耗，其间耦合器系数 $K=1$ 变压器称为理想变压器。描述理想变压器的电动势平衡方程式为：

$$U_1 = -E_1 = N_1 \frac{\mathrm{d}\phi_m}{\mathrm{d}t}$$

$$U_2 = -E_2 = -N_2 \frac{\mathrm{d}\phi_m}{\mathrm{d}t} \tag{15-1}$$

若变压器一次、二次绕组的电压、电动势的瞬时值均按正弦规律变化，则 $U_1/U_2 = E_1/E_2 = N_1/N_2$。不计铁芯损失，根据能量守恒原理可得 $U_1 I_1 = U_2 I_2$，由此得出一次、二次绕组电压和电流有效值的关系 $U_1/U_2 = I_2/I_1$，令 $K = N_1/N_2$，称为匝比（电压比）。

$$U_1/U_2 = K$$

$$I_1/I_2 = 1/K \tag{15-2}$$

三、变压器的结构

电力变压器主要由铁芯和套在铁芯上的绕组构成。为了改善散热条件，大、中容量的变压器的铁芯和绕组浸入盛满油的封闭油箱中，各绕组对外线路的连接则经绝缘套管引出。为了使变压器安全、可靠地运行，还有油枕、安全气道、无励磁分接开关和瓦斯继电器等附件。图 15-2 为油浸式电力变压器的结构示意图。

(1) 铁芯

铁芯是变压器中主要的磁路部分。铁芯分为铁芯柱和铁轭两部分，铁芯柱套有绕组，铁轭闭合磁路之用。

① 形式。心式（结构简单工艺简单应用广泛）/壳式（用在小容量变压器和电炉变压器）。

② 材料。通常由含硅量较高，厚度为 $0.35\mathrm{mm}$ 或 $0.5\mathrm{mm}$，表面

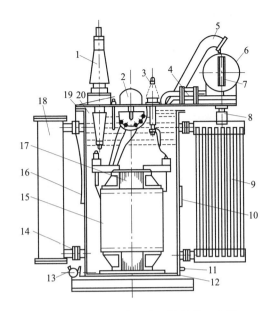

图 15-2　油漫式电力变压器结构示意图

1—高压套管；2—分接开关；3—低压套管；4—气体继电器；
5—安全气道（防爆管）；6—油枕（储油柜）；7—油表；
8—呼吸器（吸湿器）；9—散热器；10—铭牌；11—放油孔；
12—底盘槽钢；13—油阀；14—油管法兰；15—绕组；
16—油温计；17—铁芯；18—散热器；19—肋板；20—箱盖

涂有绝缘漆的热轧或冷轧硅钢片叠装而成。

③ 铁芯交叠。相邻层按不同方式交错叠放，将接缝错开。偶数层刚好压着奇数层的接缝，从而减少了磁阻，便于磁通流通。

④ 铁芯柱截面形状。小型变压器做成方形或者矩形，大型变压器做成阶梯形。容量大则级数多。叠片间留有间隙作为油道（纵向/横向）。

⑤ 铁芯结构的基本形式有心式和壳式两种（图 15-3）。

(2) **绕组**

绕组是变压器的电路部分。它分为一、二次两种绕组，与电源连接的绕组叫一次绕组，与负载连接的绕组称为二次绕组。一、二次绕组都是用有高强度绝缘物的铜线或铝线绕成的，如图 15-4 所示。匝数小的低压绕组套在里面靠近铁芯，匝数多的高压绕组套在低压绕组的外面。在铁芯、高压绕组、低压绕组间都套有绝缘筒，以加强绝缘。为了便于散热，在高、低压绕组之间留有一定的间隙作为油道，使变压器油能够流通。

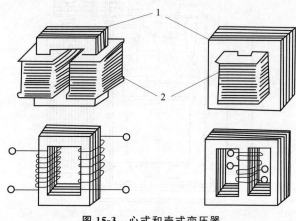

图 15-3　心式和壳式变压器

1—铁芯；2—绕组

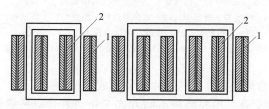

图 15-4　同芯式圆筒形绕组

1—高压绕组；2—低压绕组

(3) 油/油箱/冷却/安全装置等其他结构部件

① 变压器器身装在油箱内，油箱内充满变压器油。

② 变压器油是一种矿物油，具有很好的绝缘性能。变压器油起两个作用。

a. 在变压器绕组与绕组、绕组与铁芯及油箱之间起绝缘作用。

b. 变压器油受热后产生对流，对变压器铁芯和绕组起散热作用。

③ 油箱有许多散热油管，以增大散热面积。

④ 为了加快散热，有的大型变压器采用内部油泵强迫油循环，外部用变压器风扇吹风或用自来水冲淋变压器油箱。这些都是变压器的冷却装置。

(4) 呼吸器

呼吸器由铁管、玻璃管组成，内装干燥剂，使油枕上部空间与大气相通。变压器油热胀冷缩时，油枕上部的空气可以通过呼吸孔出入，油可以上升或下降，防止油箱变形或损坏。

(5) 安全气道

在油箱顶盖上装有一个排气管，亦称安全气道。它是作为保护变压器油箱用的，由一个长钢管和它上端所装的有一定厚度的玻璃板组成。当变压器发生严重事故而有大量气体形成时，排气管中产生较大压力，压碎玻璃，使气体及油流向外喷出，以免油箱受到巨大压力而爆裂。

(6) 散热器

变压器油箱四侧焊装有一定数量的散热管，增加了总的散热面积。当变压器运行时，内部的热油自散热管上部流入，经散热冷却后，从管的下部进入油箱，如此周而复始地循环流动，提高了油的散热，使变压器的温升不致超过额定温升。

(7) 气体继电器

在储油柜与油箱的油路通道上安装有气体继电器，亦称瓦斯继电器。当变压器内部发生故障而产生气体，或者由于油箱漏油使油面下降时，气体继电器根据严重程度发出报警信号或自动切断变压器的电源。

(8) 绝缘套管

油箱盖上还装有绝缘套管，将变压器绕组的高、低压引线，引到油箱外部的连接部件。套管不仅作为引线对地（变压器外壳）的绝缘，而且还起着固定引线的作用。

四、变压器的主要参数

主要技术数据一般都标注在变压器的铭牌上。

主要包括额定容量、额定电压及其分接、额定频率、绕组联结组以及额定性能数据（阻抗电压、空载电流、空载损耗和负载损耗总重）。

①　额定容量（kV·A）：额定电压、额定电流下连续运行时，能输送的容量。

②　额定电压（kV）：变压器长时间运行时所能承受的工作电压，为适应电网电压变化的需要，变压器高压侧都有分接抽头，通过调整高压绕组匝数来调节低压侧输出电压。

③　额定电流（A）：变压器在额定容量下，允许长期通过的电流。

④　空载损耗（kW）：当以额定频率的额定电压施加在一个绕组的端子上，其余绕组开路时所吸取的有功功率。与铁芯硅钢片性能、制造工艺以及施加的电压有关。

⑤　空载电流（%）：当变压器在额定电压下二次侧空载时，一次绕组中通过的电流一般以额定电流的百分数表示。

⑥　负载损耗（kW）：把变压器的二次绕组短路，在一次绕组额定分接位置上通入额定电流，此时变压器所消耗的功率。

⑦　阻抗电压（%）：把变压器的二次绕组短路，在一次绕组慢慢升高电压，当二次绕组的短路电流等于额定值时，此时一次侧所施加的电压，一般以额定电压的百分数表示。

⑧　相数和频率：三相开头以 S 表示，单相开头以 D 表示。中国国家标准频率 f 为 50Hz。国外有 60Hz 的国家（如美国）。

⑨　温升与冷却：变压器绕组或上层油温与变压器周围环境的温度之差，称为绕组或上层油面的温升，油浸式变压器绕组温升限值为 65K、油面温升为 55K。冷却方式也有油浸自冷、强迫风冷、水冷、管式、片式等多种。

⑩　绝缘水平：有绝缘等级标准。绝缘水平的表示方法举例如下：高压额定电压为 35kV 级，低压额定电压为 10kV 级的变压器绝缘水平表示为 LI200AC85/LI75AC35，其中 LI200 表示该变压器高压雷电冲击耐受电压为 200kV，工频耐受电压为 85kV，低压雷电冲击耐受电压为 75kV，工频耐受电压为 35kV。

第二节　变压器的安装

一、工艺流程

变压器的工艺流程如图 15-5 所示。

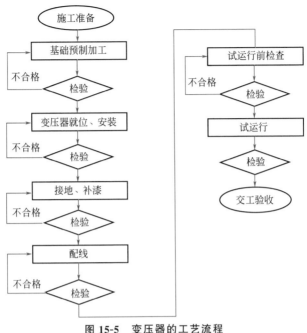

图 15-5 变压器的工艺流程

二、变压器安装前准备

(1) 110kV 及以上、质量超过 100t 的大型电力变压器的安装

无论在技术方面，还是组织方面，都是一项非常复杂而繁重的工作。安装前需完成如下组织准备工作。

① 选择安装前变压器及其组件的存放方式和存放地点。

② 确定变压器卸车和移至安装位置的方法。

③ 存放和注入变压器油的方法。

④ 确定拆除变压器密封和安装成套组件的场地，确定在施工期间保证绝缘完好的方法。

⑤ 配备进行安装时所必须的起重设备、工艺设备、测试仪器、工具和材料等仪器。

⑥ 确定变压器及其成套组件安装、试验和调试的内容和顺序。

⑦ 确定工期与工作量、安装人员、电源功率和电能的需要量、机器和机构的负荷能力，并进行工程预算。

⑧ 准备进行变压器安装和验收工作所必须的技术文件。

⑨ 制定安全防火措施。

(2) 绝缘检查

在吊罩检查芯部以前，首先要进行一次全面的绝缘检查，以确定出厂后处于运输状态的变压器是否受潮和受到损伤，从而决定下一步的安装步骤和方法。绝缘检查的内容包括以下三方面。

① 取油样进行电力变压器绝缘油试验，主要是绝缘油的耐压值和微水量分析以及油色谱分析。新、旧油分别进行取样试验。

② 检查整个变压器各个部位的密封性。

③ 变压器绕组的检查和试验，包括测量绝缘电阻、吸收比以及绕组的介质损耗值。根据绝缘检查的结果，参照国家标准中电力变压器不经干燥投入运行的条件进行判断。如绝缘合格，则可进行吊罩检查及总装工作；如绝缘不合格，则需经干燥绝缘才能进行吊罩检查和总装。

(3) 干燥处理

如果变压器受潮了，就要对其进行干燥处理。变压器的干燥方法很多，对于大、中型电力变压器来说，采用真空铁损干燥法比较合适。真空铁损干燥法的优点有电源容量不大，一般为被干燥变压器容量的 $0.25\%\sim0.5\%$，采用一般的交流电源，绝缘测量和温度调节方便。但是真空铁损干燥法也存在绝缘部分升温慢，干燥时间长，准备工作比较多，需缠绕磁化线圈，要拆去附件，泄去绝缘油等缺点。

三、变压器安装

(1) 变压器本体及附件安装袋

① 变压器、电抗器基础的轨道应水平，轮距与轨距应配合；装有气体继电器的变压器、电抗器，应使其顶盖沿气体继电器气流方向有 $1\%\sim1.5\%$ 的升高坡度（制造厂规定不需安装坡度者除外）。当需与封闭母线连接时，其套管中心线应与封闭母线安装中心线相符。

② 装有滚轮的变压器、电抗器，其滚轮应转动灵活。在设备就位后，应将滚轮用能拆卸的制动装置加以固定。

(2) 密封处理

① 设备的所有法兰连接处，应用耐油密封垫（圈）密封；密封垫（圈）必须无扭曲、变形、裂纹和毛刺；密封垫（圈）应与法兰面的尺寸相配合。

② 法兰连接面应平整、清洁；密封垫应擦拭干净，安装位置应准确；其搭接处的厚度应与其原厚度相同，橡胶密封垫的压缩量不宜超过其厚度的 1/3。

(3) 有载调压切换开关安装

有载调压切换开关的主要部件在制造厂已与变压器装配在一起，安装时只需进行检查和动作试验。如需进行安装应按制造厂说明书进行，并应符合下列要求。

① 传动机构（包括操动机构、电动机、传动齿轮和杠杆）应固定牢靠，连接位置正确，且操作灵活、无卡阻现象；传动机构的摩擦部分应涂以适合当地气候条件的润滑脂。

② 切换开关的触头及铜编织线应完整无损，且接触良好；其限流电阻应完整，无断裂现象。

③ 切换装置的工作顺序应符合产品出厂要求；切换装置在极限位置时，其机械连锁与极限开关的电气连锁动作应正确。

④ 位置指示器应动作正常，指示正确。

⑤ 切换开关油箱内应清洁，油箱应做密封试验且密封良好；注入油箱中的绝缘油，其绝缘强度应符合产品的技术要求。

(4) 大中型变压器油箱安装

① 油箱安装之前应先安装底座。底座推放到变压器基础轨道上以后，应检查滚轮与轨距是否相符合。底座顶面应保持水平，允许偏差 5mm；如果误差太大，可以调整滚轮轴的高低位置。

② 调整油箱的位置，使其方向正确并与基础轨道的中心线一致，然后落放到底座上，插入螺栓和压板组装起来。

(5) 冷却装置安装

① 冷却器装置在安装前应按制造厂规定的压力值用气压或油压进行密封试验，并应符合下列要求。

a. 散热器可用 0.05MPa 表压力的压缩空气检查，应无漏气；或用 0.07MPa 表压力的变压器油进行检查，持续 30min，应无渗漏现象。

b.强迫油循环风冷却器可用0.25MPa表压力的气压或油压，持续30min进行检查，应无渗漏现象。

c.强迫油循环水冷却器用0.25MPa表压力的气压或油压进行检查，持续1h应无渗漏；水、油系统应分别检查渗漏。

② 冷却装置安装前应用合格的绝缘油经净油机循环冲洗干净，并将残油排尽。

③ 冷却装置安装完毕后应即注满油，以免由于阀门渗漏造成本体油位降低，使绝缘部分露出油面。

④ 风扇电动机及叶片应安装牢固，并应转动灵活，无卡阻现象；试转时应无振动、过热；叶片应无扭曲变形或与风筒擦碰等情况，转向应正确；电动机的电源配线应采用具有耐油性能的绝缘导线；靠近箱壁的绝缘导线应用金属软管保护；导线排列应整齐；接线盒密封良好。

⑤ 管路中的阀门应操作灵活，开闭位置应正确；阀门及法兰连接处应密封良好。

⑥ 外接油管在安装前，应进行彻底除锈并清洗干净；管道安装后，油管应涂黄漆，水管涂黑漆，并应有流向标志。

⑦ 潜油泵转向应正确，转动时应无异常噪声、振动和过热现象；其密封应良好，无渗漏或进气现象。

⑧ 差压继电器、流速继电器应经校验合格，且密封良好，动作可靠。

⑨ 水冷却装置停用时，应将存水放尽，以防天寒冻裂。

（6）储油柜（油枕）安装

① 储油柜安装前应清洗干净，除去污物，并用合格的变压器油冲洗。隔膜式（或胶囊式）储油柜中的胶囊或隔膜式储油柜中的隔膜应完整无破损，并应和储油柜的长轴保持平行、不扭偏。胶囊在缓慢充气胀开后应无漏气现象。胶囊口的密封应良好，呼吸应畅通。

② 储油柜安装前应先安装油位表；安装油位表时应注意保证放气和导油孔的畅通，玻璃管要完好。油位表动作应灵活，油位表或油标管的指示必须与储油柜的真实油位相符，不得出现假油位。油位表的信号接点位置正确，绝缘良好。

③ 储油柜利用支架安装在油箱顶盖上。油枕和支架、支架和油

箱均用螺栓紧固。

(7) 套管安装

① 当充油管介质损失角正切值 tanδ（％）超过标准，且确认其内部绝缘受潮时，应干燥处理。

② 高压套管穿缆的应力锥进入套管的均压罩内，其引出端头与套管顶部接线柱连接处应擦拭干净，接触紧密；高压套管与引出线接口的密封波纹盘结构（魏德迈结构）的安装应严格按制造厂的规定进行。

③ 套管顶部结构的密封垫应安装正确，密封应良好，连接引线时，不应使顶部结构松扣。

(8) 升高座安装

① 升高座安装前，应先完成电流互感器的试验；电流互感器出线端子板应绝缘良好，其接线螺栓和固定件的垫块应紧固，端子板应密封良好，无渗油现象。

② 安装升高座时，应使电流互感器铭牌位置面向油箱外侧，放气塞位置应在升高座最高处。

③ 电流互感器和升高座的中心应一致。

④ 绝缘筒应安装牢固，其安装位置不应使变压器引出线与之相碰。

(9) 气体继电器（又称瓦斯继电器）安装

① 气体继电器应作密封试验、轻瓦斯动作容积试验、重瓦斯动作流速试验，各项指标合格后，并有合格检验证书方可使用。

② 气体继电器应水平安装，观察窗应装在便于检查一侧，箭头方向应指向储油箱（油枕），其与连通管连接应密封良好，其内壁应清拭干净，截油阀应位于储油箱和气体继电器之间。

③ 打开放气嘴，放出空气，直到有油溢出时，将放气嘴关上，

以免有空气进入使继电保护器误动作。

④ 当操作电源为直流时，必须将电源正极接到水银侧的接点上，接线应正确，接触良好，以免断开时产生电弧。

(10) 安全气道（防爆管）安装

① 安全气道安装前内壁应清拭干净，防爆隔膜应完整，其材质和规格应符合产品规定。

② 安全气道斜装在油箱盖上，安装倾斜方向应按制造厂规定，厂方无明显规定时，宜斜向储油柜侧。

③ 安全气道应按产品要求与储油柜连通，但当采用隔膜式储油器和密封式安全气道时，二者不应连接。

④ 防爆隔膜信号接线应正确，接触良好。

(11) 干燥器（吸湿器、防潮呼吸器、空气过滤器）安装

① 检查硅胶是否失效（对浅蓝色硅胶，变为浅红色时即已失效；对白色硅胶一律烘烤）。如已失效，应在 $115\sim120℃$ 温度下烘烤 8h，使其复原或换新。

② 安装时，必须将干燥器盖子处的橡皮垫取掉，使其畅通，并在盖子中装适量的变压器油，起滤尘作用。

③ 干燥器与储气柜间管路的连接应密封良好，管道应通畅。

④ 干燥器油封油位应在油面线上；隔膜式储油柜变压器应按产品要求处理（或不到油封，或少放油，以便胶囊易于伸缩呼吸）。

(12) 净油器安装

① 安装前先用合格的变压器油冲洗净油器，然后同安装散热器一样，将净油器与安装孔的法兰连接起来。其滤网安装方向应正确并在出口侧。

② 将净油器容器内装满干燥的硅胶粒后充油。油流方向应正确。

(13) 温度计安装

① 套管温度计应直接安装在变压器上盖的预留孔内，并在孔内适当加些变压器油，刻度方向应便于观察。

② 电接点温度计安装前应进行计量检定，合格后方能使用。油浸变压器一次元件应安装在变压器顶盖上的温度计套筒内，并加适当的变压器油；二次仪表安装在变压器一侧的预留板上。干式变压器一次元件应按厂家说明书位置安装，二次仪表装在便于观测的变压器护

网栏上。软管不得有压扁或死弯，富余部分应盘圈并固定在温度计附近。

③ 干式变压器的电阻温度计，一次元件应预埋在变压器内，二次仪表应安装在值班室或操作台上，温度补偿导线应符合仪表要求，并加以适当的附加温度补偿电阻，校验调试后方可使用。

(14) 压力释放装置安装

① 密封式结构的变压器、电抗器，其压力释放装置的安装方向应正确，使喷油口不要朝向邻近的设备，阀盖和升高座内部应清洁，密封良好。

② 电接点应动作准确，绝缘应良好。

(15) 电压切换装置安装

① 变压器电压切换装置各分接点与线圈的连线压接正确，牢固可靠，其接触面接触紧密良好，切换电压时，转动触点停留位置正确，并与指示位置一致。

② 电压切换装置的拉杆、分接头的凸轮、小轴销子等应完整无损，转动盘应动作灵活，密封良好。

③ 电压切换装置的传动机构（包括有载调压装置）的固定应牢靠，传动机构的摩擦部分应有足够的润滑油。

④ 有载调压切换装置的调换开关触头及铜辫子软线应完整无损，触头间应有足够的压力（一般为 8～10kg）。

⑤ 有载调压切换装置转动到极限位置时，应装有机械连锁与带有限位开关的电气连锁。

⑥ 有载调压切换装置的控制箱，一般应安装在值班室或操作台上，连线应正确无误，并应调整好，手动、自动工作正常，挡位指示正确。

(16) 注油

① 绝缘油必须按规定试验合格后，方可注入变压器、电抗器中。不同牌号的绝缘油或同牌号的新油与旧油不宜混合使用，如必须混合时，应进行混油试验。

② 绝缘油取样：取样应在晴天、无风沙时进行，温度应在0℃以上。取油样用的大口玻璃瓶应洗刷干净，取样前用烘箱烘干。混油试验取样应标明实际比例。油样应取自箱底或桶底。取样时，先开启放油阀，冲去阀口脏物，再将取样瓶冲洗两次，然后取样封好瓶口（如

运往外地检验，瓶口宜蜡封）。

③ 绝缘油检验后，如绝缘强度（耐压）不合格，应进行过滤。

④ 为防止注油时在变压器、电抗器的芯部凝结水分，要求注入绝缘油的温度在 10℃ 左右，芯部的温度与油温之差不宜超过 5℃，并应尽量使芯部温度高于油温。

⑤ 注油应从油箱下部油阀进油，加补充油时应通过油枕注入。对导向强油循环的变压器，注油应按制造厂的规定执行。

⑥ 胶囊式储油柜注油应按制造厂规定进行，一般采取油从变压器油箱逐渐注入，慢慢将胶囊内空气排净，然后放油使储油柜内油面下降至规定油位。如果油位计也是带小胶囊结构时，应先向油表内注油，然后进行储油柜的排气和注油。

⑦ 冷却装置安装完毕后即应注油，以免由于阀门渗漏造成变压器绝缘部分露出油面。

⑧ 油注到规定油位，应从油箱、套管、散热器、防爆筒、气体继电器等处多次排气，直到排尽为止。

⑨ 注油完毕，在施加电压前，变压器、电抗器应进行静置，静置时间规定为 110kV 及以下 24h。

静置完毕后，应从变压器、电抗器的套管、升高座、冷却装置、气体继电器及压力释放装置等有关部位进行多次放气。

(17) 变压器连线

① 变压器的一、二次连线、地线、控制管线均应符合现行国家施工验收规范的规定。

② 变压器一、二次引线施工，不应使变压器的套管直接承受应力。

③ 变压器工作零线与中性点接地线，应分别敷设。工作零线宜用绝缘导线。

④ 变压器中性点的接地回路中，靠近变压器处，宜作一个可拆卸的连接点。

⑤ 油浸变压器附件的控制线，应采用具有耐油性能的绝缘导线。靠近箱壁的导线，应用金属软管保护。

(18) 整体密封检查

① 变压器、电抗器安装完毕后，应在储油柜上用气压或油压进行整体密封试验，所加压力为油箱盖上能承受 0.03MPa 的压力，试验持

续时间为 24h，应无渗漏。油箱内变压器油的温度不应低于 10℃。

② 整体运输的变压器、电抗器可不进行整体密封试验。

四、变压器的安装方法

(1) 单杆变台的安装

城市街道两侧多采用这种变台。这种变台结构简单、组装方便、节省材料，常用于容量为 $10\sim30kV \cdot A$ 的变压器，它是将变压器、高压跌落式熔断器、高低压避雷器和低压熔断器等设备都装在一根电杆上，如图 15-6 所示。

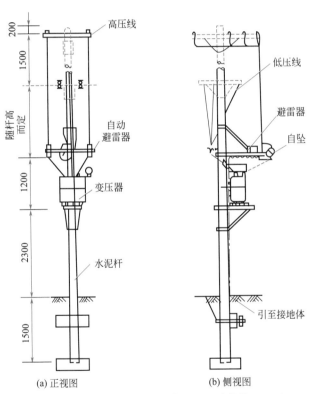

(a) 正视图　　　　(b) 侧视图

图 15-6　单杆变台的安装示意图（尺寸单位：mm）

变压器架梁对地面高度一般为 2.5～3.0m，在距离架梁 1.8～2.0m 处装设熔断器（也称母线担），在母线担的一端装熔断器担，另一端装避雷器。为了安全，变压器的低压侧应朝向电杆，高压侧向外。

(2) 双杆变台的安装

在城镇马路两侧，大都采用这种变台。双杆变台比单杆变台牢固，但用料较多，造价较高，适用于 40～200kV·A 的变压器。它是在离高压杆 2～3m 处再立一根约 7.5m 长的电杆，在离地面 2.5～3.0m 高处用两根槽钢或角钢搭成安放变压器的架子，组成"H"形变台柱，距地面 4.5～5.0m 处安装熔断器梁和熔断器担，高压引下线可以直接引下或通过顶担变换方向引下，经针式瓷瓶接到跌落熔断器的上接线柱上，如图 15-7 所示。

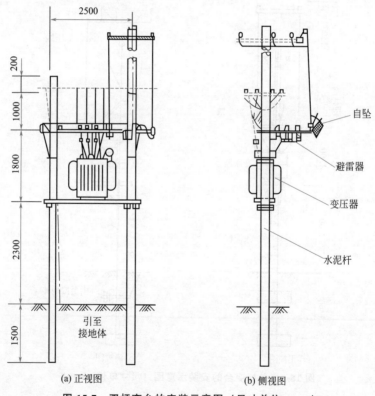

(a) 正视图　　　　　(b) 侧视图

图 15-7　双杆变台的安装示意图（尺寸单位：mm）

(3) 地台式变台的砌筑

地台式变台比较牢固、节省材料、造价较低、维修方便，一般用砖或石块加混凝土在地面上砌成。高压线路的终端可兼作低压线路的始端杆，如图 15-8 所示。

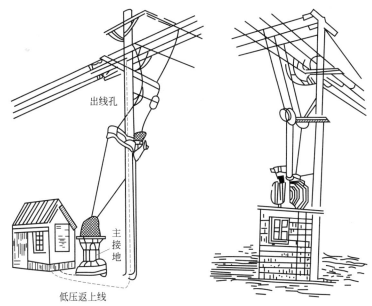

图 15-8　地台式变台的砌筑

地台的高度和顶部面积随变压器的大小而定。通常，地台高度 1.5～2.0m 为宜。当高度小于 1.5m 时，应在其周围装设高度不小于 1.7m 的固定遮拦。遮拦与带电部分保持 1.5m 距离。地台顶部每边比变压器外壳应超出 0.3m，一般取长度为 1.5～2.5m，宽度为 1.0～1.5m。

(4) 落地式变台的砌筑

落地式变台有坚固的基础。基础一般用砖、石砌成，并用 1：2 水泥砂浆抹面。为了保证安全，防止人、畜接近带电部分，变台周围应设置高度不小于 1.7m 的围墙或栅栏，变压器外壳至围墙或栅栏的净距离不小于 1.0m，距门的距离不应小于 2.0m，围墙或栅栏的门应向外开。栅栏的栅条间距和下面横栏距地面的净距离不得大于 200mm，如图 15-9 所示。

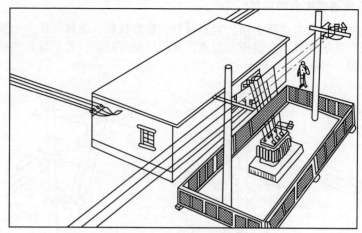

图 15-9 落地式变台的砌筑

第三节 变压器的保护

变压器的保护要根据本身容量及在供电系统的重要程度来决定，对变压器故障作用跳闸，对不正常的工作状态作用于信号，变压器可能发生的故障如下。

① 变压器内部线圈相间短路、单相匝间短路和单相接地等。

② 变压器外部绝缘套管及引出线上的相间短路和单相接地等。

变压器不正常工作状态如下。

① 由于电动机自启动、超载、线路接地、短路引起的过负荷。

② 油箱油面降低。

一、气体保护

气体保护的主要元件是气体继电器，常用的气体继电器型号有QJ1—50、QJ1—80 两种，用于 800kV·A 以上的户外变压器和 320kV·A 以上的户内变压器保护；图 15-10 给出了气体保护原理，图中气体继电器的上接点由开口杯控制，叫轻瓦斯，动作后发出信号，下接点由挡板控制，叫重瓦斯，动作后经信号继电器 2 启动出口继电器 4，使变压器高、低压断路器 1DL、2DL 跳闸，并设有自保持电路以保证有足够的时间使断路器跳闸。

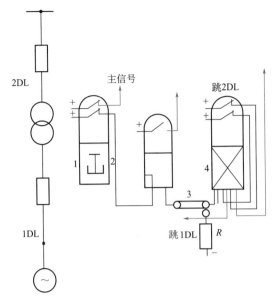

图 15-10 气体保护原理

二、过电流保护

装设在变压器的电源侧，作为防止外部短路引起的过电流和作为变压器的后备保护，图 15-11 给出了简单的变压器过电流保护原理，电流互感器可按图 15-12(b) 或图 15-12(c) 接线。

保护装置的动作电流 I_{dz}。应按躲过变压器可能出现的最大负荷电流 I_{fhmax} 来整定，即

$$I_{dz} = \frac{K_k}{K_f} I_{fhmax} \tag{15-3}$$

式中　K_k——可靠系数，取 $1.2\sim1.3$；

　　　K_f——返回系数，取 0.85。

最大负荷电流可按下列情况考虑。

① 对并联运行的变压器，应考虑切除其中一台时所产生的过负荷，当各台变压器容量相等时，可按式(15-4) 计算

$$I_{fhmax} = \frac{M}{M-1} I_{NB} \tag{15-4}$$

式中　M——并联运行变压器台数。

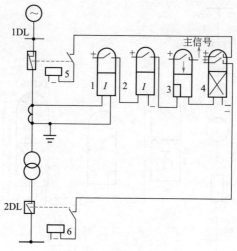

图 15-11　过电流保护原理

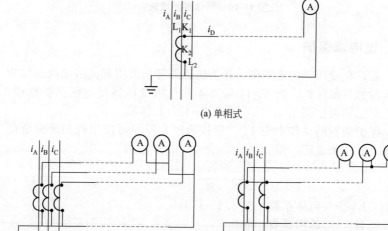

(a) 单相式

(b) 完全星形　　　　　　(c) 不完全星形

图 15-12　电流互感器与测量仪表连接

② 对降压变压器应考虑负荷电动机自启动时的最大电流：

$$I_{\text{fhmax}} = K_{\text{zq}} I'_{\text{fumax}} \tag{15-5}$$

式中　K_{zq}——自启动系数，其数值与负荷性质及用户与电源距离有关，在 $6 \sim 10\text{kV}$ 侧为 $1.5 \sim 2.5$，在 35kV 侧为 $1.5 \sim 2.0$；

　　I'_{fumax}——正常的最大负荷电流。

保护装置的灵敏度

$$K_{LM} = \frac{L_{Dmin}}{I_{dz}} \qquad (15\text{-}6)$$

式中　L_{Dmin}——流过保护装置的最小短路电流。

在被保护变压器低压侧母线发生短路时，要求 $K_{LM} = 1.5 \sim 2.0$；而在后备保护范围末端短路时，要求 $K_{LM} \geqslant 1.2$。

三、电流速断保护

装设在电源侧，其原理如图 15-13 所示，电流互感器接线可按

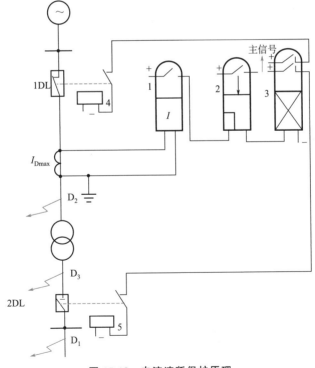

图 15-13　电流速断保护原理

图 15-12（b）或图 15-12（c）进行。

电流速断保护的动作电流 I_{dz} 按躲过变压器外部故障的最大短路电流 I_{Dmax} 来整定

$$I_{dz} = K_k I_{Dmax} \tag{15-7}$$

式中　K_k——可靠系数：电磁阀取 1.2～1.3，感应型取 1.5～1.6。

速断保护的灵敏度通常按保护安装处发生两相金属性短路时流过保护装置的最小短路电流 I_{Dmin} 来检验。

$$K_{IM} = \frac{I_{Dmin}}{I_{dz}} \tag{15-8}$$

要求速断系数 K_{IM} 不小于 2。

四、纵联差动保护

纵联差动保护是把变压器两侧的电流互感器按差接法接线，其原理接线如图 15-14 所示，当发生内部故障时，流入继电器的电流为两侧电流之和，其值反映故障电流，继电器动作，由于纵联差动保护能区别内外故障，且不需与其他元件的保护配合，故可作为变压器的主

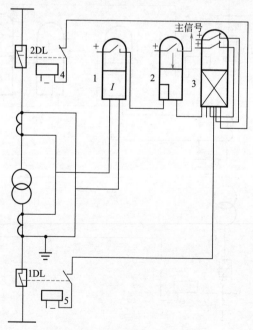

图 15-14　纵联差动保护原理

保护。纵联差动方式较多，整定方法各异，这里略。

五、过负荷保护

由于大多数情况下三相负荷电流是对称的，因此过负荷保护只需用一个继电器来完成，其原理与图 15-11 相似。

保护装置一般安装在变压器的电源两侧，过负荷保护的动作电流一般按躲过额定电流来整定

$$I_{dz} = \frac{K_k}{K_f} I_{eb} \qquad (15\text{-}9)$$

式中　K_k——可靠系数，取 1.05；

　　　K_f——返回系数，取 0.85；

　　　I_{eb}——保护安装侧的额定电流。

六、小型变压器的保护

电压在 $6 \sim 10/0.22\text{kV}$、容量在 $800\text{kV} \cdot \text{A}$ 以下、接法为 Y，yn0 的小型变压器，应首先考虑采用熔断器保护，对于具备变、配电所的工厂，在不违背规定原则的条件下，继电器保护应力求简化。

(1) 熔断器保护

① 一次侧熔断器的选择

变压器的一次侧熔断器作为变压器内部故障保护，其容量应按变压器一次侧额定电流的 $1.5 \sim 2$ 倍选择，即：$I_{NR1} \geqslant (1 \sim 1.2) I_{N1}$。

② 二次侧熔断器的选择

变压器的二次侧熔断器作为变压器过负荷及二次侧短路保护，其容量应按变压器二次侧额定电流的 $1 \sim 1.2$ 倍选择，即：$I_{NR2} \geqslant (1 \sim 1.2) I_{N2}$。

(2) 继电器保护

交流操作 Y，yn0 变压器保护原理如图 15-15 所示。

① 电流速断保护的动作电流

$$I_{dz} = \frac{K_k K_{jx}}{nLH} I_{Dmax} \qquad (15\text{-}10)$$

式中　K_k——可靠系数，感应型继电器取 $1.5 \sim 1.6$；

　　　K_{jx}——接线系数，二相电流互感器差接时取 $\sqrt{3}$；

　　　nLH——电流互感器变比。

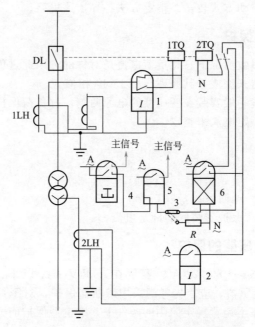

图 15-15　交流操作 Y，yn0 变压器保护原理

1，2—GL 型电流继电器；3—切换片；4—瓦斯继电器；
5—信号继电器；6—中间继电器；1TQ，2TQ—跳闸线圈

② 过电流保护动作电流

$$I_{dz} = \frac{K_k K_{jx}}{K_{fnLH}} I_{Dmax} \tag{15-11}$$

③ 过负荷保护动作电流

$$I_{dz} = \frac{K_k K_{jx}}{K_{fnLH}} I_{NB} \tag{15-12}$$

④ 单相接地保护动作电流

$$I_{dz} \cdot J = \frac{K_{kp}}{nLH} I_{N2} \tag{15-13}$$

式中　K_{kp}——可靠配合系数，一般取 $0.25\sim0.5$；

　　　I_{N2}——变压器二次侧额定电流；nLH 为零序电流互感器变化。

⑤ 灵敏度校验

$$K_{Lm} = \frac{I_{Dmin}}{I_{dz \cdot J}} \qquad (15\text{-}14)$$

式中　K_{Lm}——灵敏度系数，一般可取 $1.25 \sim 1.5$。

应当注意，不可利用电流互感器差接线在变压器一次侧兼作单相接地保护，因为这种情况下，二次侧的零序电流不能反映到一次侧。

第四节　变压器的运行与维护

一、变压器的运行方式

(1) 额定运行方式

变压器在规定的冷却条件下，可按铭牌规范运行。油浸变压器运行中的允许温度应按上层油温来检查。上层油温应遵守制造厂的规定，但最高不得超过 95℃。为了防止变压器油劣化过速，上层油温不宜经常超过 85℃。

变压器的外加电压，一般不得超过额定值的 105%，这时变压器二次侧可带额定电流。

(2) 允许过负荷

变压器可以在正常过负荷或事故过负荷的情况下运行。正常过负荷可以经常使用，其允许值根据变压器的负荷曲线、冷却条件以及过负荷前变压器所带负荷等来确定。事故过负荷只允许在事故情况下（还能运行的变压器）使用。

事故过负荷的允许值应遵守制造厂的规定；如无制造厂的规定时，对于自冷和风冷的油浸变压器，可按表 15-2 的要求运行。

表 15-2　允许的事故过负荷

事故过负荷对稳定负荷之比	1.3	1.6	1.75	2.0	2.4	3.0
过负荷允许的持续时间/min	120	30	15	7.5	3.5	1.5

(3) 允许的短路电流和不平衡电流

变压器的短路电流不得超过额定电流的 25 倍，短路电流通过的时间不应超过如下数值

$$t = \frac{900}{K^2}(s) \qquad (15\text{-}15)$$

式中 K——稳定短路电流对额定电流的倍数。

三线圈变压器中间线圈的短路电流（当其他两侧为电源时）不应超过该圈额定电流的 25 倍，否则，应加装限流电抗器或选择容量较大（如 100%）的中间线圈。线圈按 Y/Yo-12 连接的变压器的中线电流不得超过低压额定电流的 25%。

二、变压器运行中的检查

① 安装在发电厂和经常有值班人员的变电所内的变压器，应根据控制盘上的仪表监视变压器的运行，并每小时抄表 1 次。如变压器在过负荷下运行，则至少每半小时抄表 1 次。如变压器的仪表计不在控制室，则可酌情减少抄表次数，但每班至少记录 2 次。

安装在变压器上的温度计，于巡视变压器时记录。

无人值班的变压器应于每次定期检查时记录变压器的电压、电流和上层油温。此外，对于配电变压器应在最大负荷期间测量三相负荷。如发现不平衡时，应重新分配。测量的期限应在现场规程内规定。

② 电力变压器应定期进行外部检查，检查的周期一般可参照下列规定。

a. 安装在发电厂和经常有人值班的变电所内的变压器，每天至少检查 1 次，每星期应有 1 次夜间检查。

b. 无人值班的变电所和室内，容量在 320kV·A 及以上者，每 10 天至少检查 1 次，并应在每次投入前和停用后进行检查。容量大于 320kV·A 但小于 3200kV·A 者，每月至少检查 1 次，并应在每次投入前和停用后进行检查。

c. 无人值班变电所或安装在小变压器室内的 320kV·A 及以下的变压器和柱上变压器，每 2 个月至少检查 1 次。

根据现场具体情况（尘土、结冰），应增加检查次数，并写入现场规程内。

在气候骤变时（冷、热），应对变压器的油面进行额外的检查。

变压器瓦斯继电器发出警报信号时，也应进行外部检查。

③ 变压器外部检查的一般项目

a. 检查变压器油枕内和充油套管内的油色（如充油套管构造适于检查时）、油面的高度和有无漏油现象。

b. 检查变压器套管是否清洁，有无破损裂纹、放电痕迹及其他现象。

c.检查变压器嗡嗡声的性质，音响是否加大，有无新的音调发生。

d.检查电缆和母线有无异常情况。

e.检查冷却装置的运行是否正常。

f.检查变压器的油温。

g.如变压器装在室内，则应检查门、窗是否完整，房屋是否漏雨，照明和空气温度是否适宜。

h.检查防爆管的隔膜是否完整。

i.检查瓦斯继电器的油面和连接油门是否打开。

根据变压器的构造特点，还需补充检查有关项目。

三、变压器的合闸、拉闸和变换分接头

① 值班人员在合变压器的开关前，需仔细检查变压器，以确信变压器是在完好状态，检查所有的临时接地线、标志牌、遮栏等是否已经拆除。检修后合开关时，还要检查工作票是否已经交出。然后测量绝缘电阻，合格后方可投入运行。

② 所有备用变压器均应随时可以投入运行，长期停用的备用变压器应定期送电。

③ 强迫油循环水冷式的变压器，在投入运行前，应先启动油泵，然后启动水泵。

④ 变压器合闸和拉闸的操作程序应在现场规程中加以规定，并需遵守下列各项。

a.变压器的送电应当从装有保护装置的电源侧进行，以便当变压器损坏时，可由保护装置将其切断。

b.如有断路器时，必须使用断路器进行投入和切断。

c.如没有断路器时，可用隔离开关拉合空载电流不超过 2A 的变压器。

切断电压为 20kV 及以上的变压器的空载电流时，必须使用带有消弧角和机械传动装置并装在室外的三联刀闸，如因当地条件限制不得不装在室内时，则应在各相间安装不易燃的绝缘物，使其互相隔离，以免一相弧光波及邻相而发生短路。

⑤ 变压器在大修和事故检修及换油以后，无需等待油中的气泡消除即可进行送电和加负荷（但不能做耐压试验）。

装有油枕的变压器在合闸前，应放去外壳和散热器上部残存的空气。

⑥ 如果变压器没有带负荷电压切换装置，则在变换分接头以前，应用所有断路器和隔离开关把变压器与电力网断开变换分接头时，需注意分接头位置的正确。

变换分接头以后，必须用欧姆表或电桥检查回路的三相电阻的均一性。

 操作注意事项

变压器并联运行时必须注意下列事项。

① 各变压器连接组标号中的数字要相同，即线圈接线组别相同。

② 在允许偏差范围内，各变压器的变压比要相等，否则,变压器空载时，并联的二次线圈中将产生循环电流。

③ 在允许偏差范围内，各变压器的阻抗电压要相等，否则,并联的变压器内负载分配将不合理。

四、变压器的经济运行

变压器的经济运行是指变压器损耗少。为了做到经济运行，除在设计时合理选用变压器的规格外，主要是在多台变压器并列运行时选择合理的运行方式。

有些变电所白天和夜间负荷，或冬季和夏季负荷变化很大，对几台并联运行的变压器，就要考虑最经济的运行方式问题。如当负荷达到某种程度，切断一台较省电；而当负荷增加到某种程度，可能又是投入一台较为经济。

变压器的损耗有铜损和铁损两种。在正常运行情况下，铁损基本不变，即不随负荷变化，故又称不变损耗；铜损则是随负荷电流平方的变化而变化，故又称可变损耗。

根据对损耗与负荷关系的分析，可得如下结论：在不变损耗和可变损耗相等的条件下，变压器的效率最高。所以，变压器带的负荷产生的铜损与铁损相等时，最为经济。

变压器的损耗，按其性质又分为有功损耗和无功损耗。在按经济观点来确定几台并联变压器所应投入的台数时，必须考虑到变压器内的有功损耗和无功损耗，因为供应无功电流也会引起有功损耗。在研究并联变压器的经济运行时，为计算分析方便，把无功损耗折算成有功损耗，用一个叫作无功经济当量的系数 K，把无功损耗折算成有功损耗。

在按经济运行方式决定并联变压器的投入台数时，有两种不同情况。

① 当并联的各台变压器形式和容量相同时，不同负荷情况下该投入运行的变压器台数，可按下列公式决定。

若负荷增加，当 $S > S_n \sqrt{n(n+1)\dfrac{P_0 + KQ_0}{P_d + Q_d}}$ 时，向并联运行中的几台变压器再投入一台较经济。 (15-16)

若负荷减少，当 $S < S_n \sqrt{n(n+1)\dfrac{P_0 + KQ_0}{P_d + Q_d}}$ 时，对并联运行中的几台变压器停用一台较经济。 (15-17)

式中　S——全负荷，kV·A；

　　　S_n——一台变压器的容量，kV·A；

　　　n——已运行的变压器台数；

　　　P_0——一台变压器空载有功损耗，kW；

　　　Q_0——一台变压器空载无功损耗，kvar；

　　　P_d——一台变压器短路有功损耗，kW；

　　　Q_d——一台变压器短路无功损耗，kvar；

　　　K——无功经济当量，kW·h/kvar，其数值对于由区域线路供电的 110～35kV 降压变压器可取 0.06（系统负荷最小时）或 0.1（系统负荷最大时）。

上面所列各数据大都可以从铭牌或试验报告中直接查得，至于 Q_0，可由空载电流的百分数 $I_0\%$ 乘以额定容量 S_n 得到，即 $Q_0 = I_0\% S_n \times 10^{-2}$。另外 Q_d，可由短路电压的百分数 $U_k\%$ 乘以额定容量得到，即 $Q_d = U_k\% S_n \times 10^{-2}$。

② 当并联的各台变压器形式和容量不同时，不同负荷情况下，应投入的台数则由查曲线的方法决定。这种方法是把每台变压器的总损耗（包括有功损耗和无功损耗）与负荷的关系画成曲线，把合起来几台变压器的总损耗与负荷的关系也画成曲线，放在一个坐标中，纵坐标 P 为损耗（kW），横坐标 s 表示负荷（kV·A）。多少

负荷下应投入几台变压器，就看在该负荷下投入几台变压器时损耗最小，可从图上相应于该负荷的最低的一条曲线得到。

五、变压器的不正常运行和应急处理

(1) 运行中的不正常现象

变压器在运行中发现有任何不正常现象时（如漏油、油枕内油面高度不够、发热不正常、声响不正常等），应设法消除。如有下列情形之一者应立即停下修理。

① 内部声响较大，很不均匀，有爆裂声。

② 在正常冷却条件下，温度不正常并不断上升。

③ 油枕喷油或防爆管喷油。

④ 漏油使油面下降低于油位指示计上的限度。

⑤ 油色变化过甚，油内出现炭质。

⑥ 套管有严重的破损和放电现象。

(2) 不允许的过负荷、不正常的温升和油面

如变压器过负荷超过允许值时，应及时调整变压器的负荷。变压器油温的升高超过许可限度时，应判明原因，采取办法使其降低，因此必须进行下列工作。

① 检查变压器的负荷和冷却介质的温度，并与在这种负荷和冷却温度下应有的油温核对。

② 核对温度表。

③ 检查变压器机械冷却装置或变压器室的通风情况。

若发现油温较平时同样的负荷和冷却温度下高出 10℃ 以上，或负荷不变，油温不断上升，经检查冷却装置、变压器室通风和温度计都正常，则可能是变压器内部故障（如铁芯起火、线圈层间短路等），应立即停下修理。

如变压器的油已凝固时，允许将变压器带负荷投入运行，但必须注意上层油温和油循环是否正常。

当发现变压器的油面较当时油温应有的油位显著降低时，应立即加油。如因大量漏油而使油位迅速下降时，禁止将瓦斯继电器改为只动作于信号，而必须迅速采取堵漏措施，并立即加油。

(3) 瓦斯继电器动作时的处理

瓦斯继电器信号动作时，应检查变压器，查明信号动作原因，是

否因空气侵入变压器内，或因油位降低，或是二次回路故障。如变压器外部不能查出故障时，则需鉴定继电器内积聚的气体的性质。如气体是无色无臭且不可燃，则是油中分离出来的空气，变压器仍可继续运行。如气体是可燃的，必须停下变压器，仔细研究动作原因。

检查气体是否可燃时，需特别小心，不要将火靠近继电器顶端，而要在其上 5～6cm 处。

如瓦斯继电器动作不是因为空气侵入变压器所引起，则应检查油的闪点，若闪点较过去记录降低 5℃ 以上，则说明变压器内已有故障。

如变压器因瓦斯继电器动作而跳闸，并经检查证明是可燃性气体，则变压器在未经特别检查和试验合格前不许再投入运行。

瓦斯继电器的动作，根据故障性质的不同，一般有两种：一种是信号动作而不跳闸；一种是两者同时动作。

信号动作而不跳闸者，通常有下列几个原因。

① 因漏油、加油或冷却系统不严密，致使空气进入变压器。

② 因温度下降或漏油致使油面缓缓低落。

③ 因变压器故障而产生少量气体。

④ 由于发生穿越性短路而引起。

信号与开关同时动作，或仅开关动作者，可能是由于变压器内部发生严重故障，油面下降太快或保护装置二次回路有故障等。在某种情况下，例如，在修理后，油中空气分离出来得太快，也可能使开关跳闸。

第五节　变压器的常见故障及措施

一、变压器的常见故障

① 变压器在经过停运后送电或试送电时，往往发现电压不正常，如两相高一相低或指示为零；有的新投运变压器三相电压都很高，使部分用电设备因电压过高而烧毁。

② 高压熔丝熔断送不上电。

③ 雷雨过后变压器送不上电。

④ 变压器声音不正常，如发出"吱吱"或"噼啪"响声；在运行中发出如青蛙"唧哇唧哇"的叫声等。

⑤ 高压接线柱烧坏，高压套管有严重破损痕迹。

⑥ 在正常冷却情况下，变压器温度失常，并且不断上升。

⑦ 油色变化过甚，油内出现炭质。

⑧ 变压器发出吼叫声，从安全气道、储油柜向外喷油，油箱及散热管变形、漏油、渗油等。

二、解决措施

① 在新建变电所时，应根据规范及时安装高、低压熔断器。在变压器运行中，发现熔断器烧毁或被盗后应及时更换。

② 高、低压熔断件的合理配置：a.容量在 100kV·A 以上的变压器要配置 2.0～3.0 倍额定电流的熔断件；b.容量在 100kV·A 以下的变压器要配置 1.5～2.0 倍额定电流的熔断件；c.低压侧熔断件应按额定电流稍大一点选择。

③ 加强用电负荷实测工作，在高峰期来临时用钳型电流表对每台配变负荷进行测量，合理调整负荷，避免配变三相不平衡运行。

④ 对于 10kV 配变低压侧电压在 +7%～-10% 范围之内，一般不允许调节分接开关。调节分接开关时，要由修试技术人员试验调整。

⑤ 定期检查三相电流是否平衡或超过额定值。如三项负荷电流严重失衡，应及时采取措施调整。

⑥ 在每年的雷雨季节来临之前；应把所有配电变压器上的避雷器送往修试部门进行检测，试验合格后及时安装。

⑦ 在投运前应做好以下检测工作：a.带负荷分、合开关三次，不得误动；b.用试验按钮试验三次，应正确动作；c.用试验电阻接地试验三次，应正确动作。

⑧ 定期清理配电变压器套管表面的污垢，检查套管有无闪络痕迹，接地是否良好，接地所用的引线有无断股、脱焊、断裂现象，用兆欧表检测接地电阻不得大于 4Ω。

⑨ 变压器渗漏油的原因分析

a.橡胶密封件失效和焊缝开裂。变压器的焊点多、焊缝长，而油浸式变压器是以钢板焊接壳体为基础的多种焊接和连接的集合体。一台 31500kV·A 变压器的总焊点达 70 余处，焊缝总长近 20m，因此渗漏途径可能较多。直接渗漏的原因是橡胶密封件失效和焊缝开裂、气孔、夹渣等。

b.密封胶件老化、龟裂、变形。变压器渗漏多发生在连接处，而95％以上主要是由密封胶件引起的。密封胶件质量的好坏主要取决于它的耐油性能，耐油性能较差的，老化速度就较快，特别是在高温下，其老化速度就更快，极易引起密封件老化、龟裂，变质、变形，以至失效，造成变压器渗漏油。

c. 变压器的制造质量。变压器在制造过程中，油箱焊点多、焊缝长、焊接难、焊接材料、焊接规范、工艺、技术等都会影响焊接质量，造成气孔、砂眼、虚焊、脱焊现象从而使变压器渗漏油。

d. 板式蝶阀质量欠佳。变压器另外一个经常发生渗漏的部位在板式蝶阀处，较早前生产的变压器，使用的普通板式蝶阀连接面比较粗糙、单薄、单层密封，属淘汰产品，极易引起变压器渗漏油。

e. 安装方法不当。法兰连接处不平，安装时密封垫四周不能均匀受力，人为造成密封垫四周螺栓非均匀受力；法兰接头变形错位，使密封垫一侧受力偏大，一侧受力偏小，受力偏小的一侧密封垫因压缩量不足就容易引起渗漏。此现象多发生在瓦斯继电器连接处及散热器与本体连接处；还有一点就是密封垫安装时，其压缩量不足或过大，压缩量不足时，变压器运行温度升高油变稀，造成变压器渗油，压缩量偏大，密封垫变形严重，老化加速，使用寿命缩短。

f. 托运不当。托运及施工运输过程中零部件发生碰撞以及不正确吊装运输，造成部件撞伤变形、焊口开焊、出现裂纹等，引起渗漏。

第十六章 照明装置的安装

电气照明技术是一门综合性技术，它以光学、电学、建筑学、生理学等多方面的知识作为基础。电气照明设施主要包括照明电光源（如灯泡、灯管）、照明灯具和照明线路三部分。其中，照明电光源和灯具的组合，称作电照明器。照明电光源即人工照明使用的以电为能源的发光体。按其发光的原理可以分为热辐射光源、气体放电光源和半导体光源三大类。

第一节　电气照明基础知识

一、照明的分类

电气照明系统按照明方式可分为一般照明、局部照明和混合照明三种。按其使用目的可分为 6 种。

(1) 正常照明

正常情况下的室内外照明，对电源控制无特殊要求。

(2) 事故照明

当正常照明因故障而中断时，能继续提供合适照度的照明。一般设置在容易发生事故的场所和主要通道的出入口。

(3) 值班照明

供正常工作时间以外的、值班人员使用的照明。

(4) 警卫照明

用于警卫地区和周界附近的照明，通常要求较高的照度和较远的照明距离。

(5) 障碍照明

装设在建筑物上、构筑物上以及正在修筑和翻修的道路上，作为障碍标志的照明。

(6) 装饰照明

用于美化环境或增添某种气氛的照明，如节日的彩灯、舞厅的多色灯光等。

照明线路和供电方式要求安全可靠、经济合理、电压稳定。由于电气照明线路与人们接触的机会较多，所以电气照明设备外露的、不应带电的金属部分都需绝缘或接地。重要场合的照明和事故照明要有两个电源供电，确保供电可靠。照明线路最好专用，以免受其他负荷引起的大电压波动，影响电光源的寿命和照明质量。

二、照明的方式

(1) 一般照明

一般照明的特点是光线分布比较均匀，能使空间显得明亮宽敞。

(2) 分区一般照明

分区一般照明仅用于需要提高房间内某些特定工作区的照度时。

(3) 局部照明

局部照明是指局限于特定工作部位的固定或移动照明。其特点是能为特定的工作面提供更为集中的光线，并能形成有特点的气氛和意境。客厅、书房、卧室、餐厅、展览厅和舞台等使用的壁灯、台灯、投光灯等，都属于局部照明。

(4) 混合照明

一般照明与局部照明共同组成的照明，称为"混合照明"。混合照明实质上是在一般照明的基础上，在需要另外提供光线的地方布置特殊的照明灯具。这种照明方式在装饰与艺术照明中应用很普遍。商店、办公楼、展览厅等，大都采用这种比较理想的照明方式。

三、照明质量

照明设计应根据具体场合的要求，正确选择光源和照明器；确定合理的照明方式和布置方案；在节约能源和资金的条件下，创造一个满意的视觉条件，从而获得一个良好的、舒适愉快的工作、学习和生活环境。良好的照明质量，不仅要有足够的照度，而且对照明的均匀度、亮度分布、眩光的限制、显色性，照度的稳定性，频闪效应的消除均有一定要求。

操作注意事项

照明设计时应注意以下几点。

照明质量是衡量照明设计优劣的主要指标，在进行照明设计时，应考虑比较好的照度均匀度、舒适的亮度比、良好的显色性能、较小的眩光、消除频闪效应以及相宜的色温。

四、照明的光学概念

(1) 光

光是电磁波，可见光是人眼所能感觉到的那部分电磁辐射能，光在空间以电磁波的形式传播，它只是电磁波中很小的一部分，波长范围在 $380 \sim 780nm$。

① 在可见光中紫光波长最短，红光波长最长。

② 各种颜色的波长范围并不是截然分开的，而是由一个颜色逐渐减少，另一个颜色逐渐增多地渐变而成的。

(2) 光通量

① 光通量：光源在单位时间内，向周围空间辐射出的，使人产生光感觉的能量，称为光通量，用符号 Φ 或 Φ_v 表示，单位为流明，用字母 lm 表示，简称流。

② 光通量是说明光源发光能力的基本量，如一只 40W 的白炽灯发射的光通量为 350lm，一只 40W 的荧光灯发射的光通量为 2100lm。

③ 发光效率：通常用消耗 1W 功率所发出的流明数来表征电光源的特征，称为发光效率，用符号 η 表示，发光效率越高越好，如 40W 白炽灯发光效率 $\eta = 350/40 = 8.75(lm/W)$，而 40W 荧光灯发光效率 $\eta = 2100/40 = 26.25(lm/W)$，好于白炽灯。

(3) 发光强度

发光强度：光源在某一特定方向上单位立体角内的光通量，称为光源在该方向上的发光强度。用符号 I 或 I_v 表示，单位为坎德拉，用字母 cd 表示，简称坎。

（4）照度

① 照度是单位面积所接受的光通量，用符号 E 表示，单位为勒克斯，用字母 lx 表示，简称勒。

② 照度是表示被照面上光的强弱的物理量，它不仅与光通量和面积有关，还与光强和距离有关。

（5）亮度

① 亮度表示光源或物体的明亮程度，被视物体在视线方向单位投影面上的发光强度称为该物体表面的亮度。用符号 L 表示，单位为坎德拉/米（cd/m）或尼特（nt）。

② 在同一照度下，并排着黑、白两个物体，看起来白色物体要亮得多，说明人眼对明暗的感觉并不能直接取决于物体上的照度，而是取决于物体在眼睛视网膜上形成的照度，视网膜上的照度是由被视物体在沿视线方向上的发光强度造成的。

五、照明的线路

① 室内、外配线　应采用电压不低于 500V 的绝缘导线。

② 下列场所应采用金属管配线　a. 重要政治活动场所；b. 有易燃、易爆危险的场所；c. 重要仓库。

③ 腐蚀性场所配线　应采用全塑制品，所有接头处应密封。

④ 冷藏库配线　应采用护套线明配，电压不应超过 36V，控制设备应设在库外。

⑤ 下列场所的室内、外配线应采用铜线　a. 重要政治活动场所；b. 重要控制回路及二次线；c. 移动用的导线；d. 特别潮湿场所和有严重腐蚀性场所；e. 有剧烈振动的电气设备的线路；f. 有特殊规定的其他场所。

⑥ 绝缘电阻各支路导线线间及对地的绝缘电阻值，应不小于 $0.5M\Omega$，当小于 $0.5M\Omega$ 时，应做交流 1000V 的耐压试验。

⑦ 各种照明配线的位置线路水平敷设时，距地面高度不应低于 2.5m；垂直敷设时，不应低于 1.8m，个别线段低于 1.8m 时，应穿管或采取其他保护措施。

第二节　照明灯具的安装

一、白炽灯安装

白炽灯泡分为真空泡和充气泡（氩气和氮气）两种，40W以下一般为真空泡，40W以上的为充气泡，灯泡充气后能提高发光效率和增快散热速度，白炽灯的功率一般以输入功率的瓦（W）数来表示。它的寿命与使用电压有关。

白炽灯常用于吊灯、壁灯、吸顶灯等灯具，并可安装成许多花型的灯（组）。

(1) 吊灯安装

安装吊灯需使用木台和吊线盒两种配件。安装时应符合下列规定。

软线吊灯的安装

① 当吊灯灯具的质量超过3kg时，应预埋吊钩或螺栓，软线吊灯仅限于1kg以下，超过者应加吊链或用钢管来悬吊灯具。

② 在振动场所的灯具应有防震措施，并应符合设计要求。

③ 当采用钢管作灯具吊杆时，钢管内径一般不小于10mm。

④ 吊链灯的灯具不应受拉力，灯线宜与吊链编叉在一起。

(2) 木台安装

木台一般为圆形，其规格大小按吊线盒或灯具的法兰选取。电线套上保护用塑料软管从木台出线孔穿出，再将木台固定好，最后将吊线盒固定在木台上。

木台的固定，要因地制宜，如果吊灯在木梁上或木结构楼板上，可用木螺钉直接固定。如果为混凝土楼板，则应根据楼板结构形式预埋木砖或钢丝榫。空心楼板则可用弓形板固定木台，如图16-1所示。

(3) 吊线盒安装

吊线盒应安装在木台中心，用不少于两个螺钉固定，线吊灯一般采用胶质或塑料吊线盒，在潮湿处应采用瓷质吊线盒。由于吊线盒的接线螺钉不能承受灯具的重量，因此从接线螺钉引出的电线两端应打好结扣，使结扣处在吊线盒和灯座的出线孔处，如图16-2所示。

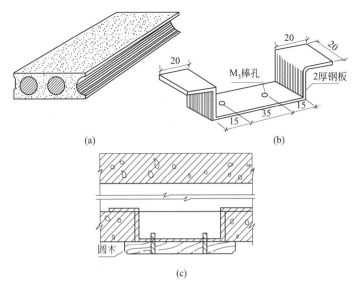

(a)

(b)

(c)

图 16-1 空心钢筋混凝土楼板木台安装（尺寸单位：mm）

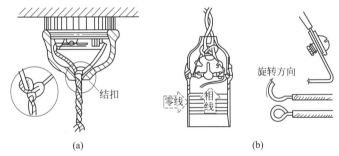

(a)

(b)

图 16-2 电线在吊灯两头打结方法

(4) 壁灯安装

壁灯一般安装在墙上或柱子上。当装在砖墙上，一般在砌墙时应预埋木砖，但禁止用木楔代替木砖。也可用预埋金属件或打膨胀螺栓的办法来解决。当采用梯形木砖固定壁灯灯具时，木砖需随墙砌入。木砖的尺寸如图 16-3 所示。

壁灯安装步骤

在柱子上安装壁灯，可以在柱子上预埋金属构件或用抱箍将灯具固定在柱子上，也可以用膨胀螺栓固定的办法。壁灯的安装如

图 16-4 所示。

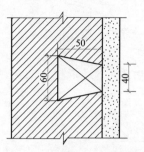

图 16-3 木砖尺寸示意图
（尺寸单位：mm）

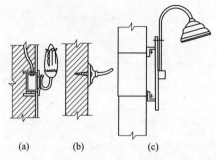

图 16-4 壁灯安装

(5) **吸顶灯安装**

安装吸顶灯时，一般直接将木台固定在天花板的木砖上。在固定之前，还需在灯具的底座与木台之间铺垫石棉板或石棉布。吸顶灯常见的安装形式，如图 16-5 所示。

吸顶灯的安装

装有白炽灯泡的吸顶灯具，若灯泡距木台过近（如半扁罩灯）在灯泡与木台间应有隔热措施。

(6) **灯头安装**

在电气安装工程中，100W 及以下的灯泡应采用胶质灯头；100W 以上的灯泡和封闭式灯具应采用瓷质灯头；安全行灯禁止采

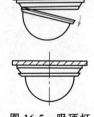

图 16-5 吸顶灯

用带开关的灯头。安装螺口灯头时应把相线接在灯头的中心柱上，即螺口要接零线。

灯头线应无接头，其绝缘强度应不低于 500V 交流电压，除普通吊灯外，灯头线均不应承受灯具重量，在潮湿场所可直接通过吊线盒接防水灯头。杆吊灯的灯头线应穿在吊管内，链吊灯的灯头线应围着铁链编花穿入；软线棉纱上带花纹的线头应接相线，单色的线头接零线。

二、荧光灯安装

荧光灯一般采用吸顶式安装、链吊式安装、钢管式安装、嵌入式

安装等方法。

① 吸顶式安装时镇流器不能放在日光灯的架子上，否则，散热困难；安装时日光灯的架子与天花板之间要留 15mm 的空隙，以便通风。

② 在采用钢管或吊链安装时，镇流器可放在灯架上。 如为木制灯架，在镇流器下应放置耐火绝缘物，通常垫以瓷夹板隔热。

③ 为防止灯管掉下，应选用带弹簧的灯座，或在灯管的两端，加管卡或尼龙绳扎牢。

④ 对于吊式日光灯安装，在三盏以上时，安装以前应弹好十字中线，按中心线定位。 如果日光灯超过 10 盏时，可增加尺寸调节板，这时将吊线盒改用法兰盘，尺寸调节板如图 16-6 所示。

⑤ 在装接镇流器时，要按镇流器的接线图施工，特别是带有附加线圈的镇流器，不能接错，否则，会损坏灯管。 选用的镇流器、启辉器与灯管要匹配，不能随便代用。 由于镇流器是个电感元件，功率因数很低，为了改善功率因数，一般还需加装电容器。

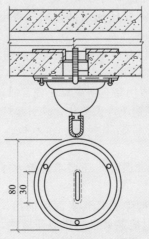

图 16-6　灯位调节板(尺寸单位：mm)

三、高压汞灯安装

高压汞灯有两种：一种需要镇流器，一种不需要镇流器，所以安装时一定要看清楚。需配镇流器的高压汞灯一定要使镇流器功率与灯泡的功率相匹配，否则，灯泡会损坏或者启动困难。高压汞灯可在任意位置使用，但水平点燃时，会影响光通量的输出，而且容易自灭。高压汞灯工作时，外玻壳温度很高，必须配备散热好的灯具。外玻壳破碎后的高压汞灯应立即换下，因为大量的紫外线会伤害人的眼睛。高压汞灯的线路电压应尽量保持稳定，当电压降低 5％时，灯泡可能会自熄灭，所以，必要时应考虑调压措施。

四、高压钠灯安装

高压钠灯的型号规格有 NG-110、NG-215、NG-250、NG-360 和 NG-400 等多种，型号后面的数字表示功率大小的瓦数。例如，NG-400 型，其功率为 400W。灯泡的工作电压为 100V 左右，因此安装时要配用瓷质螺口灯座和带有反射罩的灯具。最低悬挂高度 NG-400 型为 7m，NG-250 型为 6m。

五、碘钨灯安装

碘钨灯安装时应符合下列各项规定。

① 碘钨灯接线不需要任何附件，只要将电源引线直接接到碘钨灯的瓷座上。

② 碘钨灯正常工作温度很高，管壁温度约为 600℃，因此，灯脚引线必须采用耐高温的导线。

③ 灯座与灯脚一般用穿有耐高温小瓷套管的裸导线连接，要求接触良好，以免灯脚在高温下严重氧化，并引起灯管封接处炸裂。

④ 碘钨灯不能与易燃物接近，和木板、木梁等也要离开一定距离。

⑤ 为保证碘钨正常循环，还要求灯管水平安装，倾角不得大于 ±4°。

⑥ 使用前应用酒精除去灯管表面的油污，以免高温下烧结成污点影响透明度，使用时应装好散热罩以便散热，但不允许采取任何人工冷却措施（如吹风、雨淋等）保证碘钨正常循环。

六、金属卤化灯安装

金属卤化物灯安装时，要求电源电压比较稳定，电源电压的变化不宜大于±5%。电压的降低不仅影响发光效率及管压的变化，而且会造成光色的变化，以致熄灭。

 操作注意事项

金属卤化物灯安装应符合下列要求。

① 电源线应经接线柱连接，并不得使电源线靠近灯具表面。

② 灯管必须与触发器和限流器配套使用。

③ 灯具安装高度宜在 5m 以上。

无外玻璃壳的金属卤化物灯紫外线辐射较强，灯具应加玻璃罩，或悬挂在高度 14m 以上，以保护眼睛和皮肤。

④ 管形镝灯的结构有水平点燃、灯头在上的垂直点燃和灯头在下的垂直点燃三种，安装时必须认清方向标记，正确使用。

垂直点燃的灯安装成水平方向时，灯管有爆裂的危险。灯头上、下方向调错，光色会偏绿。

⑤ 由于温度较高，配用灯具必须考虑散热，而且镇流器必须与灯管匹配使用。否则，会影响灯管的寿命或造成启动困难。

七、嵌入顶棚内灯具安装

嵌入顶棚内的装饰灯具安装应符合下列要求。

① 灯具应固定在专设的框架上，电源线不应贴近灯具外壳，灯线应留有余量，固定灯罩的边框边缘应紧贴在顶棚面上。

② 矩形灯具的边缘应与顶棚面的装修直线平行。如灯具对称安装时，其纵横中心轴线应在同一直线上，偏斜不应大于 5mm。

③ 日光灯管组合的开启式灯具，灯管排列应整齐；其金属间隔片不应有弯曲扭斜等缺陷。

八、花灯安装

① 固定花灯的吊钩，其圆钢直径不应小于灯具吊挂销钉的直径，且不得小于 6mm。

操作注意事项

大型花灯采用专用绞车悬挂固定，并应符合下列要求。

① 绞车的棘轮必须有可靠的闭锁装置。

② 绞车的钢丝绳抗拉强度不小于花灯重量的 10 倍。

③ 钢丝绳的长度：当花灯放下时，距地面或其他物体不得少于 200mm，且灯线不应拉紧。

④ 吊装花灯的固定及悬吊装置，应做 1.2 倍的过载起吊试验。

② 安装在重要场所的大型灯具的玻璃罩，应防止其碎裂后向下溅落措施。除设计另有要求外，一般可用透明尼龙编织的保护网，网孔的规格应根据实际情况决定。

③ 在配合高级装修工程中的吊顶施工时，必须根据建筑吊顶装修图核实具体尺寸和分格中心，定出灯位，下准吊钩。对大的宾馆、饭店、艺术厅、剧场、外事工程等的花灯安装要加强图纸会审，密切配合施工。

④ 在吊顶夹板上开灯位孔洞时，应先选用木钻钻成小孔，小孔对准灯头盒，待吊顶夹板钉上后，再根据花灯法兰盘大小，扩大吊顶夹板眼孔，使法兰盘能盖住夹板孔洞，保证法兰、吊杆在分格中心位置。

⑤ 凡是在木结构上安装吸顶组合灯、面包灯、半圆球灯和日光灯具时，应在灯爪子与吊顶直接接触的部分，垫上 3mm 厚的石棉布（纸）隔热，防止火灾事故发生。

⑥ 在顶棚上安装灯群及吊式花灯时，应先拉好灯位中心线，按十字线定位。

⑦ 一切花饰灯具的金属构件，都应做良好的保护接地或保护接零。

⑧ 花灯吊钩应采用镀锌件，并需能承受花灯自重 6 倍的重力，特别重要的场所和大厅中的花灯吊钩，安装前应对其牢固程度作出技术鉴定，做到安全可靠。一般情况下，如采用型钢做吊钩时，圆钢最小规格不小于 ϕ12；扁钢不小于 50mm×5mm。

第三节 照明开关和插座的种类及安装

一、主要使用材料和工具

主要使用材料和工具见表 16-1。

表 16-1 主要使用材料和工具

名称	数量	推荐仪器参数
白炽灯泡	2 盏	$220V、40W、15W$
电工组合工具	1 套	
二芯护套线	3m	铜芯 $>0.5mm^2$
三芯护套线	2m	铜芯 $>0.5mm^2$
铝线卡	若干	1 号
按键开关	2 个	
螺口灯座	2 个	M500
熔断器	1 个	RCIA-5 型瓷插式
双眼插座	1 个	
小铁钉	若干	
小螺钉	若干	
绘图板	1 块	3 号

二、项目及工艺要求

① 在绘图板上，根据所给图 16-7 护套线配线示意图，用铅笔画出各开关、灯座、插座的位置。

② 在绘图板上，用铅笔画出护套线的走向及铝线卡固定的位置。一般直线部分每隔 $100\sim200mm$ 固定一个铝线卡，弯头或靠近接线处每隔 $50\sim100mm$ 固定一个铝线卡。

③ 在线路的固定点上用小铁钉钉在铝线卡的钉孔内将其钉牢。

④ 按所给图 16-7 护套线配线示意图，敷设护套线。在敷设时需将护套线拉紧绷直，然后把铝线卡收紧夹住护套线。

⑤ 按所给图 16-8 接线原理图，连接熔断器和护套线。

⑥ 按所给图 16-8 护套线接线原理图，分别连接各开关、灯座、

插座的接线盒内的接线，并使之固定。

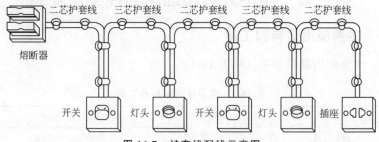

图 16-7　护套线配线示意图

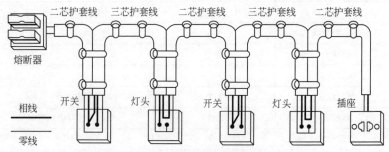

图 16-8　护套线接线原理图

⑦ 在灯座 1、灯座 2 上分别安装电灯泡。

⑧ 对照图 16-8 护套线接线原理图检查线路，正确无误后，装上熔断器插座。

⑨ 接通电源，闭合开关 1、开关 2，观察电路工作情况。

三、原理说明

(1) 室内布线的基本知识

室内布线就是敷设室内用电器具或设备的供电和控制线路。总体要求是正规、合理、整齐、牢固和安全。

室内布线可分为明装式和暗装式两类。明装式就是把导线沿墙壁、天花板、横梁及柱子等表面敷设；暗装式就是将导线穿管埋设在墙内、地下或装设在顶棚里。

(2) 护套线敷设

护套线是一种具有塑料保护层的双芯或多芯绝缘导线，具有防潮、耐酸和耐腐蚀、线路造价较低和安装方便等优点。可以敷设在建筑物的表面，用铝线卡作为导线的支持物。塑料护套线敷设的施工方法简单、线路整齐美观、造价低廉，广泛用于电气照明及其他配电线路。

但塑料护套线不宜直接埋入抹灰层内暗配敷设，并不得在室外露天场所明配敷设。同时，由于导线的截面积较小，大容量电路不能采用。

塑料护套线敷设方法如下。

① 画线定位。先确定线路走向，各用电器的安装位置，然后用弹线袋画线，同时按塑料护套线的安装要求，每隔 150～300mm 画出固定铝线卡的位置。距开关、插座和灯具的接线盒 50mm 处都需要设置铝线卡的固定点。

② 固定铝线卡。铝线卡的规格有 0 号、1 号、2 号、3 号、和 4 号，号码越大，长度越长，在室内外照明线路中通常用 0 号和 1 号铝线卡，但主要还是按导线根数和规格选用。按固定的方式不同，铝线卡的形状有小铁钉固定和用黏结剂固定的两种，如图 16-9 所示。

图 16-9　铝线卡的形状

③ 导线敷设。放线工作是保证塑料护套线敷设质量的重要环节，不可使导线产生扭曲现象。为使导线整齐美观，需将导线敷得横平竖直。敷设时，一手持导线，另一手将导线固定在铝线卡上，如图 16-10 所示。如需转弯时，弯曲半径不应小于护套线宽度的 3～6 倍，转弯前后应各用一个铝线卡夹住。

④ 铝线卡的夹持。塑料护套线均置于铝线卡的钉孔位后，可按如图 16-11 所示方法将铝线卡收紧夹持塑料护套线。

(3) 照明装置的安装要求

照明装置主要包括电光源与照明灯具、控制开关和插座。

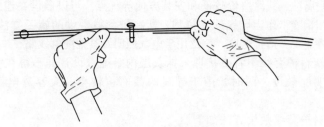

图 16-10 导线固定

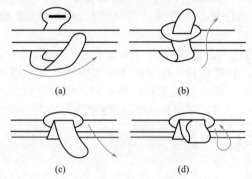

(a)   (b)

(c)   (d)

图 16-11 铝线卡固定

① 灯具的安装要求：

a. 相线经开关进入灯座，接在螺口灯座中心接线柱上，零线接在螺扣的接线柱上。

b. 灯泡功率在 100W 及以下者，可用塑料灯头或胶木灯头；灯泡功率在 100W 以上或潮湿场所，用防潮封闭式灯具并且用瓷质灯头。

c. 灯头线两端导线不应受力，需系防脱扣，见图 16-12 所示。

d. 灯具质量在 1kg 以下可采用线吊，1kg 以上采用链吊、管吊，

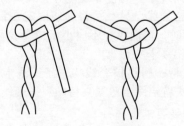

图 16-12 防脱扣系法

大于 3kg 需采用预埋件。

e.灯具离地面的距离一般不得低于 2m，若因生活、工作和生产的需要，最低不得低于 1m，且必须采取保护措施。

② 开关的安装要求：

a.开关安装位置应便于操作。

b.开关边缘距门框为 0.15～0.2m，开关距地面应为 1.2～1.4m。

c.开关应串联在通往灯座的相线上。

d.安装在同一室内的开关应采用统一的系列产品，距地面的高度应一致。

e.按钮开关一般向下按为闭合，向上按为断开。

③ 插座的安装要求：

a.家用电器的插座应与照明分路设计。

b.有条件的厨房、卫生间的电源插座应设置独立回路，分支回路铜导线截面 $\geqslant$ 2.5mm^2。

c.插座安装高度一般应不低于 1.2～1.4m。

d.同一场所的插座安装高度应一致。

e.安装插座应根据"面对面板左零右相，或者上相下零"的原则。

四、作业方法

作业方法见表 16-2。

表 16-2　作业方法

序号	项目	内容	说明
1	作业前工作	①现场施工负责人向进入本施工范围的所有工作人员明确交代本次施工设备状态、作业内容、作业范围、进度要求、特殊项目施工要求、作业标准、安全注意事项、危险点及控制措施、危害环境的相应预防控制措施、人员分工，并签署(班组级)安全技术交底表　②现场施工负责人负责办理相关的工作许可手续，开工前做好现场施工防护围蔽警示措施；夜间施工需有足够的照明　③现场施工负责人组织检查确认进入本施工范围所有工作人员是否正确使用劳保用品及着装，并带领施工作业人员进入作业现场	按安规规定佩戴统一的安全帽，统一佩戴有个人照片的作业证(或胸卡证)，穿着统一的工作服
2	开始前作业	现场施工负责人发出许可开工命令	

序号	项目	内容	说明
3	弹线定位	①弹线定位应符合以下规定:线槽配线在穿过楼板及墙壁时,应用保护管,而且穿楼板处必须用钢管保护,其保护高度距地面不应低于 1.8m ②墙上盒弹线定位:墙盒弹线定位,弹出的水平线,对照设计图用小线和水平尺测量出盒的准确位置,并标注尺寸	
4	开关、插座安装	暗装开关、插座:按接线要求,将盒内甩出的导线与插座、开关的面板按相序连接压好,理顺后将开关或插座推入盒内,调整面板对正盒眼,用机螺钉固定牢固。固定时使面板端正,并紧贴墙面	
5	线管、槽敷设	①管路敷设(绝缘导管暗敷设工程) a.半硬质阻燃型绝缘导管的连接可采用套管粘接法和专用端头进行连接;套管的长度不应小于管外径的 3 倍,管子的接口应位于套管的中心,接口处应用胶黏剂粘接牢固。 b.敷设管路时,应尽量减少弯曲。当线路的直线段长度超过 15m,或直角弯有 3 个且长度为 8m,均应在中途装设接线盒。 ②线槽固定(绝缘线槽明敷设工程) 砖墙可采用塑料胀管固定塑料线槽。根据胀管直径和长度选择钻头,在标出的固定点位置上钻孔,不应歪斜、豁口,应垂直钻孔后,将孔内残存的杂物清理干净,用木锤把塑料胀管垂直敲入孔中,并与建筑物表面平齐为准,再用石膏将缝隙填实抹平。用半圆头木螺钉加垫圈将线槽底板固定在塑料胀管上,紧贴建筑物表面。应先固定两端,再固定中间,同时找正线槽底板,应横平竖直,并沿建筑物形状表面进行敷设	
6	线管、槽配线	①管内穿线:a.相线、零线及保护地线的颜色应加以区分,用黄绿双色的导线做保护地线,淡蓝色为工作零线,红、黄、绿色为相线,开关控制线宜使用白色;b.穿带线的同时,检查子管路是否畅通,管路的走向及盒、箱的位置是否符合设计及施工图的要求;c.两人穿线时,应配合协调,一拉一送 ②槽内放线:先将导线抻直、捋顺,盘成大圈或放在放线架(车)上,从始端到终端(先干线,后支线)边放边整理,不应出现挤压背扣、扭结、损伤导线等现象。按分支回路排列绑扎成束,绑扎时应采用尼龙扎带,不允许使用金属导线进行绑扎	

序号	项目	内容	说明
7	开关、插座接线	①开关接线:a.要求同一场所的开关切断方向一致,控制灵活,导线压接牢固。灯具电源的相线必须经开关控制;b.开关连接的导线宜在圆孔接线端子内折回头压接(孔径允许折回头压接时);c.多联开关不允许拱头连接,应采用缠绕或LC型压接帽压接总头后,再进行分支连接 ②插座接线:a.单相两孔插座有横装和竖装两种。横装时,面对插座的右极接相线(L),左极接中性线(N);竖装时,面对插座的上极接相线(L),下极接中性线(N)。 b.单相三孔、三相四孔及单相五孔插座的(PE)线均应接在上孔,插座保护接地端子不应与工作零线端子连接。 c.不同电源种类或不同电压等级的插座安装在同 场所时,外观与结构应有明显区别,不能相互代用,使用的插头与插座配套。同一场所的三相插座相序一致。 d.插座箱内安装多个插座时,导线不允许拱头连接,宜采用接线帽或缠绕形式接线。 e.压接端子接线时,导线应顺时针方向盘圈压紧在开关、插座的相应端子上;插接端子接线时,线芯直接插入接线孔内,孔径较大时,导线弯回头,再将顶丝旋紧,线芯不得外露。接线时导线要留有维修裕量,剥线时不应伤线芯	
8	灯具安装	①料台的安装 a.将灯头盒内的电源线从料台的穿线孔中穿出,留出接线长度,削出线芯,将塑料台紧贴建筑物表面,对正位置,用机螺钉将塑料台固定在灯头盒上。 b.将电源线由吊线盒底或平灯座出线孔内穿出,并压牢在其接线端子上,余线送回至灯头盒。然后将吊线盒底座或平灯座固定在塑料台上。 ②吸顶荧光灯安装 首先确定灯具位置,然后将电源线穿入灯箱,将灯箱贴紧建筑物表面,用胀管螺栓固定。灯头盒不外露。 ③嵌入式荧光灯安装 a.根据灯具与吊顶内接线盒之间的距离,进行断线及配制金属软管,但金属软管必须与盒、灯具可靠接地,金属软管长度不得大于1.2m,如果采用阻燃喷塑金属软管可不做跨接地线	

序号	项目	内容	说明
8	灯具安装	b.金属软管连接必须采用配套的软管接头与接线盒及灯箱可靠连接,吊顶内严禁有导线明露 c.应急灯安装:应急灯必须灵敏可靠,应急时间符合设计要求;应选用自带电源型应急灯具,并有应急电源的切换功能。应急照明在正常电源断电后,电源转换时间为疏散照明≤15s;备用照明≤15s;安全照明≤0.5s	
9	试通电	①通电试运行灯具、配电箱全部安装完毕。线路的绝缘电阻检测合格后,方允许通电试运行。通电后应仔细检查开关与灯具控制顺序是否相对应,灯具的控制是否灵活、准确;电器元件是否正常,如果发现问题必须先断电,然后查找原因进行修复。修复后,重新进行通电试运行 ②建筑照明系统通电连续试运行时间应为24h,所用照明灯具均应开启,且每2h记录运行状态,连续试运行时间内无故障	

第四节　照明装置的常见故障排除

一、照明装置故障处理要点

① 灯全部不亮应检查总开关及进线端,当总开关跳闸或总熔丝熔断则为线路或设备短路或负载太大所致。如熔丝盒内黑糊糊一片或锡珠飞溅则为短路造成;如只有熔丝中间段熔断并有锡液流滴痕迹则为过载造成。当总开关未跳闸或总熔丝未熔断则为进线断路或控制箱内开关或某相接触不良或松动烧坏所致。

② 只有部分灯不亮则为支路上或支路开关有上述故障的存在,应从支路进线及支路开关起开始检查。

③ 某一灯不亮则为该分路上或开关上有上述故障,或灯具接线错误、或接触不良、或灯泡损坏、或开关损坏,特别是荧光灯必须检查其所有的接点(包括启辉器、镇流器)是否接触良好。

④ 灯具不能正常发亮,一般为电压太低、接触不良、线路陈旧漏电及绝缘不够,或灯泡灯管损坏等。

⑤ 检查上述故障时,最好先用万用表测量一下进线端有无电压、电压是否正常。没有万用表时最好用一好灯泡(试灯)试亮,如用试

电笔最好用数字式试电笔，它能显示电压值，用氖泡试电笔有时很难分辨电压的大小而导致失误。再者要准确区分火线、控制火线和零线，不要随意拆卸或打开接头，以免弄乱而影响下步处理。

⑥ 检查故障时要一个回路一个回路逐步检查，不得急于求成，要耐心细致。夜间处理故障时应使用临时照明，或者先用临时照明代替，等白天再做处理。

⑦ 处理故障时常带电操作，必须注意安全，除穿绝缘鞋外，最好站在干燥木板或凳子上。当原因确定后，应拉闸再做进一步处理。

⑧ 处理暗装线路时最好有原施工图或竣工图，以便掌握管线的走向和布置。暗装线路在没有确定故障原因时，任何人不得抽取管中的导线。

二、照明线路故障处理

照明线路试灯中，常由于元件材料的质量问题或安装不妥、设计有误、环境条件等因素，发生短路、不亮、发光不正常等事故，这些事故应及时处理，以保证试灯顺利进行。

(1) 断路或开路的检查

断路或开路包括相线或中性线断开两种。

断路或开路的原因可能是线路断线、线路接头虚接或松动，线路与开关的接线为虚接、松动或假接（如绝缘未剥尽）、开关触头接触不良或未接通等。断路的检查通常采用分段检查的方法，先把分路开关拉闸，合上总开关。

① 检查总开关上闸口是否有电，可用试电笔测试上闸口接线端子，如发光很亮，则说明正常，然后用万用表测试与零线的电压应为220V；如发光较暗，则说明进线有虚接、松动现象，可将接线端子拧紧，并检查接点的压接部位的绝缘层是否剥掉，有否锈蚀现象；处理后如仍较暗，则说明进线有误，可到上一级开关的下闸口检查，如正常，则说明故障点在线路上；可检查该段线路的接头是否良好，否则，线路有断线点，可将线路电源开关拉掉，验证无电且放电后，一端与地线封死，另一端用万用表测试，确认是否断线。

如果试电笔氖泡不发光，则说明进线断路，可到上一级开关的下闸口检查，如正常，则说明故障点在线路上。如到上一级开关下闸口检查，和在总闸上闸口检查结果相同，则说明故障在上一级开关或线路上。

② 检查总开关的下闸口，如不正常则说明总开关有误，如接触不良、假合、熔丝熔断等。如正常，可在配电盘上、箱内检查各分路开关的下闸口是否正常，如不正常，可在盘上、箱内检查线路或开关，因盘上线路较短很容易发现故障点。如正常则说明故障在由盘或开关箱送出的回路上。

③ 上述的电压测量是在假定零线不断的情况下进行的，如果氖泡发光很亮，但与零线间进行电压测量则为 0，很可能是零线断线，为了进一步证实，可在相线与地线间测量电压，有时从接地极直接引线来测量。

④ 盘上或箱内检查正常后，再在送出的支路上检查，最好是将各个支路上的开关都关掉，特别是拉线开关，必须将盒盖打开才能确认是否已断开。先将距开关箱最近的一个开关闭合，看其控制的灯是否点亮。如亮则说明这只灯到总开关箱这段线正常，再往下测试距这个灯最近的一个开关回路，直至最后一个回路，如不亮则说明开关箱到这只最近的开关回路或上一个正常测试点到这只开关或灯头有断路现象。可将开关的盒盖打开先用测电笔测试一下静触头是否有电，如很亮，则用万用表测试其对地电压，应为 220V；如对零线电压为零，则说明这段回路中零线断线；如对零线电压正常，则说明开关虚接、开关接触不良、灯头虚接和灯头的导线断线等，一一检查，直至找出原因。

⑤ 线路正常后，可测量插座的电压应正常；如电压为零，可先用试电笔测其是否发光正常，如正常则为零线断线，再用与地线电压来证实；如无光则为火线断线。无论哪种都应将盒盖打开，检查接线是否良好以及插座进线始端的接头是否良好，是很重要的。

⑥ 在支路上检查时，如不将所有开关都断开，或只将部分断开，而另一部分闭合，这时如用试电笔测试，火线、零线都有电很亮，则说明零线断线，如发光较暗，则说明火线虚接，如不亮则说明火线断线。但究竟哪段导线故障，还得按上述④中的方法一一检查。

(2) 短路故障的检查

短路故障的现象是合闸后熔丝立即熔断或断路器合闸后立即跳闸。短路故障的原因，可能是线路中相线与零线直接相碰、电具绝缘不好、相线与地相碰、接线错误、电具端子相连等。短路的检查，通常也是采用分段检查的方法，先将系统中所有的开关拉掉。

① 合上总开关，如熔丝立即熔断或断路器合上后立即跳闸，则

说明总开关下闸口到分路开关上闸口这段导线有短路现象，或从这段导线接出的回路有短路现象，或者总开关下闸口绝缘不良而直接短路或总开关质量不合格。如正常可将分路开关一一合上，如合上某一开关，熔丝立即熔断或断路器合不上，则说明该分路开关到各个支路开关前有短路现象；如正常则说明故障在各个支路的线路里。

② 把第一分路中第一支路距闸箱最近的一只灯的开关合上，如果分路开关跳闸或熔丝熔断，则说明故障就在这段线路里。可先检查螺口灯口内的中心舌片与螺口上是否接触，有无短路电弧的"黑迹"检查灯泡灯丝是否短路，可更换灯泡或用万用表测量灯丝的电阻；然后将管口处的导线拆开，用绝缘电阻表测量管内导线的绝缘。如无故障点，再检查一零一火接在开关点上以及插座上是否接线有误；检查接线盒内"跪头"绝缘是否包扎良好，是否碰壳或零线火线碰触以及管、盒内潮湿有水等。短路点一般都有短路电弧的"黑迹"，如仍无故障点，则是元件本身的绝缘不良或因为污迹造成短路等。

如分路开关不跳闸或熔丝不熔断，则说明故障不在这段线路里，应往下一只灯的回路检查，直至最后一只。

③ 如果第一支路无故障，将第一分路的开关拉闸，再合上第二分路开关，按上述方法检查其他分路，直至所有分路检查完毕，找出故障点。断路与短路的检查是一项耐心的工作，不得操之过急，严禁乱拆乱卸及不按程序检查。晚上检查故障，必须拉上临时照明，并注意安全。检查故障应按房号分组一一检查，每组一般不超过三人。

第十七章

三相异步电动机控制PLC程序设计范例

第一节 三相异步电动机的点动和连续控制

范例示意如图 17-1 所示。

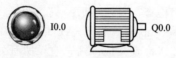

I0.0   Q0.0

图 17-1 范例示意

▶ 〈控制要求〉

当按下按钮时，电动机转动；松开按钮，电动机停转。

▶ 〈元件说明〉

元件说明见表 17-1。

表 17-1 元件说明

PLC 软元件	控制说明	PLC 软元件	控制说明
I0.0	按钮，按下时，I0.0 状态由 Off→On	Q0.0	电动机（接触器）

▶ 〈梯形图〉

如图 17-2 所示。

▶ 〈梯形图识读〉

当按下按钮时，I0.0 处导通，Q0.0 得电（即接触器线圈得电，

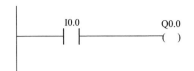

图 17-2　控制程序

接触器主触点闭合），电动机得电启动运转；

松开按钮时，I0.0 处不导通，Q0.0 失电（即接触器线圈失电，接触器主触点断开），电动机失电停止运转。

 注意

① 点动控制多用于机床刀架、横梁、立柱等快速移动和机床对刀等场合。

② 在常态（不通电）的情况下处于断开状态的触点叫常开触点。在常态（不通电、无电流流过）的情况下处于闭合状态的触点叫常闭触点。

③ 在读 PLC 梯形图时，看到常开接点或常闭接点，当按钮（在 PLC 外部接线时，通常接实际按钮的常开触点）状态为 On 时，梯行图中常开接点闭合（导通），梯行图中常闭接点断开（不导通）。如当 I0.0 得电时，梯形图中 I0.0 常开接点闭合，I0.0 常闭接点断开。

④ Q0.0 也可以是电磁阀、灯等其他设备。

第二节　三相异步电动机的连续控制

范例示意如图 17-3 所示。

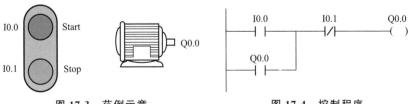

图 17-3　范例示意　　　　　图 17-4　控制程序

⬛ ◀控制要求▶

当按下 Start 按钮时，电动机开始运转，松开 Start 按钮后电动机仍保持运转状态；当按下 Stop 按钮时，电动机停止运转。

⬛ ◀元件说明▶

元件说明见表 17-2。

表 17-2　元件说明

PLC 软元件	控制说明	PLC 软元件	控制说明
I0.0	按下 Start 时，I0.0 状态由 Off→On	Q0.0	电动机(接触器)
I0.1	按下 Stop 时，I0.1 状态由 Off→On		

⬛ ◀梯形图▶

如图 17-4 所示。

⬛ ◀梯形图识读▶

① 按下 Start 按钮，I0.0 得电，常开触点闭合，Q0.0 得电并保持，电动机开始运转。与 I0.0 并联的常开触点闭合，保证 Q0.0 持续得电，这就相当于继电控制线路中的自锁。松开 Start 按钮后，由于自锁的作用，电动机仍保持运转状态。

② 按下 Stop 按钮时，I0.1 得电，I0.1 常闭触点断开，电动机失电停止运转。

③ 要想再次启动，重复步骤①。

第三节　三相异步电动机点动、连续混合控制

范例示意如图 17-5 所示。

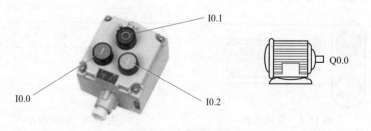

图 17-5　范例示意

控制要求

① 当按下 I0.0 时，电动机启动运转，松开时，电动机保持运转状态；

② 当按下 I0.1 时，电动机停止运转；

③ 当按下 I0.2 时，电动机运转（无论此前处于何状态），松开时，电动机停止运转。

(1) 一般编程

常见的点动、连续混合继电控制线路原理如图 17-6 所示。

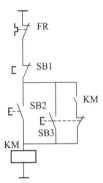

图 17-6 点动、连续混合继电控制线路

图 17-6 为较常用的三相异步电动机的点动、连续混合继电控制线路，其中 SB2 为电动机连续运行启动按钮，SB3 为电动机点动运行启动按钮，SB1 为电动机连续运行停止按钮。

元件说明

元件说明见表 17-3。

表 17-3 元件说明

PLC 软元件	控制说明
I0.0	启动按钮,按下时,I0.0 状态由 Off→On
I0.1	停止按钮,按下时,I0.1 状态由 Off→On
I0.2	点动按钮,按下时,I0.2 状态由 Off→On
Q0.0	电动机(接触器)

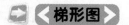

梯形图

如图 17-7 所示。

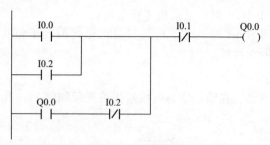

图 17-7　控制程序

梯形图识读

按照图 17-6 的原理很容易编写出图 17-7 所示的 PLC 程序。按常规分析图 17-7 应该能实现点动、连续混合控制，但实际运行结果如何呢？程序分析及实际运行结果如下。

① 按下 I0.0 按钮，I0.0 得电，常开触点闭合，Q0.0 得电并保持，电动机启动运转，松开时仍然保持运转状态。实现了连续运行的控制。

② 按下 I0.1 按钮，I0.1 得电，常闭触点断开，Q0.0 失电，电动机停止运转，停止功能实现。

③ 按下 I0.2 按钮，无论电动机处于何种状态都将运转；松开 I0.2 按钮，电动机没有停止运转，反而继续运转，即 I0.2 没有实现点动控制，实现的也是连续控制。原因在于没有有效破坏自锁。

④ 也就是说图 17-7 程序不能完成点动控制。

(2) 改进方案 1

元件说明

元件说明见表 17-4。

表 17-4　元件说明

PLC 软元件	控制说明
I0.0	连续启动按钮；按下时，I0.0 状态由 Off→On

PLC 软元件	控制说明
I0.1	停止按钮：按下时，I0.1 状态由 Off→On
I0.2	点动按钮：按下时，I0.2 状态由 Off→On
T32	计时 0.001s 定时器，时基为 1ms 的定时器
Q0.0	电动机（接触器）

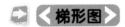 梯形图

如图 17-8 所示。

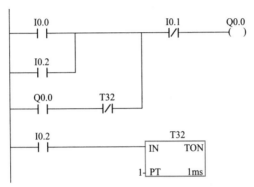

图 17-8 控制程序

梯形图识读

① 按下 I0.0 按钮，I0.0 得电，常开触点闭合，Q0.0 得电并保持，电动机启动连续运转，松开时仍然保持运转状态。

② 按下 I0.1 按钮，I0.1 得电，I0.1 常闭触电断开，Q0.0 失电，电动机停止运转。

③ 按下 I0.2 按钮，无论电动机处于何种状态都将运转；松开 I0.2 按钮，电动机停止运转。

④ 按下 I0.2 按钮，0.001s（T32 延时）后，计时时间到 T32 常闭接点断开，有效地破坏了自锁电路，形成了点动控制效果。

(3) 改进方案 2

元件说明

元件说明见表 17-5。

表 17-5　元件说明

PLC 软元件	控制说明
I0.0	连续启动按钮:按下时,I0.0 状态由 Off→On
I0.1	停止按钮:按下时,I0.1 状态由 Off→On
I0.2	点动按钮:按下时,I0.2 状态由 Off→On;松开时,I0.2 状态由 On→Off
M0.0	内部辅助继电器
Q0.0	电动机(接触器)

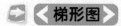 梯形图

如图 17-9 所示。

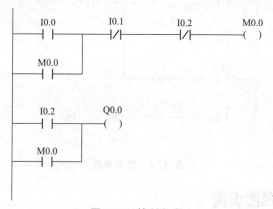

图 17-9　控制程序

梯形图识读

① 按下 I0.0 按钮,I0.0 得电,常开触点闭合,M0.0 得电并自锁保持,Q0.0 得电,电动机启动运转,松开时仍然保持运转状态。

② 按下 I0.1 按钮,I0.1 得电,I0.1 常闭触点断开,M0.0 失电,Q0.0 失电,电动机停止运转。

③ 按下 I0.2 按钮,I0.2 得电,其常开触点闭合,Q0.0 = On,常闭触点断开确保辅助继电器 M0.0 不得电,实现了无论电动机之前处于何种状态都将运转的效果;松开 I0.2 按钮,Q0.0 失电,电动机停止运转。实现了点动控制效果。

第四节　两地控制的三相异步电动机连续控制

范例示意如图 17-10 所示。

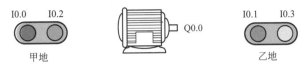

图 17-10　范例示意

控制要求

甲、乙两地均可控制电动机的启动与停止：按下按钮 I0.0，电动机启动运转；按下 I0.2 按钮，电动机停止运转。按下按钮 I0.1，电动机启动运转；按下 I0.3 按钮，电动机停止运转。

元件说明

元件说明见表 17-6。

表 17-6　元件说明

PLC 软元件	控制说明
I0.0	甲地启动按钮，按下时，I0.0 状态由 Off→On
I0.1	乙地启动按钮，按下时，I0.1 状态由 Off→On
I0.2	甲地停止按钮，按下时，I0.2 状态由 Off→On；I0.2 常闭接点断开
I0.3	乙地停止按钮，按下时，I0.3 状态由 Off→On；I0.3 常闭接点断开
Q0.0	电动机（接触器）

梯形图

如图 17-11 所示。

梯形图识读

在甲、乙两地都可以控制电动机运转：

① 按下甲地启动按钮 I0.0 时，I0.0 得电，即 I0.0 = On，则 Q0.0 = On，并自锁，电动机启动且持续运转；

② 按下甲地停止按钮 I0.2 时，I0.2 常闭触点断开，Q0.0 = Off，电动机失电停止运转；

③ 按下乙地启动按钮 I0.1 时，I0.1 得电，即 I0.1＝On，Q0.0＝On，并自锁，电动机启动且持续运转；

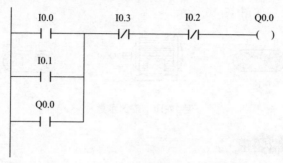

图 17-11　控制程序

④ 按下乙地停止按钮 I0.3 时，I0.3 常闭触点断开，Q0.0＝Off，电动机失电停止运转。

第五节　两地控制的三相异步电动机点动连续混合控制

范例示意如图 17-12 所示。

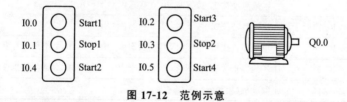

图 17-12　范例示意

控制要求

在甲地可以通过控制按钮控制电动机的运转情况，进行点动与连续的转换，按下 Start1 时，电动机启动连续运转，按下 Start2 时，电动机切换为点动运转状态，按下 Stop1 时，电动机停止运转；在乙地也可不受干扰地通过另一套控制按钮控制电动机运转。

元件说明

元件说明见表 17-7。

表 17-7　元件说明

PLC 软元件	控制说明
I0.0	甲地电动机连续控制按钮,按下 Start1 时,I0.0 的状态由 Off→On
I0.1	甲地电动机停止按钮,按下 Stop1 时,I0.1 的状态由 Off→On
I0.2	乙地电动机连续控制按钮,按下 Start3 时,I0.2 的状态由 Off→On
I0.3	乙地电动机停止按钮,按下 Stop2 时,I0.3 的状态由 Off→On
I0.4	甲地电动机点动控制按钮,按下 Start2 时,I0.4 状态由 Off→On
I0.5	乙地电动机点动控制按钮,按下 Start4 时,I0.5 的状态由 Off→On
Q0.0	电动机(接触器)

梯形图

如图 17-13 所示。

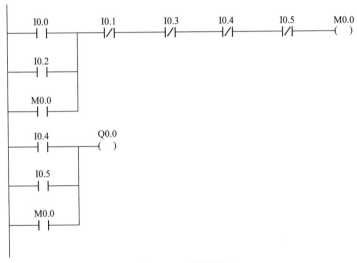

图 17-13　控制程序

梯形图识读

①　在甲地,按下 Start1 按钮时,I0.0 得电,I0.0 常开触点闭合,M0.0＝On 并保持,Q0.0＝On,电动机启动运转,保持运行状态,实现连续控制。按下 Stop1 按钮时,I0.1 常闭触点断开,Q0.0＝Off,电动机停止运转。按下 Start2 按钮时,I0.4＝On(I0.4 常闭触点断开,

确保内部辅助继电器 M0.0 输出线圈为 Off，故 M0.0 常开触点断开，M0.0 失电），Q0.0＝On，电动机启动运转，当松开按钮时，Q0.0＝Off，电动机停止运转，实现点动控制。

②在乙地，按下 Start3 按钮时，I0.2 得电，M0.0＝On 并保持，Q0.0＝On，电动机启动运转，保持运转状态，实现连续控制。按下 Stop2 按钮时，I0.3 常闭触点断开，Q0.0＝Off，电动机停止运转。按下 Start4 按钮时，I0.5＝On（I0.5 常闭触点断开，确保内部辅助继电器 M0.0 输出线圈为 Off，故 M0.0 常开触点断开，M0.0 失电），Q0.0＝On，电动机启动运转，当松开按钮时，Q0.0＝Off，电动机停止运转，实现点动控制。

第六节　三相异步电动机正反转控制

范例示意如图 17-14 所示。

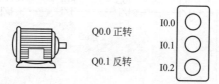

图 17-14　范例示意

🔹◀控制要求▶

按下正转按钮，电动机正转；按下反转按钮，电动机反转；按下停止按钮，电动机停止运转。

🔹◀元件说明▶

元件说明见表 17-8。

表 17-8　元件说明

PLC 软元件	控制说明
I0.0	电动机正转按钮，按下按钮时，I0.0 状态由 Off→On
I0.1	电动机反转按钮，按下按钮时，I0.1 状态由 Off→On
I0.2	停止按钮，按下按钮时，I0.2 状态由 Off→On
Q0.0	正转接触器（实现电动机的正转）
Q0.1	反转接触器（实现电动机的反转）

梯形图

如图 17-15 所示。

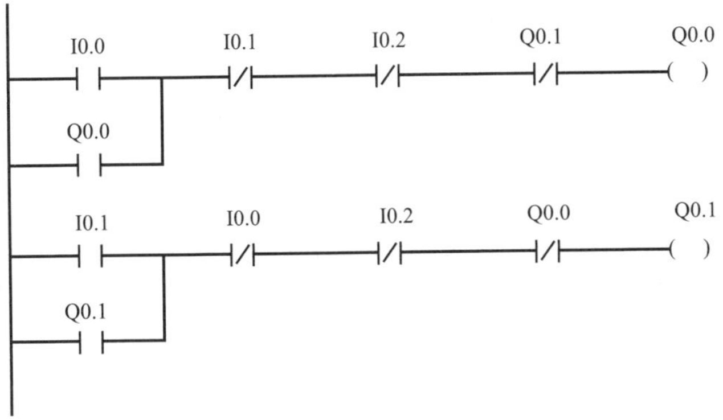

图 17-15　控制程序

梯形图识读

按下正转按钮，I0.0 得电，I0.0 常开触点闭合，正转接触器 Q0.0 得电，且 Q0.0 实现自锁，电动机正向启动连续运转。

按下反转按钮，I0.1 常闭触点断开，正转接触器 Q0.0 失电，Q0.0 常闭触点闭合，反转接触器 Q0.1 得电，Q0.1 常开接点闭合实现自锁，电动机实现反向连续运转。

按下停止按钮，I0.2 状态由 Off→On；I0.2 常闭触点断开，无论是 Q0.0 还是 Q0.1 都会立即失电并解除各自的自锁，电动机停止转动。

第七节　三相异步电动机顺序启动同时停止控制

范例示意如图 17-16 所示。

控制要求

电动机 Q0.0、Q0.1、Q0.2 顺序启动，即 Q0.0 启动运转后 Q0.1 才可以启动，随后 Q0.2 才能启动。并且三个电动机可同时关闭。

元件说明

元件说明见表 17-9。

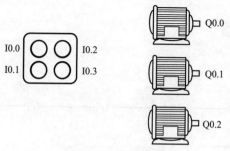

图 17-16　范例示意

表 17-9　元件说明

PLC 软元件	控制说明
I0.0	电动机 0 启动按钮:按下时,I0.0 状态由 Off→On
I0.1	电动机 1 启动按钮:按下时,I0.1 状态由 Off→On
I0.2	电动机 2 启动按钮:按下时,I0.2 状态由 Off→On
I0.3	停止按钮:按下时,I0.3 状态由 Off→On
Q0.0	电动机 0(接触器 0 线圈)
Q0.1	电动机 1(接触器 1 线圈)
Q0.2	电动机 2(接触器 2 线圈)

梯形图

如图 17-17 所示。

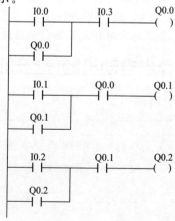

图 17-17　控 制 程 序

① 按下启动按钮 I0.0 时，Q0.0＝On。(此时，与 I0.0 并联的常开接点 Q0.0 闭合实现自锁；与输出线圈 Q0.1 相连的常开触点 Q0.0 闭合，为输出线圈 Q0.1 得电做好了准备)，电动机 0 启动，运转。

② 在 Q0.0＝On 的前提下，按下启动按钮 I0.1，Q0.1＝On (此时，与 I0.1 并联的常开接点 Q0.1 闭合实现自锁；与输出线圈 Q0.2 相连的常开接点 Q0.1 闭合，为输出线圈 Q0.2 得电做好了准备)，电动机 1 启动；否则，电动机 1 不启动。

③ 在 Q0.1＝On 的前提下，按下启动按钮 I0.2，Q0.2＝On 并实现自锁，电动机 2 启动；否则，电动机 2 不启动。

④ 按下停止按钮 I0.3，三个电动机均停止运转。

第八节　三相异步电动机顺序启动逆序停止控制

范例示意如图 17-18 所示。

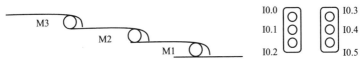

图 17-18　范例示意

在电动机的控制环节中，经常要求电动机的启停有一定的顺序，例如，磨床要求先启动润滑油泵，然后再启动主轴电动机等。这里要求三台电动机依次顺序启动，逆序停止，即 1 号电动机启动后，2 号电机才可以启动，以此类推。停止时 3 号电动机先停止后，2 号电动机才能停止，2 号电动机停止后，1 号电动机才能停止。

元件说明见表 17-10。

表 17-10　元件说明

PLC 软元件	控制说明
I0.0	1 号电动机启动开关,按下时,I0.0 的状态由 Off→On
I0.1	2 号电动机启动开关,按下时,I0.1 的状态由 Off→On

PLC 软元件	控制说明
I0.2	3 号电动机启动开关，按下时，I0.2 的状态由 Off→On
I0.3	3 号电动机停止开关，按下时，I0.3 的状态由 Off→On；I0.3 常闭接点断开
I0.4	2 号电动机停止开关，按下时，I0.4 的状态由 Off→On；I0.4 常闭接点断开
I0.5	1 号电动机停止开关，按下时，I0.5 的状态由 Off→On；I0.5 常闭接点断开
Q0.0	1 号电动机(接触器)
Q0.1	2 号电动机(接触器)
Q0.2	3 号电动机(接触器)

梯形图

如图 17-19 所示。

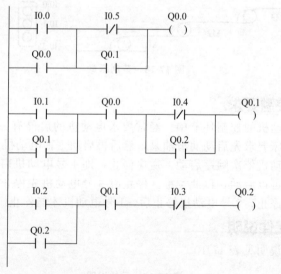

图 17-19 控制程序

梯形图识读

① 按下启动开关 I0.0 时，I0.0＝On，Q0.0＝On（与 I0.0 并联

578

的 Q0.0 常开接点闭合，实现自锁；与 I0.1 串联的 Q0.0 常开接点闭合，为 Q0.1 得电做好准备），一号电动机启动运转，并保持运转状态。

② 因为该控制要求启动设备的顺序依次为 0 号、2 号、3 号电动机。所以，在第一步后，按下 I0.1，I0.1＝On，Q0.0＝On，Q0.1＝On，2 号电动机才可以启动，3 号电动机同理。

③ 停止时，该控制要求必须依次按照 3 号、2 号、1 号的顺序停止，才可以停下设备。首先按下 I0.3，I0.3＝On，Q0.2＝Off，与 I0.2 并联的 Q0.2 常开接点断开，解除自锁，三号电动机停止运转。与 I0.4 并联的 Q0.2 常开触点断开，为 Q0.1 失电做好准备。此时按下 I0.4，I0.4＝On，I0.4 常闭触点断开，Q0.1＝Off，与 I0.1 并联的 Q0.1 常开触点断开，解除自锁，2 号电动机停止运转。与 I0.5 并联的 Q0.1 常开触点断开，为 Q0.0 失电做好准备。按下 I0.5，I0.5＝On，I0.5 常闭触点断开，Q0.0＝Off，与 I0.0 并联的 Q0.0 常开触点断开，解除自锁，1 号电动机停止运转。

第九节　三相异步电动机星-三角降压启动控制

范例示意如图 17-20 所示。

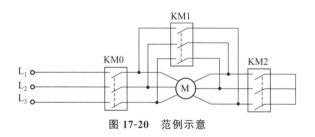

图 17-20　范例示意

控制要求

三相交流异步电动机启动时电流较大，一般为额定电流的 4～7 倍。为了减小启动电流对电网的影响，采用星-三角形降压启动方式。

星-三角形降压启动过程：合上开关后，电动机启动接触器和星形降压方式启动接触器先启动。10s（可根据需要进行适当调整）延时后，星形降压方式启动接触器断开，再经过 0.1s 延时后将三角形正常运行接触器接通，电动机主电路接成三角形接法正常运行。采用

两级延时的目的是确保星形降压方式启动接触器完全断开后才去接通
三角形正常运行接触器。

元件说明

元件说明见表 17-11。

表 17-11   元件说明

PLC 软元件	控制说明
I0.0	START 按钮，按下时，I0.0 状态由 Off→On
I0.1	STOP 按钮，按下时，I0.1 状态为由 Off→On
T37	计时 10s 定时器，时基为 100ms 的定时器
T38	计时 0.1s 定时器，时基为 100ms 的定时器
Q0.0	电动机启动接触器 KM0
Q0.1	星形降压方式启动接触器 KM2
Q0.2	三角形正常运行接触器 KM1

梯形图

如图 17-21 所示。

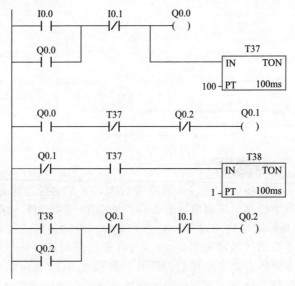

图 17-21   控制程序

① 按下启动按钮 I0.0，I0.0＝On，Q0.0＝On 并自锁，电动机启动接触器 KM0 接通，同时 T37 计时器开始计时，在 10s 到来之前，T37＝Off，Q0.2＝Off，所以 Q0.1＝On，即星形降压方式启动接触器 KM2 接通，电动机星形接法启动运转。10s 后，T37 计时器到达预设值，T37＝On，Q0.1＝Off，Q0.1 常闭触点闭合，T38 计时器计时开始，0.1s 后，T38 计时器到达预设值，T38＝On，Q0.1＝Off，I0.1＝Off，所以 Q0.2＝On，即三角形正常运行接触器 KM1 导通，电动机切换为三角形接法正常运转。

② 无论电动机处于什么运行状态，当按下停止按钮 I0.1 时，I0.1＝On，I0.1 常闭接点断开。输出线圈 Q0.0、Q0.1、Q0.2 都变为 Off，各接触器常开触点均断开，电动机将停止运行。

第十节　三相异步电动机时间原则控制的单向能耗制动

范例示意如图 17-22 所示。

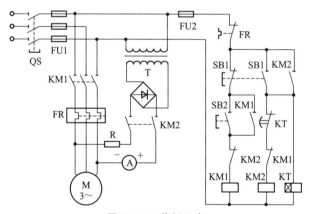

图 17-22　范例示意

■◆ **控制要求** ◆▶

按下启动按钮 SB2，电动机运转；按下停止按钮 SB1，电动机立即断电（由于惯性电动机转子会继续转动），为了使电动机转速尽快降到零，将二相定子接入直流电源进行能耗制动，电动机快速停转，然后直流电源自动断电。

元件说明

元件说明见表 17-12。

表 17-12 元件说明

PLC 软元件	控制说明
I0.0	电动机启动按钮 SB2,按下按钮时,I0.0 由 Off→On
I0.1	电动机停止按钮 SB1、二相定子启动按钮;按下按钮时,I0.1 由 Off→On 电动机立即断电,同时二相定子接入直流电开始能耗制动
T37	时基为 100ms 的定时器
Q0.0	接触器 KM1
Q0.1	接触器 KM2

梯形图

如图 17-23 所示。

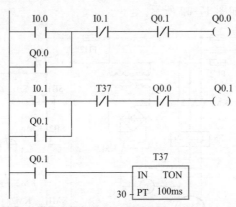

图 17-23 控制程序

梯形图识读

① 按下启动按钮 SB2,I0.0 得电,常开触点闭合,Q0.0 得电自锁,接触器 KM1 得电,电动机启动运转。

② 电动机已正常运行后,若要快速停机:

按下按钮 SB1,I0.1 得电,常闭触点断开,Q0.0 输出线圈失电,

Q0.0 常开触点断开，自锁解除，接触器 KM1 失电；Q0.0 常闭触点闭合，输出线圈 Q0.1 得电自锁，同时，定时器 T37 开始计时，此时，二相定子接入直流电源。进行能耗制动，电动机转速迅速降低；计时时间 3s 后，T37 常闭触点断开，Q0.1 输出线圈失电（自锁解除，定时器断电复位），接触器 KM2 失电，接触器 KM2 常开触点断开，能耗制动结束。

第十一节　三相异步电动机时间原则控制的可逆运行能耗制动

范例示意如图 17-24 所示。

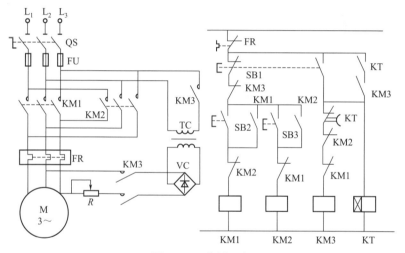

图 17-24　范例示意

🔷 ◀控制要求▶

按下按钮 SB2，电动机正转；按下按钮 SB3，电动机反转；按下停止按钮 SB1，电动机立即断电（由于惯性电动机转子会继续转动），为了使电动机转速尽快降到零，将二相定子接入直流电源进行能耗制动，电动机快速停转，然后直流电源自动断电。

🔷 ◀元件说明▶

元件说明见表 17-13。

表 17-13　元件说明

PLC 软元件	控制说明
I0.0	电动机正转按钮 SB2，按下按钮时，I0.0 状态由 Off→On
I0.1	电动机反转按钮 SB3，按下按钮时，I0.1 状态由 Off→On
I0.2	电动机断电、制动启动按钮 SB1；按下按钮时，电动机立即断电，同时二相定子接入直流电开始能耗制动
T37	时基为 100ms 的定时器
Q0.0	接触器 KM1
Q0.1	接触器 KM2
Q0.2	接触器 KM3

▷ ◁**梯形图**▷

如图 17-25 所示。

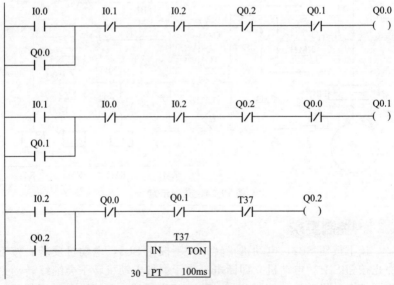

图 17-25　控制程序

▷ ◁**梯形图识读**▷

① 按下按钮 SB2，I0.0 得电，Q0.0 得电自锁，接触器 KM1 得电，电动机启动正转；

② 按下按钮 SB3，I0.1 得电，Q0.1 得电自锁，接触器 KM2 得电，电动机反转；

③ 电动机已正常运行后，若此时电动机为正转，停机过程分析如下。

按下停止按钮 SB1，I0.2 得电，常闭触点断开，Q0.0 输出线圈失电，Q0.0 常开触点断开自锁解除，接触器 KM1 失电；Q0.0 常闭触点闭合，输出线圈 Q0.2 得电自锁，接触器 KM3 处于得电状态，进行能耗制动，电动机转速迅速降低。

定时器 T37 开始计时，计时时间 3s 到，T37 常闭接点断开，Q0.2 输出线圈失电，自锁解除，计时器断电复位，接触器 KM3 失电，能耗制动结束。

④ 电动机反转时的制动过程与正转时的制动过程类似，不再赘述。

第十二节　三相异步电动机反接制动控制

范例示意如图 17-26 所示。

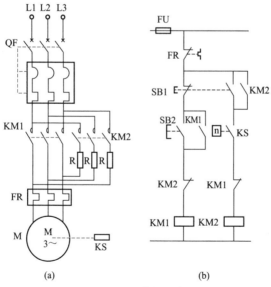

图 17-26　范例示意

按下启动按钮 SB2，电动机启动运转，达到一定转速后速度继电器闭合；按下停止按钮 SB1，KM2 得电，电动机进行反接制动，转速迅速下降，当降到一定速度时，速度继电器断开，KM2 失电，反接停止，制动结束。

■ ■ 《元件说明 》

元件说明见表 17-14。

表 17-14　元件说明

PLC 软元件	控制说明
I0.0	电动机启动按钮 SB2，按下按钮时，I0.0 状态由 Off→On
I0.1	电动机停止与制动开始按钮 SB1，按下按钮时，I0.1 状态由 Off→On
I0.2	速度继电器，当速度上升到一定程度时继电器闭合；当速度下降到一定程度时继电器断开
Q0.0	接触器 KM1
Q0.1	接触器 KM2

■ ■ 《梯形图 》

如图 17-27 所示。

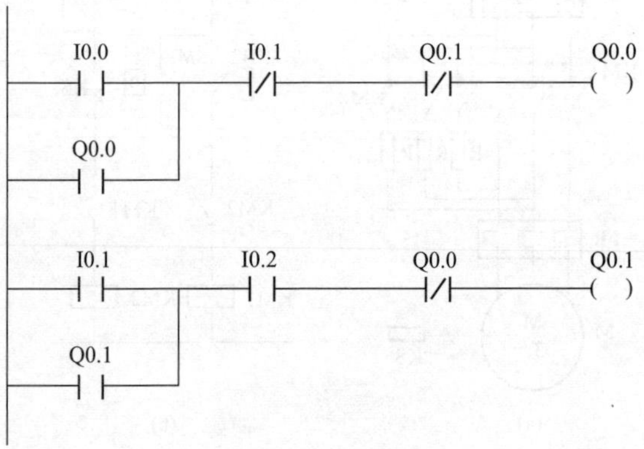

图 17-27　控制程序

① 按下启动按钮 SB2，I0.0 得电，常开触点闭合，输出线圈 Q0.0 得电并自锁，电动机启动正向运转，当电动机达到一定转速时，速度继电器 I0.2 常开触点闭合。

② 按下停止按钮 SB1，I0.1 得电：

I0.1 常闭触点断开，输出线圈 Q0.0 失电，Q0.0 常开触点断开，自锁解除，接触器 KM1 失电；

I0.1 常开触点闭合，输出线圈 Q0.1 得电并自锁，接触器 KM2 得电，电动机进入反接制动状态，电动机转速迅速降低，当电动机达到一定速度时，速度继电器 I0.2 常开触点断开，输出线圈 Q0.1 失电，制动结束。

第十三节 三相双速异步电动机的控制

范例示意如图 17-28 所示。

⟫ ‹控制要求›

三相笼型异步电动机的调速方法之一是依靠变更定子绕组的极对数来实现的。图为 4/2 极的双速异步电动机定子绕组接线示意图，图 17-28（a）将 U1、V1、W1 三个接线端接三相交流电源，而将电动机定子绕组的 U2、V2、W2 三个接线端悬空，三相定子绕组接成三角形。此时每组绕组中的两个线圈串联，电动机以四极运行为低速。若将电动机定子绕组的 U2、V2、W2 三个接线端子接三相交流电源，而将另外三个接线端子 U1、V1、W1 连接在一起如图 17-28（b）所示，则原来三相定子绕组的三角形接线变为双星形接线，此时每相绕组中的两个线圈相互并联，于是电动机便以两极运行为高速。

如图 17-28 所示的双速电动机控制线路采用两个接触器来换接电动机的出线端以改变电动机的转速。图中由按钮分别控制电动机低速和高速运行。

⟫ ‹元件说明›

元件说明见表 17-15。

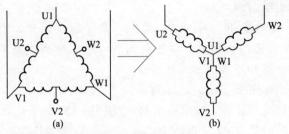

4/2极的双速异步电动机定子绕组接线示意图

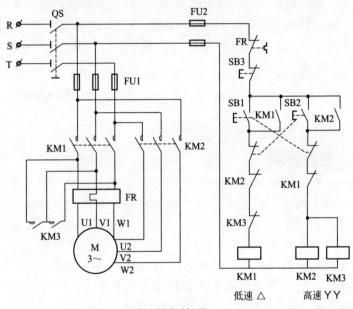

双速电动机控制电路

图 17-28 范例示意

表 17-15 元件说明

PLC 软元件	控 制 说 明	PLC 软元件	控 制 说 明
I0.0	低速按钮:按下时,I0.0 状态由 Off→On	I0.2	停止按钮:按下时,I0.2 状态由 Off→On
I0.1	高速按钮:按下时,I0.1 状态由 Off→On	Q0.0	电动机(接触器)
		Q0.1	电动机(接触器)

梯形图

如图 17-29 所示。

I0.0
Q0.1
I0.2
Q0.0
Q0.0
I0.1
Q0.0
I0.2
Q0.1
Q0.1

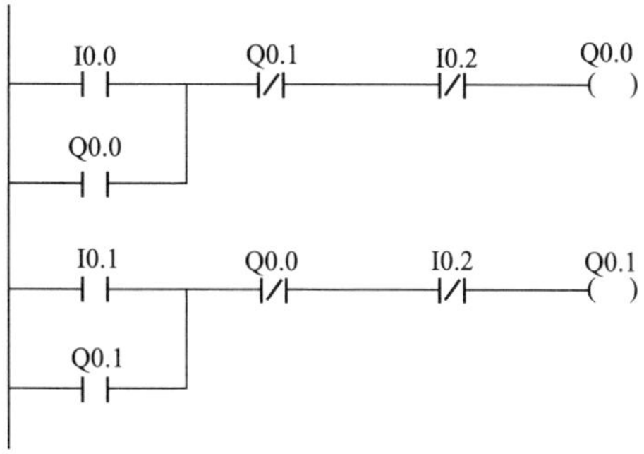

图 17-29 控制程序

梯形图识读

① 按下 I0.0 按钮，I0.0 得电，常开触点闭合，Q0.0 得电并自锁，电动机低速运转。

② 按下 I0.1 按钮，I0.1 得电，常开触点闭合，Q0.1 得电并自锁，电动机高速运转。

③ 按下 I0.2 按钮，电动机停止运转。

④ 高低速切换需经过停止按钮使电动机停止后再进行。

第十四节 并励电动机电枢串电阻启动调速控制

范例示意如图 17-30 所示。

+
QF
−
QF
R1
R2
KM1
M
KM1
FI1
KM2
KM3
M
FI2
VD
R

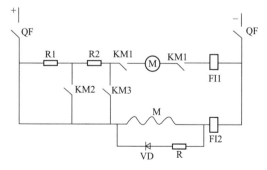

图 17-30 范例示意

　　启动前，选择开关打到停止位置。将选择开关打到低速位，接触器 KM1 得电→电枢串电阻 R1、R2 低速启动；将选择开关打到中速位，接触器 KM2 得电→短接电阻 R1，电枢串联 R2 中速启动；将选择开关打到高速位，接触器 KM3 得电→短接电阻 R1、R2，高速启动。如将选择开关直接打到高速位，电动机先低速，延时 8s 转为中速，再延时 4s 转为高速。

🔹 ◀ 元件说明 ▶

　　元件说明见表 17-16。

表 17-16　元件说明

PLC 软元件	控　制　说　明
I0.0	停止开关,按下时,I0.0 状态由 Off→On
I0.1	低速选择开关,拨到该位置时,I0.1 状态由 Off→On
I0.2	中速选择开关,拨到该位置时,I0.2 状态由 Off→On
I0.3	高速选择开关,拨到该位置时,I0.3 状态由 Off→On
I0.4	FI1,过电流继电器
	FI2,欠电流继电器
T37	计时 8s 定时器,时基为 100ms 的定时器
T38	计时 4s 定时器,时基为 100ms 的定时器
Q0.0	接触器 KM1
Q0.1	接触器 KM2
Q0.2	接触器 KM3
M0.0	内部辅助继电器

🔹 ◀ 梯形图 ▶

　　如图 17-31 所示。

🔹 ◀ 梯形图识读 ▶

　　① 首先合上直流断路器 QF，电动机励磁绕组得电，FI2 动作，I0.4 得电，常开触点闭合，选择开关扳到停止位置，I0.0 触点闭合，M0.0 得电自锁。

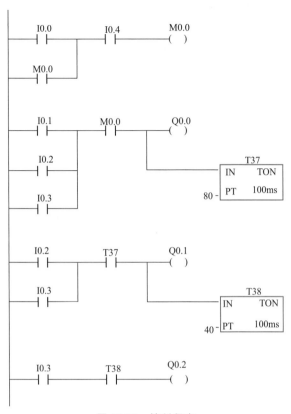

图 17-31　控制程序

② 将选择开关打到低速位置，I0.1 得电，常开触点闭合，Q0.0 得电（接触器 KM1 得电），直流电动机电枢绕组串全部电阻低速启动，同时定时器 T37 得电计时开始。

③ 将选择开关打到中速位置，I0.2 得电，常开触点闭合，Q0.0 仍得电，如果 T37 延时未到 8s，则继续延时，如果 T37 延时已到 8s，Q0.1（接触器 KM2）立即得电，短接 R1，直流电动机电枢绕组串 R2 电阻中速运行，同时 T38 得电计时开始。

④ 将选择开关打到高速位置，I0.3 得电，常开触点闭合，Q0.0、Q0.1 仍得电，如果定时器 T38 延时未到 4s，则继续延时。如果定时器 T38 延时已到 4s，Q0.2 立即得电，KM3 主接点闭合，

再短接一段电阻 R2，直流电动机电枢绕组高速运行。

⑤ 如果直接将选择开关打到高速位置，I0.3 得电，常开触点闭合，则 Q0.0 先得电，电动机低速启动，T37 延时 8s 后，Q0.1 得电，电动机中速运行，T38 延时 4s 后，Q0.2 得电，电动机高速运行。

⑥ 如果电动机在运行时突然停电，选择开关不在停止位置，停电后，M0.0 失电，再来电时，M0.0 断开，输出 Q0.0～Q0.2 不能得电，为了防止电动机自启动现象，必须把选择开关打到停止位置，接通 M0.0 后才能启动电动机。

⑦ 如果励磁绕组断线，欠电流继电器失电，FI2（I0.4）常开接点断开，M0.0 断开，使输出 Q0.0～Q0.2 失电，电动机停止。同理，如果电动机过载，电枢电流增大，过电流继电器 FI1（I0.4）常开触点断开，电动机停止。如果电动机短路，直流断路器 QF 跳闸，直流电源断开，起到保护作用。

第十八章
楼宇自动化PLC程序设计范例

第一节 楼宇声控灯系统

范例示意如图 18-1 所示。

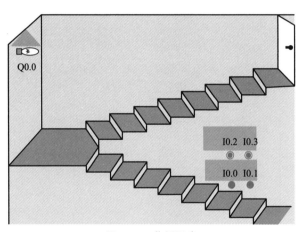

图 18-1　范例示意

控制要求

　　要求一种可以手动、也可以自动控制的照明灯光系统。手动情况下，可以自由控制灯的开启和关闭；自动情况下，在弱光且有声音出现时，灯会点亮，无声音时，灯保持关闭状态，强光下，无论有无声音出现，灯都不会点亮。

元件说明见表 18-1。

表 18-1　元件说明

PLC 软元件	控 制 说 明
I0.0	声控开关,当有声音时,I0.0 的状态由 Off→On
I0.1	光控开关,当光线为弱光时,I0.1 的状态由 Off→On
I0.2	手动灯光开关,按下后,I0.2 的状态由 Off→On
I0.3	照明灯关闭按钮,按下后,I0.3 状态由 Off→On
T37	计时 10s 定时器,时基为 100ms 的定时器
Q0.0	照明灯
M0.0	内部辅助继电器

梯形图

如图 18-2 所示。

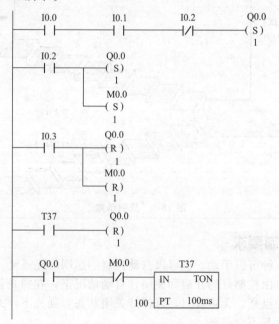

图 18-2　控制程序

① 在自动模式下，当照明灯周围环境处于弱光时，光控开关 I0.1＝On，若此时周围无声音出现，则 I0.0＝Off，不执行置位指令；若此时周围有声音出现时，则 I0.0＝On，Q0.0 被置位，Q0.0＝On，照明灯点亮。同时定时器 T37 开始计时，10s 后，T37 计时时间到，T37＝On，Q0.0 被复位，照明灯关闭。

② 在手动模式下，按下手动开关 I0.2，I0.2＝On，执行置位指令，Q0.0 和 M0.0 被置位，照明灯点亮。M0.0＝On，M0.0 常闭接点断开。定时器 T37 无法启动，则 Q0.0 不能被复位，照明灯将一直亮，无时间限制。

③ 在任意模式下，当按下 I0.3 时，I0.3＝On，Q0.0 被复位，照明灯灭。M0.0 被复位，M0.0＝Off，M0.0 常闭接点闭合，同时自动模式的再次启动不受影响。

第二节 火灾报警控制

范例示意如图 18-3 所示。

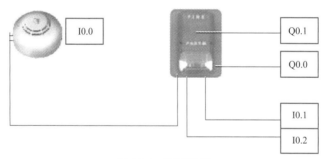

图 18-3 范例示意

要求在火灾发生时，报警器能够发出间断的报警灯示警和长鸣的蜂鸣警告，并且能够让监控人员做出报警响应，且可以测试报警灯是否正常。

元件说明见表 18-2。

表 18-2 元件说明

PLC 软元件	控 制 说 明
I0.0	火焰传感器,有火灾发生时,I0.0 的状态由 Off→On
I0.1	监控人员报警响应开关,按下 I0.1 后,I0.1 的状态由 Off→On
I0.2	报警灯测试按钮,按下 I0.2 后,I0.2 的状态由 Off→On
T37	计时 1s 的定时器,时基为 100ms 的定时器
T38	计时 1s 的定时器,时基为 100ms 的定时器
Q0.0	报警灯
Q0.1	蜂鸣器
M0.0	内部辅助继电器

梯形图

如图 18-4 所示。

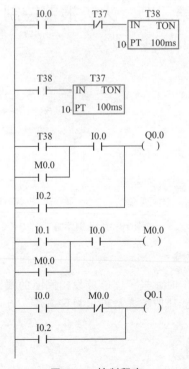

图 18-4 控制程序

① 火灾发生时，I0.0＝On，Q0.1＝On，蜂鸣器蜂鸣发出报警；同时，定时器 T38 开始计时，1s 后计时时间到，T38＝On，T38 常开触点闭合。定时器 T38 开始计时，1s 后计时时间到，T37＝On，T37 常开触点闭合，常闭触点断开。定时器 T38 复位，进而定时器 T37 复位，随后，定时器 T38 又开始计时，如此反复，定时器 T38 的常开接点在接通 1s 和断开 1s 之间往复循环。

② 定时器 T38 的常开触点在接通 1s 和断开 1s 之间反复地切换，使得报警灯 Q0.0 闪烁。

③ 在火灾发生，报警器发出报警后，监控人员按下 I0.1 作为对已知灾情时做出的响应，当按下 I0.1 后，I0.1＝On，M0.0＝On，M0.0 的常开触点闭合，常闭触点断开，使得 Q0.1＝Off，蜂鸣器被关闭，同时，由于 M0.0 的常开触点闭合，报警灯 Q0.0 通过自锁结构保持点亮状态，不再闪烁。

④ 当没有火灾情况发生时，监控人员可通过按下 I0.2 按钮来测试报警灯和蜂鸣器是否正常。

第三节　多故障报警控制

范例示意如图 18-5 所示。

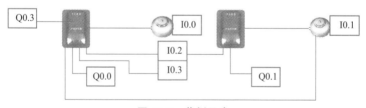

图 18-5　范例示意

📢 ▸控制要求◂

要求对机器的多种可能的故障进行监控，且当任何一个故障发生时，按下警报消除按钮后，不能影响其他故障发生时报警器的正常鸣响。

📢 ▸元件说明◂

元件说明见表 18-3。

表 18-3　元件说明

PLC 软元件	控 制 说 明
I0.0	故障 1 传感器,出现故障 1 时,I0.0 的状态由 Off→On
I0.1	故障 2 传感器,出现故障 2 时,I0.1 的状态由 Off→On
I0.2	报警灯和蜂鸣器测试按钮,按下 I0.2 后,I0.2 的状态由 Off→On
I0.3	报警响应按钮,按下 I0.3 时,I0.3 的状态由 Off→On
Q0.0	故障 1 报警灯
Q0.1	故障 2 报警灯
Q0.2	蜂鸣器
T37	计时 1s 定时器,时基为 100ms 的定时器
T38	计时 1s 定时器,时基为 100ms 的定时器
M0.0～M0.1	内部辅助继电器

◀梯形图▶

如图 18-6 所示。

◀梯形图识读▶

① 监控启动时,定时器 T38 开始计时,1s 后计时时间到,T38＝On。定时器 T37 开始计时,1s 后计时时间到,T37＝On。定时器 T38 复位,进而定时器 T37 复位,随后,定时器 T38 又开始计时,如此反复,定时器 T38 的常开触点在接通 1s 和断开 1s 之间往复循环。

② 当发生故障 1 时,I0.0＝On,Q0.2＝On,蜂鸣器蜂鸣发出报警,定时器 T38 的常开触点在接通 1s 和断开 1s 之间反复地切换,使得 Q0.0＝On 和 Q0.0＝Off 之间切换,1 号报警灯闪烁。

③ 在故障发生,报警器报警后,监控人员按下 I0.3 作为对已知故障时做出的响应,当按下 I0.3 后,I0.3＝On,M0.0＝On,M0.0 的常开触点闭合,常闭触点断开,使得 Q0.2＝Off,蜂鸣器被关闭,同时,由于 M0.0 的常开触点闭合,报警灯 Q0.0 保持点亮状态,不再闪烁。

④ 当发生故障 2 时,情况与发生故障 1 时相同,只是执行动作的元件不同,这里不再过多叙述。

⑤ 当没有故障发生时,监控人员可通过按下 I0.2 按钮来测试报警灯和蜂鸣器是否正常。

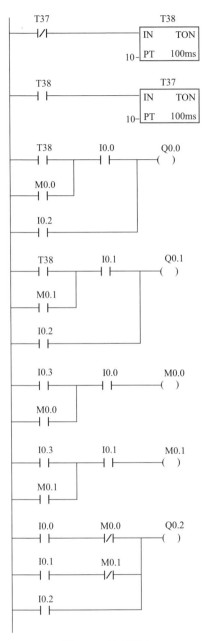

图 18-6 控制程序

第四节 恒压供水的 PLC 控制

范例示意如图 18-7 所示。

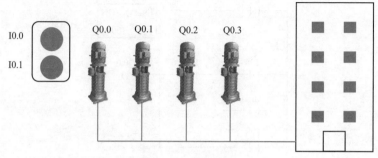

I0.0

I0.1

Q0.0 Q0.1 Q0.2 Q0.3

图 18-7 范例示意

【控制要求】

恒压供水是某些工业、服务业所必需的重要条件之一，如钢铁冷却、供热、灌溉、洗浴、游泳设施等。这里使用 PLC 进行整个系统的控制，实现根据压力上、下限变化由 4 台供水泵来保证恒压供水的目标。

首先，由供水管道中的压力传感器测出的压力大小来控制供水泵的启停。当供水压力小于标准时，启动一台水泵，若 15s 后压力仍低，则再启动一台水泵；若供水压力高于标准，则自行切断一台水泵，若 15s 后压力仍高，则再切断一台。

另外，考虑到电动机的保护原则，要求 4 台水泵轮流运行，需要启动水泵时，启动已停止时间最长的那一台，而停止时则停止运行时间最长的那一台。

【元件说明】

元件说明见表 18-4。

表 18-4 元件说明

PLC 软元件	控 制 说 明
I0.0	恒压供水启动按钮,按下时,I0.0 的状态有 Off→On
I0.1	恒压供水关闭按钮,按下时,I0.1 的状态由 Off→On

PLC 软元件	控 制 说 明
I0.2	压力下限传感器,压力到达下限时,I0.2 的状态由 Off→On
I0.3	压力上限传感器,压力到达上限时,I0.3 的状态由 Off→On
M0.0～M0.5	内部辅助继电器
Q0.0	1 号供水泵接触器
Q0.1	2 号供水泵接触器
Q0.2	3 号供水泵接触器
Q0.3	4 号供水泵接触器
T37	计时 15s 定时器,时基为 100ms 的定时器
T38	计时 30s 定时器,时基为 100ms 的定时器
T39	计时 45s 定时器,时基为 100ms 的定时器
T40	计时 15s 定时器,时基为 100ms 的定时器
T41	计时 30s 定时器,时基为 100ms 的定时器
T42	计时 45s 定时器,时基为 100ms 的定时器

梯形图

如图 18-8 所示。

梯形图识读

① 启动时，按下启动按钮 I0.0，I0.0 得电，常开触点闭合，M0.0 得电自锁，恒压供水设施通电启动，若压力处于下限，则 I0.2＝On，此时，M0.1 得电一个扫描周期，同时，定时器 T37～T39 开始计时。当 M0.1 得电一个扫描周期时，Q0.0 得电并自锁，1 号供水泵启动供水。若 15s 后，压力仍不足，则 T37＝On，Q0.1 得电并自锁，2 号供水泵启动供水，与此同时，定时器 T37 失电。若 30s 后压力仍不足，则 T38＝On，Q0.2 得电并自锁，3 号供水泵启动供水，同时，定时器 T38 失电。若 45s 后压力仍不足，则 T39＝On，Q0.3 得电并自锁，4 号供水泵启动供水，同时，定时器 T39 失电。

② 若启动某个供水泵压力满足要求，则 I0.2＝Off，定时器 T37～T39 不再计时，进而不必再启动下一个进水泵。

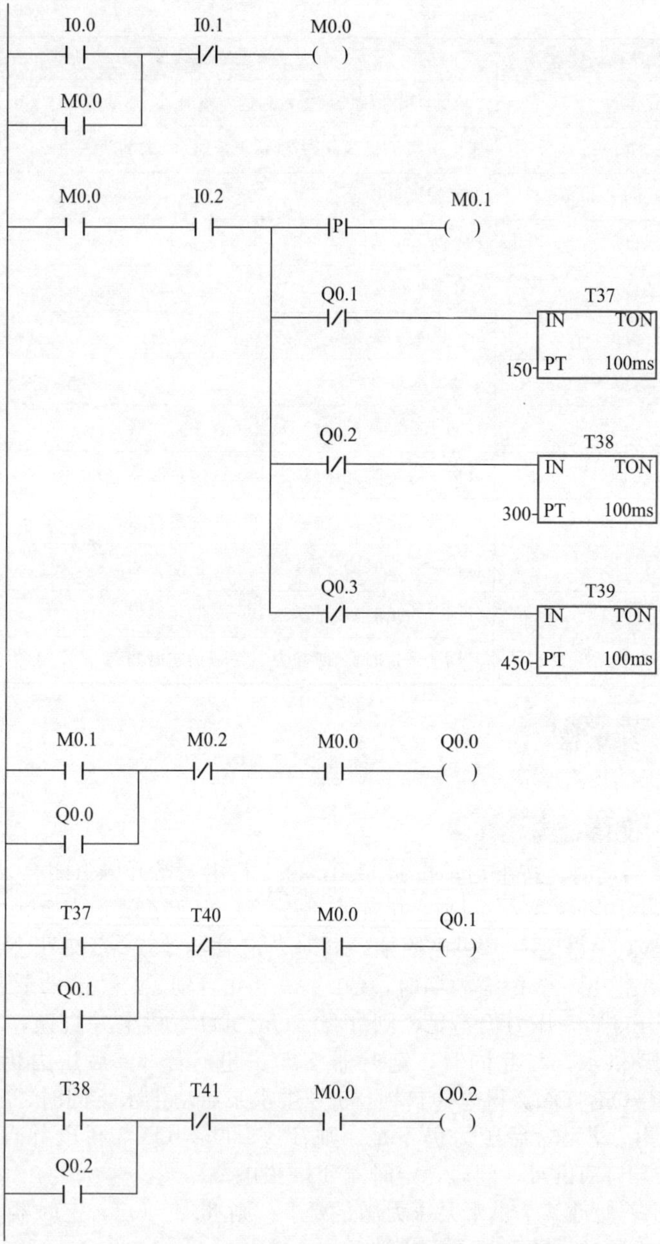
I0.0
I0.1
M0.0
M0.0
M0.0
I0.2
P
M0.1
Q0.1
T37
IN
TON
150
PT
100ms
Q0.2
T38
IN
TON
300
PT
100ms
Q0.3
T39
IN
TON
450
PT
100ms
M0.1
M0.2
M0.0
Q0.0
Q0.0
T37
T40
M0.0
Q0.1
Q0.1
T38
T41
M0.0
Q0.2
Q0.2

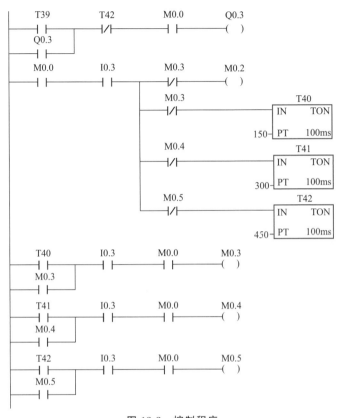

图 18-8 控制程序

③ 停止时，若水压到达压力上限，压力上限传感器 I0.3 得电，I0.3 得电，常开触点闭合，M0.2 得电，常闭触点断开，此时，Q0.0 失电，1 号供水泵停止运行，定时器 T40～T42 得电，开始计时。若 15s 后，压力仍在上限，则 T40＝On，Q0.1 失电，2 号供水泵停止运行，M0.3 得电并自锁，使得 M0.2、T40 失电。若 30s 后压力仍在上限，则 T41＝On，Q0.2 失电，3 号供水泵停止运行，M0.4＝On，使得 T41 失电。若 45s 后压力仍在上限，则 T42＝On，Q0.3 失电，4 号供水泵停止运行，M0.5＝On，使得 T42 失电。

④ 若关停某个供水泵后压力满足要求，则 I0.3＝Off，定时器 T40～T42 不再计时，进而不必再关闭下一个进水泵。

⑤ 如果需要彻底关闭恒压供水，则需按下停止按钮 I0.1，I0.1 得电，常闭触点断开，M0.0 失电，恒压供水停止。

第五节　高楼自动消防泵控制系统

范例示意如图 18-9 所示。

烟雾信号传感器 I0.0

I0.1　　I0.3
I0.2　　I0.4

Q0.0　　Q0.1　　Q0.2　　Q0.3

图 18-9　范例示意

◀控制要求▶

高楼自动消防泵系统要求当放置在楼体内的烟雾传感器发出报警信号后，该系统可自行启动消防泵，以供居民和消防人员取用水源。同时在正常消防泵以外，设置一组备用消防泵，当正常设备出现故障时，启动备用装置应急。

◀元件说明▶

元件说明见表 18-5。

表 18-5　元件说明

PLC 软元件	控 制 说 明
I0.0	烟雾信号传感器,有烟雾产生时,I0.0 状态由 Off→On
I0.1	1 号消防泵停止按钮,按下时,I0.1 状态由 Off→On
I0.2	2 号消防泵停止按钮,按下时,I0.2 状态由 Off→On
I0.3	1 号消防泵热继电器,当线路过热时,I0.3 状态由 Off→On
I0.4	2 号消防泵热继电器,当线路过热时,I0.4 状态由 Off→On
Q0.0	1 号消防泵接触器
Q0.1	2 号消防泵接触器
Q0.2	1 号备用消防泵接触器
Q0.3	2 号备用消防泵接触器
M0.0	内部辅助继电器

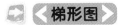

梯形图

如图 18-10 所示。

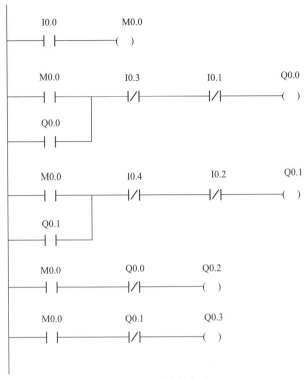

图 18-10　控制程序

梯形图识读

①本案例讲述高楼消防泵系统的简易控制。若正常消防泵没有损坏，则当烟雾报警器发出报警信号后，I0.0 常开触点闭合，I0.0 ＝ On，M0.0 得电导通，Q0.0、Q0.1 得电导通并自锁；1 号和 2 号消防泵自行持续启动，提供高压水源，若长时间工作或出现其他情况导致电路过热，则 I0.3 与 I0.4 常闭触点断开，Q0.0 ＝ Off，Q0.1 ＝ Off，两消防泵均被关闭。

②当 1 号消防泵无法启动时，1 号备用泵启动，Q0.0 ＝ Off，

Q0.0 常闭触点闭合，Q0.2 得电，1 号备用泵启动；与此相同，当 2 号消防泵无法启动时，Q0.1 常闭触点闭合，Q0.3＝On，2 号备用泵启动。

③ 要关闭正常消防泵时，需要在烟雾信号消失后，按下各自的停止按钮。按下 I0.1 时，I0.1 常闭接点断开，Q0.0＝Off，1 号消防泵关闭；按下 I0.2 时，I0.2 常闭触点断开，Q0.1＝Off，2 号消防泵关闭。对于备用泵，当烟雾信号消失时或正常消防泵可以工作时，自行关闭。

第六节　高层建筑排风系统控制

范例示意如图 18-11 所示。

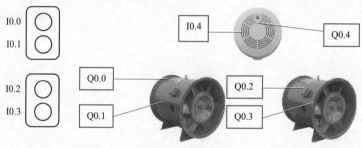

图 18-11　范例示意

《控制要求》

高层建筑消防排风系统要求当烟雾信号超过警戒值后，自动启动排风系统和送风系统自行启动，并且可在其他情况下进行手动启动和关闭。

《元件说明》

元件说明见表 18-6。

表 18-6　元件说明

PLC 软元件	控制说明
I0.0	排风机手动启动按钮,按下启动时,I0.0 状态由 Off→On
I0.1	排风机手动停止按钮,按下停止时,I0.1 状态由 Off→On
I0.2	送风机手动启动按钮,按下启动时,I0.2 的状态由 Off→On

PLC 软元件	控 制 说 明
I0.3	送风机手动停止按钮,按下停止时,I0.3 的状态由 Off→On
I0.4	烟雾传感器,当烟雾信号超过警戒值后发出信号,I0.4 的状态由 Off→On
T37	计时 1s 定时器,时基为 100ms 的定时器
M0.0～M0.2	内部辅助继电器
Q0.0	排风机接触器
Q0.1	送风机接触器
Q0.2	排风机启动指示灯
Q0.3	送风机启动指示灯
Q0.4	报警蜂鸣器

《梯形图》

如图 18-12 所示。

《梯形图识读》

① 当烟雾信号超出警戒值后, I0.4＝On, I0.4 常开触点闭合, M0.0＝On,烟雾传感器发出信号,系统进入自动运行状态。

② 当 M0.0 得电时, Q0.0＝On 并自锁, Q0.2＝On,排风机启动,排风启动指示灯亮。同时, T37 开始计时, 1s 后, T37＝On。 T37 常开触点闭合, Q0.1 得电并自锁, Q0.3＝On, Q0.4＝On,送风机启动,送风启动指示灯亮、报警蜂鸣器启动。

③ 手动模式下, 按下 I0.0, I0.0 常开触点闭合, M0.1 得电并自锁。此时, Q0.0＝On, Q0.2＝On,排风机启动,指示灯亮。按下排风机停止按钮 I0.1 时, I0.1 常闭触点断开,排风机停止,指示灯灭。按下送风机启动按钮 I0.2 时, I0.2 常开触点闭合, M0.2＝On。随后, Q0.1＝On, Q0.3＝On,送风机及其指示灯启动。按下 I0.3 时, I0.3＝On,送风机及指示灯停止。

④ 值得注意的是, 在有烟雾信号的情况下,系统会自动运行。此时,如果进行手动操作,只能启动设备无法停止设备。

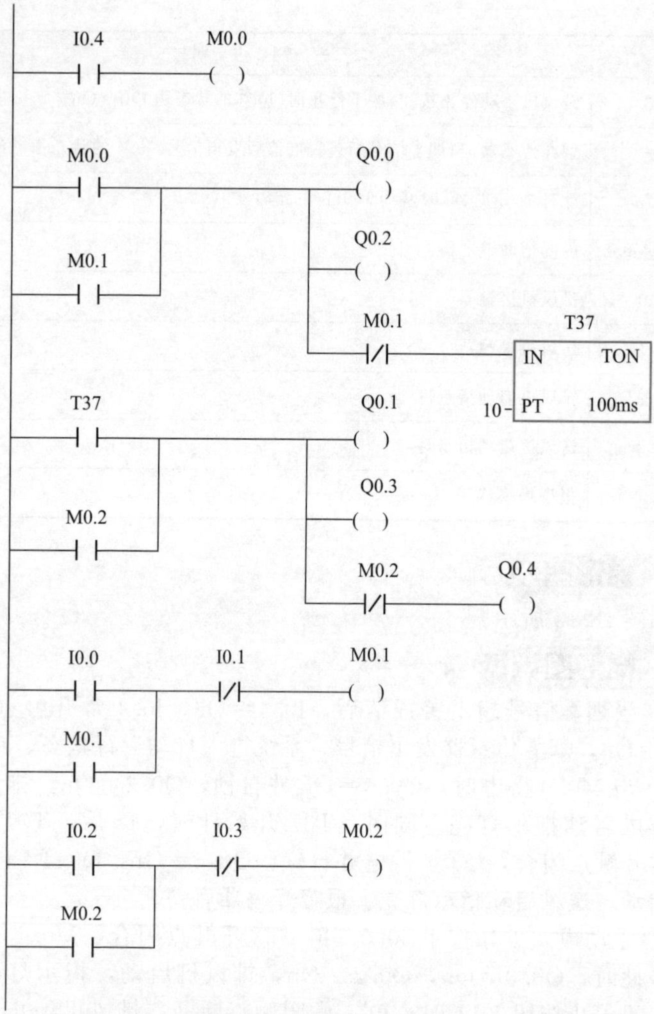

图 18-12　控制程序

第十九章

电气安全

第一节 电气安全措施

一、保证安全的技术措施

在全部停电或部分停电的电气设备上工作，必须完成下列保证安全的技术措施：停电、验电、装设接地线、悬挂标示牌和装设遮拦。上述措施由值班人员执行。对于无经常值班人员的电气设备，由断开电源人执行，并应有监护人在场。

(1) 停电

工作地点必须停电的设备如下：检修的设备；与工作人员在进行工作中正常活动范围的距离小于表 19-1 规定的设备；在 44kV 以下的设备上进行工作，上述安全距离虽大于表 19-1 规定，但小于表 19-2 规定，同时又无安全遮拦措施的设备；带电部分在工作人员后面或两侧无可靠安全措施的设备；其他有电源返回工作范围的设备（如自备发电机及联络线送来的电源）。

表 19-1 工作人员工作中正常活动范围与带电设备的安全距离

电压等级/kV	安全距离/m	电压等级/kV	安全距离/m
≤10	0.35	154	2.00
20～35	0.60	220	3.00
44	0.90	330	4.00
60～110	1.50		

表 19-2　设备不停电时的安全距离

电压等级/kV	安全距离/m	电压等级/kV	安全距离/m
≤10	0.7	154	2.00
20～35	1.00	220	3.00
44	1.20	330	4.00
60～110	1.50		

将检修设备停电，必须把各方面的电源完全断开；必须拉开刀闸，使各方面至少有一个明显的断开点；与停电设备有关的变压器和电压互感器，必须从高、低压两侧断开，防止向停电检修设备反送电；禁止在只经开关断开电源的设备上工作；断开开关和刀闸的操作电源，刀闸操作把手必须锁住。

(2) 验电

验电时，必须用电压等级合适而且合格的验电器，在检修设备进出线两侧各相分别验电，高压验电必须戴绝缘手套。验电前，应先在有电设备上进行试验，确证验电器良好。如果在木杆、木梯或木架构上验电，不接地线不能指示者，可在验电器上接地线，但必须经值班负责人许可。

(3) 装设接地线

当验明设备确已无电压后，应立即将检修设备接地并三相短路。装设接地线必须由两人进行。若为单人值班，只允许使用接地刀闸接地，或使用绝缘棒合接地刀闸。装设接地线必须先接接地端，后接导体端，且必须接触良好。拆接地线的顺序与此相反。装、拆接地线均应使用绝缘棒和戴绝缘手套。

接地线应用多股软铜线，其截面应符合短路电流的要求，但不得小于 25mm^2。接地线在每次装设以前应经过详细检查，损坏的接地线应及时修理或更换，并使用专用的线夹固定在导体上，严禁用缠绕的方法进行接地或短路。

高压回路上的工作，需要拆除全部或一部分接地线后才能进行工作者，必须征得值班员的许可方可进行。工作完毕后立即恢复。

每组接地线均应编号，并存放在固定地点，存放位置亦应编号，接地线号码与存放位置号码必须一致。装、拆接地线时，应做好记录，交接班时应交代清楚。

(4) 悬挂标示牌和装设遮栏

标示牌式样及悬挂方式如表 19-3 所示。

表 19-3 标示牌式样及悬挂方式

名称	悬挂位置	尺寸/mm×mm	底色	字色
禁止合闸,有人工作!	一经合闸即可送电到施工设备的开关和刀闸操作手柄上	200×100 80×50	白色	红字
禁止合闸,线路有人工作!	一经合闸即可送电到施工设备的开关和刀闸操作手柄上	200×100 80×50	红底	白字
在此工作!	室内和室外工作地点或施工设备上	250×250	绿底,中间有直径210mm白圆圈	黑字,位于白圆圈中
止步,高压危险!	工作地点临近带电设备的遮拦上;室外工作地点附近带电设备的构架横梁上;禁止通行的过道上;高压试验地点	250×200	白底红边	黑色字,有红箭头
从此上下!	工作人员上下的铁架、梯子上	250×250	绿底中间有直径210mm的白圆圈	黑字,位于白圆圈中
禁止攀高,高压危险!	工作临近可能上下的铁架上、运行中变压器的梯子上	250×200	白底红边	黑字
已接地!	看不到接地线的工作设备上	200×100	绿底	黑字

部分停电的工作，安全距离小于表 19-3 规定距离以内的未停电设备，应装设临时遮栏，临时遮栏与带电部分的距离，不得小于表 19-1 的规定数值。临时遮栏可用干燥木材、橡胶或其他坚韧绝缘材料制成，装设应牢固，并悬挂"止步，高压危险"的标示牌。35kV 及以下设备的临时遮栏，如因工作特殊需要，可用绝缘挡板与带电部分直接接触。但此种挡板必须具有高度的绝缘性能，并符合规定的要求。

严禁工作人员在工作中移动或拆除遮栏、接地线和标示牌。

二、电气安全用具

电气安全用具是保证操作者安全地进行电气工作时必不可少的工具。电气安全用具包括绝缘安全用具和一般防护用具。

(1) 绝缘安全用具

绝缘安全用具分为基本安全用具和辅助绝缘安全用具。

绝缘强度足以抵抗电气设备运行电压的安全用具为基本安全用具。高压设备的基本绝缘安全用具有绝缘棒（图 19-1）、绝缘夹钳（图 19-2）和高压试电笔等；低压设备的基本绝缘安全用具有绝缘手套、装有绝缘柄的工具和低压试电笔等。

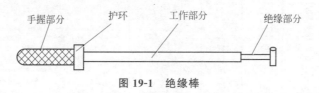

图 19-1　绝缘棒

绝缘强度不足以抵抗电气设备运行电压的安全用具为辅助绝缘安全用具。高压设备的辅助绝缘安全用具有绝缘手套（图 19-3）、绝缘鞋（图 19-4）、绝缘垫（图 19-5）及绝缘台（图 19-6）等；低压设备的辅助绝缘安全用具有绝缘台、绝缘垫及绝缘鞋（靴）等。

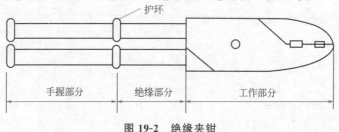

图 19-2　绝缘夹钳

图 19-3　绝缘手套

(a) 绝缘靴

(b) 绝缘鞋

图 19-4　绝缘鞋、靴

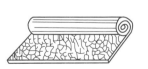

图 19-5　绝缘橡胶垫

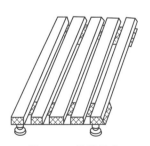

图 19-6　绝缘站台

(2) 安全用具的检验与存放

① 日常检查。使用安全用具前应检查表面是否清洁，有无裂纹、钻印、划痕、毛刺、孔洞、断裂等外伤。

② 定期检查。定期检验除包括日常检查内容外，还要定期进行耐压试验和泄漏电流试验，检查内容、试验标准、试验周期可参考表 19-4。对新安全用具，应取表中较大的数值，使用中的安全用具，可取表中较小的数值。

表 19-4 安全用具的检查和试验标准

名称	电压等级/kV	周期	交流耐压/kV	时间/min	泄漏电流/mA
绝缘棒	6～10	每年一次	44	5	
	35～154		四倍相电压		
	220		三倍相电压		
绝缘挡板	6～10	每年一次	30	5	
	35(20～44)		80		
绝缘罩	35(20～44)	每年一次	80	5	
绝缘夹钳	35 及以下	每年一次	三倍相电压	5	
	110		260		
	220		440		
验电笔	6～10	每六个月一次	40	5	
	20～35		105		
绝缘手套	高压	每六个月一次	8	5	≤9
	低压		2.5		≤2.5
橡胶绝缘靴	高压	每六个月一次	15	1	7.5
绝缘台	各种电压	3 年	40	2	
绝缘垫	1 及以下	2 年	5	以 2～3cm/s 的速度拉过	5
	以上		15		15

③ 存放。安全用具使用完毕后，应存放于干燥通风处，并符合下列要求：绝缘杆应悬挂或架在支架上，不应与墙接触；绝缘手套应存放在密闭的橱内，并与其他工具仪表分别存放；绝缘靴应放在橱内，不应代替一般套鞋使用；绝缘垫和绝缘台应经常保持清洁、无损伤；高压试电笔应存放在防潮的匣内，并放在干燥的地方；安全用具

和防护用具不许当其他工具使用。

三、安全标识

安全色是表达安全信息含义的颜色，用来表示禁止、警告、指令、提示等。

安全色规定为红、蓝、黄、绿 4 种颜色，其含义和用途见表 19-5。电气安全标示牌式样见表 19-6。

表 19-5　安全色的含义与用途

颜色	含义	用途举例
红色	禁止 停止	禁止标志； 停止信号；机器、车辆上的紧急停止按钮，以及禁止人们触动的部位
	红色也表示防火	
蓝色	指令 必须遵守的规定	指令标志
黄色	警告 注意	警告标志、警戒标志等； 安全帽
绿色	提供信息 安全 通行	提示标志；启动按钮 安全标志；安全信号旗 通行标志

四、施工现场用电管理制度

(1) 电气维修制度

① 维修工作要严格执行电气安全操作规程。只准全部（操作范围内）停电工作、部分停电工作，不准进行不停电工作。

② 不准私自维修不了解内部原理的设备及装置；不准私自维修厂家禁修的安全保护装置，不准私自超越指定范围进行维修作业；不准从事超越自身技术水平且无指导人员在场的电气维修作业。

③ 不准在本单位不能控制的线路及设备上工作。

④ 不准随意变更维修方案而使隐患扩大。

⑤ 不准酒后或有过激行为之后进行维修作业。

⑥ 对施工现场所属的各类电动机，每年必须清扫、注油或检修一次；对变压器、电焊机，每半年必须进行清扫或检修一次；对一般低压电器、开关等，每半年检修一次。

表 19-6 电气安全标示牌式样

名称	悬挂场所	式样		
		尺寸/mm×mm	底色	字色
禁止合闸，有人工作	一经合闸即可送电到施工设备的开关和刀闸操作把手上	200×100 和 80×50	白底	红字
禁止合闸，线路有人工作	线路开关和刀闸把手上	200×100 和 80×50	红底	白字
在此工作	室外和室内工作地点或施工设备上	250×250	绿底，中有直径210mm白圆圈	黑字，写于白圆圈中
止步高压危险	施工地点临近带电设备的遮拦上，室外工作地点的围栏上；禁止通行的过道上；高压试验地点，室外构架上工作临近带电设备的横梁上	250×200	白底红边	黑字，有红色箭头
从此上下	工作人员上下的铁架梯子上	250×250	绿底中有直径210mm白圆圈	黑字，写于白圆圈中
禁止攀登，高压危险	工作临近可能上下的铁架上	250×200	白底红边	黑字
已接地	在看不到接地线的工作设备上	200×100	绿底	黑字

(2) 工作监护制度

① 在带电设备附近工作时必须设人监护。

② 在狭窄及潮湿场所从事用电作业时必须设专人监护。

③ 登高用电作业时必须设专人监护。

④ 监护人员应时刻注意工作人员的活动范围，督促其正确使用工具，并与带电设备保持安全距离。发现违反电气安全规程的做法应及时纠正。

⑤ 监护人员的安全知识及操作技术水平不得低于操作人的。

⑥ 监护人员在执行监护工作时，应根据被监护工作情况携带或使用基本安全用具或辅助安全用具，并不得兼作其他工作。

(3) 安全用电技术交底制度

① 进行临时用电工程的安全技术交底，必须分部分项且按进度进行。不准一次性完成全部工程交底工作。

② 设有监护人的场所，必须在作业前对全体人员进行技术交底。

③ 对电气设备的试验、检测、调试前、检修前及检修后的通电试验前，必须进行技术交底。

④ 对电气设备的定期维修前、检查后的整改前，必须进行技术交底。

⑤ 交底项目必须齐全，包括使用的劳动保护用品及工具，有关法规内容，有关安全操作规程内容和保证工程质量的要求，以及作业人员活动范围和注意事项等。

⑥ 填写交底记录要层次清晰，交底人、被交底人及交底负责人必须分别签字，并准确注明交底时间。

(4) 安全检测制度

① 测试工作接地和防雷接地电阻值，必须每年在雨季前进行。

② 测试重复接地电阻值必须每季至少进行一次。

③ 更换和大修设备或每移动一次设备，应测试一次电阻值。测试接地电阻值工作前必须切断电源，断开设备接地端。操作时不得少于两人，禁止在雷雨时及降雨后测试。

④ 每年必须对漏电保护器进行一次主要参数的检测，不符合铭牌值范围时应立即更换或维修。

⑤ 对电气设备及线路、施工机械电动机的绝缘电阻值，每年至少检测两次。摇测绝缘电阻值，必须使用与被测设备、设施绝缘等相

适应的（按安全规程执行）绝缘摇表。

⑥ 检测绝缘电阻前必须切断电源，至少两人操作。禁止在雷雨时摇测大型设备和线路的绝缘电阻值。检测大型感性和容性设备前后，必须按规定方法放电。

(5) 电工及用电人员的操作制度

① 禁止使用或安装木质配电箱、开关箱、移动箱。电动施工机械必须实行一闸一机一漏一箱一锁，且开关箱与所控固定机械之间的距离不得大于 5m。

② 严禁以取下（给上）熔断器方式对线路停（送）电。严禁维修时约时送电，严禁以三相电源插头代替负荷开关启动（停止）电动机运行。严禁使用 200V 电压行灯。

③ 严禁频繁按动漏电保护器和私拆漏电保护器。

④ 严禁长时间超铭牌额定值运行电气设备。

⑤ 严禁在同一配电系统中一部分设备作保护接零，另一部分作保护接地。

⑥ 严禁直接使用刀闸启动（停止）4kW 以上电动设备。严禁直接在刀闸上或熔断器上挂接负荷线。

(6) 安全检查评估制度

① 项目经理部安全检查每月应不少于三次，电工班组安全检查每日进行一次。

② 各级电气安全检查人员，必须在检查后对施工现场用电管理情况进行全面评估，找出不足并做好记录，每半月必须归档一次。

③ 各级检查人员要以国家的行业标准及法规为依据，以有关法规为准绳，不得与法规、标准或上级要求发生冲突，不得凭空杜撰或以个人好恶为尺度进行检查评估，必须按规定要求评分。

④ 检查的重点是电气设备的绝缘有无损坏；线路的敷设是否符合规范要求；绝缘电阻是否合格；设备裸露带电部分是否有防护；保护接零或接地是否可靠；接地电阻值是否在规定范围内；电气设备的安装是否正确、合格；配电系统设计布局是否合理，安全间距是否符合规定；各类保护装置是否灵敏可靠、齐全有效；各种组织措施、技术措施是否健全；电工及各种用电人员的操作行为是否齐全；有无违章指挥等情况。

⑤ 电工的日常巡视检查必须按《电气设备运行管理准则》等要

求认真执行。

⑥ 对各级检查人员提出的问题，必须立即制定整改方案进行整改，不得留有事故隐患。

(7) 安全教育和培训制度

① 安全教育必须包含用电知识的内容。

② 没有经过专业培训、教育或经教育、培训不合格及未领到操作证的电工及各类主要用电人员不准上岗作业。

③ 专业电工必须两年进行一次安全技术复试。不懂安全操作规程的用电人员不准使用电动器具。用电人员变更作业项目必须进行换岗用电安全教育。

④ 各施工现场必须定期组织电工及用电人员进行工艺技能或操作技能的训练，坚持干什么，学什么，练什么。采用新技术或使用新设备之前，必须对有关人员进行知识、技能及注意事项的教育。

⑤ 施工现场至少每年进行一次吸取电气事故教训的教育。必须坚持每日上班前和下班后进行一次口头教育，即班前交底、班后总结。

⑥ 施工现场必须根据不同岗位，每年对电工及各类用电人员进行次安全操作规程的闭卷考试，并将试卷或成绩名册归档。不合格者应停止上岗作业。

⑦ 每年对电工及各类用电人员的教育与培训，累计时间不得少于 7d。

(8) 电器及电气料具使用制度

① 对于施工现场的高、低压基本安全用具，必须按国家颁布的安全规程使用与保管。禁止使用基本安全用具或辅助安全用具从事非电工工作。

② 现场使用的手持电动工具和移动式碘钨灯必须由电工负责保管、检修。用电人员每班用毕交回。

③ 现场备用的低压电器及保护装置必须装箱入柜，不得到处存放、着尘受潮。

④ 不准使用未经上级鉴定的各种漏电保护装置。使用上级（劳动部门）推荐的产品时，必须到厂家或厂家销售部联系购买。不准使用假冒或劣质的漏电保护装置。

⑤ 购买与使用的低压电器及各类导线必须有产品检验合格证，

且为经过技术监督局认证的产品，并将类型、规格、数量统计造册，归档备查。

⑥ 专用焊接电缆由电焊工使用与保管。不准沿路面明敷使用，不准被任何东西压砸，使用时不准盘绕在任何金属物上，存放时必须避开油污及腐蚀性介质。

(9) 宿舍安全用电管理制度

宿舍安全用电管理制度应规定宿舍内可以使用什么电器，不可以使用什么电器；严禁私拉乱接，宿舍内接线必须由电工完成；严禁私自更换熔丝；严禁将漏电保护器短接；同时还应规定处罚措施。

(10) 工程拆除制度

① 拆除临时用电工程必须定人员、定时间、定监护人、定方案；拆除前必须向作业人员进行交底。

② 拉闸断电操作程序必须符合安全规程要求，即先拉负荷侧，后拉电源侧，先拉断路器，后拉刀闸等停电作业要求。

③ 使用基本安全用具、辅助安全用具、登高工具等作业，必须执行安全规程。操作时必须设监护人。

④ 拆除的顺序是先拆负荷侧，后拆电源侧，先拆精密贵重电器，后拆一般电器，不准留下经合闸（或接通电源）就带电的导线端头。

⑤ 必须根据所拆设备情况，佩戴相应的劳动保护用品，采取相应的技术措施。

⑥ 必须设专人做好点件工作，并将拆除情况资料整理归档。

(11) 其他有关规定

① 对于施工现场使用的动力源为高压时，必须执行交接班制度、操作票制度、巡检制度、工作票制度、工作间断及转移制度、工作终结及送电制度等。

② 施工现场应根据国家颁布的安全操作规程，结合现场的具体情况编制各类安全操作规程，并书写清晰后悬挂在醒目的位置。

③ 对于使用自制或改装以及新型的电气设备、机具，制定操作规程后，必须经公司安全、技术部门审批后实施。

五、施工现场电工安全操作

(1) 一般规定

① 电工应经过专门培训，掌握安装与维修的安全技术，并经过

考试合格发证后，方准独立操作。

② 施工现场暂设线路、电气设备的安装与维修应执行《施工现场临时用电安全技术规范》。

③ 新设、增设的电气设备，必须由主管部门或人员检查合格后，方可通电使用。

④ 各种电气设备或线路，不应超过安全负荷，并要牢靠、绝缘良好和安装合格的保险设备，严禁用铜丝、铁丝等代替熔丝。

⑤ 放置及使用易燃液体、气体的场所，应采用防爆型电气设备及照明灯具。

⑥ 定期检查电气设备的绝缘电阻是否符合"不低于 $1k\Omega/V$（如对地 220V 绝缘电阻应不低于 $0.22M\Omega$）"的规定，发现隐患，应及时排除。

⑦ 不可用纸、布或其他可燃材料做无骨架的灯罩，灯泡距可燃物应保持一定距离。

⑧ 变（配）电室应保持清洁、干燥。变电室要有良好的通风。配电室内禁止吸烟、生火及保存与配电无关的物品（如食物等）。

⑨ 当电线穿过墙壁、苇席或与其他物体接触时，应当在电线上套有磁管等非燃材料加以隔绝。

⑩ 电气设备和线路应经常检查，发现可能引起火花、短路、发热和绝缘损坏等情况时，必须立即处理。

⑪ 各种机械设备的电闸箱内，必须保持清洁，不得存放其他物品，电闸箱应配锁。

⑫ 电气设备应安装在干燥处，各种电气设备应有妥善的防雨、防潮设施。

（2）安装电工的安全操作

① 设备安装

a.安装高压油开关、自动空气开关等有返回弹簧的开关设备时，应将开关置于断开位置。

b.搬运配电柜时，应有专人指挥，步调一致。多台配电盘（箱）并列安装时，手指不得放在两盘（箱）的接合部位，不得触摸连接螺孔及螺钉。

c.露天使用的电气设备，应有良好的防雨性能或有可靠的防雨设施。配电箱必须牢固、完整、严密。使用中的配电箱内禁止放置杂物。

d. 剔槽、打洞时，必须戴防护眼镜，锤子柄不得松动。錾子不得卷边、裂纹。打过墙、楼板遥眼时，墙体后面，楼板下面不得有人靠近。

② 内线安装

a. 安装照明线路时，不得直接在板条顶棚或隔声板上行走或堆放材料；因作业需要行走时，必须在大楞上铺设脚手板；顶棚内照明应采用 36V 低压电源。

b. 在脚手架上作业，脚手板必须满铺，不得有空隙和探头板。使用的料具，应放入工具袋随身携带，不得投掷。

c. 在平台、楼板上用人力弯管器煨弯时，应背向楼心，操作时面部要避开。大管径管子灌砂煨管时，必须将沙子用火烘干后灌入。用机械敲打时，下面不得站人，人工敲打上下要错开，管口加热时，管口前不得有人停留。

d. 管子穿带线时，不得对管子呼唤、吹气，防止带线弹出。两人穿线，应配合协调，一呼一应。高处穿线，不得用力过猛。

e. 钢索吊管敷设，在断钢索及卡固时，应预防钢索头扎伤。绷紧钢索应用力适度，防止花篮螺栓折断。

f. 使用套管机、电砂轮、台钻、手电钻时，应保证绝缘良好，并有可靠的接零接地，漏电保护装置灵敏有效。

③ 外线安装

a. 作业前应检查工具（铣、镐、锤、钎等牢固可靠）。挖坑时应根据土质和深度，按规定放坡。

b. 杆坑在交通要道或人员经常通过的地方，挖好后的坑应及时覆盖，夜间设红灯示警。底盘运输及下坑时，应防止碰手、砸脚。

c. 现场运杆、立杆、电杆就位和登杆作业均应按有关技术要求进行安全操作。

d. 架线时在线路的每 2～3km 处，应设一次临时接地线，送电前必须拆除。大雨、大雪及六级以上强风天，停止登杆作业。

④ 电缆安装

a. 架设电缆轴的地面必须平实。支架必须采用有底平面的专用支架，不得用千斤顶等代替。敷设电缆必须按安全技术措施交底内容执行，并设专人指挥。

b. 人力拉引电缆时，力量要均匀，速度应平稳，不得猛拉猛跑。看轴人员不得站在电缆轴前方。敷设电缆时，处于拐角的人员，必须站在电缆弯曲半径的外侧。过管处的人员送电缆时手不可离管口太近，迎电缆时眼及身体严禁直对管口。

c. 竖直敷设电缆，必须有预防电缆失控下溜的安全措施。电缆放完后，应立即固定、卡牢。

d. 人工滚运电缆时，推轴人员不得站在电缆前方，两侧人员所站位置不得超过缆轴中心。电缆上、下坡时，应采用在电缆轴中心孔穿铁管，在铁管上拴绳拉放的方法，平稳、缓慢进行。电缆停顿时，将绳拉紧，及时"打掩"制动。人力滚动电缆路面坡度不宜超过 15°。

e. 汽车运输电缆时，电缆应尽量放在车头前方（跟车人员必须站在电缆后面），并用钢丝绳固定。

f. 在已送电运行的变电室沟内进行电缆敷设时，电缆所进入的开关柜必须停电，并应果用绝缘隔板等措施。在开关柜旁操作时，安全距离不得小于 1m（10kV 以下开关柜）。电缆敷设完如剩余较长，必须捆扎固定或采取措施，严禁电缆与带电体接触。

g. 挖电缆沟时，应根据土质和深度情况按规定放坡。在交通道路附近或较繁华地区施工电缆沟时，应设置栏杆和标志牌，夜间设红色标志灯。

h. 在隧道内敷设电缆时，临时照明的电压不得大于 36V。施工前应将地面进行清理，积水排净。

⑤ 电气调试

a. 进行耐压试验装置的金属外壳必须接地，被调试设备或电缆两端如不在同一地点，另一端应有专人看守或加锁，并悬挂警示牌。待仪表、接地检查无误，人员撤离后方可升压。

b. 电气设备或材料作非冲击性试验，升压或降压均应缓慢进行。故暂停或试验结束，应先切断电源，安全放电，并将升压设备高压侧短路接地。

c. 电力传动装置系统及高低压各型开关调试时，应将有关的开关手柄取下或锁上并悬挂标志牌，严禁合闸。

d. 用摇表测定绝缘电阻，严禁有人触及正在测定中的线路或设备，测定容性或感性设备材料后，必须放电，遇到雷电天气应停止摇测线路绝缘。

e. 电流互感器禁止开路，电压互感器禁止短路和以升压方式进行。电气材料或设备需放电时，应穿戴绝缘防护用品，用绝缘棒安全放电。

⑥ 施工现场变配电及维修

a. 现场变配电高压设备，不论带电与否，单人值班严禁跨越遮栏和从事修理工作。

b. 高压带电区域内部分停电工作时，人体与带电部分必须保持安全距离，并应有人监护。

c. 在变配电室内，外高压部分及线路工作时，应按顺序进行。停电、验电悬挂地线，操作手柄应上锁或挂标示牌。

d. 验电时必须戴绝缘手套，按电压等级使用验电器，在设备两侧各相或线路各相分别验电。验明设备或线路确实无电后，即将检修设备或线路做短路接地。

e. 装设接地线，应由两人进行。先接接地端，后接导体端，拆除时顺序相反。拆接时均应穿戴绝缘防护用品。设备或线路检修完毕，必须全面检查无误后，方可拆除接地线。

f. 接地线应使用截面不小于 $25mm^2$ 的多股软裸铜线和专用线夹。严禁使用缠绕的方法进行接地和短路。

g. 用绝缘棒或传统机构拉、合高压开关，应戴绝缘手套。雨天室外操作时，除穿戴绝缘防护用品外，绝缘棒应有防雨罩，应专人监护。严禁带负荷拉、合开关。

h. 电气设备的金属外壳必须接地或接零。同一设备可做接地和接零。同一供电系统不允许一部分设备采用接零，另一部分采用接地保护。

i. 电气设备所用的熔丝（片）的额定电流应与其负荷量相适应。严禁用其他金属线代替熔丝（片）。

第二节　电气防火和防爆

一、电气引起火灾爆炸的原因

(1) 存在易燃易爆环境

在日常生产生活中，存在着大量的易燃易爆环境，如煤炭、石油化工、棉纺、木材加工、烟花爆竹等生产场所。这些生产活动场所存在大量易燃易爆物，特别是生产烟花爆竹用的遇到火源即可发生爆炸，其他生产活动场所，在生产、储存、运输及使用过程中，也极易由气体、固体粉尘等与空气形成燃烧爆炸混合物，遇火发生燃烧、爆炸。

电气设备在运行中产生火花或高温有些电气设备在正常运行时能产生火花、电弧及高温。如电气开关开合、运行中的直流、交流电动机。有些电气设备由于绝缘老化、受潮、腐蚀或机械损伤等，会造成绝缘强度降低、短路、熔断器容体烧断，电气设备或线路严重超负荷也会产生火花、电弧或危险高温。

(2) 电气设备选型和安装不当

因违背有关设计规定或设计时考虑不周而造成电气设计、安装中的先天不足，使电气设施不配套，以及未严格按照安装规程和要求施工而导致安装错误，给日后运行时引起火灾或爆炸创造了先天条件。如线路不按电气安装规程设计安装、导线达不到安全载流量负荷标准造成绝缘老化短路，在爆炸性危险场所安装非防爆电动机、电器等。有的电气设备及线路安装不按规定要求施工，特别是隐蔽工程内部的线路不按规定穿管或穿管不到位，线路接口松动，乱拉乱接等，使用不合格的三无产品、劣质材料，偷工减料等。

(3) 违反安全操作规程

实际生产中，电气操作人员在操作中违反相关安全操作规程而导致电气火灾或爆炸事故的事例很多。如在变压器、油开关附近使用喷灯、火焊，在易燃易爆场所使用非防爆电器产品，特别是携带式或移动式设备，使用电热器具且没有采取有效的隔热措施，在易产生火花的设备或场所用汽油擦洗设备，无证人员上岗操作等。由于对电气设备的性能了解不够和使用不当，实际中也经常导致火灾或爆炸发生。如灯泡安装在离易燃、易爆物过近，尤其是碘钨灯灯泡，其表面温度可高达 $500\sim800\,^{\circ}\text{C}$，稍不注意就会烤燃纸、布、棉花及木材等。如有的娱乐场所，装修时使用大量的可燃装饰材料，而电气设备、照明灯具等没有专业人员管理，经长时间使用而没有专人及时检查，造成设备过热等情况发生，引起火灾。

(4) 忽视消防安全 安全意识淡薄

许多生产单位或娱乐场所的单位领导往往存在侥幸心理，不愿投资花钱不见效的消防安全，不按规定安装自动报警、自动喷淋消防设施，甚至根本没有配备消防器材，且消防道路不畅，防火问题达不到要求，消防组织制度也不健全，对消防部门检查中发现的问题，不重视也不整改，而是通过疏通关系达到开业目的。

二、电气防火、防爆的措施

电气防火、防爆措施是综合性的措施。其他防火、防爆措施对于防止电气火灾和爆炸也是有效的。

(1) 消除或减少爆炸性混合物

消除或减少爆炸性混合物一般性防火防报措施。例如，封闭式作业，防止爆炸性混合物泄漏；清理现场积尘，防止爆炸性混合物积累；设计正压室，防止爆炸性混合物侵入；采取开式作业或通风措施，稀释爆炸性混合物；在危险空间充填惰性气体或不活泼气体，防止形成爆炸性混合物；安装报警装置，当混合物中危险物品的浓度达到其爆炸下限的 10％时报警等。

在爆炸危险环境，如有良好的通风装置，能降低爆炸性混合物的浓度，从而降低环境的危险等级。

蓄电池可能有氢气排出，应有良好的通风。变压器室一般采用自然通风，若采用机械通风时，其送风系统不应与爆炸危险环境的送风系统相连，且供给的空气不应含有爆炸性混合物或其他有害物质。几间变压器室共用一套送风系统时，每个送风支管上应装防火阀，其排风系统应独立装设。排风口不应设在窗口的正下方。

通风系统应用非燃烧性材料制作，结构应坚固，连接应紧密。通风系统内不应有阻碍气流的死角。电气设备应与通风系统连锁，运行前必须先通风，通过的气流量不小于该系统容积的 5 倍时才能接通电气设备的电源；进入电气设备和通风系统内的气体不应含有爆炸危险物质或其他有害物质。在运行中，通风系统内的正压不应低于 266.64Pa，当低于 133.32Pa 时，就自动断开电气设备的主电源或发出信号。通风系统排出的废气，一般不应排入爆炸危险环境。对于闭路通风的防爆通风型电气设备及其通风系统，应供给清洁气体以补充漏损，保持系统内的正压。电气设备外壳及其通风、充气系统内的门或盖子上，应有警告标志或连锁装置，防止运行中错误打开。爆炸危险环境内的事故排风用电动机的控制设备应设在事故情况下便于操作的地方。

(2) 隔离和间距

隔离是将电气设备分室安装，并在隔墙上采取封堵措施，以防止爆炸性混合物进入。电动机隔墙传动时，应在轴与轴孔之间采取适当的密封措施；将工作时产生火花的开关设备装于危险环境范围以外（如墙外）；采用室外灯具通过玻璃窗给室内照明等都属于隔离措施。将普通拉线开关浸泡在绝缘油内运行，并使油面有一定高度，保持油的清洁；将普通日光灯装入高强度玻璃管内，并用橡皮塞严密堵塞两端等都属于简单的隔离措施。后者只用作临时性或爆炸危险性不大的环境的安全措施。

户内电压为 10kV 以上、总油量为 60kg 以下的充油设备，可安装在两侧有隔板的间隔内；总油量为 60～600kg 者，应安装在有防爆隔墙的间隔内；总油量为 600kg 以上者，应安装在单独的防爆间隔内。

10kV 及其以下的变、配电室不得设在爆炸危险环境的正上方或正下方，变电室与各级爆炸危险环境毗连，以及配电室与 1 区或 10 区爆炸危险环境毗连时，最多只能有两面相连的墙与危险环境共用。配电室与 2 区或 11 区爆炸危险环境毗连时，最多只能有三面相连的墙与危险环境共用。10kV 及其以下的变、配电室也不宜设在火灾危险环境的正上方或正下方，也可以与火灾危险环境隔墙毗连。配电室允许通过走廊或套间与火灾危险环境相通，但走廊或套间应由非燃性材料制成；而且除 23 区（H—3 级）火灾危险环境外，门应有自动关闭装置。1000V 以下的配电室可以通过难燃材料制成的门与 2 区爆炸危险环境和火灾危险环境相通。

变、配电室与爆炸危险环境或火灾危险环境毗连时，隔墙应用非燃性材料制成。与 1 区和 10 区环境共用的隔墙上，不应有任何管子、沟道穿过；与 2 区或 11 区环境共用的隔墙上，只允许穿过与变、配电室有关的管子和沟道，孔洞、沟道应用非燃性材料严密堵塞。

毗连变、配电室的门及窗应向外开，并通向无爆炸或火灾危险的环境。

变、配电站是工业企业的动力枢纽，电气设备较多，而且有些设备工作时产生火花和较高温度，其防火、防爆要求比较严格、室外变、配电站与建筑物、堆场、储罐应保持规定的防火间距，且变压器油量越大，建筑物耐火等级越低及危险物品储量越大者，所要求的间距也越大，必要时可加防火墙。还应当注意，露天变、配电装置不应设置在易于沉积可燃粉尘或可燃纤维的地方。

为了防止电火花或危险温度引起火灾，开关、插销、熔断器、电热器具、照明器具、电焊设备和电动机等均应根据需要，适当避开易燃物或易燃建筑构件。起重机滑触线的下方不应堆放易燃物品。

10kV及其以下架空线路，严禁跨越火灾和爆炸危险环境；当线路与火灾和爆炸危险环境接近时，其间水平距离一般不应小于杆柱高度的1.5倍；在特殊情况下，采取有效措施后允许适当减小距离。

(3) 消除引燃源

为了防止出现电气引燃源，应根据爆炸危险环境的特征和危险物的级别和组别选用电气设备和电气线路，并保持电气设备和电气线路安全运行。安全运行包括电流、电压、温升和温度等参数不超过允许范围，还包括绝缘良好、连接和接触良好、整体完好无损、清洁、标志清晰等。

保持设备清洁有利于防火。设备脏污或灰尘堆积既降低设备的绝缘，又妨碍通风和冷却，特别是正常时有火花产生的电气设备，很可能由于污垢过多而引起火灾。因此，从防火角度，也要求定期或经常地清扫电气设备，以保持清洁。

在爆炸危险环境，应尽量少用携带式电气设备，少装插销座和局部照明灯。为了避免产生火花，在爆炸危险环境更换灯泡应停电操作。基于同样理由，在爆炸危险环境内一般不应进行测量操作。

(4) 爆炸危险环境接地和接零

爆炸危险环境的接地、接零比一般环境要求高。

① 接地、接零实施范围

除生产上有特殊要求的以外，一般环境不要求接地（或接零）的部分仍应接地（或接零）。例如，在不良导电地面处，交流380V及其以下、直流440V及其以下的电气设备正常时不带电的金属外壳，交流127V及其以下、直流110V及其以下的电气设备正常时不带电的金属外壳，还有安装在已接地金属结构上的电气设备，以及敷设金属包皮且两端已接地的电缆用的金属构架均应接地（或接零）。

② 整体性连接

在爆炸危险环境，必须将所有设备的金属部分、金属管道以及建筑物的金属结构全部接地（或接零）并连接成连续整体，以保持电流途径不中断。接地（或接零）干线宜在爆炸危险环境的不同方向且不少于两处与接地体相连，连接要牢固，以提高可靠性。

③ 保护导线

单相设备的工作零线应与保护零线分开，相线和工作零线均应装有短路保护元件，并装设双极开关同时操作相线和工作零线。1区和10区的所有电气设备和2区除照明灯具以外，其他电气设备应使用专门接地（或接零）线，而金属管线、电缆的金属包皮等只能作为辅助接地（或接零）。除输送爆炸危险物质的管道以外，2区的照明器具和20区的所有电气设备，允许利用连接可靠的金属管线或金属桁架作为接地（或接零）线。保护导线的最小截面，铜导体不得小于 $4mm^2$，钢导体不得小于 $6mm^2$。

④ 保护方式

在不接地配电网中，必须装设一相接地时或严重漏电时能自动切断电源的保护装置或能发出声、光双重信号的报警装置。在变压器中性点直接接地的配电网中，为了提高可靠性，缩短短路故障持续时间，系统单相短路电流应当大一些。其最小单相短路电流不得小于该段线路熔断器额定电流的 5 倍或低压断路器瞬时（或短延时）动作电流脱扣器整定电流的 1.5 倍。

(5) 消防供电

为了保证消防设备不间断供电，应考虑建筑物的性质、火灾危险性、疏散和火灾扑救难度等因素。

高度超过 24m 的医院、百货楼、展览楼、财政金融楼、电信楼、省级邮政楼和高度超过 50m 的可燃物品厂房、库房，以及超过 4000 个座位的体育馆，超过 2500 个座位的会堂等大型公共建筑，其消防设备（如消防控制室、消防水泵、消防电梯、消防排烟设备、火灾报警装置、火灾事故照明、疏散指示标志和电动防火门窗、卷帘、阀门等）均应采用一级负荷供电。

户外消防用水量大于 $0.03m^3/s$ 的工厂、仓库或户外消防用水量大于 $0.035m^3/s$ 的易燃材料堆物、油罐或油罐区、可燃气体储罐或储罐区，以及室外消防用水量大于 $0.025m^3/s$ 的公共建筑物，应采用 6kV 以上专线供电，并应有两回线路。超过 1500 个座位的影剧院，户外消防用水量大于 $0.03m^3/s$ 的工厂、仓库等，宜采用由终端变电所两台不同变压器供电，且应有两回线路，最末一级配电箱处应自动切换。

对某些电厂、仓库、民用建筑、储罐和堆物，如仅有消防水泵，而采用双电源或双回路供电确有困难，可采用内燃机作为带动消防水泵的动力。

鉴于消防水泵、消防电梯、火灾事故照明、防烟、排烟等消防用电设备在火灾时必须确保运行，而平时使用的工作电源发生火灾时又必须停电，从保障安全和方便使用出发，消防用电设备配电线路应设置单独的供电回路，即要求消防用电设备配电线路与其他动力、照明线路（从低压配电室至最末一级配电箱）分开单独设置，以保证消防设备用电。为避免在紧急情况下操作失误，消防配电设备应有明显标志。

为了便于安全疏散和火灾扑救，在有众多人员聚集的大厅及疏散出口处、高层建筑的疏散走道和出口处、建筑物内封闭楼梯间、防烟楼梯间及其前室，以及消防控制室、消防水泵房等处应设置事故照明。

(6) 电气灭火

火灾发生后，电气设备和电气线路可能是带电的，如不注意，可能引起触电事故。根据现场条件，可以断电的应断电灭火；无法断电的则带电灭火。电力变压器、多油断路器等电气设备充有大量的油，着火后可能发生喷油甚至爆炸事故，造成火焰蔓延，扩大火灾范围，这是必须加以注意的。

① 触电危险和断电

电气设备或电气线路发生火灾，如果没有及时切断电源，扑救人员身体或所持器械可能接触带电部分而造成触电事故。使用导电的火灾剂，如水枪射出的直流水柱、泡沫灭火器射出的泡沫等射至带电部分，也可能造成触电事故。火灾发生后，电气设备可能因绝缘损坏而碰壳短路；电气线路可能因电线断落而接地短路，使正常时不带电的金属构架、地面等部位带电，也可能导致接触电压或跨步电压触电危险。

因此，发现起火后，首先要设法切断电源。切断电源应注意以下几点。

a. 火灾发生后，由于受潮和烟熏，开关设备绝缘能力降低，因此，拉闸时最好用绝缘工具操作。

b. 高压应先操作断路器，而不应该先操作隔离开关切断电源，低压应先操作电磁启动器，而不应该先操作刀开关切断电源，以免引起弧光短路。

c. 切断电源的地点要选择适当，防止切断电源后影响灭火工作。

d. 剪断电线时，不同相的电线应在不同的部位剪断，以免造成短路。剪断空中的电线时，剪断位置应选择在电源方向的支持物附近，以防止电线剪后断落下来，造成接地短路和触电事故。

② 带电灭火安全要求

有时，为了争取灭火时间，防止火灾扩大，来不及断电；或因灭火、生产等需要，不能断电，则需要带电灭火。带电灭火需注意以下几点。

a.应按现场特点选择适当的灭火器。二氧化碳灭火器、干粉灭火器的灭火剂都是不导电的，可用于带电灭火。泡沫灭火器的灭火剂（水溶液）有一定的导电性，而且对电气设备的绝缘有影响，不宜用于带电灭火。

b.用水枪灭火时宜采用喷雾水枪，这种水枪流过水柱的泄漏电流小，带电灭火比较安全。用普通直流水枪灭火时，为防止通过水柱的泄漏电流通过人体，可以将水枪喷嘴接地（即将水枪接入埋入接地体，或接向地面网络接地板，或接向粗铜线网络鞋套）；也可以让灭火人员穿戴绝缘手套、绝缘靴或穿戴均压服操作。

c.人体与带电体之间保持必要的安全距离。用水灭火时，水枪喷嘴至带电体的距离：电压为 10kV 及其以下者不应小于 3m，电压为 220kV 及其以上者不应小于 5m。用二氧化碳等有不导电灭火剂的灭火器灭火时，机体、喷嘴至带电体的最小距离：电压为 10kV 者不应小于 0.4m，电压为 35kV 者不应小于 0.6m 等。

d.对架空线路等空中设备进行灭火时，人体位置与带电体之间的仰角不应超过 45°。

③ 充油电气设备的灭火

充油电气设备的油，其闪点多在 130～140℃，有较大的危险性。如果只在该设备，外部起火，可用二氧化碳、干粉灭火器带电灭火。如火势较大，应切断电源，并可用水灭火。如油箱破坏，喷油燃烧，火势很大时，除切断电源外，有事故储油坑的应设法将油放进储油坑，坑内和地面上的油火可用泡沫扑灭。要防止燃烧着的油流入电缆沟而顺沟蔓延；电缆沟内的油火只能用泡沫覆盖扑灭。

发电机和电动机等旋转电动机起火时，为防止轴和轴承变形，可令其慢慢转动，用喷雾水灭火，并使其均匀冷却；也可用二氧化碳或蒸汽灭火，但不宜用干粉、砂子或泥土灭火，以免损伤电气设备的绝缘。

第三节　电气接地安全要求

接地就是将需要接地的部分与大地相连。根据接地目的接地可分为防雷接地、工作接地和保护接地等。而与大地的连接都是靠接地装置来实现，接地装置由埋入地中的接地体和引下线构成。变电站的接地装置除了减小接地电阻，以降低雷电流或短路电流通过时其上的电位升高的作用，而且还有均衡地面电位分布、降低接触电位差和跨电位差的作用。而变电所中防雷接地是关键，防雷设备限压功能的发挥离不开良好的接地。防雷接地是将雷电流安全导入大地进行的接地，避雷针、避雷器的接地就是防雷接地。就防雷保护而言，其接地电阻都不能超过国家有关标准规定的数值。影响接地装置接地电阻的主要因素是土壤电阻率、接地装置的形状和尺寸，接地电阻可通过相关的公式计算。

按接地装置内、外发生接地故障时，经接地装置流入地中的最大短路电流所造成的接地电位升高及地面的电位分布不至于危及人员和设备的安全，将变电站范围的接触电位差和跨步电位差限制在安全值之内的原则，进行本变电站接地装置的设计。

一、电气接地方法分类介绍

(1) 防雷接地

为把雷电迅速引入大地，以防止雷害为目的的接地。如避雷针、避雷器的接地防雷装置如与电气设备的工作接地合用一个总的接地网时，接地电阻应符合其最小值要求。

(2) 交流工作接地

将电力系统中的某一点，直接或经特殊设备与大地作金属连接。

工作接地主要指的是变压器中性点或中性线（N线）接地。N线必须用铜芯绝缘线。在配电中存在辅助等电位接线端子，等电位接线端子一般均在箱柜内。必须注意，该接线端子不能外露；不能与其他接地系统，如直流接地、屏蔽接地、防静电接地等混接；也不能与PE线连接。

(3) 安全保护接地

安全保护接地就是将电气设备不带电的金属部分与接地体之间作良好的金属连接。即将大楼内的用电设备以及设备附近的一些金属构件，由 PE 线连接起来，但严禁将 PE 线与 N 线连接。

 操作注意事项

　　① 电动机、变压器、照明器具、手持式或移动式用电器具和其他电器的金属底座和外壳。
　　② 电气设备的传动装置。
　　③ 配电、控制和保护用的盘（台、箱）的框架。
　　④ 交、直流电力电缆的构架、接线盒和终端盒的金属外壳、电缆的金属护层和穿线的钢管。
　　⑤ 室内、外配电装置的金属构架或钢筋混凝土构架的钢筋及靠近带电部分的金属遮拦和金属门。
　　⑥ 架空线路的金属杆塔或钢筋混凝土杆塔的钢筋以及杆塔上的架空地线、装在杆塔上的设备的外壳及支架。
　　⑦ 变（配）电所各种电气设备的底座或支架。
　　⑧ 民用电器的金属外壳，如洗衣机、电冰箱等。

(4) 直流接地

　　为了使各个电子设备的准确性好、稳定性高，除了需要一个稳定的供电电源外，还必须具备一个稳定的基准电位。可采用较大截面积的绝缘铜芯线作为引线，一端直接与基准电位连接，另一端供电子设备直流接地。

(5) 屏蔽接地与防静电接地

　　为防止智能化大楼内电子计算机机房干燥环境产生的静电对电子设备的干扰而进行的接地称为防静电接地。为了防止外来的电磁场干扰，将电子设备外壳体及设备内外的屏蔽线或所穿金属管进行的接地，称为屏蔽接地。

(6) 功率接地系统

　　电子设备中，为防止各种频率的干扰电压通过交直流电源线侵入，影响低电平信号的工作而装有交直流滤波器，滤波器的接地称功率接地。

(7) 重复接地

　　在低压配电系统的 TN-C 系统中，为防止因中性线故障而失去接地保护作用，造成电击危险和损坏设备，对中性线进行重复接地。TN-C 系统中的重复接地点如下。

    ① 架空线路的终端及线路中适当点。

    ② 四芯电缆的中性线。

    ③ 电缆或架空线路在建筑物或车间的进线处。

    ④ 大型车间内的中性线宜实行环形布置，并实行多点重复接地。

(8) 要求

    ① 独立的防雷保护接地电阻应小于或等于 10Ω。

    ② 独立的安全保护接地电阻应小于或等于 4Ω。

    ③ 独立的交流工作接地电阻应小于或等于 4Ω。

    ④ 独立的直流工作接地电阻应小于或等于 4Ω。

    ⑤ 防静电接地电阻一般要求小于或等于 100Ω。

二、电气设备接地技术原则

    ① 为保证人身和设备安全，各种电气设备均应根据《系统接地的形式及安全技术要求》（GB 14050—2008）进行保护接地。保护接地线除用以实现规定的工作接地或保护接地的要求外，不应作其他用途。

    ② 不同用途和不同电压的电气设备，除有特殊要求外，一般应使用一个总的接地体，按等电位联结要求，应将建筑物金属构件、金属管道（输送易燃易爆物的金属管道除外）与总接地体相连接。

    ③ 人工总接地体不宜设在建筑物内，总接地体的接地电阻应满足各种接地中最小的接地电阻要求。

    ④ 有特殊要求的接地，如弱电系统、计算机系统及中压系统，为中性点直接接地或经小电阻接地时，应按有关专项规定执行。

三、接地装置的技术要求

(1) 变（配）电所的接地装置

    ① 变（配）电所的接地装置的接地体应水平敷设。其接地体采用长度为 2.5m、直径不小于 12mm 的圆钢或厚度不小于 4mm 的角钢，或厚度不小于 4mm 的钢管，并用截面不小于 25mm×4mm 的扁钢相连为闭合环形，外缘各角要做成弧形。

② 接地体应埋设在变（配）所墙外，距离不小于 3m，接地网的埋设深度应超过当地冻土层厚度，最小埋设深度不得小于 0.6m。

③ 变（配）电所的主变压器，其工作接地和保护接地，要分别与人工接地网连接。

④ 避雷针（线）宜设独立的接地装置。

(2) 易燃易爆场所的电气设备的保护接地

① 易燃易爆场所的电气设备、机械设备、金属管道和建筑物的金属结构均应接地，并在管道接头处敷设跨接线。

② 在 1kV 以下中性点接地线路中，当线路过电流保护为熔断器时，其保护装置的动作安全系数不小于 4，为断路器时，动作安全系数不小于 2。

③ 接地干线与接地体的连接点不得少于 2 个，并在建筑物两端分别与接地体相连。

④ 为防止测量接地电阻时产生火花引起事故，需要测量时应在无危险的地方进行，或将测量用的端钮引至易燃易爆场所以外的地方进行。

(3) 直流设备的接地

由于直流电流的作用，对金属腐蚀严重，使接触电阻增大，因此在直流线路上装设接地装置时，必须认真考虑以下措施。

① 对直流设备的接地，不能利用自然接地体作为 PE 线或重复接地的接地体和接地线，且不能与自然接地体相连。

② 直流系统的人工接地体，其厚度不应小于 5mm，并要定期检查侵蚀情况。

(4) 手持式、移动式电气设备的接地

手持式、移动式电气设备的接地线应采用软铜线，其截面不小于 $1.5mm^2$，以保证足够的机械强度。接地线与电气设备或接地体的连接应采用螺栓或专用的夹具，保证其接触良好，并符合短路电流作用下动、热稳定要求。

四、接地装置的运行与维护

接地装置运行中，接地线和接地体会因外力破坏或腐蚀而损伤或断裂，接地电阻也会随土壤变化而发生变化，因此，必须对接地装置定期进行检查和试验。

(1) 定期检查

① 变（配）电所的接地装置一般每年检查一次。

② 根据车间或建筑物的具体情况，对接地线的运行情况一般每年检查1~2次。

③ 各种防雷装置的接地装置每年在雷雨季前检查一次。

④ 对有腐蚀性土壤的接地装置，应根据运行情况一般每3~5年对地面下接地体检查一次。

⑤ 手持式、移动式电气设备的接地线应在每次使用前进行检查。

⑥ 接地装置的接地电阻一般1~3年测量一次。

(2) 检查项目

① 检查接地装置的各连接点的接触是否良好，有无损伤、折断和腐蚀现象。

② 对含有重酸、碱、盐等化学成分的土壤地带（一般可能为化工生产企业、药品生产企业及部分食品工业企业）应调查地面下500mm 以上部位的接地体的腐蚀程度。

③ 在土壤电阻率最大时（一般为雨季前）测量接地装置的接地电阻，并对测量结果进行分析比较。

④ 电气设备检修后，应检查接地线连接情况，是否牢固可靠。

⑤ 检查电气设备与接地线连接、接地线与接地网连接、接地线与接地干线连接是否完好。

五、电气设备接地安装

(1) 变压器中性点和外壳接地

① 容量为100kV·A 以上的变压器其低压侧零线外壳应接地，电阻值不应大于4Ω，每个重复接地装置的接地电阻值不应大于10。

② 总容量为100kV·A 以下的变压器、其低压侧零线外壳的接地电阻不应大于10Ω；重复接地不少于3处、每个重复接地装置的接地电阻不应大于30Ω。

变压器的接地做法如图19-7所示。

(2) 电动机外壳接地

利用钢管作接地线时，其做法如图19-8所示，其接地线连接在机壳的螺栓上。

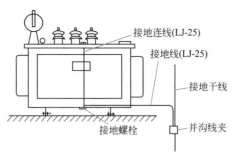

图 19-7　变压器中性点与外壳接地示意图

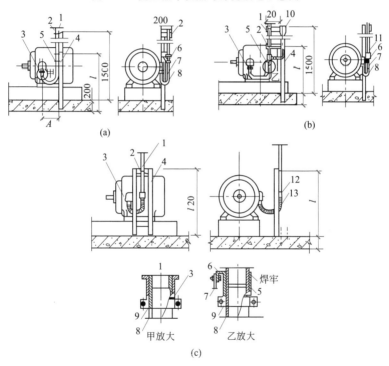

图 19-8　电动机利用穿线钢管做接地（尺寸单位：mm）

1—钢管或电线管；2—管卡；3—外螺纹软管接头；4—角钢架柱；

5—内螺纹软管接头；6—接地环；7—接地线；8—塑料管；9—塑料管衬管；

10—按钮盒；11—长方形接线盒；12—过渡接头；13—金属软管

注：1.角钢架柱与接线盒距离 l_1 应保证满足电缆曲率半径；l 根据电动机尺寸确定。

2.图适用于电动机主回路与控制回路采用电线共管敷设。

(3) **电器金属外壳接地**

电器金属外壳接地的做法如图 19-9 所示。

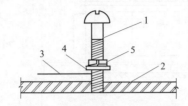

图 19-9　电器金属外壳接地做法

1—连接螺栓；2—电器金属外壳；3—金属构架；

4—接地线；5—镀锌垫圈

　操作注意事项

电器金属外壳接地的做法应注意以下几点。

① 在交流、中性点不接地的系统中，电气设备金属外壳应与接地装置作金属连接。

② 交、直流电力电缆接线盒、终端盒的外壳、电力电缆、控制电缆的金属护套、非铠装和金属护套电缆的 1~2 根屏蔽芯线、敷设的钢管和电缆支架等均应接地。穿过零序电流互感器的电缆，其电缆头接地线应穿过互感器后接地，并应将接地点前的电缆头金属外壳、电缆金属包皮及接地线与地绝缘。

③ 井下电气装置的电气设备金属外壳的接触电压不应大于40V。接地网对地和接地线的电阻值：当任一组主接地极断开时，接地网上任一点测得的对地电阻值不应大于 2Ω。

(4) **装有电器的金属构架接地**

交流电气设备的接地线可利用金属结构，包括起重机的钢轨、走廊、平台、电梯竖井、起重机与升降机的构架、运输皮带的钢梁等。接地做法如图 19-10 所示。

(5) **多台设备接地**

当多台设备安装在一起时，电气装置的每个接地部分应以单独的接地线与接地干线相连接，不得在一个接地线上串接几个需要接地部分。

(6) 携带式电力设备接地

① 携带式电力设备如手电钻手提照明灯等，应选用截面面积不小于 $4.5mm^2$ 的多股铜芯线作专用接地线，单独与接地网相连接，且不可利用其他用电设备的零线接地，也不允许用此芯线通过工作电流。

② 由固定的电源或由移动式发电设备供电的移动式机械，应和这些供电源的接地装置有金属的连接。在

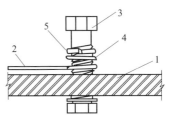

图 19-10　金属构架接地做法
1—金属构架；2—接地线；3—螺栓；
4—镀锌垫圈；5—弹簧垫圈

中性点不接地的电网中，可在移动式机械附近装设若干接地体，以代替敷设接地线，并应首先利用附近所有的自然接地体。

③ 携带式用电设备严禁利用其他用电设备的零线接地，零线和接地线应分别与接地网相连接。

④ 移动式电力设备和机械的接地应符合固定式电气设备的要求，但下列情况一般可不接地。

a.移动式机械自用的发电设备直接放在机械的同一金属框架上，又不供给其他设备用电。

b.当机械由专用的移动式发电设备供电，机械数量不超过两台，机械距移动式发电设备不超过 50m，且发电设备和机械的外壳之间有可靠的金属连接。

(7) 电子设备接地

电子设备的逻辑地、功率地、安全地、信号地等的设置除应符合设计规定外，还应符合下述规定。

① 接地母线的固定应与盘、柜体绝缘。

② 大中型计算机应采用铜芯绝缘导线，其截面按设计要求确定。

③ 高出地坪 2m 的一段设备，应用合成树脂管或具有相同绝缘性能和强度的管子加以保护。

④ 接地网或接地体的接地电阻值应不大于 4Ω。

⑤ 一般工业电子设备应有单独的接地装置，接地电阻值应不超过 10Ω，与设备的距离应不大 $5m$，但可与车间接地干线相连。

(8) 露天矿电气装置接地

露天矿电气装置的接地应符合下列规定。

① 露天采矿场或排废物场的高、低压电气设备可共用同一接地装置。采矿场的主接地电极不应少于两组；排废物场可设一组。主接地极一般应设在环形线附近或土壤电阻率较低的地方。

② 高土壤电阻率的矿山接地电阻值不得大于 30Ω，且接地线和设备的金属外壳的接地电压不得大于 $50V$。

③ 架空接地线应采用截面不小于 $35mm^2$ 的钢绞线或钢芯铝绞线，并且与导线的垂直距离不应小于 $0.5m$。

④ 每台设备不得串联接地，必须备有单独引线，连接处应设断接卡板。

(9) 爆炸和火灾危险场所电气设备接地

① 电气设备的金属外壳和金属管道；容器设备及建筑物金属结构均应可靠的接地或接零，管道接头处应作跨接线。

② 0区及10区范围内所有电气设备及1区范围内除照明灯具外的其他电气设备，均应使用专用的接地或接零线，接地或接零线与相线同管敷设时，绝缘电阻应与相线相同。

爆炸危险场所内的金属管线及电缆的金属外皮，只能做辅助接地线。

③ 1区范围内的照明灯具和2区11区范围内所有电气设备，可利用与地线有可靠电气连接的金属管线或金属框架作接地或接零，但不得利用输送爆炸危险物质的管道做接地或接零线。

④ 爆炸危险场所内电气设备的专用接地线应符合下列规定。

a.引向接地干线的接地线应是铜芯导线，其截面要求见表 19-7。

表 19-7　电动机容量与绝缘铜芯接地线截面对照表

电动机容量/kW	≤1	≤5	≤10	≤15	≤20	≤50	≤200	≤500	≤750	≤750
接地线截面/mm²	2.5	4	6	10	16	25	35	50	70	95
接地螺栓规格	M8		M10				M12			

若采用裸铜线时，其截面不应小于 $4mm^2$。

b.接地线是多股铜芯时，与接地端子的连接宜采用压接，压接端子的规格要与被压接的导线截面相符合。

⑤ 在爆炸危险场所内的不同方向上，接地和接零干线与接地装置相连应不少于两处；一般应在建筑物两端分别与接地体相连。

a.接地连接板应用不锈钢板、镀锌板或接触面搪锡、覆铜的钢板制成；连接面应平整、无污物、有金属光泽并应涂电力脂。

b.连接用螺栓应是镀锌螺栓，弹簧垫圈及两侧的平垫圈应齐全，拧紧后弹簧垫圈应被压平。

⑥ 在爆炸危险场所内，中性点直接接地的低压电力网中，所有的电气装置的接零保护不得接在工作零线上，应接在专用的接零线上。

⑦ 爆炸危险场所防静电接地的接地体、接地线、接地连接板的设置除应符合设计要求外，还应符合下述规定。

a.防静电接地线应单独与接地干线相连，不得相互串联接地。

b.接地线在引出地面处，应有防损伤、防腐蚀措施铜芯绝缘导线应有硬塑料管保护；镀锌扁钢宜有角钢保护；若该处是耐酸地坪时，则表面应涂耐酸油漆。

第四节　电气防雷措施

雷击是一种自然灾害，它不但能造成设备或设施的损坏，造成大规模停电，而且能引起火灾或爆炸，甚至能危及人身安全。

据估计，雷云的电位为 $1 \times 10^4 \sim 10 \times 10^4 kV$，雷电流的幅值可达数千安至数百千安。虽然雷电放电的持续时间只有几十微秒，但具有很大的破坏力，因此，必须采取有效措施，防止或减少雷害事故的发生。

根据雷电产生和危害特点的不同，雷电大体可以分为直击雷、雷电感应、球雷、雷电侵入波等几种形式。

如果雷云较低，周围又没有带异性电荷的雷云，就在地面凸出物上感应出异性电荷，形成与地面凸出物之间的放电，这就是直击雷。

雷电感应也叫作感应雷，分静电感应和电磁感应两种。静电感应是由于雷云接近地面，在地面凸出物顶部感应出大量异性电荷所致。电磁感应是由于雷击后巨大的雷电流在周围空间产生迅速变化的强大磁场所致。这种磁场能在附近的金属导体上感应出很高的电压。

球雷是一种球形发红光或白光的火球，直径多在 20cm 左右，以每秒钟数米的速度运动，可从门、窗、烟囱等通道侵入室内，造成多种危害。雷电侵入波是由于雷击而在架空线路或空中金属管道上产生的冲击电压沿线路或管道向两个方向迅速传播的雷电波。其传播速度约为 $300\text{m}/\mu\text{s}$（在电缆中约为 $150\text{m}/\mu\text{s}$）。

一、雷电的危害

(1) 雷电的危害

雷电的危害一般分为两类：一是雷直接击在建筑物上发生热效应作用和电动力作用；二是雷电的二次作用，即雷电流产生的静电感应和电磁感应。雷电的具体危害表现如下。

① 雷电流高压效应会产生高达数万伏甚至数十万伏的冲击电压，如此巨大的电压瞬间冲击电气设备，足以击穿绝缘使设备发生短路，导致燃烧、爆炸等直接灾害。

② 雷电流高热效应会放出几十至上千安的强大电流，并产生大量热能，在雷击点的热量会很高，可导致金属熔化，引发火灾和爆炸。

③ 雷电流机械效应主要表现为被雷击物体发生爆炸、扭曲、崩溃、撕裂等现象导致财产损失和人员伤亡。

④ 雷电流静电感应可使被击物导体感生出与雷电性质相反的大量电荷，当雷电消失来不及流散时，即会产生很高电压发生放电现象从而导致火灾。

⑤ 雷电流电磁感应会在雷击点周围产生强大的交变电磁场，其感生出的电流可引起变电器局部过热而导致火灾。

⑥ 雷电波的侵入和防雷装置上的高电压对建筑物的反击作用也会引起配电装置或电气线路断路而燃烧导致火灾。

(2) 建筑物的防雷等级

建筑物的防雷分类是根据建筑物的重要性、使用性质、影响后果等来划分的，不同性质的建筑物其防雷措施是不同的。在建筑电气设计中，把建筑物按照防雷等级分成三类。

① 第一类防雷的建筑物

a. 凡在建筑物中制造、使用或贮存大量爆炸物质，或在正常情况下能形成爆炸性混合物，因电火花而引起爆炸，造成巨大破坏和人身伤亡者。

b. 具有特别重要用途的建筑物，如国家级的会堂、办公建筑、大型展览会建筑、特等火车站、国际性的航空港、通信枢纽、国宾馆、大型旅游建筑、国家级重点文物保护的建筑物、超高层建筑物等。

② 第二类防雷的建筑物

a.特征同第一类第①条，但不致造成巨大破坏和人身伤亡者，或在不正常情况下才能形成爆炸性混合物，因电火花而引起爆炸造成巨大破坏和人身伤亡者。

b.重要的或人员密集的大型建筑物。例如，部、省级办公楼、省级大型集会、展览会、体育、交通、通信、广播、商业、影剧院建筑等。

c.省级重点文物保护的建筑物。

d.十九层及以上的住宅建筑和高度超过50m的其他民用和一般工业建筑物。

③ 第三类防雷的建筑物

a.凡不属第一、二类防雷的一般建筑物而需要作防雷保护者。

b.建筑群中高于其他建筑物或处于边缘地带的高度为20m以上的民用和一般工业建筑物；建筑物超过20m的突出物体。在雷电活动强烈地区其高度可为15m以上，雷电活动较弱地区其高度可为25m以上。

c.高度超过15m的烟囱、水塔等孤立的建筑物。在雷电活动较弱地区，其高度可在20m以上。

d.历史上雷害事故严重地区的建筑物。

二、防雷装置

避雷针、避雷线、避雷网、避雷带、避雷器都是经常采用的防雷装置。一套完整的防雷装置包括接闪器、引下线和接地装置三部分。

(1) 接闪器

避雷针、避雷线、避雷网和避雷带都可作为接闪器，建筑物的金属屋面可作为第一类工业建筑物以外的其他各类建筑物的接闪器。这些接闪器都是利用其高出被保护物的突出位置，把雷电引向自身，然后通过引下线和接地装置，把雷电流泄入大地，以此保护被保护物免受雷击。

① 避雷针

避雷针的针尖一般用镀锌钢棒或钢管制成，长1～2m，下边用水泥杆或钢铁构架支撑。装设在建筑物顶部最高处，或顶部两端以及女儿墙上，有时也安装独立避雷针。建筑物避雷针的保护范围按滚球法计算。

避雷针的保护范围是有限的，保护半径与其高度有关，单支避雷针的保护范围如图 19-11 所示。

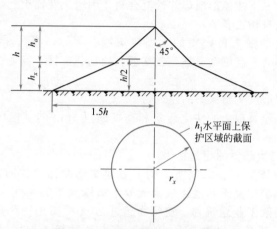

图 19-11　单支避雷针的保护范围

滚球法是设想一定直径的球体沿地面（或与大地接触且能承受雷击的导体）由远及近向被保护设施滚动，如该球体触及接闪器（避雷针等）或其引下线之后才能触及被保护设施，则该设施在接闪器保护范围之内。球面线即保护范围的轮廓线。滚球的半径按防雷级别确定，各级别的滚球半径见表 19-8。

表 19-8　滚球半径

建筑物防雷类别	滚球半径/m
第一类防雷建筑物	30
第二类防雷建筑物	45
第三类防雷建筑物	60

② 避雷线、避雷网和避雷带

避雷线、避雷网和避雷带实际上都是接闪器。避雷线主要用来保护电力线路，一般采用截面积不小于 $35mm^2$ 的镀锌钢绞线。避雷网和避雷带主要用来保护建筑物。

避雷网和避雷带的保护范围无需进行计算。避雷网网路的大小可

644

取 6m×6m，6m×10m，10m×10m，视具体情况而定。避雷带相邻两带之间的距离以 6~10m 为宜。此外，对于易受雷击的屋角、屋脊、檐角、屋檐及其他建筑物边角部位，可专设避雷带保护。

避雷网和避雷带可以采用镀锌圆钢或扁钢。圆钢直径不得小于 8mm；扁钢厚度不得小于 4mm，截面不得小于 $48mm^2$。另外，装在烟囱上方时，圆钢直径不得小于 12mm，扁钢厚度不得小于 4mm，而且截面不得小于 $100mm^2$。

避雷线一般采用截面积不小于 $35mm^2$ 杆的镀锌钢绞线。

③ 接闪器材料

接闪器所用材料应能满足机械强度和耐腐蚀的要求，还应有足够耐热稳定性，以承受雷电流的热破坏作用。

避雷针一般用镀锌圆钢或镀锌钢管制成，避雷网和避雷带用镀锌圆钢或扁钢制成，接闪器最小尺寸见表 19-9。接闪器装设在烟囱上方时，由于烟气有腐蚀作用，应适当加大尺寸。

用金属屋面作接闪器时，金属板之间的搭接长度不得小于 100mm。金属板下方无易燃物品时，其厚度不应小于 0.5mm；金属板下方有易燃物品时，为了防止雷击穿孔，所用铁板、铜板、铝板厚度分别不得小于 4mm、5mm 和 7mm。所有金属板不得有绝缘层。接闪器焊接处应涂防腐漆，其截面锈蚀 30% 以上时应予更换。

表 19-9　接闪器常用材料的最小尺寸

类　别	规　格	圆钢或钢管		扁钢	
		圆钢直径/mm	钢管直径/mm	截面/mm^2	厚度/mm
避雷针	针长 1m 以下	12	20	—	—
	针长 1~2m	16	25	—	—
	针在烟囱上方	20	—	—	—
避雷网和避雷带	网格 6m×6m~10m×10m	8	—	48	4
	网格在烟囱上方	12	—	100	4

接闪器使整个地面电场发生畸变，但其顶端附近电场局部的不均匀，由于范围很小，因而对于从带电积雨云向地面发展的先导放电没有影响。因此，作为接闪器的避雷针端部尖不尖、分叉不分叉，对其保护效能基本上没有影响。接闪器涂漆可以防止生锈，对其保护作用也没有影响。

（2）**避雷器**

避雷器有羊角间隙避雷器、阀型避雷器和管型避雷器之分。主要用来保护电力设备，也用作防止高压侵入室内的安全措施。

避雷器保护原理如图 19-12 所示。避雷器设在被保护物的引入端。其上端接在线路上，下端接地。正常时，避雷器的间隙保持绝缘状态，不影响系统的运行。当因雷击，有高压冲击渡沿线路袭来时，避雷器间隙击穿而接地，从而强行切断冲击波。这时，能够进入被保护物的电压仅是雷电流通过避雷器及其引线和接地装置产生的所谓残压。雷电流通过以后，避雷器间隙又恢复绝缘状态，以便系统正常运行。

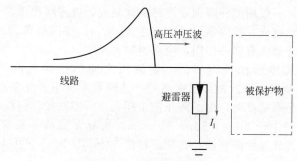

图 19-12　避雷器保护原理

① 阀型避雷器

阀型避雷器主要由瓷套、火花间隙和非线性电阻组成。瓷套是绝缘的，起支撑和密封作用。火花间隙是由多个间隙串联而成的，每个火花间隙由两个黄铜电极和一个云母垫圈组成，云母垫圈的厚度为 0.5～1mm。由于电极间距离很小，其间电场比较均匀，间隙伏-秒特性较平，保护性能较好。非线性电阻又称电阻阀片，电阻阀片是直径为 55～100mm 的饼形元件，由金刚砂（SiC）颗粒烧结而成。非线性电阻的电阻值在电流大时阻值很小，电流小时阻值很大。在避雷器火花间隙上串联了非线性电阻之后，能遏止振荡，避免截波，又能限制残压不致过高。阀型避雷器常用的有 FS4-10 型高压阀型避雷器和 FS-0.38 型低压阀型避雷器。

② 压敏阀型避雷器

压敏阀型避雷器是一种新型的阀型避雷器，这种避雷器没有火花间隙，只有压敏电阻阀片。压敏电阻阀片是由氧化锌、氧化铋等金属氧化物烧结制成的多晶半导体陶瓷元件，具有极好的非线性伏安特性，其非线性系数 0.05，接近理想的阀体。在工频电压的作用下，电阻阀片呈绝缘状态。在雷电过电压下，呈低阻状态，泄放雷电流，便与避雷器并联的电器设备的残压限制在设备绝缘安全值以下。过电压消失后，迅速恢复高电阻状态，从而有效保护了被保护电器设备的绝缘性能，免受过电压的损害。

　　压敏电阻的通流能力很强，因此，压敏避雷器体积很小。与阀式避雷器相比具有动作迅速、通流容量大、残压低、无续流、对大气过电压和操作过电压都起保护作用、结构简单、可靠性高、寿命长、维护简便等特点，适用于高、低压电气设备的防雷保护。高、低压氧化锌避雷器外形如图 19-13 所示，型号含义如下。

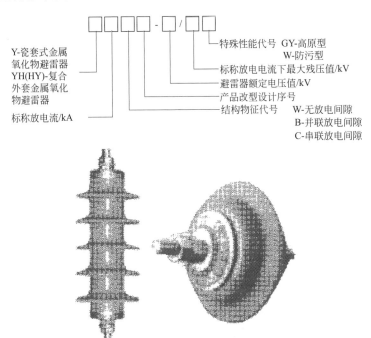

图 19-13　高、低压氧化锌避雷器外形图

　　Y5W 型氧化锌避雷器用于输配电设备、变压器、电缆、开关、互感器等大气过电压保护，以及限制真空断路器在切、合电容组、

电炉变压器及电动机时而产生的操作过电压等。

Y3W 型氧化锌避雷器用于保护相应额定电压的旋转电动机等弱绝缘的电气设备。

Y5C 型串联间隙氧化锌避雷器用于中性点不接地系统，保护相应额定电压的电气设备。

Y0.5W 和 Y0.1W 型氧化锌避雷器用于三相组合式、相间和相对地同时保护。

③ 羊角间隙避雷器

图 19-14　保护间隙

它又称为保护间隙避雷器。保护间隙的原理结构如图 19-14 所示。主要由镀锌圆钢制成的主间隙和辅助间隙组成。主间隙做成羊角形状，留有 2～3mm 的间隙，水平安装，以便其间产生电弧时，因空气受热而上升，被推移到间隙的上方，电弧被拉长而熄灭。因主间隙暴露在空气中，比较容易短接，所以加上辅助间隙，防止意外短路。

羊角间隙避雷器结构简单、经济、安装容易，保护效果良好，是防止电度表被雷击的有效装置。

④ 管型避雷器

管型避雷器的原理结构如图 19-15 所示。主要由灭弧管和内、外间隙组成。灭弧管用胶木或塑料制成，在高电压冲击下，内、外间隙击穿，雷电流泄入大地。随之而来的工频电流也产生强烈的电弧，燃烧灭弧管内壁产生大量气体从管口喷出，很快吹灭电弧。外间隙的作用是防止灭弧管受潮时发生闪络而导致避雷器误动作，并使管子正常时与工作电压隔离。

管式避雷器选用时注意事项：避雷器安装地点的短路容量不得大于 50MV·A；与被保护设备的连接线长度不得大于 4m；与被保护设备同接于一个接地装置上，接地电阻一般不大于 12Ω；避雷器喷口下方 0.5m 内不应有接地金属物或其他电气设备；保护配电变压器时，建议避雷器装于跌落熔断器内，即靠近变压器一侧。

管型避雷器结构简单，但保护性能不如阀型避雷器好，可用于要求不太高的场合，或者作为辅助防雷装置。

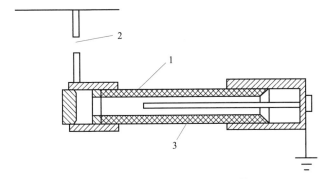

图 19-15　管型避雷器的原理结构
1—内间隙；2—外间隙；3—灭弧管

(3) 避雷器选用的注意事项和防雷保护方式

选择阀式避雷器时，其额定电压应等于被保护设备的额定电压。阀式避雷器通常装在变电所的母线上。母线如果有可能分段运行时，必须每段母线都装一组避雷器。变电所的主要设备是变压器，而且它的绝缘水平又比其他电器低，因而阀式避雷器安装的位置应尽量靠近变压器。如果变压器远离装有避雷器的母线（一路进线，变压器容量为 $5600kV \cdot A$ 以下时，避雷器距变压器的距离应小于 $5 \sim 10m$），则应另装一组避雷器保护变压器。避雷器应尽量用最短的连接线接到配电装置总接地网上，在它的附近还应加装集中的接地装置，以免由于接地阻抗过大而引起避雷器上的残压增加，影响保护效果。

单用阀式避雷器保护电气设备还是不够的，由于阀式避雷器不允许通过太大的雷电流（一般不应超过 5kA），而且通过阀式避雷器的雷电波陡度也不允许太大。因此，除在变电所内部被保护设备近旁装阀式避雷器保护外，还要在进入变电所的线路上采取防护措施，以降低侵入波的峰值和陡度。

(4) 防雷设施检查

为了保证防雷设施具有可靠的保护效果，不仅要有合理的设计和正确的施工，还要建立维护保养检查制度。

检查内容如下。

① 对于重要工程应在每年雷雨季节之前作定期检查，对于一般工程应每两年检查一次。遇有特殊情况要随时进行检查，这里要强调的是化工腐蚀性大的工厂尤其要注意。

② 检查是否有由于建筑物本身变形或由于维修建筑物使防雷设施保护情况发生变化。

③ 检查各处有无因锈蚀或机械损伤而折断的情况，如发现锈蚀在 30% 以上时，则必须及时更换。

④ 检查引下线在距地面 2m 到地下 0.3m 一段的保护处理有无被破坏情况。

⑤ 检查接闪器有无因接受雷击后而发生熔化或折断，避雷器瓷套有无裂纹、碰伤等情况，并应每年做一次预防性试验。

⑥ 检查明装引下线有无在验收后，又装设了交叉或平行的电气线路、通信线路。

⑦ 检查明装引下线有无检查验收后，又盖房将引下线变成在室内引下。

⑧ 检查断接卡子有无接触不良情况。

⑨ 检查防雷设施接地装置周围土壤有无沉陷现象。

⑩ 检查有无挖土、敷设其他管道及种植树木而挖断、毁坏防雷设施接地装置。

⑪ 测量全部防雷设施接地装置电阻值，如发现接地电阻值有很大变化时，应对接地系统进行全面检查，必要时可补打接地极来减少接地电阻。

第五节　静电防护

静电是一种处于静止状态的电荷。在干燥和多风的秋天，在日常生活中，人们常常会碰到这种现象：晚上脱衣服睡觉时，黑暗中常听到噼啪的声响，而且伴有蓝光，见面握手时，手指刚一接触到对方，会突然感到指尖针刺般刺痛，令人大惊失色；早上起来梳头时，头发会经常"飘"起来，越理越乱，拉门把手、开水龙头时都会"触电",时常发出"啪、啪、啪"的声响,这就是发生在人体的静电。

一、静电的产生

在生产和生活中,静电可由以下原因产生。

① 摩擦带电

物体相互摩擦时,发生接触位置的移动和电荷的分离,从而产生静电。

② 剥离带电

相互密切结合的物体使其剥离时引起电荷分离,从而产生静电。

③ 流动带电

利用管路输送液体,液体与管壁等固体接触时,在液体和固体的接触面上形成双电层,随着液体流动,双电层中的一部分电荷被带走,从而产生静电。

④ 喷出带电

粉体类、液体类和气体类从截面很小的开口处喷出时,这些流体与喷口摩擦,同时流体本身分子之间又互相碰撞,产生大量静电。

⑤ 冲撞带电

粉体类的粒子之间或粒子与固体之间的冲撞会形成极快的接触和分离,从而产生静电。

⑥ 破裂带电

当固体类或粉体类物体破裂时,出现电荷的分离,破坏了正负电荷的平衡,从而产生静电。

⑦ 飞沫带电

喷在空间的液体类,由于扩展分散和分离出现许多小滴组成的新液面,从而产生静电。

⑧ 滴下带电

液滴坠落分离时出现电荷分离,从而产生静电。

⑨ 感应带电

在带电的高压架空线与地面之间,或在变电站高压带电设备的附近,都有电场存在。在电场中放入一个与大地绝缘的导体,根据静电感应原理,导体会带电,从而产生静电。

二、静电的特点

(1) **静电电压**

高静电能量不大，但其电压很高。固体静电可达 20×10^4 V 以上，液体静电和粉体静电可达数万伏，气体和蒸汽静电可达 10000V 以上，人体静电也可达 10000V 以上。

(2) **静电泄漏慢**

由于积累静电的材料的电阻率都很高，其上静电泄漏很慢。

(3) **静电的影响因素多**

静电的产生和积累受材质、杂质、物料特征、工艺设备（如几何形状、接触面积）和工艺参数（如作业速度）、湿度和温度、带电历程等因素的影响。由于静电的影响因素多，故静电事故的随机性强。

三、静电防护

固体产生的静电及抑制两个不同的物体相互接触时，在其界面上产生电荷移动，正、负电荷相对排列形成双电层。这时，若将物体进行分离，会在两个物体上各自产生极性不同的等量电荷。一般是当相互接触的两物体在"带电序列"中所居位置离得越远则，产生静电的量越大。电荷的极性则根据带电序列中的相对位置而定。

相互接触和分离过程中，物体积蓄正（＋）或负（－）的过剩电荷会由于放电和传导而中和，或向空间和大地泄漏而趋向减少，这一过程称为电荷缓和。一般情况下，在产生静电的同时就开始缓和。由于凡是接触和分离的任何物体都会产生或强或弱的静电，因而，对于静电极为敏感的现代电子器件、新型火药、闪点很低的易燃、易爆气体（如在常温、常压下即能挥发的液氢等低闪点特种火箭燃料）等，只要微弱的静电即可能造成事故或火灾、爆炸，所以防止产生静电或消除静电的危害是较难的技术问题。至于由静电导致的放电作用引起生产过程中胶片感光、电子元件损坏，力学作用引起的纤维缠结和印刷纸张不齐等，也是复杂的问题。

(1) **防止静电的原则**

① 对产生静电的主要因素尽量予以排除。影响静电产生的主要

因素有物体的特性；物体的表面状态；物体的带电历史；接触面积及其压力；分离速度。

② 使物体间的接触面积和压力要小，温度要低，接触次数要少，分离速度要小，接触状态不要急剧变化。

(2) 粉体产生的静电及抑制

粉体在空气输送、皮带输送或过筛过程中，会因粉体间或粉体与管静电防护壁间的摩擦而产生静电。因此：

① 管道内输送速度不应超过某一限值，管道直径应不小于某一最小值。管内不得设有网、格等妨碍输送并产生静电的物体。粉体的大小和形状应进行优选。

② 尽量减少管路的弯曲和收缩；避免风速和输送量的急剧变化。

③ 应采用适当的空气振动等措施，对管壁内表面进行定期清扫和检修，防止粉体的堆集。

④ 输送管道应尽量使用导电性材料制作，并将其接地。

⑤ 应优选螺旋叶片的形状和螺旋的转数上限；应避免传送带发生振动或由于输送量失常而产生异常振动，且不应使粉体悬浮和飞散。

⑥ 在斗式输送中，料斗和漏斗的壁面斜度应接近于垂直，以减少摩擦面积；斗壁应不使粉体落下过程受到扰乱；应定期进行清扫；在料斗上尽量不安装金属制滑动固定器。

⑦ 应优选粉体的大小和形状，以及料斗的材质，使静电尽量减少。

⑧ 料斗和漏斗等应尽量使用导电性材料，并将其接地。

(3) 液体产生的静电及抑制

液体在管路输送过程中，或流过软管时，由于液体间的摩擦，或由于液体与泵发生摩擦而产生静电。在其他条件相同时，静电与流速的 $1.8 \sim 2$ 次方成比例。

操作注意事项

为限制静电应注意如下几点。

① 烃类油料的流速不应超过要求的数值。

② 在输送能力相同的条件下，应将配管和软管的直径加大，将流速减小。

③ 不应有湍流或急剧变化的输送状态，配管应尽量减少弯曲和收缩的部分，配管内壁应光滑。管内不要装设金属网、突出物等。过滤器应尽量设置于流源侧。

④ 在任何局部和任何时间内流速都不应有急剧变化，输送初期和终了时应控制在小的流速，中期流速不得超过规定值。

⑤ 液体中不得混入空气、水、灰尘和氧化物（锈等）等杂物。

⑥ 应在配管和软管的终端部装设直径大的、减小流速用的缓和管段和缓和罐等。

⑦ 用油轮、罐车、油罐汽车、罐和其他容器输送液体时，应注意由于罐的振动，液体与器壁摩擦而产生静电。输送时移动速度不应急剧变化，应尽量匀速移动;在罐内应设隔板加以隔开，不应使液体起波浪或飞溅;液体中不得混入杂物;罐的内部应定期清扫。

(4) 气体产生的静电及抑制

气体在流动和喷出过程中，会因高压空气中含有压缩机油和因压缩产生的凝结水雾，以及管锈、灰尘等的粒子流动于管内，或由开口部喷出时，粒子与壁面和附近的物体发生冲撞和摩擦而产生静电。因此:

① 应用空气过滤器将雾和粒子等滤除后再进行流动和喷出。

② 喷出流量应少，喷出压力应低，特别注意氢气类喷出引起爆炸。

③ 管路和软管等在使用前应清扫，清除锈和灰尘。

④ 凝缩二氧化碳喷出时，应避免开口部出现干冰，因为它与液相成分互相冲撞和摩擦，或与壁面冲撞、摩擦和飞溅而产生静电。

⑤ 液化石油气瓶、管的开口部及法兰应清扫，并保持清洁。

⑥ 氢、乙炔、丙烷、城市煤气和氮气的储气瓶、管路、软管等在使用前应进行清扫，清除锈和水分等。尽量不用胶皮管，而使用金属管，并将其接地。

⑦ 水蒸气管道开口部易产生静电，应尽量使用干燥的水蒸气，喷出量应少，喷出压力应尽量限制在 0.1MPa 以下，且应使用静电少的喷嘴，喷嘴与物体间应有足够的距离。

⑧ 烟雾剂和油漆喷雾时，不要对着近距离的物体进行大量和激烈的喷出。

⑨ 飞机和航天器在飞行中与空气摩擦而产生静电，图 19-16 是火箭高度（千米）与电位（千伏）的关系。利用装于适当位置的防静电针，可将静电泄放到大气中，以防止电位的过度升高。中国发射同步卫星的捆绑式火箭即装有防静电针。

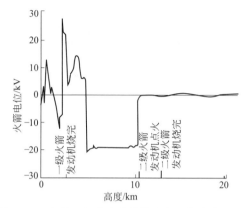

图 19-16　火箭飞行中产生的静电电位与高度的关系

四、防护措施

除降低速度、压力、减少摩擦及接触频率，选用适当材料及形状，增大电导率等抑制措施外，还可采取下列措施。

① 接地。即将金属导体与大地（接地装置）进行电气上的连接静电防护，以便将电荷泄漏到大地。此法适合于消除导体和电阻率在 108Ω 以下物体上的静电，而不宜用来消除绝缘体上的静电，因为绝缘体的接地容易发生火花放电，引起易燃易爆液体、气体的点燃或造成对电子设施的干扰。应使绝缘体与大地间保持 $106\sim109\Omega$ 的电阻。仅供消除导体上静电用的接地，电阻值一般不宜超过 $100\sim1000\Omega$。非金属导体接地处应包上接触可靠的金属物或使用导电涂料，接触面积不小于 $10cm^2$。移动设备不能保持经常接地，接地操作应选在没有危险的场合和时间。

② 搭接（或跨接）。将两个以上独立的金属导体进行电气上的连接，使其相互间大体上处于相同的电位。

③ 屏蔽。用接地的金属线或金属网等将带电的物体表面进行包覆，从而将静电危害限制到不致发生的程度。屏蔽措施还可防止电子

设施受到静电的干扰。

④ 对几乎不能泄漏静电的绝缘体，采用抗静电剂以增大电导率，使静电易于泄漏。

⑤ 采用喷雾、洒水等方法，使环境相对湿度提高 60%～70%，以抑制静电的产生，解决纺织厂等生产中静电的问题。

第六节　触电急救

一、安全电流和安全电压

(1) 安全电流

① 一般情况下，可以把摆脱电流看作是人体允许的电流。要求流过人体的电流小于摆脱电流。即可把摆脱电流认为是安全电流。

② 以大小不同的电流作用到人体，根据人体表现出的不同特征来确定安全电流，见表 19-10。

表 19-10　电流作用下人体表现的特征

电流/mA	交流电（50～60Hz）	直流电
0.6～1.5	手指开始感觉麻刺	无感觉
2～3	手指感觉强烈麻刺	无感觉
5～7	手指感觉肌肉痉挛	感到灼热和刺痛
8～10	手指关节与手掌感觉痛，手已难于脱离电源，但仍能脱离电源	灼热增加
20～25	手指感觉剧痛，迅速麻痹，不能摆脱电源，呼吸困难	灼热增加，手的肌肉开始痉挛
50～80	呼吸麻痹，心室开始振颤	强烈灼痛，手的肌肉痉挛、呼吸困难
90～100	呼吸麻痹，持续 3s 或更长时间后心脏麻痹或心房停止跳动	呼吸麻痹
500 以上	延续 1s 以上有死亡危险	呼吸麻痹，心室振颤，停止跳动

(2) 安全电压

在各种不同环境条件下，当人体接触到有一定电压的带电体后，其各部分组织（如皮肤、心脏、呼吸器官和神经系统等）不发生任何损害，该电压称为安全电压。

通常，低于 40V 的对地电压可视为安全电压。国际电工委员会规定接触电压的限定值（相当于安全电压）为 50V，并规定在 25V 以下时不需考虑防止电击的安全措施。

目前我国采用的安全电压以 36V 和 12V 较多。发电厂生产场所及变电所等处使用的行灯电压一般为 36V，在某些较危险的地方或工作地点狭窄、周围有大面积接地体、环境湿热场所（如电缆沟、煤斗、油箱等地），所用行灯的电压不准超过 12V，其他情况下的安全电压可参照表 19-11 选用。

需要指出的是，不能认为这些电压就是绝对安全的，如果人体在汗湿、皮肤破裂等情况下长时间触及电源，也可能发生电击伤害。不同电压等级对人体的影响见表 19-12。

表 19-11   安全电压的等级及选用举例

安全电压（交流有效值）		选用举例
额定值/V	空载上限值/V	
42	50	在有触电危险的场所使用的手持式电动工具等
36	43	在矿井、多导体粉尘等场所使用的行灯等
24	29	可供某些人可能偶然触及带电体的设备选用
12	15	
6	8	

表 19-12   不同电压等级对人体的影响

电压/V	对人体的影响	电压/V	对人体的影响
20	湿手的安全界限	100～200	危险性急剧增大
30	干燥手的安全界限	200～3000	人生命发生危险
50	人生命无危险的界限		

二、触电形式及危害

常见的触电形式见表 19-13。

表 19-13   常见的触电形式

触电形式	触电情况及危险程度
单相触电（变压器低压侧中性点直接接地）	电流从一根相线经过电气设备、人体再经大地流回到中性点，这时加在人体的电压是相电压，其危险程度取决于人体与地面的接触电阻，如图 19-17(a)所示

触电形式	触电情况及危险程度
单相触电（变压器低压侧中性点不接地）	①在 1000 以下，人碰到任何一相后，电流经电气设备，通过人体向另外两根相线对地绝缘电阻和分布电容而形成回路。如果绝缘良好，一般不会发生触电危险；如果绝缘很差，或者绝缘被破坏，就有触电危险 ②6～10kV，由于电压高，所以触电电流大，几乎是致命的，加上电弧灼伤，情况更严重，如图 19-17(b)所示
两相触电	电流从一根相线经过人体流至另一根相线，在电流回路中只有人体电阻，在这种情况下，触电者即使穿上绝缘鞋或站在绝缘台上也起不了保护作用，所以两相触电是很危险的，如图 19-18 所示
跨步电压触电	如输电线断线，则电流经过接地体向大地作半环形流散，并在接地点周围地面产生一个相当大的电场，电场强度随离断线点距离的增加而减小 距断线点 1m 范围内，约有 60％的电压降；距断线点 2～10m 范围内，约有 24％的电压降；距断线点 11～20m 范围内，约有 8％的电压降，如图 19-19 所示
接触电压触电	当电气设备因绝缘损坏而发生接地故障时，如人体的两个部分(通常是手和脚)同时触及漏电设备的外壳和地面，人体两部分别处于不同的电位，其间的电位差即为接触电压，用 U_i 表示。如图 19-20 所示的触电者手(电压 U_1)、脚(电压 U_2)之间的电位差 $U_i = U_1 - U_2$ 便是该触电者承受的接触电压。在电气安全技术中，是以站立在离漏电设备水平方向 0.8m 的人手触及漏电设备外壳距地面 1.8m 时处，其手与脚两点间的电位差为接触电压计算值。由于受接触电压作用而导致的触电现象称为接触电压触电。接触电压的大小，随人体站立点的位置而异。人体距离接地极越远，受到的接触电压越高，如图 19-20 曲线 4 所示。当 2 号电动机碰壳时，离接地板(电流入地点)远的 3 号电动机的接触电压比离接地极近的 1 号电动机的接触电压高，即 $U_{i3} > U_{i1}$，这是因为三台电动机的外壳都等于接地极电位之故
感应电压触电	由于带电设备的电磁感应和静电感应作用，将会在附近停电设备上感应出一定的电位，其数值大小决定于带电设备的电压、几何对称度、停电设备与带电设备的位置对称性以及两者的接近程度、平行距离等因素

触电形式	触电情况及危险程度
感应电压触电	在电气工作中,感应电压触电事故屡有发生,甚至可能造成死亡,尤其是随着系统电压的不断提高,感应电压触电的问题将更为突出 由于电力线路对通信等弱电线路的危险感应,还经常造成通信设备损坏,甚至使工作人员触电伤亡,因此也必须对此引起注意
剩余电荷触电	电气设备的相间和对地之间都存在着一定的电容效应,当断开电源时,由于电容具有储存电荷的特点,因此在刚断开电源的停电设备上将保留一定的电荷,就是所谓的剩余电荷。此时如人体触及停电设备,就可能遭到剩余电荷的电击。设备的电容量越大,遭受电击的程度也越重。因此对未装地线而且有较大容量的被试设备,应先行放电再做试验 高压直流试验时,每告一段落或试验结束时,应将设备对地放电数次并短路接地,放电应三相逐相进行。对并联补偿的电力电容器,即使装有能自动进行放电的装置,工作前也还应逐相对地进行多次放电;对星形联结的电力电容器,还必须对中性点进行多次对地放电。另外,在开始工作前,将停电设备三相短路接地。就可达到将剩余电荷泄放至大地的目的
静电危害	静电主要是由于不同物质互相摩擦产生的,摩擦速度越高、距离越长、压力越大,摩擦产生的静电越多。另外,产生静电的多少还和两种物质的性质有关 静电的危害主要是由于静电放电引起火灾或爆炸,但当静电大量积累产生很高的电压时,也会对人身造成伤害
雷电触电	雷电是自然界的一种放电现象,在本质上与一般电容器的放电现象相同,所不同的是作为雷电放电的两个极板大多是两块雷云,同时雷云之间的距离要比一般电容器极板间的距离大得多,通常可达数千米。因此可以说是一种特殊的"电容器"放电现象 除多数放电在雷云之间发生外,也有一小部分的放电发生在雷云和大地之间,即所谓落地雷。就雷电对设备和人身的危害来说主要危险来自落地雷 落地雷具有很大的破坏性,其电压可高达数百万到数千万伏,雷电流可高至几十千安,少数可高达数百千安。雷电具有电流大、时间短、频率高、电压高的特点 人体如直接遭受雷击,其后果不堪设想。但多数雷电伤害事故是由于反击或雷电流引入大地后,在地面产生很高的冲击电流,使人体遭受冲击跨步电压或冲击接触电压而造成电击伤害的

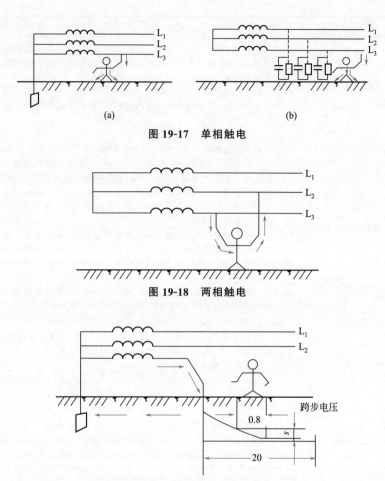

图 19-17 单相触电

图 19-18 两相触电

图 19-19 跨步电压触电（尺寸单位：m）

三、触电急救措施

(1) 基本方针

触电急救应遵循"八字方针"，概括起来，即要做到：迅速、就地、准确、坚持。

① 迅速。就是要争分夺秒、尽快使触电者脱离电源。脱离电源的方法视具体情况而定，如迅速拉开电源刀闸；用绝缘竹竿挑开断落

的低压电力线；如遇高压电力线断落，要迅速用电话通知供电局停电，然后才能抢救。

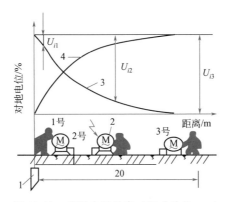

图 19-20　接触电压触电（尺寸单位：m）
1—接地体；2—漏电设备；3—设备出现接地故障时，接地体附近各点
电位分布曲线；4—人体距接地体位置不同时，接触电压变化曲线

② 就地。就是必须在触电现场附近就地进行抢救，切忌长途运载将触电者送往医院或供电局抢救，否则，势必会耽误抢救时间，造成死亡。从医学理论来说，人的大脑只能耐受缺氧 5～8min，小脑为 10～15min，延脑为 20～30min。如果超过这个时间抢救，就会使触电者昏迷不醒，大脑缺氧，引起脑水肿等一系列病症。从临床（临场）上来总结，以触电者心跳及呼吸停止起计算，如果 5min 内能及时抢救，则救生率是 90％左右；如果在 10min 内及时抢救，救生率是 60％左右；如果超过 15min 抢救，救生希望甚微。由此看出，抢救触电者应该就地进行。

③ 准确。就是人工呼吸操作法的动作必须准确。如果不准确，不仅救生无望，甚至会把触电者的胸骨压断。

④ 坚持。就是只要有 1％的希望，就要尽 100％的努力去抢救。一般来说，只有五个体征同时并存，并经医生诊断判明已死亡后才能放弃抢救。这五个体征：一是心跳、呼吸完全停止；二是瞳孔放大；三是血管硬化；四是出现尸斑；五是尸僵。如果其中还有 1～2 个体征尚未出现，还应坚持。如果自己无法确定，待医生到来后鉴定。

(2) 触电急救具体操作

发生触电时，必须立即急救，急救分三阶段进行，即人体脱离电源；现场急救；送医院治疗。

① 使人体脱离电源常用的方法有立即切断电源；用木棒、竹竿、干衣服、塑料棒等绝缘物做工具，拉开带电导线；用有绝缘柄的钳子将输电线切断；用木板、干橡胶等绝缘物插入触电者身下。人体脱离电源时要注意救护人员要防止自己触电，要防止触电者摔伤；夜间要迅速解决临时照明设施，以利抢救。

② 现场急救

a. 若触电者没有失去知觉、心脏仍有跳动并有呼吸时，这种情况，应使触电者保持安静，不要走动。如果心脏仍跳动，呼吸也在进行，但触电者已失去知觉，这时应让触电者平卧，解开衣服，打开窗户，注意保暖，也可摩擦全身使之发热。

b. 若触电者心脏仍跳动，但呼吸已停止，这时应采用"口对口"或"口对鼻"的人工呼吸法进行抢救。

c. 若触电者心脏已停止跳动，呼吸也已停止，这时应尽快送医院，并在送医院的途中采用"口对口"人工呼吸法及"胸外心脏挤压法"进行抢救。

(a) 人工呼吸法（图19-21）：如伤者呼吸、心跳微弱而不规律时，可作胸或背挤压式的人工呼吸；如心跳微弱而呼吸停止或呼吸微弱脉搏摸不到时，应进行口对口人工呼吸，同时作胸外心脏挤压按摩。不管是人工呼吸或口对口人工呼吸，其实施次数都是成人每分钟14～16次，儿童20次，新生儿30次。每次人工呼吸均应做到使患者恢复自动呼吸为止；如作60min以上仍不见呼吸恢复，而心脏已见搏动者则需继续延长，直到完全恢复自动呼吸为止。对触电者进行人工呼吸必须越快越好，而每次维持的时间为60～90min。如果抢救者体力不支时，可轮番换人操作，直到使触电者恢复呼吸心跳或确诊已无生还希望时为止。

(b) 胸外挤压法（图19-22）：如触电者一开始即心音微弱，或心跳停止，或脉搏短而不规则，应立即作胸外心脏按摩（即挤压），这对触电时间已久或急救已晚的患者是十分必要的。让触电者仰面躺在平硬的地方，救护人员立或跪在触电者一侧肩旁，两手掌根相迭（儿童可用一只手），两臂伸直，掌根放在心口窝稍高一点的地方（胸骨下1/3部位），掌根用力下压（向触电者脊背方向），使心脏里面血液挤出。成人压陷3～4cm，儿童用力轻些，按压后将掌根尽快抬起，让触电者胸部自动复原，血液又充满心脏。胸外心脏按压要以均匀速

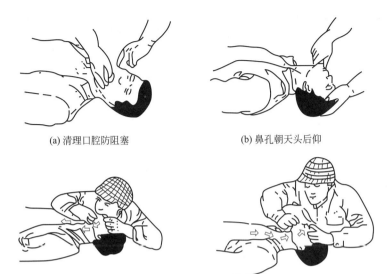

(a) 清理口腔防阻塞　　　　　　　(b) 鼻孔朝天头后仰

(c) 捏紧鼻子、大口吹气　　　　　　(d) 放松鼻孔、自身呼气

图 19-21　人工呼吸法的操作流程

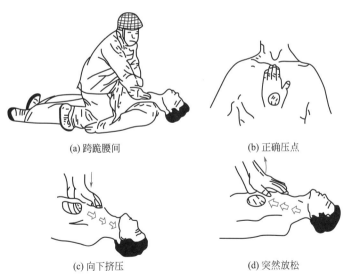

(a) 跨跪腰间　　　　　　　　　　(b) 正确压点

(c) 向下挤压　　　　　　　　　　(d) 突然放松

图 19-22　胸外挤压法的操作流程

度进行，每分钟 80 次左右。每次放松时，掌根不必完全离开胸壁。做心脏按压时，手掌位置一定要找准，用力太猛容易造成骨折、气胸或肝破裂，用力过轻则达不到心脏起跳和血液循环的作用。应当指出，心跳和呼吸是相关联的，一旦呼吸和心跳都停止了，应当及时进行口对口（鼻）人工呼吸和胸外心脏按压。如果现场仅一个人抢救，则两种方法应交替进行。救护人员可以跪在触电者肩膀侧面，每吹气 1～2 次，再按压 10～15 次。按压吹气一分钟后，应在 5～7s 内判断触电者的呼吸和心跳是否恢复。如触电者的颈动脉已有搏动但无呼吸，则暂停胸外心脏按压，而再进行 2 次口对口（鼻）人工呼吸，每 5s 吹气一次，如脉搏和呼吸都没有恢复，则应继续坚持心肺复苏法抢救，在抢救过程中，应每隔数分钟再进行一次判定，每次判定时间都不能超过 5～7s。在医务人员没有接替抢救前，不得放弃现场抢救。如经抢救后，伤员的心跳和呼吸都已恢复，可暂停心肺复苏操作。因为心跳呼吸恢复的早期有可能再次骤停，所以要严密监护伤员，不能麻痹，要随时准备再次抢救。

（c）包扎伤口：在患者救活后，送医院前应将电灼伤的创口用盐水棉球洗净，用凡士林或油纱布（或干净手巾等）包扎好并稍加固定。

（d）针灸治疗：针灸治疗电昏迷或休克时，可选人中、十宣、合谷、涌泉等穴行强刺激，留针 3～5min；有条件时辅以艾灸，效果更好。

现场抢救时要注意：不能打强心针，不可给触电者泼冷水和压木板，要防止触电者被抢救苏醒后会出现的狂奔现象。

对触电者进行现场抢救后，一般都要送医院检查治疗。

参 考 文 献

［1］ 周照君.电工识图轻松入门.北京：化学工业出版社，2016.

［2］ 阎伟.维修电工轻松入门.北京：化学工业出版社，2016.

［3］ 张大鹏.我是电工识图高手.北京：化学工业出版社，2015.

［4］ 王建.实用电工手册.北京：中国电力出版社，2014.

［5］ 阎伟、孙鹏.维修电工轻松入门.北京：化学工业出版社，2016.